普通高等学校土木工程专业"十四五"新编系列教材

土木工程概论

（第三版）

贡 力 主编

中国铁道出版社有限公司

2022年·北京

内 容 简 介

本书共 14 章,包括:综述,土木工程材料与力学性能,建筑工程,铁道工程,桥梁工程,地下工程,道路工程,给排水工程与建筑环境工程,水利工程,港口、机场及管道工程,土木工程的建设,土木工程灾害,土木工程展望,土木工程科技论文的写作。书中重点介绍了桥梁工程、铁路工程、地下工程的编写,专门设置了水利工程的内容,同时对给排水工程和环境工程的内容有所加强,对港口和机场工程都有所介绍。书中加入了许多工程实例和最新的土木工程案例,特别是增加了土木工程科技论文的写作一章,使大学生在大学课程的学习中了解科技论文的撰写规范和基本知识。

本书可作为土木工程专业、工程管理专业、环境工程专业、城市规划专业、水利工程专业的本科和成人教育的教材及参考书,也可作为工程技术人员学习参考用书。

图书在版编目(CIP)数据

土木工程概论/贡力主编. —3 版. —北京:中国铁道
出版社有限公司,2022.12
普通高等学校土木工程专业"十四五"新编系列教材
ISBN 978-7-113-29154-9

Ⅰ.①土…　Ⅱ.①贡…　Ⅲ.①土木工程-高等学校-
教材　Ⅳ.①TU

中国版本图书馆 CIP 数据核字(2022)第 089182 号

书　　名:土木工程概论
作　　者:贡　力

责任编辑:李露露　　　编辑部电话:(010)51873240　电子邮箱:790970739@qq.com
封面设计:高博越
责任校对:焦桂荣
责任印制:高春晓

出版发行:中国铁道出版社有限公司(100054,北京市西城区右安门西街 8 号)
网　　址:http://www.tdpress.com
印　　刷:河北宝昌佳彩印刷有限公司
版　　次:2007 年 8 月第 1 版　2022 年 12 月第 3 版　2022 年 12 月第 1 次印刷
开　　本:787 mm×1 092 mm 1/16　印张:20.5　字数:512 千
书　　号:ISBN 978-7-113-29154-9
定　　价:60.00 元

　　《土木工程概论》一书自 2007 年第一版出版后,获得了广大读者的高度认可,一些读者对进一步完善书中的内容提出了宝贵的意见。根据读者反馈,我们进行第二次修订,在此对读者的关心表示由衷的感谢。

　　随着我国经济建设和科学技术的快速发展,土木工程领域也取得了空前的成就。为了使教材更加紧密结合土木工程实际,更好地为土木工程教育服务,所以对《土木工程概论》(第二版)进行修订。

　　本次修订保持了本书原有的基本架构和特色,根据中华人民共和国住房和城乡建设部颁布的《高等学校土木工程本科指导性专业规范》教学内容的要求对个别章节进行改动,将相关内容进行调整、合并、删减,同时补充了一些新内容。其指导思想是立足"大土木"、重视实用型、加强系列化、培养创新性。紧紧围绕土木工程领域设施和结构的主线、尽量采用原理图来阐述基本概念、引入大量具体工程实例,力求呈现给广大读者最全面的知识和信息。本教材力求内容充实、理论先进和教学模式创新,语言通俗易懂、简明扼要,运用工程实例深入浅出,突出实用性,强调知识的专业性,激发读者对知识学习的兴趣。

　　本教材修订特点:

　　1. 随着科技的发展,新技术、新材料、新工艺和新设备的不断出现以及国内外工程建设形势的变化,对第二版中前两章综述部分的知识内容进行了增加和更新。

　　2. 依据最新颁布的工程建设领域国家规范和标准,如《铁路轨道设计规范》(TB 10082—2017)、《公路路线设计规范》(JTG D20—2017)等,对书中相关规范和标准内容做了引用的更新。

　　3. 着重加强了铁路工程、道路工程、地下工程、水利工程几个章节的编写,调整了第 9 章第一、第五小节内容的次序并新增概述内容,在上述每章节的最后增加了工程展望和发展趋势等内容。

　　4. 在第 13 章中增加了许多工程实例和最新的土木工程案例,对国内近年来建设的"超级工程"和国内外近年来发生的自然灾害均有所介绍,根据时代的发展对部分内容进行了修改。

　　5. 根据教材中各个章节修改和更新的内容,也相应地对每一章的思考题数目进行了删增,并给出参考答案供学生学习研讨。

　　6. 全书新增配套二维码数字资源。将土木工程相关案例、相关统计数据图表、科技论文撰写规范实例应用以及计算机辅助设计等扩展内容制作成二维码附在相应内容旁展示给读者,以便学习阅读。

　　全书由兰州交通大学贡力任主编,兰州交通大学靳春玲任主审。编写过程中孙文、杨华中对本书的顺利出版也做出了贡献。尤其感谢魏晓悦、苏旸、宫雪磊、刘晶晶、崔文祥、张娇艳、安祥等为书稿的编排付出的辛勤工作。在本次修订过程中,吸取了相关专业人士、教师与学生的宝贵意见和建议,在此表示衷心的感谢。

编者深知内容如此广泛的教材不易写好,加之水平有限,疏漏和不足之处在所难免,敬请广大读者批评斧正。

编　者

2022 年 2 月

1998 年教育部颁布了高等学校本科专业的新专业目录后,新专业目录中土建类土木工程专业覆盖了原来建筑工程和交通土建工程等 8 个专业。以前教材中的许多内容与新的专业特色联系不紧密。为此根据土木工程专业特点和大一学生的特点编写了这本新的《土木工程概论》教材。

本教材具有以下特点:

1. 加强了桥梁工程、铁道工程、地下工程的编写,增加了水利工程内容的同时,对给排水工程和环境工程的内容有所添加。

2. 增加了土木工程灾害等最新的内容,对海洋和飞机场都有所介绍。

3. 加入了许多工程实例和最新的土木工程案例。

4. 特别是在课程中加入了土木工程科技论文的写作一章,使大学生在大学课程的学习中了解科技论文的撰写规范和基本知识。

5. 给出大量工程信息,配以一定量的工程照片,加强形象教学。

本书由贡力和李明顺主编;第 1、4、7、13、14 章由贡力编写;第 2、8、10、12 章由李明顺编写;第 3、5 章由杨华中编写;第 6、9、11 章由孙文编写;全书由贡力统稿。

本书除可作为土建类本科和专科有关专业的必修课或选修课教材外,也可供水利类专业参考选用,同时还可作为管理、设计、施工、投资等单位及工程技术人员的参考书。

编者深知内容如此广泛的教材不易写好,加之水平所限,错误和不足之处在所难免,敬请读者批评指正,多提宝贵意见。

作 者
2007 年 4 月 15 日

目录

1 综 述

1.1 土木工程和土木工程专业

作为刚刚跨进大学校门,并且选择了土木工程专业的同学们来说,非常关心的问题是:"土木工程"是什么?"土木工程"包括哪些内容?"土木工程"专业的学生要学习哪些知识、掌握哪些基本技能、具备哪些能力?怎样才能学好?回答这些问题便是本书的主要任务。

我国国务院学位委员会在学科简介中定义为:"土木工程是研究建造各类工程设施所进行的勘测、设计、施工、管理、监测、维护等的工程领域,其涉及的领域方向有结构工程,岩土工程,桥梁与隧道工程,防灾减灾工程及防护工程,市政工程供热、供燃气、通风及空调工程,土木工程建造等。本领域覆盖的技术主要有设计技术、施工技术、维护与加固技术、管理技术、实验技术、计算机分析与仿真技术等。"可见土木工程的内容非常广泛,它和广大人民群众的日常生活密切相关,在国民经济中起着非常重要的作用。

土木工程,英语为"civil engineering",直译是民用工程,它的原意是与军事工程"military engineering"相对应的,即除了服务于军事的工程设施以外,所有服务于生活和生产需要的民用设施均属于土木工程,后来这个界限也不明确了。现在已经把军用的战壕、掩体、碉堡、浮桥、防空洞等防护工程也归入土木工程的范畴了。

土木工程专业涵盖的内容较广,与土木工程学科有关的专业,大致有以下几类,即土木类、建筑类、水利类、交通运输类、环境科学与工程类、安全科学与工程类、管理科学与工程类。

土木类有:土木工程(Civil Engineering)、建筑环境与能源应用工程(Building Environment and Energy Application Engineering)、给排水科学与工程(Water Supply and Drainage Science and Engineering)、城市地下空间与工程(Urban Underground Space and Engineering)、道路桥梁与渡河工程(Road Bridge and River Crossing Engineering)。

建筑类有:建筑学(Architecture);城市规划(Urban Planning),包括城市规划、城镇建设(部分)、总图设计与运输工程(部分)、风景园林(Scenic Garden)等。

水利类有:水利水电工程(Engineering of Hydraulic and Electric Works);港口航道与海岸工程(Engineering of Harbours、Channels and Seacoasts),水文与水资源工程(Hydrology and Water Resources Engineering),水务工程(Water Engineering)、水利科学与工程(Hydraulic Science and Engineering)等。

交通运输类有:交通运输(Communications and Transportation),包括交通运输、道路交通管理工程等;交通工程(Traffic Engineering),包括交通工程、总图设计与运输工程(部分)、道路交通事故防治工程等。

环境科学与工程类有:环境科学(Environmental Science),环境工程(Environmental Engineering),包括环境工程、环境监测、环境规划与管理(部分)、水文地质与工程地质(部分)。

安全科学与工程类有:安全工程(Safety Engineering),包含安全工程、矿山通风与安全,防火工程;应急技术与管理等。

管理科学与工程类有：工程造价(Engineering Cost)，房地产开发与管理(Real Estate Development and Management)，工程管理(Engineering Management)专业，包括管理工程(部分)、涉外建筑工程营造与管理、国际工程管理。

土木工程范围极为广泛，需要的知识面很宽。实际上与土木工程有关的专业还应包括材料类中的金属材料、无机非金属材料、腐蚀与防护等，仪器仪表类中的测控技术与仪器，电气信息类中的计算机及应用等专业。

1.2　土木工程专业的培养目标和任务

1.2.1　培养目标

我国高等学校土木工程专业的培养目标是：培养适应社会主义现代化建设需要，德智体全面发展，掌握土木工程学科的基本理论和基本知识，获得土木工程师基本训练(大专和高职院校是获得土木工程师初步训练)的，具有创新精神的高级工程技术人才(大专和高职院校是"高级工程技术应用人才")。毕业生能从事土木工程的设计、施工与管理工作，具有初步的工程项目规划和研究开发能力。

作为刚跨进高等学校大门的学生，理解本专业的培养目标，就是懂得"为什么学习"这个根本问题。这是由高等教育区别于职业教育的特点所决定的。

高等教育，就广义上说，是指一切建立在普通教育(中学进行的就是普通教育)基础上的专业教育。高等学校里任何一个专业的培养目标，就是这个专业教育活动的基本出发点和归宿，也是高等学校培养的人才在毕业时的预期素质特征。大学生在学习过程中要按照这个目标接受教育，进行学习，在思想、知识、技能、能力、体魄等各方面严格要求自己，毕业时用人单位将根据这个目标来评价和选择每个毕业生；学生自己则要按照这个目标进行自我评价，选择适合自己发展的工作岗位。

1.2.2　业务范围

能在房屋建筑、隧道与地下建筑、公路与城市道路、铁道工程、桥梁、矿山建筑等的设计、施工、管理、研究、教育、投资和开发部门从事技术或管理工作。

1.2.3　毕业生基本要求

1. 思想道德、文化和心理素质

热爱祖国，拥护中国共产党的领导，掌握马克思列宁主义、毛泽东思想、邓小平理论、"三个代表"重要思想、科学发展观、习近平新时代中国特色社会主义思想的基本原理；愿为社会主义现代化建设服务，为人民服务，有为国家富强、民族兴盛而奋斗的志向和责任感；具有敬业爱岗、艰苦奋斗、热爱劳动、遵纪守法、团结合作的品质；具有良好的思想品德、社会公德和职业道德。

具有高尚的科学人文素养和精神，能体现哲理、情趣、品位、人格方面的较高修养。

保持心理健康，能做到心态平和、情绪稳定、乐观、积极、向上。

2. 知识结构

(1)人文、社会科学基础知识

懂得马克思列宁主义、毛泽东思想、邓小平理论、"三个代表"重要思想、科学发展观、习近平新时代中国特色社会主义思想的基本原理，了解哲学、科学、艺术间的相互关系，在哲学及方法论、经济学、法律等方面具有必要的知识，了解社会发展规律和21世纪发展趋势，对文学、艺术、伦理、历史、社会学及公共关系学等若干方面进行一定的学习。

掌握一门外国语。

(2)自然科学基础知识

掌握高等数学和本专业所必需的工程数学,掌握普通物理的基本理论,掌握与本专业有关的化学原理和分析方法,了解现代物理、化学的基本知识,了解信息科学、环境科学的基本知识,了解当代科学技术发展的主要方面和应用前景。

掌握一种计算机程序语言。

(3)学科和专业基础知识

掌握理论力学、材料力学、结构力学的基本原理和分析方法,掌握工程地质的基本原理与土力学的基本原理和实验方法,掌握流体力学(主要为水力学)的基本理论和分析方法。

掌握工程材料的基本性能和适用条件,掌握工程测量的基本原理和基本方法,掌握画法几何基本原理。

掌握工程结构构件的力学性能和计算原理,掌握一般基础的设计原理。

掌握土木工程施工与组织、项目管理及技术经济分析的基本方法。

(4)专业知识

在建筑工程、隧道与地下建筑、公路与城市道路、铁道工程、桥梁建筑等范围内,至少应达到下列两项要求:

掌握土木工程项目的勘测、规划、选型或选线、构造的基本知识。

掌握土木工程结构的设计方法、CAD和其他软件应用技术。

掌握土木工程基础、了解地基处理的基本方法。

掌握土木工程现代施工技术、工程检测与试验的基本方法。

掌握土木工程的防灾与减灾的基本原理及一般设计方法。

了解本专业的有关法规、规范与规程。

了解本专业发展动态。

(5)相邻学科知识

了解土木工程与可持续发展的关系,了解建筑与交通的基本知识。

了解给排水的一般知识,了解供热通风与空调、电气等建筑设备、机械等的一般知识。

了解工程管理的基本知识。

了解土木工程智能化的一般知识。

3.能力结构

(1)获取知识的能力

具有查阅文献或其他资料、获得信息水平的能力。

(2)运用知识的能力

具有根据使用要求、地质地形条件、材料与施工的实际情况,积极合理、安全可靠地进行土木工程勘测和设计的能力。

具有解决施工技术问题和编制施工组织设计的初步能力。

具有工程经济分析的初步能力。

具有进行工程监测、检测、工程质量可靠性评价的初步能力。

具有一般土木工程项目规划的初步能力。

具有应用计算机进行辅助设计、辅助管理的初步能力。

具有阅读本专业外文书刊、技术资料和听说写译的初步能力。

（3）创新能力

具有科学研究的初步能力。

具有科技开发、技术革新的初步能力。

（4）表达能力和管理、公关能力

具有文字、图纸、口头表达的能力。

具有与工程的设计、施工、使用相关的组织管理的初步能力。

具有社会活动、人际交往和公关能力。

4. 身体素质

具有一定的体育和军事基本知识，掌握科学锻炼身体的基本技能，养成良好的体育锻炼和卫生习惯，受到必要的军事训练，达到国家规定的大学生体育和军事训练合格标准，具备健全的心理和健康的体魄，能够履行建设祖国和保卫祖国的神圣义务。

1.3 土木工程发展简史

土木工程的发展经历了古代、近代和现代 3 个历史时期。

1.3.1 古代土木工程

古代土木工程有着很长的时间跨度，它大致从新石器时代（约公元前 5000 年起）开始至 17 世纪中叶。随着年代的推移，古代土木工程具有代表性的有：

（1）中国黄河流域的仰韶文化遗址（公元前 5000 年至公元前 3000 年我国新石器时代有一种文化称仰韶文化，1921 年首次发现于河南渑池仰韶村，分布于黄河中下游流域），如西安半坡村遗址有很多圆形房屋的痕迹，经分析是直径为 5～6 m 圆房屋的土墙，墙内竖有木桩，支承着用茅草做成的屋面，茅草下有密排树枝起龙骨作用。现仍遗存有木柱底的浅穴和一些地面建筑残痕。半坡村房屋复原示意如图 1.1 所示。

（2）埃及帝王陵墓建筑群——吉萨金字塔群，如图 1.2 所示，建于公元前 2700 年至公元前 2600 年。其中以古王国第四王朝法老胡夫的金字塔最大。该塔塔基呈方形，每边长 230.35 m，高约 146 m。用 230 余万块巨石砌成。塔内有甬道、石阶、墓室等。

图 1.1 半坡村房屋复原示意　　　图 1.2 埃及帝王陵墓建筑群——吉萨金字塔群

（3）公元前 770 年泰襄公时期，人们曾用以木材（截面尺寸约为 150 mm×150 mm 的方形木材）和青铜质金钉（发音为 gang）做成的木框架建造房屋。其复原示意如图 1.3 所示。

（4）中国古代建筑大多为木结构加砖墙建成。公元 1056 年建成的山西应县木塔（佛宫寺释伽塔）（图 1.4），塔高 67.3 m，外观 5 层，内有 4 暗层，实为 9 层，横截面呈八角形，底层直径达 30.27 m。该塔经历了多次大地震、历时近千年仍完好耸立，足以证明我国古代木结构的高超技术。其他木结构如北京故宫、天坛，天津蓟州区的独乐寺观音阁等均为具有漫长历史的优秀建筑。

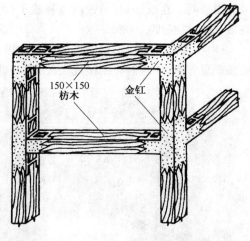

图 1.3　古代金钉木框示意（单位：mm）

应县木塔立面（照片）

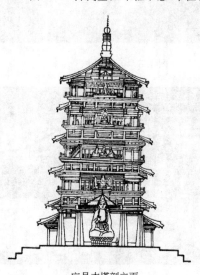

应县木塔剖立面

图 1.4　山西应县木塔立面及剖面

（5）我国古代的砖石结构也有伟大成就。最著名的当数万里长城，它东起山海关，西至嘉峪关，全长 5 000 余 km（图 1.5）。又如公元 590 年至 608 年在河北赵县建成的赵州桥（图 1.6）为单孔圆弧弓形石拱桥，全长 50.82 m，桥面宽 10 m，单孔跨度 37.02 m，矢高 7.23 m，用 28 条并列的石条拱砌成、拱肩上有 4 个小拱，既可减轻桥的自重，又便于排泄洪水，且显得美观，经千余年后尚能正常使用，确为世界石拱桥的杰作。

（6）我国一直有兴修水利的优良传统。传说中的大禹因治水有功而成为受人敬仰的伟大人物。四川成都市的都江堰水利工程（图 1.7），为秦昭王（公元前 306 年至前 251 年）时由蜀太守李冰父子主持修建，建成后，使成都平原成为"沃野千里"的天府之乡。这一水利工程，至今仍造福于四川人民。在今天看来，这一水利设施的设计也是非常合理、十分巧妙的，许多国际水利工程专家参观后均十分叹服。隋朝时开凿修建的京杭（北京—杭州）大运河，全长 2 500 km，是世界历史上最长的运河。至今该运河的江苏、浙江段仍是重要的水运通道。

（7）在交通工程方面，古代也有伟大成就，秦朝统一中国后，以咸阳为中心修建了通往全国各郡县的驰道，主要干道宽 50 步（古代长度单位，1 步等于 5 尺，其中 1 m＝3 尺）。形成了全国的交通网。在欧洲,罗马帝国也修建了以罗马为中心的道路网,包括 29 条主干道和 322 条联系支线,总长度达 78 000 km。

(8)中国历代封建王朝建造的大量宫殿和庙宇建筑,都系木构架结构。它是用木梁、木柱做成承重骨架,用木制斗拱做成大挑檐,四壁墙体都是自承重的隔断墙(图 1.8)。

图 1.5　万里长城

图 1.6　赵州桥

图 1.7　都江堰

图 1.8　故宫太和殿

(9)西欧各国以意大利比萨大教堂和法国巴黎圣母院(图 1.9)为代表的教堂建筑,都采用了砖石拱券结构。

这一时期还出现了一些经验总结和描述外形设计的土木工程著作。其中比较有代表性的为公元前 5 世纪的《考工记》、宋代李诚的《营造法式》、意大利文艺复兴时期阿尔贝蒂著的《论建筑》等。

1.3.2　近代土木工程

一般认为,近代土木工程的时间跨度为 17 世纪中叶到第二次世界大战前后,历时 300 余年。在这一时期,土木工程逐步形成为一门独立学科。

1683 年意大利学者伽利略发表了"关于两门新科

图 1.9　巴黎圣母院

学的对话",首次用公式表达了梁的设计理论。1687 年牛顿总结出力学三大定律,为土木工程奠定了力学分析的基础。随后,在材料力学、弹性力学和材料强度理论的基础上,法国的纳维于 1825 年建立了土木工程中结构设计的容许应力法。从此,土木工程的结构设计有比较系统的理论指导。

从材料方面来讲,1824 年波特兰水泥的发明及 1867 年钢筋混凝土的开始应用是土木工程史上的重大事件;1859 年转炉炼钢法的成功使得钢材得以大量生产并应用于房屋、桥梁等建筑(构)物;由于混凝土及钢材的推广应用,使得土木工程师可以运用这些材料建造更为复杂的工程设施。

在近代及现代建筑中,凡是高耸、大跨、巨型、复杂的工程结构,绝大多数应用了钢结构或钢筋混凝土结构。这一时期内,产业革命促进了工业、交通运输业的发展,对土木工程设施提出了更广泛的需求,同时也为土木工程的建造提供了新的施工机械和施工方法。打桩机、压路机、挖土机、掘进机、起重机、吊装机等纷纷出现,这为快速高效地建造土木工程提供了有力手段。

这一时期具有历史意义的土木工程很多,下面列举的一些例子只是其中的一小部分。

1825 年英国修建了世界上第一条铁路,长 21 km,1869 年美国建成了横贯东西的北美大陆铁路。

1863 年英国在伦敦建成了世界上第一条地下铁道,随后美、法、德、俄等国均在大城市中相继建设了地下铁道交通网。

1875 年法国奥尼埃主持修建了一座长达 16 m 的钢筋混凝土桥。

1883 年美国芝加哥在世界上第一个采用了钢铁框架作为承重结构,建造了一幢 11 层的保险公司大楼,被誉为现代高层建筑的开端。

1886 年美国首先采用了钢筋混凝土楼板,1928 年预应力混凝土的发明,随后预应力空心板在世界各国广泛使用。

1889 年在法国建成了高达 300 m 的埃菲尔铁塔(图 1.10),该塔有 18 000 余个钢质构件,将这些构件联结起来用了 250 万个铆钉,铁塔总重 7 000 t。该塔已成为巴黎乃至法国的标志性建筑,至今观光者络绎不绝。

图 1.10 埃菲尔铁塔

在水利建设方面宏伟的成就是两条大运河的建成通航,一条是 1869 年开凿成功的苏伊士运河,将地中海和印度洋连接起来,这样从欧洲到亚洲的航行不必再绕行南非,另一条是 1914 年建成的巴拿马运河(图 1.11),它将太平洋和大西洋直接联系起来,在全球运输中发挥了巨大作用。

在第一次世界大战后,许多大跨、高耸和宏大的土木工程相继建成。其中典型的工程有 1936 年在美国旧金山建成的金门大桥(图 1.12)和 1931 年在美国纽约建成的帝国大厦。金门大桥为跨越旧金山海湾的悬索桥,桥跨 1 280 m,是世界上第一座单跨超过千米的大桥,桥头塔架高 277 m。主缆直径 1.125 m,由 27 572 根钢丝织成,其中每 452 根钢丝先组成一股,由 61 股再织成主缆索,索重 11 000 t 左右。锚固缆索的两岸锚锭为混凝土巨大块体,北岸混凝土锚锭质量为 130 000 t,南岸的小一些,也达 50 000 t。帝国大厦共 102 层,高 381 m,钢骨架总重超过 50 000 t,共装 73 部电梯,这一建筑高度保持世界纪录达 40 年之久。

图 1.11　巴拿马运河

图 1.12　金门大桥

这一时期的中国,由于清朝采取闭关锁国政策,土木工程技术进展缓慢;直到清末洋务运动开始,才引进了一些西方先进技术,并建造了一些对中国近代经济发展有影响的工程。例如,1909 年詹天佑主持修建的京张铁路,全长 200 km。当时,外国人认为中国人依靠自己的力量根本不可能建成,詹天佑的成功大长了中国人的志气,他的业绩至今令人缅怀。1934 年,上海建成了 24 层的国际饭店,直到 20 世纪 80 年代广州白云宾馆建成前,国际饭店一直是中国内陆最高的建筑。1937 年,茅以升先生主持建造了钱塘江大桥,这是公路、铁路两用的双层钢结构桥梁,是我国近代土木工程的优秀成果。

1.3.3　现代土木工程

第二次世界大战以后,各国经济复苏和现代科学技术迅速发展为土木工程的进一步发展提供了强大的物质基础和技术手段,开始了以现代科学技术为后盾的土木工程新时代。这一时期的土木工程有以下几个特点:

1. 功能要求多样化

近代的土木建筑工程已经超越原来意义上的挖土盖房、架梁为桥的范围。公共建筑和住宅建筑要求周边环境,结构布置,与水、电、煤气供应,室内温、湿度调节控制等现代化设备相结合,而不满足于仅要土木工程提供"徒有四壁""风雨不浸"的房屋骨架。由于电子技术、精密机械、生物基因工程、航空航天等高技术工业的发展,许多工业建筑提出了恒湿、恒温、防微振、防腐蚀、防辐射、防磁、无微尘等要求,并向跨度大、分隔灵活、工厂花园化的方向发展。

2. 城市建设立体化

随着经济发展和人口增长,城市人口密度迅速加大,造成城市用地紧张,交通拥挤,地价昂贵,这就迫使房屋建筑向高层发展,使得高层建筑的兴建几乎成了城市现代化的标志。目前全球超过 300 m 的超高层建筑,其中有 70% 在中国,中国已经成为世界上拥有超高层建筑最多的国家。许多发展中国家在经济发展过程中也争相建造高层建筑。近年来,马来西亚、新加坡、越南等东南亚国家的高层建筑方面得到了较快的发展。现在,位于阿联酋迪拜的哈利法塔总高 828 m(图 1.13),居世界第一;日本的东京晴空塔(634 m),居世界第二;中国上海中心大厦高 632 m,居世界第三;麦加皇家钟楼饭店高 601 m,居世界第四;中国广州塔以及平安大厦(600 m),居世界第五;美国纽约的世贸中心自由之塔总高 541.3 m,居世界第六;广州东塔(中国,530 m),居世界第七;中国台北的 101 大楼总高 508 m,居世界第八;中国上海的环球金融中心总高 492 m(图 1.14),居世界第九。

图 1.13 哈利法

图 1.14 上海环球金融中心

城市为了解决交通问题，光靠传统地面交通已无能为力，于是一方面修建地下交通网，另一方面又修建高架公路网或轨道交通。随着地下铁道的兴建，地下商业街、地下停车场、地下仓库、地下工厂、地下旅店等也陆续发展起来。而高架道路的造价比地下铁道要经济得多，因而大中城市纷纷建设高架公路、高架轨道交通。高架道路与城市立交桥的兴建不仅缓解了城市交通问题，而且还为城市的面貌增添风采。现代化城市建设是地面、空中、地下同时展开，形成了立体化发展的局面。

3. 交通工程高速化

随着经济的繁荣与发展，运输系统提出了高速、快捷、高效的要求，而现代化技术的进步也为满足这种要求提供了条件。现在人们常说："地球越来越小了"，这是运输高速化的结果。

高速公路出现于第二次世界大战前，但到战后才在各国大规模兴建。截至 2020 年底，世界高速公路总里程已超过 34 万 km，近 80 个国家已建成高速公路，中国总里程达 16.1 万 km，居世界第一。铁路运输在公路、航空运输的竞争中也开始专线化和高速化。从 20 世纪 60 年代初开始，速度 200 km/h 以上的高速铁路先后在日本、法国和德国建成。我国的高速铁路起步相对较晚，2008 年 8 月 1 日，京津城际铁路正式通车，这是我国第一条高标准、设计时速为 350 km 的高速铁路。经过 10 多年的建设和发展，中国目前已经拥有全世界最大规模以及最高运营速度的高速铁路网。截至 2021 年底，我国铁路营业里程已突破 15 万 km，其中高速铁路营业里程超过 4 万 km，高速铁路对百万人口以上城市覆盖率超过 95%；近中期规划中从 2010 年起至 2040 年，用 30 年的时间，将全国主要省市区连接起来，形成国家网络大框架。考虑现实，线路东密西疏；照顾西部，站点东疏西密。所有高铁线路的规划和建设，全部由国家集中组织实施，建成后的营运，由中国国家铁路集团有限公司管理。我国高速铁路运营里程约占世界高铁运营里程的 45%，稳居世界高铁里程榜首。飞机是最快捷的运输工具，但成本高、运输员小。第二次世界大战以后飞机的容量愈来愈大，功能愈来愈多，对此许多国家和地区相继建设了先进的大型航空港。1974 年投入使用的巴黎戴高乐机场，拥有 4 条跑道，跑道面层混凝土厚 400 mm，机场占地面积约 30 km²，高峰时每分钟可起降 2～3 架飞机。现在，沙特阿拉伯达曼法赫德国王国际机场,居世界第一。我国在北京、上海、香港新建或扩建的机场均已跨入世界大型航空港之列。我国北京首都机场是一个拥有 3 座航站楼、3 条跑道、双塔台同时运行的大型国际航空枢纽,105 家航空公司将这座机场与全世界 65 个国家和地区的 296 座机场相连。在 2018 年全年,北京首都国际机场的年吞吐量为 1 亿 100 万人,居亚洲第一,世界第二,也是继美国亚特兰大机场后全球第二个年旅客吞吐量过亿人次的机场。这种庞大的空中交通设施,对机场的导航系统,客货出入分流系统,安全检查系统,故障紧急救援系统均有很严格的要求,完成这样巨大的航空港建设没有现代土木工程技术是不能实现的。

4. 工程设施大型化

为了满足能源、交通、环保及大众公共活动的需要,许多大型的土木工程在第二次世界大战后陆续建成并投入使用。

1. 工程设施大型化实例

古代建设交通道路是"逢山开路,遇水架桥",但真的遇到大江大河或高山险岭,还是得绕行。如我国长江,直到 1956 年才建了第一座跨江大桥。在有了现代化的施工技术后,跨江河甚至跨海湾的大桥陆续建成。自 1937 年美国金门悬索桥一跨超过千米以后,目前已有十几座悬索桥的主跨超过了金门大桥。其中日本明石海峡大桥,主跨 1 991 m,于 1998 年建成,它连接了日本的本州与四国岛,居世界第一。值得自豪的是,我国浙江于 2009 年建成的西堠门大桥,主跨为 1 650 m,居世界第二位。丹麦于 1998 年建成的大贝尔特桥,主跨 1 624 m,居世界第三位。奥斯曼加齐大桥是一座横越土耳其伊兹密特湾的悬索桥,主跨 1 550 m,居世界第四位。

在拱桥方面,克尔克二号混凝土拱桥跨度达 390 m,在相当长时间内稳居世界第一。但中国于 1997 年在四川万州区建成的万州长江大桥,主跨 420 m,跃居世界第一位。中国四川于 2012 年建成的昭化嘉陵江大桥,主跨 364 m;四川合江县于 2013 年建成的波司登长江大桥,主跨 530 m,均已成为世界名桥。在钢拱桥方面,悉尼港湾桥跨度 503 m,为悉尼的标志性建筑之一。美国的新河峡钢拱桥,主跨 518 m。值得自豪的是,我国重庆于 2009 年建成的朝天门长江大桥,主跨 552 m,超越美国新河峡大桥,位居世界第一位。

斜拉桥是第二次世界大战以后出现的新桥型。1993 年在上海建成的杨浦斜拉桥,主跨 602 m,当时居世界第一。现在跨度最大的斜拉桥为俄罗斯于 2012 年建成的俄罗斯岛大桥,跨度达 1 104 m。上海南浦斜拉桥,跨度 423 m 与杨浦大桥及高架公路配合,组成内环交通线,不仅解决了上海浦东的交通问题,此二桥也是显示上海新风貌的宏伟工程。

在隧道方面,近代开凿了许多穿过大山或越过大江、海峡的通道。目前,日本于 1988 年建成的青函海底隧道,长 53.8 km,居世界第一。瑞士于 2017 年建成圣哥达铁路隧道,全长 57 km,跃居世界第一位。2018 年 11 月 6 日,中国青岛地铁 1 号线海底隧道顺利贯通,海底隧道全长 8.1 km,海底区间距海平面最大深度约 88 m,为当时中国国内最深的海底隧道和最长的地铁海底隧道。跨越维多利亚港连接九龙半岛和香港岛的香港海底隧道是世界上最繁忙的行车隧道之一,全长 1.8 km,平均每日行车量达 121 700 辆。2006 年开通的乌鞘岭隧道全长 20.05 km,是中国最长的铁路隧道。

在高层建筑方面,2013 年美国纽约建成的世界贸易中心一号大楼,104 层,高 514 m;2012 年沙特阿拉伯王国建成的麦加皇家钟楼饭店,120 层,高 601 m。目前,中国最高的建筑为上海中心大厦,高 632 m。其他具有代表性的高层建筑还有:上海环球金融中心,高 492 m;香港环球贸易广场,高 484 m;紫峰大厦,高 450 m。

在高耸结构方面,日本东京晴空塔(图 1.15),高 634 m,为世界之冠。排名世界第二则为我国的广州塔(图 1.16),高 600 m。加拿大国家电视塔,高 553.3 m,居世界第三位。以下依次为俄罗斯奥斯坦金诺电视塔,高 540.1 m;中国东方明珠塔广播电视塔,高 468 m;伊朗默德塔,高 435 m。

图 1.15　日本东京晴空塔　　　　　　　　　　　　图 1.16　广州塔

在大跨度建筑方面,主要是体育馆、展览厅和大型储罐。如美国西雅图的金群体育馆为钢结构穹球顶,直径达 202 m。法国巴黎工业展览馆的屋盖跨度为 218 m×218 m,由装配式薄壳组成。北京工人体育馆为悬索屋盖,直径为 90 m。日本于 1993 年建成的预应力混凝土液化气储罐,容量达 140 000 m³。在瑞典、挪威、法国等欧洲国家,在地下岩石中修建不衬砌的油库和气库,其容量高达几十万甚至上百万立方米。

为了满足日益增长的能源要求,海上采油平台、核发电站等也加快了建造速度。20 世纪 50 年代才开始和平利用核能建造原子能电站,到 80 年代已有 277 座核电站分布于 23 个同家,待建的尚有 613 座,分布于 40 个国家。目前我国已有大亚湾、秦山、岭澳、连云港等 27 座核电站,核电站的土木工程非常复杂,为防辐射泄漏防爆的核安全壳就是要求十分严格的特种结构,再如海上采油平台,全世界已有 1.4 万多座,中国在渤海、东海和南海也建有多座采油钻井平台,正在开采海底石油,这种平台所处环境恶劣、荷载复杂、施工困难而功能要求很高,平台的建造可以显示其土木工程的技术水平。

水利工程中筑坝蓄水,对灌溉、航行、发电有许多利益。目前,世界上最高的重力坝为瑞士的大狄克桑斯坝,高 285 m,其次为俄罗斯的萨扬舒申斯克坝,高 245 m。我国于 2009 年建成的二滩碾压混凝土重力坝,高 240 m。第二次世界大战后发展了钢筋混凝土拱坝。目前世界上最高的拱坝(目前世界上已建、在建和设计中最高的双典薄拱坝)是锦屏一级水电站,设计坝高 305 m。在装机发电容量方面,超过 1×10⁷ kW 的电站有 3 座,分别为委内瑞拉的古力水电站,总装机容量为 1 023 ×10⁴ kW;巴西—巴拉圭的伊泰普水电站,装机容量 1 400×10⁴ kW;中国的三峡水电站,总装机容量 2 250×10⁴ kW,居世界第一。中国建成的水电站还有四川二滩水电站,拱坝高 242 m,装机容量 300×104 kW;黄河小浪底水利枢纽,主坝为堆石坝,坝高 154 m,总装机容量 180×104 kW,均属世界先进水平。2020 年 12 月 10 日,跨越 5 个省市、长 2 087 km 的电力大动脉——白鹤滩江苏输电工程,在四川凉山正式开工。白鹤滩水电站建成后,将成为世界上又一项大型工程,完成"西电东送"的伟大壮举。

综观土木工程历史,中国在古代土木工程中有光辉成就,至今仍有许多历史遗存,有的已列入世界文化遗产名录。在近代土木工程中,进展很慢,这与封建时代末期落后的制度有关。

在现代土木工程中,我国在近20多年来取得了举世瞩目的成就。以往在列举世界有名的土木工程时,只有长城、故宫、赵州桥等古代建筑,而现在无论是高层建筑、大跨度桥梁,还是宏伟机场、港口码头,中国在前十名中均有建树,有的已位列前三,甚至第一,这些成就均为改革开放以来取得的。土木工程的发展可以从一个侧面反映出我国经济的发展,显示中华民族正在开始复兴。这一进程仅仅是开始,有志于土木工程建设的同学们是非常幸运的,可望在未来土木工程的建设中贡献青春,奉献才华。

1.4 土木工程专业课程设置和学习建议

1.4.1 土木工程专业课程设置

按教育部2020年专业目录设置的土木工程专业,是一个宽口径的专业。专业的拓宽、课程的设置上,主要体现在专业基础课程的拓宽。土木工程专业的课程设置与实践教学环节,应满足培养目标的要求,使培养对象在结束本科学业后,具备从事土木工程设计、施工、管理工作的基本知识和能力,经过一定的训练后,具有开展研究和应用开发的初步能力。

本教材所提出的专业课程设置与实践教学环节为参考性意见。对专业课程和实践教学环节的设置、内容编排、教学方式等,应根据既有专业统一要求、又有各校培养特色的方针,结合各院校的实际情况,进行具体安排。

1. 课程设置

(1)专业主干学科:力学、土木工程

(2)课程结构和相对比例

课程分为公共基础课、专业基础课和专业课。

课内总学时一般控制在2 500学时,公共基础课一般占50%,专业基础课和专业课分别占30%和10%左右。总学时中的10%,由各院校根据自己的情况,分别安排在上述三部分课程中。

(3)课程性质

课程性质分为必修课,选修课(含限定选修课和任意选修课)。以下所列课程名后注 * 者,一般应作为必修课开设;但可以将所建议的必修课的内容重组在其他课程中。未加 * 者,可作为选修课,由各院校决定是否开设。课程总量中,至少应有10%左右的课程为选修课程。

(4)课程由公共基础课、专业基础课、专业课构成

公共基础课包括:①人文社会科学类课程:马克思主义哲学原理 * 、毛泽东思想概论 * 、邓小平理论概论 * 、法律(法律基础 * 、土木工程建设法规)、经济学(政治经济学、经济学或工程经济学)、管理学、语言(大学英语 * 、大学语文或科技论文写作)、文学与艺术、伦理(工程职业伦理、品德修养 *)、心理学或社会学(公共关系学)、历史;②自然科学类课程:高等数学 * 、工程数学 * (线性代数、概率与数理统计)、物理 * 、物理实验 * 、化学 * 、化学实验、环境科学、信息科学、现代材料;③其他公共类课程:体育 * 、军事理论 * 、计算机文化 * 、计算机语言与程序设计 * 。

专业基础课构成了土木工程专业共同的专业平台,为学生在校学习专业课程和毕业后在专业的各个领域继续学习提供坚实的基础。这部分课程包括工程数学、工程力学、流体力学、结构工程学、岩土工程学的基础理论以及从事土木工程设计、施工、管理所必需的专业基础理论。具体来讲,专业基础课程包括工程力学 * (理论力学、材料力学)、结构力学 * 、流体力学 * 或水力学 * 、土力学 * 、工程地质 * 、土木工程概论 * 、土木工程材料 * 、土木工程制图 * 、工

程测量＊、荷载与可靠性设计原理＊、混凝土结构设计原理＊、钢结构设计原理＊、基础工程＊、土木工程施工＊、建设项目管理＊、工程概预算＊。

专业课可按课群组的形式设立，课群组的设置方式应与本专业的业务范围相对应，各院校应设置不少于三个课群组。各课群组的内容一般应包含工程项目的规划、选型或选线设计、结构设计、施工、检测或试验等课程和相关的课程设计、专业实习等内容。设置课群组的目的，是使学生通过学习和训练，学会应用由专业基础课程学得的基本理论，进一步深入掌握专业技能，建立初步的工程经验。

各院校专业课课群组的设置应反映本校特色。

本科生的专业课学习应在选读一个课群组基础上，选读跨越两个或两个以上课群组的有关课程。

2. 实践教学环节

(1)实践教学环节的地位

实践教学环节是土木工程教育中非常重要的环节，在现代工程教育中占有十分重要的位置，是培养学生综合运用知识、动手能力和创新精神的关键环节，它的作用和功能是理论教学所不能替代的。各校要注意把实践教学的改革纳入整个教学内容、课程体系的改革当中，发挥整体教育功能。

(2)实践教学环节的主要内容和学时

①内容及学时

基础与专业实践教学环节包括计算机应用、实验课(论文)等类别。总学时一般安排在40周左右。

②实践教学环节的性质

土木工程专业的实践教学环节均为必修，不允许免修。

③建议设置的实践教学环节

计算机应用类：计算机上机实习，可结合在各种课程教学和设计类教学过程中，总实习机时不少于200学时。

实验类：大学物理实验、力学实验、材料实验、土工实验、结构实验。

实习类：认识实习、测量实习、地质实习、生产实习、毕业实习。

课程设计类：勘测、房屋建筑类课程设计、结构类课程设计、工程基础类课程设计、施工类课程设计。

毕业设计(论文)：一般不少于12周。

(3)主要实践教学环节的基本要求

①计算机实习类

了解计算机文化基础、算法与数据结构计算机实用软件基础。

掌握与各门课程有关的工程软件应用方法，熟悉CAD制图。

②实验类

了解所学课程的实验方法，正确使用仪器设备。

训练实验动手能力，培养科学实验及创新意识。

掌握一般结构实验的基本方法，初步具备结构检验的技能。

③实习类

掌握各项实习内容及有关的操作和测量技能，能初步应用理论知识解决实际问题。

了解土木工程师的工作职责范围，参与部分或全部工作。

了解土木工程师的项目管理，正确使用我国现行的施工规范和规程。

④课程设计类

了解与土木工程有关的法规和规定。

了解工程师的工作过程和工作职责，了解设计过程中各工种之间的配合原则。

通过工程设计，综合应用所学基础理论和专业知识，具有独立分析解决一般土木工程技术问题的能力。

有能力用书面及口头的方式清晰而准确地表达设计意图及各项技术观点。

⑤毕业设计（论文）

知识方面，要求能综合应用各学科的理论、知识与技能，分析和解决工程实际问题，并通过学习、研究与实践，使理论深化、知识拓宽、专业技能延伸。

能力方面，要求能进行资料的调研和加工，能正确运用工具书，掌握有关工程设计程序、方法和技术规范；提高工程设计计算、理论分析、图表绘制、技术文件编写的能力，或具有实验、测试、数据分析等研究技能；有分析与解决问题的能力；有外文翻译和计算机应用的能力。

素质方面，要求树立正确的设计思想，严肃认真的科学态度和严谨的工作作风，能遵守纪律，善于与他人合作。

1.4.2　土木工程专业教学方法

教学方式决定于教学任务和内容，为完成教学任务和内容服务。我国各校土木工程专业基本的教学方式有如下方法：

1. 课堂教学

课堂讲授（由教师传授知识、技能和方法）；课堂讨论（以问题讨论方式进行师生交流）；习题课（在课堂进行习题演算方式，进行师生交流）；辅导（答疑或质疑，由教师帮助学生理解教学内容）。

2. 电化教学

录像（用于传输动态图像或事物变化过程）；录音（用于语音教学）；计算机辅助教学（展现教学体系、内容和图示；人机对话，训练理解能力；观察实物现象、破坏现象、物体图形；练习解题，辅助作业；辅助设计作业）。

3. 实验教学

通过在实验室中观察事物、现象的变化的方法，获取知识或验证知识。

4. 设计教学

课程设计（针对某一课题，综合运用本课程的理论和方法，制订出解决该课题问题的方案、图示、说明）；毕业设计（针对某一实际工程或研究项目，综合运用本专业已学的理论知识和技术手段，制订出可付诸实施的方案、图示、说明，作为总结检查学生在校期间的学习成果）。

5. 现场教学

组织学生到工地现场或生产车间，通过观察、调查进行教学。

6. 实习

教学实习（通过学生自己实际操作练习完成所属课程规定的教学要求如土工操作实习等）；认识实习（到生产现场系统地了解生产过程或实际产品）；生产实习（在生产现场以技术员、管理员等身份直接参与生产过程，使所学专业知识能与生产结合起来）；毕业实习（到生产现场或技术科室收集各种资料数据,为毕业设计做准备)。

7. 社会实践

公益劳动(参加校内或校外劳动,如改善校内环境、参加社区服务等,以树立劳动观念);军事训练(实施军事教育和训练,以增强国防观念,加强组织纪律);社会调查(参加各类社会活动,进行调查研究,写出调查报告,培养分析社会现象的能力)。

8. 自学

教师不进行课堂讲授,只提出学习要求、列出教材和参考书。布置作业,进行答疑、质疑,组织讨论;学生根据规定的教材和作业进行自学和练习,在通过专业规定的考查和考试后获得承认或取得学分。

9. 考核

既检查学生学业成绩,也检查教师教学效果。一般有:考试(包括期中、学期考试,方法有口试、开卷考试、闭卷考试、操作考试等);考查(包括日常考查和总结性考查,方法有写书面作业、书面总结、口头提问、书面测验、检查实践性作业等)。

在这 9 种教学方式中,以课堂讲授、课堂讨论、实验教学、设计教学、生产实习最为重要。

1.4.3 土木工程专业学习建议

近几年,土木工程专业在大学招生时被众多学子和家长看好。据调查,在学生填报高考志愿时,仅有少部分学生和家长的选择是基于对土木工程专业一定的了解,而更多则是受社会环境或他人的影响。由于土木工程专业是一门应用性学科,其理论的内涵具有相当深度,需要深厚的数学和力学基础,同时其理论的外延具有较大跨度,受建(构)筑物对象和功能、采用材料、施工工艺等众多复杂因素的影响,客观地造成土木工程专业学生学习的困难。因此,学生正确认识土木工程专业课程体系构成,了解土木工程专业学习特点,是使学生建立专业兴趣,端正学习态度,促进学生学好土木工程专业相关课程的重要基础。那么大学生怎样才能尽快适应土木工程专业学习生活呢?

从具体学习方面看,我们在按常规方式介绍本科所开设的课程体系的同时,把大学本科的主要专业基础课和专业课按基本研究方法分成四种基本类型:基础理论类、应用理论类、工程实践类和管理类,并对前三类课程在逻辑结构和学习方法上做重点讲解,其概要如下:

1. 基础理论类课程

这类课程是学生在大学一、二年级学习的,例如微积分线性代数、概率论和数理统计、理论力学、流体力学和弹性力学等。这些课程的出发点是基本假设或定律(公理),教材则以"定义＋定理＋应用例题"为基本结构。这些课程与中学数学和物理课程比较类似,但要比中学课程更加严密。所以,这些课程对于逻辑思维不够严谨的学生构成严重威胁,学生学习这些课程的主要困难在于,这里的证明或推理的过程和思路往往是学生在大学以前没有碰到过的,并且很难实用主义地归纳成几种典型方法。通过这些课程的学习,希望学生能够养成严谨的科学态度,灵活而严密的推理思路和数学表达,其中对数学表达能力要像对待汉语的文字表达能力一样引起特别的重视。

2. 应用理论类课程

这类课程中包括材料力学、工程材料、结构力学、土力学、工程地质,以及钢筋混凝土原理和钢结构原理中的部分内容。此类课程不追求逻辑上的严谨,而是根据各种应用目的来安排各章节。这些课程中的基本概念和大部分原理往往来自对自然现象、实验结果或者实际工程经验的归纳，所以这些概念往往不以严格的定义形式给出，甚至有些概念的内涵或外延也不是完全清楚的。这些原理的前提假设往往难以简单列举，对原理往往只作描述性的说明。推理过程中还往往引入一些看上去莫名其妙的假设，有些习惯了严谨逻辑的学生往往不能适应这种方法，他们在开始学习这类课程时都会有一定的障碍，会感到始终理不清楚头绪，甚至成绩严重失常。这里我们要告诉这类学生，所有这些不严密正是人们在认识世界和改造自然方面知识不完全和阶段性的表现，已经获得的知识尽管并不完善，但仍然对工程实际问题有很强的指导意义，并且需要应用到工程实际中，在没有更好的方法之前，只能用这样的方法，我们总不能不去造房修路架桥而停下来等待严密理论的诞生，与此相反，另一些（多数）学生则不加思索地接受这种论证的结果为最终结论，对这些学生则需要提醒他们，对此不能提出质疑对深入研究是不利的，这里的每一处不完善都可能是一个重要的研究方向，需要同学们今后去努力钻研。

3. 工程实践类课程

包括构件和结构设计类以及施工技术类课程。这类课程在方法论上的特点是，在规程和规范的框架下，采用各种可行的手段和方法，以程序化的（基本上是线性的，有确定的先后顺序的）方式达到目的——完成各类工程设施的设计和施工任务，这类课程采用的是一种化繁难为简易，直奔目标的思考方法和行为方式，也就是按照所论问题在整体中的重要性，合理取舍，大胆简化，不纠缠于局部和细节，绕开尚未完满解决的问题，采用并非最优但却可行的方法，力求在给定时间内高效率地解决问题。实际上这些化繁为简的思考方法绝大多数已经体现在规程和规范中了。规程、规范本身充分运用了"易则易知，简则易从，易知则有亲，易从则有功"的思想。也正因为如此，我们还提醒学生，应该以前述观点来对待规程、规范，并且今后在学习这些课程时，切不可满足于诸如规范上就是这么要求的。如果把规范当成圣经，那我们培养出来的只能是高级工匠。这些课程是学生从理论家到实干家的桥梁。这些思考方法是工程师所必须具备的基本素质，是工程师与科学家习惯性思维方式的根本差异所在。这里我们主要强调的问题的核心是"可行"，可行的手段或方法肯定不是唯一的。当然最好能达到满意，这是人们所梦想达到的目标。

4. 管理类课程

这类课程在方法论上我们只强调"系统"与"和谐"这四个字，这是这类课程的基本要点与核心。也就是以系统的观点研究相互制约的各种因素，通过适当的手段、方法和步骤最终达到一种平衡与和谐，也就实现了目标。尽管以上这样一些思考和解决问题的方法贯穿于本科课程的始终，但是在学生个别地学习某一门或几门课程时，对此往往只有模糊的、似是而非的认识。所以，在他们开始学习之前给他们以一个宏观性的索引（尽管是粗略的），对他们在学习中把握住核心和要点将是十分有益的。否则非但没有学到方法，反而会感到诸多的不理解和不适应。这会导致有些学生（往往是一些学习好的学生）在某门课程上表现失常。

思考题 ▮▮▮

1.1　你报考土木工程专业是自己选择的吗？你喜欢土木工程专业吗？

1.2　试述培养目标、大学生基本素质要求和学习目的之间的联系和区别。

1.3　你在入学前的职业意向和本专业培养目标一致吗？如果一致，你准备怎样实现培养目标？如果不一致，你准备怎样进行调整？

　　1.4　通过本章的学习你知道大学生和想象的一样吗？有哪些不同和相同？

　　1.5　什么是土木工程？古代、近代、现代土木工程有哪些区别？

　　1.6　试论述土木工程的基本内涵。

　　1.7　试论述土木工程的课程大学四年的分布。

　　1.8　大学生基本素质要求和发展大学生个性特征之间有什么关系？

　　1.9　当前认识到在高等学校工科院校里工程师基本（初步）的内涵是什么？你准备怎样致力于这种训练？这种训练中最关键内容是什么？

　　1.10　为什么报考工科？为什么报考土木工程专业？你所了解到的学习本专业后未来从事的职业是什么？谈谈自己对未来的设想。

　　1.11　你认为"高级工程技术人才"和"高级工程技术应用人才"两种培养目标有什么区别？

　　1.12　土木工程专业的教学方法有哪些？

2. 思考题答案(1)

2 土木工程材料与力学性能

2.1 土木工程材料

在土木工程中,建筑、桥梁、道路、港口、码头、矿井、隧道等都是用相应材料建造的,所使用的各种材料统称为土木工程材料。材料的品种很多,一般分为金属材料和非金属材料两类,金属材料包括黑色金属(钢、铁)与有色金属,非金属材料包括水泥、石灰、石膏、砂石、木材、玻璃等。材料也可按功能分类,一般分为结构材料(承受荷载作用)和非结构材料,非结构材料有围护材料、防水材料、装饰材料、保温隔热材料等。

土木工程的发展与材料的类型、数量、质量关系密切,了解材料在土木工程中的作用主要应从三个方面:材料对保证工程质量的作用;材料对工程造价的影响;材料对工程技术进步的促进作用。

2.1.1 砌体材料

1. 石材

经过加工或未经加工的石材,统称为天然石材。天然石材具有很高的抗压强度、良好的耐磨性、耐久性和装饰性。天然石材具有资源分布广、蕴藏量丰富、便于就地取材、生产成本低等优点,是古今土木工程中修建城垣、桥梁、房屋、道路及水利工程的主要材料,也是现代土木工程的主要装饰材料之一。

(1)毛石

毛石是采石场由爆破直接获得的形状不规则的石块。根据平整程度,又分为乱毛石和平毛石两类:

①乱毛石

形状不规则,一般高度不小于 150 mm,一个方向长度达 300～400 mm,体积不小于 0.01 m³。

②平毛石

由乱毛石略经加工而成。基本上有六个面,但表面粗糙。

毛石可用于砌筑基础、堤坝、挡土墙等,乱毛石也可用作毛石混凝土的骨料。此外,还有毛板石,它是由成层岩中采得,形状呈不规则板状,但有大致平行的两个面,最小厚度不小于 200 mm。

(2)料石

料石是由人工或机械开采出的较规则的六面体石块,一般由致密均匀的砂岩、石灰岩、花岗岩加工而成。根据表面加工的平整程度分为毛料石、粗料石、半细料石和细料石 4 种。毛料石外形大致方正,一般不加工或仅稍予加工修整,高度不小于 200 mm。粗料石为外观规则,表面凹凸深度大于 2 mm,截面宽度、高度大于 200 mm,且不小于长度的 1/3。细料石规格尺寸同上,而表面凹凸深度小于 20 mm。

（3）饰面石材

用于建筑物内外墙面、柱面、地面、栏杆、台阶等处装修的石材称为饰面石材。饰面石材按岩石种类分主要有大理石和花岗岩两大类。饰面石材的外形有平面的板材，或形成曲面的各种定型件。表面可加工成一般平整面、凹凸不平的毛面和相磨抛光成镜面。

（4）色石渣

色石渣也称色石子，是由天然大理石、白云石、方解石或花岗岩等石材经破碎、筛选加工而成，作为骨料主要用于人造大理石、水磨石、水刷石、干黏石、斩假石等建筑物面层的装饰工程。

2. 砖与砌块

（1）砖

砖是一种砌筑材料，有着悠久的历史。制砖原料容易取得，生产工艺比较简单，价格低、体积小、便于组合，所以至今仍然广泛用于墙体、基础、柱等砌筑工程中。但是由于生产传统黏土砖毁田取土量大、能耗高、砖自重大、施工中劳动强度高、工效低，因此有必要逐步改革并用新型材料取而代之。如推广使用利用工业废料制成的砖，这不仅可以减少环境污染，保护农田，也可以节省大量燃料煤。我国的大多数城市已禁止在建筑物中使用黏土砖。

砖按照生产工艺分为烧结砖和非烧结砖，按所用原材料分为黏土砖、页岩砖、煤矸石砖、粉煤灰砖、炉渣砖和灰砂砖等；按有无孔洞分为实心砖、多孔砖、空心砖。常用的工业废料有：粉煤灰、煤矸石等。

烧结黏土砖是用黏土烧制成的，有红砖和青砖。青砖是在土窑中烧制，在窑中经浇水浸闷制成，只能小批量生产，现在已很少生产和应用这种砖。红砖是在旋窑中大批量生产，不需浇水浸闷。标准砖的规格为 240 mm×115 mm×53 mm，如图 2.1（a）所示。烧结黏土多孔砖和空心砖有竖向的孔洞。烧结黏土多孔砖是承重砖，KP1 型多孔砖的尺寸是 240 mm×115 mm×90 mm，如图 2.1（b）所示，并配有 180 mm×115 mm×90 mm 的配砖，以便砌筑。M 型多孔砖的尺寸是 190 mm×190 mm×90 mm，如图 2.1（c）所示。图 2.1（d）为空心砖。多孔砖砌成的墙、柱抗压强度较高，且重量减轻，是符合轻质高强发展方向的。空心砖一般作为非承重隔墙砌筑材料。非承重墙也可以采用陶粒空心砌块等轻质块材。由于多孔砖和空心砖内含有按一定方位排列的孔洞，容易烧透，因此厚度和高度较实心砖大，有利于加快砌筑进度，减少砂浆用量。

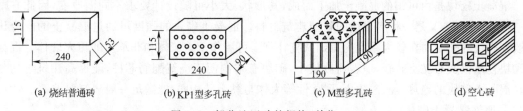

(a) 烧结普通砖   (b) KP1 型多孔砖   (c) M 型多孔砖   (d) 空心砖

图 2.1　部分地区砖的规格（单位：mm）

国内生产的承重多孔砖，其孔洞率一般在 25%～30%，而非承重空心砖的孔洞率则较大。而国外生产的砖和空心砖强度较我国的高很多，孔洞率也较大。我国砖和空心砖强度一般为 10～20 MPa，孔洞率为 25% 左右。美国空心砖强度为 17～140 MPa，最高达 230 MPa，捷克空心砖强度达 160～200 MPa，孔洞率达 40% 以上。国外非承重空心砖孔洞率可达 60%～70%。此外，国外空心砖的型式也是多样的，有错缝而可设置竖向钢筋。这方面有很多工作需要我们去做，首先是要推广普及多孔砖和空心砖，扩大孔洞率和空心砖类型，逐步提高空心砖的强度。

北京市自 2002 年 5 月 1 日起,所有建筑工程(包括基础部分)禁止使用黏土实心砖。采用几种新型非黏土的页岩煤矸石多孔砖、页岩多空砖,可用于多层砖混结构地面以上的墙体,以逐步取代黏土多孔砖。新型非黏土砖有:

①页岩煤矸石和页岩实心砖

这两种非黏土烧结实心砖与原黏土实心砖外形尺寸完全相同——240 mm×115 mm×53 mm。全面替代黏土实心砖,可用于多层砖混结构的基础墙、暖气沟墙、室外挡土墙及其他室内外原使用黏土实心砖的部位。

②页岩煤矸石和页岩多孔砖

页岩煤矸石多孔砖为扁孔 KP1 型,页岩多孔砖为圆孔 KP1 型,如图 2.2 所示。这两种多孔砖尺寸为 240 mm×115 mm×90 mm。与原黏土 KP1 型多孔砖外形尺寸相同,可用于多层砖混结构地面以上内外承重墙或其他适宜的部位。

③灰砂砖

由石灰、砂蒸压而成,尺寸为 240 mm×115 mm×53 mm。可用于多层砖混结构的内外墙及地面以下的基础墙。但是有酸性侵蚀介质的地基土不得采用蒸压灰砂砖做基础和地下室墙。

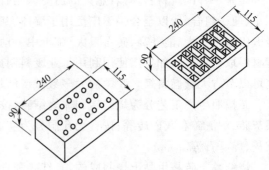

图 2.2　页岩煤矸石多孔砖和页岩多孔砖

(单位:mm)

(2)砌块

砌块是近年来迅速发展起来的一种砌筑材料。我国目前使用的砌块品种很多,其分类的方法也不同。按砌块特征分类,可分为实心砌块和空心砌块两种。凡平行于砌块承重面的面积小于毛截面的 75%者属于空心砌块,不小于 75%者属于实心砌块。空心砌块的空心率一般为 30%～50%。按生产砌块的原材料不同分类,可分为混凝土砌块和硅酸盐砌块。

①普通混凝土小型空心砌块

混凝土砌块是由水泥、水、砂、石,按一定比例配合,经搅拌、成型和养护而成。砌块的主规格为 390 mm×190 mm×190 mm,配以 3～4 种辅助规格,即可组成墙用砌块基本系列。

混凝土砌块是由可塑的混凝土加工而成,其形状、大小可随设计要求不同而改变,因此它既是一种墙体材料,又是一种多用途的新型建筑材料。混凝土砌块的强度可通过混凝土的配合比和改变砌块的孔洞而在较大幅度内得到调整,因此,可用作承重墙体和非承重的填充墙体。混凝土砌块自重较实心黏土砖轻,地震荷载较小,砌块有空洞便于浇筑配筋芯柱,能提高建筑物的延性。混凝土砌块的绝热、隔音、防火、耐久性等大体与黏土砖相同,能满足一般建筑要求。

②加气混凝土砌块

加气混凝土砌块是用钙质材料(如水泥、石灰)、硅质材料(粉煤灰、石英砂、粒化高炉矿渣等)和加气剂作为原料,经混合搅拌、浇筑发泡、坯体静停与切割后,再经蒸压养护而成。加气混凝土砌块具有表观密度小、保温性能好及可加工等优点,一般在建筑物中主要用作非承重墙体的隔墙。

③石膏砌块

生产石膏砌块的主要原材料为天然石膏或化工石膏。为了减小表观密度和降低导热性,可掺入适量的锯末、膨胀珍珠岩、陶粒等轻质多孔填充材料。在石膏中掺入防水剂可提高其耐水性。石膏砌块轻质、绝热吸气、不燃、可锯可钉，生产工艺简单，成本低。石膏砌块多用作内隔墙。

（3）瓦

瓦是屋面材料，按形状分平瓦和波形瓦两类。目前我国生产的瓦多为平瓦。旧式的波形瓦除农村小厂偶尔烧制外，已不生产。古建筑中应用的筒瓦（包括琉璃瓦），也只有在特殊情况下，少量烧制应用。平瓦的种类较多，有黏土瓦、水泥瓦、石棉水泥瓦、钢丝网水泥瓦、聚氯乙烯瓦、玻璃钢瓦、沥青瓦等。

（4）砂

砂是组成混凝土和砂浆的主要组成材料之一，在土木工程中用量是很大的。砂一般分为天然砂和人工砂两类。由自然条件作用（主要是岩石风化）而形成的，粒径在 3 mm 以下的岩石颗粒，称为天然砂。按其产源不同，天然砂可分为河砂、海砂和山砂。山砂表面粗糙，颗粒多棱角，与水泥黏结较好。但山砂含泥量和有机杂质含量较高，使用时应进行质量检验。海砂和河砂表面圆滑，与水泥的黏结较差。另外海砂含盐分较多，对混凝土和砂浆有不利的影响；河砂较为洁净，故应用较广。应该注意到乱挖河砂也是会对环境造成破坏。砂的粗细程度是指不同粒径的砂粒混合在一起的平均粗细程度，通常有粗砂、中砂、细砂之分。配制混凝土时，应优先选用中砂。砌筑砂浆可用粗砂或中砂，由于砂浆层较薄，对砂子最大粒径应有所限制。对于毛石砌体所用的砂，最大粒径应小于砂浆层厚度的 $1/5\sim1/4$。对于砖砌体以使用中砂为宜，粒径不得大于 2.5 mm。对于光滑的抹面及勾缝的砂浆则应采用细砂。

（5）石膏和石灰

石灰、石膏和水成浆后，能硬化为坚实整体的矿物质粉状材料。砂浆是石灰、石膏或水泥等胶凝材料掺砂或矿渣等细骨料加水拌和而成的，用以砌筑砌体或抹灰、粉刷。

①石膏

石膏是以硫酸钙 $CaSO_4$ 为主要成分的气硬性胶凝材料，以天然二水石膏矿石或含有二水石膏的化工副产品和废渣为原料。常用品种有：建筑石膏、高强石膏、粉刷石膏以及无水石膏水泥、高温煅烧石膏等。

建筑石膏：以 β 型半水石膏为主要成分，不添加任何外加剂。主要用途有：制成石膏抹灰材料、各种墙体材料（如纸面石膏板、石膏空心条板等）。建筑石膏硬化后具有很强的吸湿性，耐水性和抗冻性能较差，不宜使用在潮湿部位；抗火性能好，抗裂性能好。

高强石膏：以 α 型半水石膏为主要成分，由于其结晶良好，拌和时需水量仅约为建筑石膏的一半（"水膏比"小），因此硬化后具有较高密实度和强度，适用于强度要求较高的抹灰工程、装饰制品和石膏板。

粉刷石膏：以建筑石膏和其他石膏（硬石膏或煅烧黏土质石膏）添加缓凝剂和辅料（石灰、烧黏土、氧化铁红等）的一种抹灰材料，可以现拌现用，适用范围广。

无水石膏水泥：将石膏经 400 ℃以上高温煅烧后，加少量激发剂混合磨细制成，主要用作石膏板或其他制品，也可用于室内抹灰。

地板石膏：将石膏在 800 ℃以上高温煅烧，分解出部分 CaO，磨细后制成，硬化后有较高强度和耐磨性，抗水性较好。

②石灰

石灰是将石灰石（主要成分为碳酸钙 $CaCO_3$）在 900～1 100 ℃温度下煅烧，生成氧化钙（CaO）为主要成分的气硬性胶凝材料，称生石灰。使用时将生石灰熟化，即加水使之消解为熟石灰（或消石灰）——氢氧化钙 $Ca(OH)_2$。熟化过程为放热反应，放出大量热的同时，体积增大 1～2.5 倍。石灰硬化后强度不高、耐水性差,所以石灰不宜在潮湿环境中使用,也不宜单独用于建筑物基础。石灰硬化过程中大量游离水分蒸发,引起显著收缩,除粉刷外,常掺入砂、纸筋以减小收缩并节约石灰。石灰在建筑中的应用除了石灰乳、石灰砂浆和石灰土、三合土以外,还可用于制作硅酸盐制品、生产加气混凝土制品,如轻质墙板、砌块、各种隔热保温制品,以及碳化石灰板等。

(6)砌体

石材或砖用砂浆砌筑成的构件(墙、柱等)称砌体。图 2.3(a)为乱毛石砌体,图 2.3(b)为砖砌体。当将砖侧砌时则构成空斗墙,如图 2.3(c)所示。这是古老的砌筑方式,原用薄壁砖砌筑,为非承重的。试验证明,采用标准砖砌筑空斗墙是可用以承重,但在地震区使用应慎重。

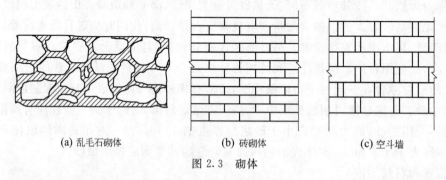

(a) 乱毛石砌体　　　　　　(b) 砖砌体　　　　　　(c) 空斗墙

图 2.3　砌体

无论在哪种砌体中,砌筑时石材或砖都应错缝,即在同一垂直截面内竖缝不应多于 5 条,山区某些简易石建筑,有时可不用砂浆而砌筑干砌墙。

为了提高砖墙的抗震性能,可采用抗震空心砖,在孔洞中设竖向钢筋浇筑混凝土,如图 2.4 所示。在西安已陆续建筑了一些使用这种砖的 6～7 层住宅,考虑了 8 度抗震要求。国内还提出并生产带凹槽和凸榫的异型混凝土空心砌块,以提高沿通缝的抗剪强度,并曾在云南、贵州等震区建造若干幢多层建筑。

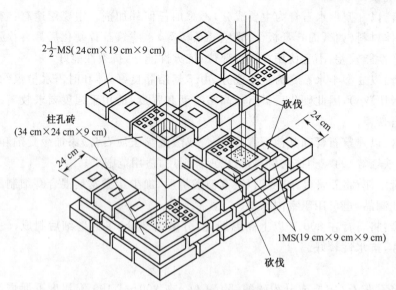

图 2.4　配筋空心砖砌体结构

注:MS 为蒸压灰砂砖。

2.1.2　混凝土材料

1. 水泥

（1）水泥的性质

水泥是水硬性胶凝材料，即加水拌和成塑性浆体，能在空气中和水中凝结硬化，可将其他材料胶结成整体，并形成坚硬石材的材料。

水泥按其用途及性能分为三类：通用水泥、专用水泥、特性水泥。水泥按其主要水硬性物质名称分为：硅酸盐水泥、铝酸盐水泥、硫铝酸盐水泥、氟铝酸盐水泥、磷酸盐水泥，以火山灰性或潜在水硬性材料及其他活性材料为主要组分的水泥。

水泥为干粉状物，加适量的水并拌和后便形成具有可塑性的水泥浆体。水泥浆体在常温下会逐渐变稠直到开始失去塑性，这一现象称为水泥的初凝；随着塑性的消失，水泥浆体开始产生强度，此时称为水泥的终凝；水泥浆体由初凝到终凝的过程称为水泥的凝结。水泥浆体终凝后，其强度会随着时间的延长不断增长，并最终形成坚硬的水泥石，这一过程称为水泥的硬化。

（2）水泥品种

用于配制普通混凝土的水泥，可采用常用的 5 大类水泥。

①硅酸盐水泥

由硅酸盐水泥熟料、0～5％石灰石或粒化高炉矿渣、适量石膏磨细制成。

②普通硅酸盐水泥

由硅酸盐水泥熟料、6％～15％混合材料、适量石膏磨细制成。掺活性混合材料时，不得超过15％，其中允许用5％的窑灰或10％的非活性混合材料代替。与硅酸盐水泥相比，早期硬化速度稍慢，抗冻性与耐磨性略差。普通硅酸盐水泥强度等级比较高，适用于重要结构的高强度混凝土和预应力混凝土；硬化较快、耐冻性好；耐腐蚀性差，放热量大。硅酸盐水泥适用于一般建筑工程，不适用于大体积、耐高温和海工结构。

③矿渣硅酸盐水泥

由硅酸盐水泥熟料、粒化高炉矿渣、适量石膏磨细制成。粒化高炉矿渣掺加量为20％～70％。允许用不超过8％的窑灰、石灰石、粉煤灰和火山灰质混合材料替代粒化高炉矿渣，但粒化高炉矿渣不得少于20％。

与硅酸盐水泥相比，早期强度（3 d、7 d）较低，后期强度高；水化热低，抗软水、抗海水和硫酸盐腐蚀能力较强；耐热性较好、抗碳化能力较差，抗冻性和抗渗性也较差。

④火山灰质硅酸盐水泥

由硅酸盐水泥熟料、火山灰质混合材料、适量石膏磨细制成。火山灰质混合材料掺加量为20％～50％。与矿渣硅酸盐水泥相似，抗冻性和耐磨较差，但是抗渗性较好。

⑤粉煤灰硅酸盐水泥

由硅酸盐水泥熟料、粉煤灰、适量石膏磨细制成。粉煤灰掺加量为20％～40％。与矿渣硅酸盐水泥相似，但抗裂性较好。

根据使用场合的不同，各种水泥的适用程度也不同。水泥强度等级的选择，应与混凝土的设计强度等级相适应。经验证明，一般以水泥强度等级为混凝土强度等级的 1.5～2.0 倍为宜。

2. 混凝土

混凝土是当代最主要的土木工程材料之一。混凝土具有原料丰富,价格低廉,生产工艺简单的特点。同时混凝土还具有抗压强度高,耐久性好,强度等级范围宽,使用范围十分广泛。

混凝土的种类很多,按胶凝材料不同,分为水泥混凝土(又称普通混凝土)、沥青混凝土、石膏混凝土及聚合物混凝土等;按表观密度不同,分为重混凝土、普通混凝土、轻混凝土;按使用功能不同,分为结构用混凝土、道路混凝土、水工混凝土、耐热混凝土、耐酸混凝土及防辐射混凝土等;按施工工艺不同,又分为喷射混凝土、泵送混凝土、振动灌浆混凝土等。为了克服混凝土抗拉强度低的缺陷,将水泥混凝土与其他材料复合,出现了钢筋混凝土、预应力混凝土、各种纤维增强混凝土及聚合物浸渍混凝土等。

(1)普通混凝土

普通混凝土以水泥、水、粗集料、细集料和外加剂五种原材料组成。在混凝土中,砂、石起骨架作用,称为集料;水泥与水形成水泥浆,水泥浆包裹在集料的表面并填充其空隙。硬化前水泥浆与外加剂起润滑作用,赋予拌和物一定的和易性,便于施工。硬化后水泥浆与外加剂起到胶结作用,将集料胶结成一个坚实的整体。

(2)轻集料混凝土(轻质混凝土、轻骨料混凝土)

用轻质粗骨料,轻质细骨科(或普通砂)、水泥和水配制而成,其干表观密度不大于 $1\,950\ \text{kg/m}^3$ 的混凝土称为轻集料混凝土。

(3)纤维增强混凝土(简称FRC)

纤维增强混凝土是由不连续的短纤维均匀地分散于混凝土基材中,形成的复合混凝土材料。纤维增强混凝土可以克服混凝土抗拉强度低、抗裂性能差、脆性大的缺点。在纤维增强混凝土中,韧性及抗拉强度较高的短纤维均匀分布于混凝土中。纤维与水泥浆基材的粘结比较牢固,纤维间相互交叉和牵制,形成了遍布结构全体的纤维网。因此纤维增强混凝土的抗拉、抗弯、抗裂、抗疲劳、抗震及抗冲击能力得以显著改善。

(4)聚合物混凝土

聚合物混凝土是用有机聚合物作为组成材料的混凝土,分为聚合物浸渍混凝土(简称PIC)、聚合物水泥混凝土(简称PCC)和聚合物胶结混凝土(简称PC)等3种。

(5)碾压混凝土

碾压混凝土中水泥和水的用量较普通混凝土显著减少,有时还大量掺入工业废渣。碾压混凝土水灰比小,以及用碾压设备压实,施工效率高。碾压混凝土路面的总造价可比水泥混凝土路面降低 10%～20%。碾压混凝土在道路或机场工程中是十分可靠的路面或路面基层材料,在水利工程中是抗渗性和抗冻性良好的筑坝材料,也是各种大体积混凝土工程的良好材料。

(6)自密实混凝土

一般混凝土的成型密实主要靠机械振捣,这不仅劳动强度大,易出质量事故,而且所产生的噪声影响居民工作或生活,现在已经研制出有大流动度的混凝土,可自行密实到每一角落,硬化后有很高的强度。

3. 混凝土外加剂

外加剂能改善混凝土拌和物的和易性,对保证并提高混凝土的工程质量很有好处。外加剂能减少养护时间或缩短预制构件厂的蒸养时间;也可以使工地提早拆除模板,加快模板周转;还可以提早对预应力混凝土中的钢筋进行放张、剪筋。总之,掺用外加剂可以加快施工进度,提高建设速度。外加剂能提高或改善混凝土质量。有些外加剂,可以提高混凝土强度,增加混凝土的耐久性、密实性、抗冻性及抗渗性,并可改善混凝土的干燥收缩及徐变性能。有些外加剂还能提高混凝土中钢筋的耐锈蚀性能。在采取一定的工艺措施之后,掺加外加剂能适当地节约水泥而不影响混凝土的质量。外加剂还可以使水泥混凝土具备一些特殊性能,如产生膨胀或可以进行低温施工等。

(1)外加剂的分类

外加剂有减水剂、早强剂、引气剂、缓凝剂、速凝剂、防冻剂、膨胀剂、泵送剂。外加剂种类繁多、功能多样,所以国内外分类方法很不一致,通常有以下两种分类方法。

按照外加剂功能可分为:

①改善混凝土拌和物流变性能的外加剂,包括各种减水剂、引气剂和泵送剂等。

②调节混凝土凝结时间、硬化性能的外加剂,包括缓凝剂、早强剂和速凝剂等。

③改善混凝土耐久性的外加剂,包括引气剂、防水剂和阻钙剂等。

④改善混凝土其他性能的外加剂,包括加气剂、膨胀剂、防冻剂、着色剂、防水剂和泵送剂等。

按外加剂化学成分可分为三类:无机物类、有机物类、复合型类。

目前建筑工程中应用较多和较成熟的外加剂有:减水剂、早强剂、引气剂、调凝剂、防冻剂、膨胀剂等。

(2)外加剂品种

①减水剂:在保持坍落度基本相同的条件下,减少用水量。减水剂吸附于水泥颗粒表面,憎水基团向外,亲水基团向内,形成吸附膜。在同电荷相斥的作用下,使水泥颗粒分开,因此具有润湿、乳化、分散、润滑、起泡、洗涤的作用。

②早强剂:加速混凝土早期强度的发展。

③引气剂:在混凝土拌和物中产生大量微小的气泡,改善了混凝土的和易性(流动性、黏聚性、保水性),改善了混凝土的抗渗性和抗冻性,水泥浆的体积增大。但是强度、耐磨性和弹性模量有所降低。

④缓凝剂:减缓混凝土的凝结时间,不显著降低混凝土后期强度。

⑤速凝剂:加速混凝土的凝结时间。

⑥防冻剂:主要组分有防冻组分、减水组分、早强组分、引气组分。防冻组分可以降低冰点。

⑦膨胀剂:使混凝土产生一定程度的体积膨胀。

⑧泵送剂:非引气剂型和引气剂型,主要组分有减水组分、引气组分。还可以加入膨胀组分。

4. 混凝土掺合料

粉煤灰:从煤粉炉排出的烟气中收集到的细粉末。粉煤灰中的氧化物与氢氧化钙反应,生成水化物,是一种胶凝材料。粉煤灰可以增强混凝土拌和物的和易性,降低水化热,抑制碱骨料反应。

硅粉:从生产硅钛合金或硅钢排出的烟气中收集到的细粉末。硅粉与高效减水剂配合使用,可以改善混凝土拌和物的黏聚性与保水性,提高混凝土强度,提高密实度,提高耐久性能。

沸石粉:天然沸石岩磨细而成,是一种火山灰质铝硅酸盐矿物,含有一定的氧化物,可以改善混凝土拌和物的和易性。沸石粉与高效减水剂配合使用,提高混凝土强度。

2.1.3 钢 材

土木工程中应用量最大的金属材料是钢材。钢材广泛应用于铁路、桥梁、建筑工程等各种结构工程中。在钢结构中,需要使用各种型材(如圆钢、角钢、工字钢等)、板材、管材;在钢筋混凝土结构中,需要使用各种线材,如钢筋、钢丝等。

1. 常用建筑钢材品种

(1)碳素结构钢

碳素结构钢是碳素钢中的一大类,适合生产各种型钢、钢筋和钢丝等,产品可供焊接、铆接、栓接的构件用,多用于结构工程。

(2)低碳合金结构钢

低碳合金钢是在普通钢种内加入微量合金元素,但硫、磷杂质的含量保持普通钢的水平,而具有较好的综合力学性能,主要用于桥梁、建筑钢筋、重轨和轻轨等方面。

(3)优质碳素结构钢

含碳量小于 0.8%,有害杂质含量较少,用于制作钢丝和钢绞线。

2. 钢筋

钢筋的性能主要取决于所用钢种及其加工方式。

(1)热轧钢筋

热轧钢筋是土木工程中用量最大的钢筋品种之一,主要用于钢筋混凝土结构和预应力钢筋混凝土结构的配筋。热轧钢筋的表面形式为光面钢筋与变形钢筋。近年来我国逐步采用了月牙形变形钢筋,如图 2.5 所示,月牙形钢筋具有较好的塑性和黏结性能。过去采用的变形钢筋为螺纹钢筋和人字纹钢筋。螺纹钢筋如图 2.6 所示,除两条纵肋外,横肋间距较密,虽然粘结性能较好,但横肋与纵肋连接处钢筋比较脆,而且生产时轧辊易损坏。为了保证光面钢筋在构件中与混凝土粘结可靠,需在端头做成半圆形弯钩。

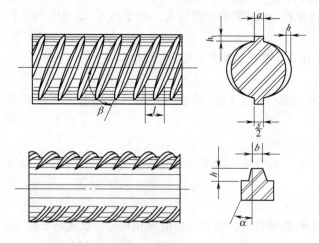

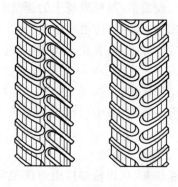

图 2.5 月牙形钢筋　　　　　　　　　　　图 2.6 螺纹钢筋

α—横肋斜角;β—横肋与钢筋轴线夹角;h—横肋中点高度;

l—横肋间距;b—横肋顶宽;s—横肋间隙

涂层钢筋是用环氧树脂在钢筋上涂了一层 0.15～0.3 mm 薄膜,一般采用环氧树脂粉末以静电喷涂方法制作。涂层钢筋也常在水工结构工程中采用,北京西站广场地上通道的顶板、广东汕头 LPG 码头、宁波大桥、香港青马大桥等许多工程项目采用了环氧树脂涂层钢筋。

（2）冷轧带肋钢筋

冷轧带肋钢筋是将普通低碳钢热轧圆盘条，在冷轧机上冷轧成三面或两面有月牙形横肋的钢筋。这种钢筋是近年来从国外引进技术生产的。

（3）热处理钢筋

热处理钢筋是用热轧中碳低合金钢筋经淬火、回火调质处理的钢筋，通常用于预应力混凝土结构。为增加与混凝土的粘结力，钢筋表面常轧有通长的纵肋和均布的横肋。

（4）冷拉低碳钢筋和冷拔低碳钢丝

对于低碳钢和低合金钢，在保证要求延伸率和冷弯指标的条件下，进行较小程度的冷加工后，既可提高屈服极限和极限强度，又可满足塑性的要求。这种钢筋须在焊接后进行冷拉，否则在焊接时冷拉效果会由于高温影响而消失。

（5）预应力钢丝、刻痕钢丝和钢绞线

预应力钢丝是以优质碳素结构钢圆盘条经等温淬火并拔制而成。若将预应力钢丝辊压出规律性凹痕，以增强与混凝土的粘结，则成刻痕钢丝。预应力钢丝应具有强度高、柔性好、松弛率低、耐腐蚀等特点，适用于各种特殊要求的预应力混凝土。钢绞线是由高强钢丝捻

图 2.7　钢绞线

制成的，如图 2.7 所示，有两根一股和七根一股的钢绞线。

钢丝、刻痕钢丝及钢绞线均属于冷加工强化的钢材，没有明显的屈服点，材料检验只能以抗拉强度为依据；具有强度高、塑性好、使用时不需要接头等优点，适用于大荷载、大跨度及曲线配筋的预应力混凝土结构。

3. 钢筋连接

热轧钢筋直径一般为 6～32 mm，小直径钢筋（12 mm 以下）做成盘圆供应，大直径钢筋长度一般为 12 m（火车车厢长度），因此有时需接头。接头有搭接及焊接，焊接又有对头焊接、搭接焊接、帮条焊接，如图 2.8 所示。

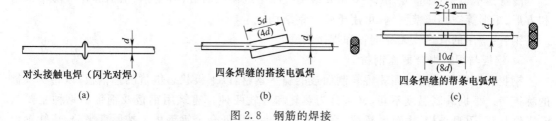

对头接触电焊（闪光对焊）
(a)

四条焊缝的搭接电弧焊
(b)

四条焊缝的帮条电弧焊
(c)

图 2.8　钢筋的焊接

钢筋的机械连接可以采用直螺纹接头，如图 2.9 和图 2.10 所示的锥螺纹接头。钢筋的直螺纹可以通过机械加工制作，锥螺纹通过机械调质后，再车削制成。这种接头强度与钢筋母材等强，性能稳定可靠，连接方法便捷。

钢筋还可以采用冷挤压接头，这是一种机械连接方法，即通过轻便式压机，将套在待接的两根变形钢筋上的连接套筒挤压变形，紧紧咬住变形钢筋的横肋形成整体，以达到连接的目的。

4. 型钢

钢结构构件可选用各种型钢，也可以采用焊接构件。构件之间可直接连接或辅以连接钢板进行连接，连接方式可铆接、螺栓连接或焊接，所以钢结构所用钢材主要是型钢和钢板。

热轧型钢：常用的热轧型钢有等边和不等边的角钢［图 2.11（a）、图 2.11（b）］、槽钢［图 2.11（c）］、工字钢［图 2.11（d）］、T 型钢、H 型钢、L 型钢等。

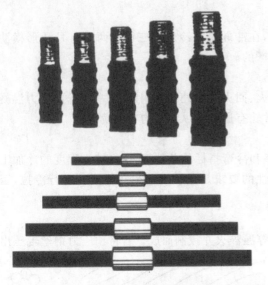

图 2.9　钢筋的直接螺纹接头

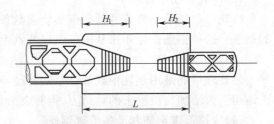

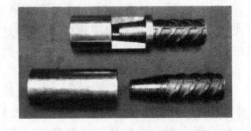

图 2.10　钢筋的锥螺纹接头

H_1—已连接钢筋接头长度；H_2—未连接钢筋接头长度；

L—锥螺纹套筒长度

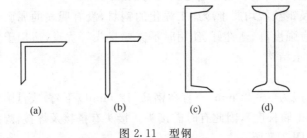

(a)　　　(b)　　　(c)　　　(d)

图 2.11　型钢

　　冷弯薄壁型钢：通常是用 2～6 mm 薄钢板冷弯或模压而成，有角钢、槽钢等开口薄壁型钢和方形、矩形等空心薄壁型钢，可用于轻型钢结构。

　　钢管：常用的有热轧无缝钢管和焊接钢管。

　　5. 钢板与焊接组合截面钢材

　　钢板和压型钢板用光面轧辊轧制而成的扁平钢材，以平板状态供货的称钢板；以卷状供货的称钢带。根据轧制温度不同，又可分为热轧和冷轧两种。建筑用钢板及钢带的钢种主要是碳素结构钢，重型结构、大跨度桥梁、高压容器等也采用低合金钢钢板。按厚度来分，热轧钢板分为厚板（厚度大于 4 mm）和薄板（厚度为 0.35～4 mm）两种，冷轧钢板只有薄板（厚度为 0.2～4 mm）一种。厚板可用于焊接结构，如图 2.12 所示。日本的建筑钢板厚度已达到 40～70 mm，可用于高层结构建筑中的柱。

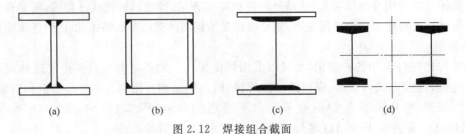

(a)　　　(b)　　　(c)　　　(d)

图 2.12　焊接组合截面

2.1.4 其他材料

1. 木材

木材是一种古老的工程材料,由于其具有一些独特的优点,即使在今天,木材仍在工程中占有重要的地位。木材具有很多优点,如轻质高强、易于加工、有较高的弹性和韧性、能承受冲击和振动作用、导电和导热性能低、木纹装饰性好等。但木材也有缺点,如构造不均匀、各向异性、易吸湿、吸水性大。这些缺陷经加工和处理后,可得到很大程度的改善。

(1)木材分类

木材是由树木加工而成的。树木分为针叶树和阔叶树两大类。针叶树树干通直而高大,易得大材,纹理平,木质较软而易于加工,故又称软木材,常用树种有松、杉、柏等。阔叶树树干通直部分一般较短,材质较硬,较难加工,故称硬木材,常用树种有榆木、水曲柳、柞木等。木材的构造决定着木材的性能,针叶树和阔叶树的构造不完全相同。

(2)木材的强度

木材的顺纹(作用力方向与纤维方向平行)强度和横纹(作用力方向与纤维方向垂直)强度有很大的差别,一般针叶树横纹抗压强度约为顺纹抗压强度的10%;阔叶树为15%~20%。

影响木材强度的主要因素为含水率(一般含水率高,强度降低)、温度(温度高,强度降低)荷载作用时间(持续荷载时间长,强度降低)及木材的缺陷(木节、腐朽、裂纹、翘曲、病虫害等)。

(3)木材的品种

工程中木材又常分为原木、锯材及各类人造板材。原木是已经除去皮、根、树梢而未加工成规定材品的木材。锯材是已经加工锯成一定尺寸的木料,分为板材(宽度为厚度的3倍或3倍以上)和方材。

(4)木材的综合利用

人造板材是利用木材或含有一定纤维量的其他作物作原料,采用一般物理和化学方法加工而成的。这类板材与天然木材相比,板面宽,表面平整光洁,没有节子,不翘曲,不开裂,经加工处理后还具有防水、防火、防腐、防酸性能。常用的人造板材有:胶合板、纤维板、刨花板、木丝板、木屑板。

2. 沥青、沥青制品和其他防水材料

(1)沥青、沥青制品

沥青材料是由复杂的高分子碳氢化合物和其他非金属(氧、硫、氯)衍生物组成的混合物。沥青按其在自然界中获得的方式,可分为地沥青(包括天然地沥青和石油地沥青)和焦油沥青(包括煤沥青、本沥青、页岩沥青等)。这些类型的沥青在土木工程中最常用的主要是石油沥青和煤沥青,其次是天然沥青。天然沥青在我国亦有较大储量。

沥青除用于道路工程外,还可以作为防水材料和防腐材料。沥青混合料是指沥青与矿料、砂石拌和而成的混合料。沥青砂浆是由沥青、矿质粉料和砂所组成的材料。如再加入碎石或卵石,就成为沥青混凝土。沥青砂浆用于防水,沥青混凝土用于路面和车间大面积地面等。根据沥青混合料剩余空隙率的不同,把剩余空隙率大于10%的沥青混合料称为沥青碎石混合料,剩余空隙率小于10%的沥青混合料称为沥青混凝土混合料。

(2)其他防水材料

用于屋面、地下工程及其他工程的防水材料的品种很多,如高聚合物改性沥青、橡胶、合成高分子防水材料,在工程应用中取得较好的防水效果。我国研制和使用高分子新型防水卷材虽然时间较短、但已取得了较大的发展。目前的品种有 3 大类：橡胶类防水卷材，主要有二元乙丙橡胶、聚氨酯橡胶、丁基橡胶、氯丁橡胶、再生橡胶卷材等；塑料类防水卷材，主要有聚氯乙烯、聚乙烯、氯化聚乙烯卷材等；橡塑共混型防水卷材，主要品种有氯化聚乙烯—橡塑共混卷材、聚氯乙烯—橡胶共混卷材等。

新型防水材料还有橡胶类胶黏剂，如聚氨酯防水涂料；新型密封材料，如聚氨酯建筑密封膏，可用于各种装配式建筑屋面板、楼地面、阳台、窗框、卫生间等部位的接缝，施工缝的密封，给排水管道贮水池等工程的接缝密封，混凝土裂缝的修补。丙烯酸酯建筑密封膏，可用于混凝土、金属、木材、天然石料、砖、砂浆、玻璃、瓦及水泥石之间的密封防水。

3. 玻璃和陶瓷制品

玻璃已广泛应用于建筑物，它不仅有采光和防护的功能，而且是良好的吸声、隔热及装饰材料。除建筑行业外，玻璃还应用于轻工、交通、医药、化工、电子、航天等领域。常用玻璃材料的品种可分为：平板玻璃、装饰玻璃、安全玻璃、防辐射玻璃和玻璃砖。

陶瓷是由适当成分的黏土经成型、烧结而成的较密实材料。尽管我国陶瓷材料的生产和应用历史很悠久，但在土木工程中的大量应用，特别是陶瓷材料的性能改进只是近几十年的事情。陶瓷材料也可看作土木工程中的新型人造石材。根据陶瓷材料的原料和烧结密实程度不同，可分为陶质、炻质和瓷质三种性能不同的人造石材。陶质材料密实度较差，瓷质材料密实度很大，性能介于陶质材料和瓷质材料之间的陶瓷材料称为炻质材料。

为改善陶瓷材料表面的机械强度、化学稳定性、热稳定性、表面光洁程度和装饰效果，降低表面吸水率，提高表面抗污染能力，可在陶瓷材料的表面覆盖一层玻璃态薄层，这一薄层称为釉料。这种陶瓷材料称为釉面陶瓷材料，其基体多为陶质材料。

常用陶瓷材料的品种可分为陶瓷锦砖（马赛克）、陶瓷墙地砖、陶瓷釉面砖、卫生陶瓷。

4. 塑料和塑料制品

塑料是以有机高分子化合物为基本材料，加入各种改性添加剂后，在一定的温度和压力下塑制而成的材料。塑料其有以下一些性质：表观密度小、导热性差、强度重量比大、化学稳定性良好、电绝缘性优良、消音吸振性良好及富有装饰性。除了上述的优点之外，建筑塑料尚存在一些有待改进和解决的问题，即弹性模量较小、刚度差和容易老化。

塑料在工业与民用建筑中可作为塑料模板、管材、板材、门窗、壁纸、地毯、器皿、绝缘材料、装饰材料、防水及保温材料等；在基础工程中可用作塑料排水板或隔离层、塑料土工布或加筋网等；在其他工程中可用作管道、容器、黏结材料或防水材料等，有时也可用作结构材料，如膜结构。

5. 吸声材料

应选用密实的材料如砖、混凝土、钢板等作为隔音材料。如采用轻质材料或薄壁材料，需辅以多孔吸声材料或采用夹层结构。如夹层玻璃就是一种很好的隔音材料。至于固体声的隔音，最有效的措施是采用不连续的结构处理，即在墙壁和承重梁之间、房屋的框架和墙板之间加弹性衬垫如毛毡、软木、橡皮等，或在楼板上加弹性地毯。

常用的吸声材料有：

无机材料：水泥蛭石板、石膏砂浆（掺水泥玻璃纤维）、水泥膨胀珍珠岩板、水泥砂浆等。

有机材料：软木板、木丝板、穿孔五夹板、三夹板、木质纤维板等。

多孔材料：泡沫玻璃、脲醛泡沫塑料、泡沫水泥、吸声蜂窝板、泡沫塑料等。

6. 防腐涂料和材料

目前国内使用较多的建筑防腐材料主要包括耐腐蚀涂料、树脂胶泥耐腐蚀材料、玻璃钢耐腐蚀材料和塑料板材4大类。

（1）防腐涂料

防腐涂料的主要品种有：过氯乙烯漆、环氧树脂漆、酚醛漆、沥青漆、聚氨酯漆。

（2）树脂胶泥耐腐蚀材料

树脂类耐腐蚀胶泥是以各种合成树脂为主要材料，加入固化剂、填料、溶剂及其他助剂等配制成的树脂胶泥类耐腐蚀材料。目前国内在建筑防腐蚀工程中常用的合成树脂有环氧树脂、酚醛树脂、呋喃树脂及不饱和聚酯树脂等。胶泥的耐腐蚀性主要取决于树脂自身的耐腐蚀性能。

（3）玻璃钢防腐材料

玻璃钢是玻璃纤维增强塑料（FRP）的俗称，是以合成树脂为胶粘剂，加入稀释剂、固化剂和粉料等配成胶料，以玻璃纤维或其制品作增强材料，经过一定的成型工艺制成的一类复合材料。在玻璃钢中，合成树脂一方面将玻璃纤维或制品黏结成一个整体，起着传递荷载的作用。另一方面又赋予玻璃钢各种优良的综合性能，如良好的耐腐蚀性、电绝缘性和施工工艺性等。

（4）防腐塑料板材

塑料板材在防腐蚀工程中是应用非常广泛的一类材料。多数塑料对酸、碱、盐等腐蚀性介质具有良好的承受能力。

7. 防火材料

建筑材料的防火性能包括建筑材料的燃烧性能，耐火极限，燃烧时的毒性和发烟性。建筑材料的燃烧性能，是指材料燃烧或遇火时所发生的一切物理、化学变化。其中着火的难易程度、火焰传播程度、火焰传播快慢以及燃烧时的发热量，均对火灾的发生和发展具有重要的意义。

8. 绝热材料

绝热材料是保温、隔热材料的总称。一般是指轻质、疏松、多孔、松散颗粒、纤维状的材料，而且越是孔隙之间不相连通的，绝热性能就越好。常用绝热保温材料可分为无机绝热材料和有机绝热材料。

（1）无机绝热材料

纤维状材料：常用的有矿渣棉及矿棉制品，石棉及石棉制品。石棉及石棉制品具有绝热、耐火、耐酸碱、耐热、隔音、不腐朽等优点。石棉制品有石棉水泥板、石棉保温板，可用作建筑物墙板、天棚、屋面的保温、隔热材料。矿渣棉具有质轻、不燃、防蛀、价廉、耐腐蚀、化学稳定性好、吸声性能好等特点。它不仅是绝热材料，还可作为吸声、防震材料。

粒状材料：常用的有膨胀蛭石及其制品、膨胀珍珠岩及其制品。膨胀蛭石制品主要有水泥膨胀蛭石制品、水玻璃膨胀蛭石制品。这两类制品可制成各种规格的砖、板、管等，用于围护结构和管道的保温、绝热材料。膨胀珍珠岩具有质轻、绝热、吸声、无毒、不燃烧、无臭味等特点，是一种高效能的绝热材料。

多孔材料：常用的有微孔硅酸钙、泡沫玻璃。多孔混凝土有泡沫混凝土和加气混凝土两种。最高使用温度≤600 ℃，用于围护结构的保温隔热。

（2）有机绝热材料

泡沫塑料；软木及软木板；木丝板；蜂窝板。

软木板耐腐蚀、耐水，只能阴燃不起火焰，并且软木中含有大量微孔，所以质轻。是一种优良的绝热、防震材料。软木板多用于天花板、隔墙板或护墙板。

泡沫塑料是以各种树脂为基料,加入一定剂量的发泡剂、催化剂、稳定剂等辅助材料,经加热发泡制成的一种轻质、保温、隔热、吸声、防震材料。

蜂窝板是由两块较薄的面板牢固地黏结在一层较厚的蜂窝状心材两面而形成的板材,亦称蜂窝夹层结构。面板必须用适合的胶黏剂与心材牢固地黏合在一起,才能显示出蜂窝板的优异特性,即强度重量比大,导热性能差和抗震性能好等。

9. 装饰材料

对建筑物主要起装饰作用的材料称装饰材料。对装饰材料的基本要求是:装饰材料应具有装饰功能、保护功能及其他特殊功能。虽然装饰材料的基本要求是装饰功能,但同时还可满足不同的使用要求(如绝热、防火、隔音)以及保护主体结构,延长建筑物寿命。此外,还应对人体无害,对环境无污染。装饰功能即装饰效果,主要由质感、线条和色彩三个因素构成。装饰材料种类繁多,有无机材料、有机材料以及复合材料。也可按其在建筑物的装饰部位分类。

(1)外墙装饰材料

天然石材(大理石、花岗岩),人造石材(人造大理石、人造花岗岩),瓷砖和磁片,玻璃(玻璃马赛克、彩色吸热玻璃、镜面玻璃等),白水泥、彩色水泥与装饰混凝土,铝合金,外墙涂料碎屑饰面(水刷石、干黏石等)等。

(2)内墙装饰材料

内墙涂料、墙纸与墙布、织物类、微薄木贴面装饰板(0.2～1.0 mm)、铜浮雕艺术装饰板、玻璃制品。

(3)地面装饰材料

人造石材、地毯类、塑料地板、地面涂料、陶瓷地砖(包括陶瓷锦砖)、天然石材、木地板。

(4)顶棚装饰材料

塑料吊顶材料(钙塑板等),铝合金吊顶,石膏板(浮雕装饰石膏板、纸面石膏装饰板等),墙纸装饰天花板,玻璃钢吊顶吸声板,矿棉吊顶吸声板,膨胀珍珠岩装饰吸声板。

2.1.5 新材料的应用

科技的进步促进了土木工程领域的发展,各类新材料、新技术相继出现,给土木工程发展带来了新的契机。结合土木工程的发展趋势,在下一阶段,新材料会朝着绿色、节能、低碳的方向发展。

3. 土木工程领域中新材料的应用

绿色化发展是新材料应用的主要目标,这需要突出材料的环保、生态特征,对资源进行科学分配,与环保方向保持一致,解决土木工程发展对环境的破坏;节能减排也是土木工程的一个重点方向,在传统土木工程领域中,能耗问题一直是影响土木工程发展的重要问题,对物资、人力的消耗较大,在下一阶段,需要通过新技术、新材料的应用来控制能耗消耗,减少物资使用量,推行节能环保新材料。此外,土木工程中新技术、新材料的应用也体现出融合化的发展趋势,两者不再是独立分割的板块,因此,在未来阶段下,需要针对技术、材料的发展来探讨全新的应用方案,促进两者的融合一致,找出两者之间的结合点,创新发展方向和技术模式,找出符合不同类型土木工程的适合方案,共同为土木工程的发展提供助益。

2.2 材料的力学性能

2.2.1 荷 载

如果地球没有引力，空中没有风吹，土层不会下陷，气温没有变化，荷载就不会存在，工程也就不需要结构。但实际上工程的建造者必须考虑结构，因为结构能承受工程所受的各种自然界给予的和人为的荷载（在土木工程中称为"作用"）。结构工程师的第一任务是确定哪些荷载会作用在房屋结构上；在极端情况下，这些荷载的值有多大。

1. 恒载（图 2.13）

房屋是由基础、柱、墙、梁、板这些较重的结构构件组成。它们首先要承受自身重量，这就是恒载。这里有一个矛盾点，即它们的重量只有在自身形状、尺寸和选用材料确定后才能知道，而结构设计却是要去确定它们。因此，重要的问题是"要有经验"。恒载，顾名思义是"持久存在着的荷载"；除上述结构构件外，地面、屋面、顶棚、墙面上的门窗和抹灰层……都是恒载。恒载和下述活载的值都以 kN、kN/m 或 kN/m² 表示。

2. 活载（图 2.13）

房屋除恒载外还有人群、家具、贮存物、设备等可移动的活载。活载的数量、位置都是可变的，只能按照它们最可能大的值，放在最不利的位置进行设计。实际结构设计时的做法是按照《建筑结构荷载规范》（GB 50009—2012）（简称《荷载规范》）所规定的取值进行设计。例如，住宅楼面活载取 1.5 kN/m²（或 2.0 kN/m²），它是经过大量统计得到的住宅楼面活载最不利分布时的等效值。

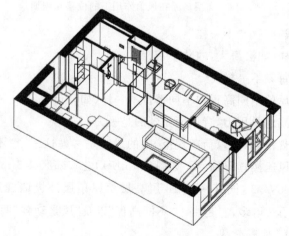

图 2.13 房屋的恒载和活载
（活载：家具、隔断；恒载：板、梁、墙、门、窗）

3. 静载、动载、周期和风载

恒载是不变的，活载若可变也是缓慢变化的，它们都是静载。此外，还可能有急剧快速变化的动载，如撞击力、落重等。动载对房屋的作用效应比它们自身作为静载的绝对值要大。那么，风对房屋的作用是静载还是动载？这要看房屋本身。对于低层房屋（刚度较大），它是静载；而对于高层房屋（刚度较小），它是动载。

在风力作用下高层房屋顶端(图 2.14)的位移:开始时从中线东移 100 mm,接着往回移动,又从中线西移 100 mm,然后像钟摆似地来回晃动,最后停止。这种从中线东移,摆回至西,又回到中线位置的时间,称为周期,以秒(s)计,它是房屋固有的动力特征。愈高的房屋,周期愈长(即房屋愈软);愈低的房屋,周期愈短(即房屋愈硬)。美国纽约的世界贸易中心大厦高412 m,周期为 10 s;而一幢 5 层高砖混房屋的周期不足 0.5 s。知道这个规律后,就能分析风对房屋的作用了。如风施加于房屋的作用力在比房屋周期短的时间内消失,风就是动载;若在比房屋周期长的时间内消失,风就是静载。所以,对一般房屋,风是静载;面对高层房屋,风是动载。

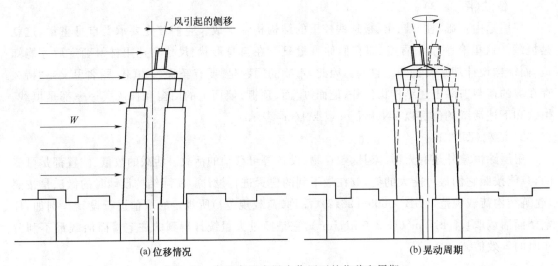

图 2.14　高层房屋在风力作用下的位移和周期

房屋所承受的风载有三个"不一样":

(1)不同地区不一样(如沿海大,内陆小)。

(2)同一地区每时每刻不一样。

(3)同一时刻在房屋的不同高程和不同部位不一样(如 5 m 高程处和 50 m 高程处风载可能差一倍多,迎风面受到的是压力,背风面受到的是吸力)。

设计时依据《荷载规范》取值,《荷载规范》中的风载是考虑这三个"不一样",按照 30 年一遇的 10 min 平均最大风速换算得到的。如图 2.15 所示北京郊区某 5 m 高单层房屋外纵墙迎风面风载算得为 0.22 kN/m²,同处一幢 18 层高层房屋顶层外纵墙迎风面风载则可能达到0.7 kN/m²,较之加大了 3 倍多,它是由于"不同高程"以及"风是动载"两个因素引起。

4. 地震、震级、烈度、地震荷载

人生活在地球上虽很平稳,但地壳运动一直在进行。它的变化很缓慢,日积月累就会在地壳内产生很大内应力,到一定时候就可能在最薄弱处发生地壳的突然断裂或错动,并以地震波传到地面,产生地面运动,这就是地震。震级是地震强弱的级别,它以震源处释放能量的大小确定。一次里氏 5 级地震所释放的能量为 2×10^{19} erg(尔格),相当于在花岗岩中爆炸 2 万 tTNT 炸药,每增加一级,释放的能量增加 31.5 倍。至今记录的世界上最大的地震没有超过8.9 级(1960 年智利大地震为 8.9 级;1976 年唐山大地震为 7.8 级)。烈度是某地区各类建筑物遭受一次地震影响的强烈程度。一次地震只有一个震级,却有很多个烈度。这就像炸弹爆炸后不同距离处有不同破坏程度一样。烈度与震级、震源深度、震中距、地质条件、房屋类别有关(图 2.16)。唐山大地震时,震中区域的烈度为 11 度(房屋普遍倾倒);唐山市内 10 度(许多房屋倾倒);天津市内 8～9 度(大多数房屋损坏至破坏,少数倾倒);北京市内有的地区为 6 度(有些房屋出现裂缝),有的地区为 7 度(大多数房屋有轻微破坏)。

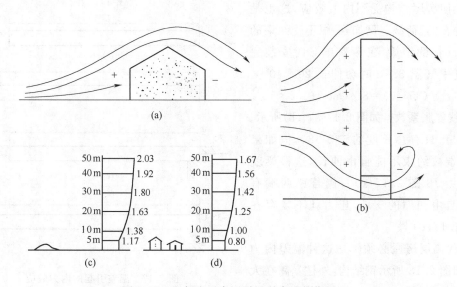

图 2.15　空气流经房屋时风对房屋的作用
(a)气流对单层房屋的作用("＋"表示压力,"－"表示吸力);(b)气流对高层房屋的作用;
(c)海岸地区风压高度变化系数;(d)城镇郊区风压高度变化系数

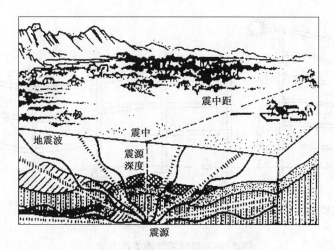

图 2.16　震源、地震波、震中距的关系

　　地震引起的地面运动会使房屋在竖向或水平方向产生加速度反应。这种加速度反应值与房屋本身质量的乘积,就形成地震对房屋的作用力,即地震荷载。显然,地震力按牛顿第二定律考虑是一种惯性力,它的大小除了和房屋质量有关外,还和房屋结构的动力特性(前述房屋的周期就是一种动力特性)引起的不同加速度反应有关,也和地面运动的强烈程度有关。地震对房屋的破坏主要由水平方向的最大加速度反应引起,故地震荷载多以水平荷载的形式出现。对北京地区一幢 8～9 层用砖填充的框架结构来说,它的总水平地震荷

载为总自重的 0.05～0.08 倍。如果该房屋总自重为 74 000 kN,则其总水平地震荷载为
3 700～5 900 kN。

5. 由温差和地基不均匀沉降引起的内力

房屋因昼夜温差和季节性温差,每时每刻都在改变着形状和尺寸,当这种改变受到约束
时,就会使房屋结构受到内力效应,这也是一种"内在的"荷载。例如,一根不受约束的 $L=20$ m 长的钢梁,在冬季 0 ℃时安装完毕,到夏季气温 35 ℃时会伸长 $20\times10^{3}\times1.2\times10^{-5}\times(35-0)=8.4$(mm)($1.2\times10^{-5}$ 为钢的线膨胀系数),如图 2.17(a)、(b)所示。它虽很短,只有总长度的 1/2 380,但如果梁的两端被约束不能自由伸长,这根梁就受到压力 P[图 2.17(c)];倘若梁两端有着可以自由伸缩的支承,压力就不复存在了[图 2.17(d)]。

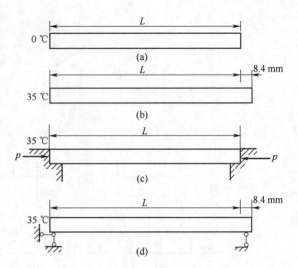

图 2.17　温差引起的内力效应

现代高层房屋必须考虑这种温差内力效应,如图 2.18 所示钢结构,外柱暴露在大气中,夏季日照气温可达 50 ℃,若内柱在室温 20 ℃(有空调设施)的情况下,内外柱高度可差几十毫米;到了冬季,情况可能相反。这种差异固然不会使柱遭到破坏,却会使梁、柱以及它们连接处受到额外的内力效应。

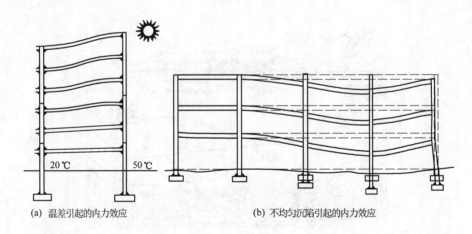

(a) 温差引起的内力效应　　　　　(b) 不均匀沉陷引起的内力效应

图 2.18　钢框架结构的内力效应

同理,房屋因地基土质不均匀沉陷时,也会在梁、柱及其连接处受到内力效应,如图 2.18(b)所示。

6. 其他荷载

其他荷载主要包括如结构安装、焊接、振动、撞击、爆炸等作用力。上述各种荷载归纳如图 2.19所示。

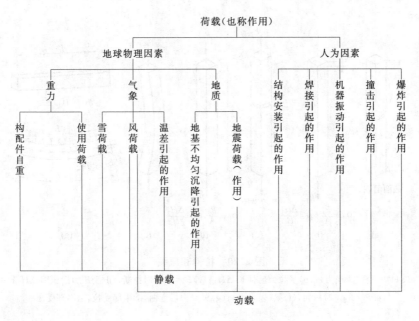

图 2.19　建筑结构的荷载

2.2.2　材料的力学性能

1. 拉伸与压缩

房屋结构的目的是将房屋所受荷载经过板、梁、柱、基础传给地基(受房屋重力影响的土层称地基),由于房屋大、荷载多,荷载的传递是个复杂现象,是土木工程中的重要问题之一。

自然界给予结构的本能[爱因斯坦称之为"Elegance(优雅举止)"]是通过两个基本作用完成上述传递过程的:拉(Pulling/Tension)和压(Pushing/Compression)。各种结构构件受荷载后无不有这两种作用:受到由荷载产生的拉力 P 或拉应力 $\sigma_拉$(即拉力被受拉截面面积除后的值,压应力同此)后产生拉伸变形(它的变形值 ΔH 除以构件的原长度 H 称拉应变 $\varepsilon_拉$,压应变 $\varepsilon_压$ 同此);受到由荷载产生的压力 P 或压应力 $\sigma_压$ 后产生压缩变形,如图 2.20 所示。一根梁受荷载后弯曲,是上部受压后缩短、下部受拉后伸长的结果[图 2.20(g)]。当拉杆所受拉应力 $\sigma_拉$ 超过极限应力 $\sigma_{极限}$ 时,杆就被拉断;当压杆所受压应力 $\sigma_压$ 超过临界应力 $\sigma_{临界}$ 时,杆就会压屈;当梁所受拉应力超过极限应力时也会因弯曲而折断。

2. 结构材料的弹性和塑性

承受荷载的能力(也称强度),并非结构材料唯一性能,结构材料还有弹性和塑性性能。

(1)当结构材料承受荷载时,其形状会改变(发生拉长、缩短或弯曲等变形)。承受荷载小时,$P=P_1$,变形 Δ_1 小;承受荷载大时,$P=P_2$,变形 Δ_2 大,两者基本成正比;一旦移去荷载,就恢复原状,称处于弹性状态[图 2.21(a)]。

(2)承受荷载更大时,$P=P_3$,承受荷载与变形不成正比,变形增长率比承受荷载增大率快;一旦移去荷载 P_3 虽会恢复大部分所变形状,但尚留有少部分残余变形 δ_3。这时,称处于塑性状态[图 2.21(b)]。

(3)如图 2.21(c)所示,材料在荷载作用下,$P—\Delta$ 关系曲线是:荷载从 0 增加到 P_1 呈直线变化,符合虎克定律;从 P_1 增加到 P_2 接近直线,仍然显示弹性性质;继续增加荷载从 P_2 到 P_3 呈现出塑性状态。

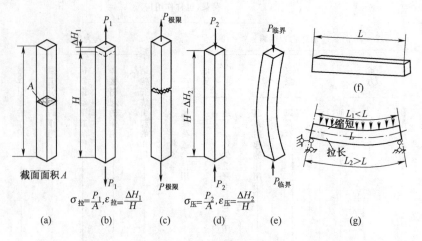

图 2.20 拉伸和压缩

(a)拉、压杆(未受力);(b)受拉力后伸长 ΔH_1;(c)$P=P_{极限}$时拉断;(d)受压力后压缩 ΔH_2;

(e)$P=P_{临界}$时压屈;(f)梁(未受力);(g)梁受力后弯曲,下半部受拉,上半部受压

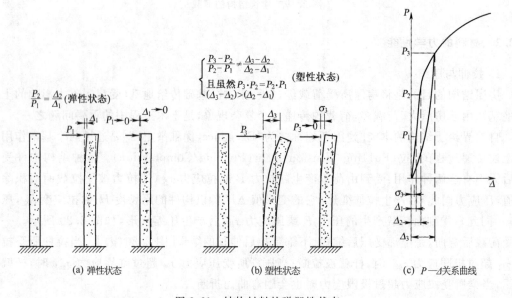

图 2.21 结构材料的弹塑性状态

　　一般材料在承受荷载小也即应力小时,都处于弹性状态;在受较大荷载也即应力值较大后,就会处于塑性状态;承受更大荷载也即达到极限应力时,就会处于拉断、压屈或折断的破坏失效状态。有塑性的材料称塑性材料,如钢材、混凝土;一旦它出现塑性就有发生破坏的预兆,这对保证结构的安全是有利的。相反,无塑性的材料称脆性材料,如玻璃,破坏前无预兆,它不能用作结构材料。

　　不同的结构材料,它的弹性和塑性性能是不相同。

　　砌体、混凝土、钢材、木材 4 种常用材料的强度对比如图 2.22 所示。

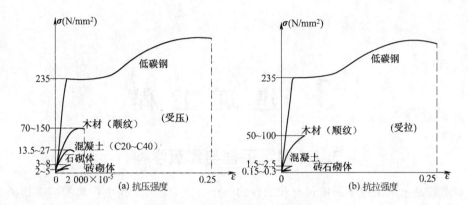

图 2.22 4 种常用的材料强度对比

思考题 ▐▐▐

2.1 木材的物理性质有哪些?

2.2 建筑钢材的种类有哪些?

2.3 简述钢材的强度及变形性质。

2.4 试述石灰的组成及作用。

2.5 硅酸盐水泥的技术性能有哪些?

2.6 试比较各种水泥的特性。

2.7 怎样进行砂浆的配制?

2.8 试分析混凝土的组成成分。

2.9 试述混凝土的变形性能。

2.10 试比较钢筋混凝土结构和预应力混凝土结构的优缺点。

2.11 列举出砖、瓦、石的种类及规格。

2.12 混凝土外加剂有哪些?混凝土掺合料有哪些?

2.13 建筑钢筋的品种有哪些?钢筋如何连接?

2.14 作用在结构上的荷载种类有哪些?

2.15 常用材料中砌体、混凝土、木材、钢材的强度特性是什么?

2.16 目前的新材料主要有哪几类?

4. 思考题答案(2)

3 建筑工程

3.1 建筑工程与建筑学科

建筑工程是土木工程学科中最有代表性的一个分支,建筑工程中最典型的工程类型是房屋建筑(Building Engineering),它是兴建房屋的规划、勘察、设计(建筑、结构和设备)、施工的总称,目的是为人类生产与生活提供场所。房屋建筑的生命周期长达几十年到数百年,从开始策划到最终消失,一般要经过项目选择与准备阶段、建设阶段、使用与物业管理阶段和消亡阶段,而建设与使用这两个阶段往往会占去很大的比例。

建筑一词英语为 Architecture,来自拉丁语 Archi-tectura,可理解为关于建筑物的技术和艺术的系统知识,我们称为建筑学。汉语"建筑"是一个多义词,它既表示建筑工程或土木工程的营造活动,又表示这种活动的成果。中国古代把建造房屋及其相关土木工程活动统称"营建""营造",而"建筑"一词则是从日语引入汉语的。有时建筑也泛指某种抽象的概念,如罗马风建筑、哥特式建筑、明清建筑、现代建筑等。

建筑作为工程实体,是指建筑艺术与工程技术相结合,营造出的供人们进行生产、生活或其他活动的环境、空间、房屋或场所。一般情况下仅指建筑物或构筑物。

建筑的形成主要涉及建筑学、结构学以及给水、排水、供暖、通风、空气调节、电气、消防、自动控制、建筑声学、建筑光学、建筑热工学、建筑材料、建筑施工技术等方方面面的知识和技术。同时,建筑的形成是受政治制度、自然条件、经济基础、社会需要以及人工技巧等因素决定的,它在一定程度上反映了某个地域、某个时期的建筑风格与艺术,也反映了当时的社会活动和工程技术水平。

建筑学科内容包括技术和艺术两个方面,在历史的发展过程中逐渐分化成三个主要专业:建筑专业、结构专业和设备专业。建筑专业不仅包括建筑、构造、艺术,还扩展到城市规划、园林、古建、物理(声、光、热等)。结构专业也扩展成三方面:力学与结构理论、建筑施工技术和结构工程设计。设备专业更是包罗广泛,从水(给水、排水)、暖(供暖、通风、空调)、电(照明、动力),乃至一切与自动化(如电梯等)配套的设备应有尽有。一幢建筑中建筑、结构、设备三成分的比重,要随其功能要求而定,各类建筑物很不一样。人类建房之初没有设备,而近现代建筑中,设备成分的比重却越来越大。然而结构成分始终不缺席,结构与建筑永远共存共亡。房屋好比一个人,它的规划就像人生活的环境,是由规划师负责的,它的布局和艺术处理相应于人的体型、容貌、气质,是由建筑师负责的,它的结构好比人的骨骼和寿命,是由结构工程师负责的;它的给排水、供热通风和电气等设施就如人的器官、神经,是由设备工程师负责的。在城市和地区规划基础上建造房屋,是建设单位、勘察单位、设计单位的各种设计工程师和施工单位全面协调合作的过程。

人们对房屋建筑的基本要求是"实用、美观、经济"。"实用"指房屋要有舒适的环境。要有宽畅的空间和合理的布局,要有坚实可靠的结构,要有先进、优质和方便的使用设施。这些是房屋在规划、建筑布局和建筑技术、结构、设备方面的要求。它是功能性的。"美观"指房屋的艺术处理,包括广义的美观和协调,以及观察者视觉和心灵的感受。它是房屋在建筑艺术方面的要求,它是精神性的。"经济"指用尽可能少的资金、材料和人力,在尽可能短的时间里,优质地完成房屋的建设。它是房屋在施工、技术经济方面的要求,它是经济性的。因此在建筑学科中,建筑设计是其核心。建筑设计要考虑使用与功能、技术与经济、表现和艺术等原则,研究设计各门类建筑的特点、空间环境,人的行为活动的需求及相应的工程、设备技术条件。现代社会和科技的发展要求广义地去认识建筑学科。如从人类的聚居、城市、社会、自然、经济、哲学、科技、环境、文化、美学等多方位认识建筑形态的变化,探求其发展。

3.2 建筑物的类别

房屋建筑工程的类别有多种分法。它们可以按房屋的使用情况分,可以按层数分,可以按房屋结构采用的材料分,也可以按房屋主体结构的型式和受力系统(也称结构体系)分。建筑师习惯于用第一、二种分法,结构工程师和施工工程师习惯于用第三、第四种分法,尤其是习惯于用第四种分法。

3.2.1 按房屋的使用情况分

建筑物按其使用情况一般分为民用建筑、工业建筑、农业建筑三大类。

民用建筑主要按建筑的使用功能分为居住建筑和公共建筑两种。各种形式的住宅均属于居住建筑,如别墅、宿舍、公寓等。它内部房屋的尺度虽小,但使用布局却十分重要,对朝向、采光、隔热、隔音等建筑技术问题有较高要求。它的主要结构构件为梁、板、柱和墙体,层数1~2层至10~20层不等。公共建筑种类繁多,其中如观演性建筑、交通性建筑、展览性建筑、商业性建筑、文教性建筑、园林建筑,以及以精神功能为主的纪念性建筑等。近来为了提高经济和社会效益而建造的集商业、行政办公和居住等功能于一体的综合大楼也属于公共建筑。它大多为人群聚集的场所,对使用功能及其设施的要求很高,其可采用的结构型式也比较多,如网架、拱、壳结构等多用于观演性建筑,承重墙结构、筒体结构等多用于商业性建筑。

工业建筑是专供生产用的建筑物、构筑物。产业革命后最先出现于英国,其后各国相继兴建了各种工业建筑。我国从20世纪50年代开始大量建造各种工业建筑。工业建筑种类繁多。主要按生产的产品种类划分,如纺织业建筑(单层轻工业)、化工业建筑、仪表业建筑、机械业建筑、食品业建筑(多层轻工业)等。它往往有巨大的荷载,沉重的撞击和振动,需要巨大的空间,有温湿度、防爆、防尘、防菌等特殊要求,以及要考虑生产产品的起吊运输设备和生产路线等。单层工业建筑经常采用的是铰接框架(也称排架)结构,多层工业建筑往往采用刚接框架结构。

农业建筑主要指农业生产性建筑,如暖棚、畜牧场、饲养场、粮仓、拖拉机站、粮食和饲料加工站等,往往采用的是轻型钢结构。

3.2.2 按房屋的层数分

按层数分类有低层、多层、高层、超高层。对后三者,各国划分的标准是不同的。

我国《建筑设计防火规范》(GB 50016—2014)将公共建筑和宿舍建筑按层数划分为:1~3层为低层,4~6层为多层,大于等于7层为高层;住宅建筑1~3层为低层,4~9层为多层,10层以上为高层。

公共建筑及综合性建筑总高度超过 50 m 者为高层(Tall Building);建筑物高度超过 100 m 时,不论住宅或公共建筑,均为超高层(Super Tall Building)。为了简化应用,我国有关部门将无论是住宅建筑还是公共建筑的高层建筑范围,一律定为 10 层及 10 层以上或房屋高度 28 m 以上。

日本建筑大辞典将 5～6 层到 14～15 层的建筑称为高层建筑,15 层以上的建筑称为超高层建筑。

联合国 1972 年国际高层建筑会议将高层建筑按高度分为四类:第一类:9～16 层(最高到 50 m);第二类:17～25 层(最高到 75 m);第三类:26～40 层(最高到 100 m);第四类:40 层以上(即超高层建筑)。

3.2.3 按房屋主体结构的型式和受力系统分

1. 承重墙结构(Bearing Wall Structure)

在高层建筑中也称剪力墙结构,利用房屋的墙体作为竖向承重和抵抗水平荷载(如风荷载或水平地震荷载)的结构。墙体同时也作为维护及房间分隔构件,如图 3.1(a)所示。

2. 框架结构(Frame Structure)

采用梁、柱组成的框架作为房屋的竖向承重结构,并同时承受水平荷载。其中如梁和柱整体连接、其间不能自由转动、可以承受弯矩的称刚接框架结构,如图 3.1(b)所示;如梁和柱非整体连接,其间可以自由转动、不能承受弯矩的称铰接框架结构。

3. 筒体结构(Tube Structure)

利用房间四周墙体形成的封闭筒体(也可利用房屋外围由间距很密的柱与截面很高的梁,组成一个形式上像框架、实质上是一个有许多窗洞的筒体)作为主要抵抗水平荷载的结构。也可以利用框架和筒体组合成框架—筒体结构,如图 3.1(c)所示。

4. 错列桁架结构(Staggered Truss Structure)

利用整层高的桁架横向跨越房屋两外柱之间的空间,并利用桁架交替在各楼层平面上错列的方法增加整个房屋的刚度,也使居住单元的布置更加灵活,这种结构体系称错列桁架结构,如图 3.1(d)所示。

5. 拱结构(Arch Structure)

以在一个平面内受力的,由曲线(或折线)形构件组成的拱所形成的结构,来承受整个房屋的竖向荷载和水平荷载,如图 3.1(e)所示。

6. 网架结构(Spatial Structure)

由多根杆件按照一定的网格形式,通过节点连接而成的空间结构,具有空间受力、重量轻、刚度大、可跨越较大跨度、抗震性能好等优点,如图 3.1(f)所示。

7. 薄壳结构(Shell Structure)

由曲面形板与边缘构件(梁、拱或桁架)组成的空间结构。它能以较薄的板面形成承载能力高、刚度大的承重结构,能覆盖大跨度的空间而无须中间支柱,如图 3.1(g)所示。

8. 钢索结构(Tension Structure)

楼面荷载通过吊索或吊杆传递到支承柱上去、再由柱传递到基础的结构,如图 3.1(h)所示。

9. 折板结构(Fold Plate Structure)

由多块平板组合而成的空间结构,是一种既能承重又可围护,用料较省,刚度较大的薄壁结构,如图 3.1(i)所示。

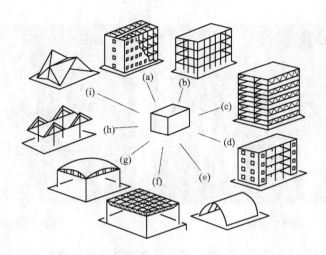

图 3.1　建筑工程中房屋结构的各种型式示意图
(a)墙体结构；(b)框架结构；(c)筒体结构(也是框架—筒体结构)；(d)错列桁架结构；
(e)拱结构；(f)网架结构；(g)空间薄壳结构；(h)钢索结构；(i)空间折板结构

3.2.4　按房屋结构主要承重构件采用的材料分

1. 生土结构(Geotechnical Structure)

以地壳表层的天然物质(岩土)作为建筑材料，经过采掘、成型、砌筑而建造的建筑物。

我国生土建筑的历史悠久，从考古发现古人类居住天然岩洞到人工凿穴的历史，可追溯到50万～60万年前的蓝田猿人。距今6 000年的半坡村时期有了聚落和半穴居式的生土建筑。与此同时，在黄河流域的黄土高原地区，"穴居"一直相继沿用并不断发展，形成了今日的窑洞民居。生土建筑中至今尚存在的窑洞多为明、清年代以后的，明代以前的生土古迹尚存的有：古烽火台、古城墙及秦、汉古长城残段、大型古墓及古窟寺。这些古代生土建筑，经历了漫长的历史发展和演变，蕴藏着丰富的营建技术，建筑艺术和凝固在这些传统建筑中的文化思想、建筑风格、风土民俗，为今日研讨现代生土建筑提供有益的启示与借鉴。

历代形成的生土建筑类型繁多，从材料结构和构造方面分有：黄土窑洞(Cave Dwelling)、土坯拱窑洞、砖石掩土窑洞、夯土墙(Rammed Earth)、土坯墙(Mud Brick Wall)、草泥垛墙的各类民居和夯土的大体积的构筑物；它们以土体、土坯、草泥作为结构用材料，以承重墙、拱体为其主要的结构形式，以我国的万里长城为世界公认的最伟大的典范。如果从房屋营建和使用功能上分，可划分为三大类：(1)窑洞民居；(2)生土建筑民居；(3)以生土材料建筑的各类公用建筑和构筑物(城墙、粮仓、堤坝等)。据估计现在世界上有1/3的人口居住在各类生土建筑之中，我国的黄土高原地区有63万～64万 km²，主要集中分布在黄河中上游的豫、晋、陕、甘、宁、青、新7个省和自治区，居住人口约为6 000万，其中居住窑洞的人口约占4 000万，图3.2为新疆生土建筑，图3.3为陕北窑洞。

2. 木结构(Timber Structure)

木结构采用方木、圆木、条木、板材连接做成。木结构包括木、竹两种材料，均为天然生长的建筑材料。木材构件通过齿(也称榫)、螺栓、钉、键和胶连接成各种形式的木结构。干燥的木材具有抗侵蚀的化学稳定性，制作简单。所以木结构历数千年来一直被世界各国广泛应用于建筑中。我国是最早应用木结构的国家之一。我国古时的木结构房屋建筑(如宫殿、庙宇、塔楼、民居

图 3.2　新疆生土建筑　　　　　　　　图 3.3　陕北窑洞

等)采用的是抬梁式木结构(也称木举架),其层层叠垛而成的重檐和优美曲线形屋面既可减少夏天日照和多容纳冬季阳光,又显示榫连接做法能逐层悬挑的结构特色;但毕竟跨度有限,用料甚多。今日,木结构建筑则可以做成木制"板—梁—柱"式或"板—屋架—柱"式的传统结构体系,也可以做成木刚架、木拱、木网状筒拱或木薄壳式的新型结构体系。木梁的跨度可达 8~10 m,木屋架、木刚架的跨度可达 18~30 m,木网状筒拱或壳体结构的跨度可达 80~150 m。

　　木结构的发展方向是采用胶合木代替整体木材做成的结构,包括层板胶合结构和胶合板结构等,做到次材优用、小材大用。胶合木结构出现以后,由于胶合木构件尺寸不受天然木材的限制,在体育馆、展览馆、商场等大跨度屋盖中常可见到。胶合木结构可胶成直线形或曲线形,可做成梁、拱、桁架和刚架以及薄壳和网状空间结构。

　　目前中国最高的木结构建筑是山西应县木塔(图 1.4),详细介绍见 1.3.1 节。

　　我国紫禁城宫殿,即故宫(图 3.4)是中国现存规模最大的木结构建筑群,建成于 15 世纪 20 年代,紫禁城南北长 961 m,东西宽 753 m,四面围有高 10 m 的城墙,城外有宽 52 m 的护城河,真可谓有金城汤池之固。天坛(图 3.5)亦为我国具有代表性的木结构建筑之一。

图 3.4　紫禁城宫殿　　　　　　　　图 3.5　天坛

　　世界上最大的单体木造建筑是日本东大寺(图 3.6),距今约有一千二百余年的历史,高48.74 m。

　　近年来因木材资源匮乏,除林区和农村房屋外,很少采用,但仍有使用木材做木梁、木屋架、木屋面板的情况。

3. 砌体结构（Masonry Structure）

以砖、石或砌块用砂浆砌筑而成的砌体作为主要承重构件的结构，总称为砌体结构。砖，狭义指黏土烧结砖，广义也可统称为人工砌块。由各种天然或人工砌块砌筑而成的砌体结构，习惯上称砖混结构，如图3.7所示为砖砌体结构。

图3.6 日本东大寺

图3.7 砖砌体结构

砖混结构适用于跨度小、高度矮的单层与多层建筑。根据使用要求空间大小的不同，砖混结构有多层砖房、多层内框架砖房、框支墙（底层内框架或全框架）砖房、空旷砖房等。

砌体结构由于具有可就地取材、价格便宜、施工简便等优点，并且具有较好的耐火性、耐久性、隔热保温隔音等物理性能，在量大面广的一般建筑中，有很大的经济优势。因此数千年来为世界各地普遍使用而经久不衰。6 000年前的古埃及的金字塔和我国举世闻名的万里长城是最宏伟的砖石建筑物。目前在我国的中小型房屋建筑（住宅、办公楼、学校等）广泛采用砖墙承重钢筋混凝土楼盖的混合结构。20世纪50年代以来，我国的砌体建筑结构除了使用普通砖砌体外，还进行了多方面的尝试，如配筋砖砌体结构、大型振动砖壁板结构、承重空心砖砌体结构等，如图3.8所示。

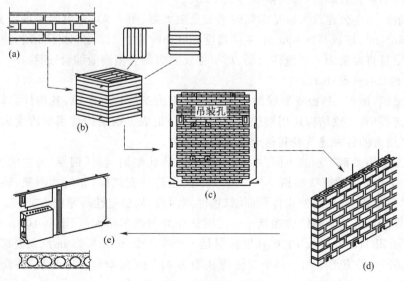

图3.8 砌体结构类型

(a)黏土砖砌体；(b)配筋砖砌体；(c)大型振动砖壁板；(d)配筋小型混凝土砌块砌体；(e)预制混凝土空心墙板

由于砖砌体是脆性材料,抗拉、抗剪强度低,自重又大,其动力抗剪强度更低,在强烈地震作用下抗震能力差。因此必须采用合理的结构布置及必要的构造措施。然而烧砖取土,大面积毁坏农田,对地少人多的我国是十分严峻的问题,而城市工业废料没有很好地利用。美国、日本等国十分重视粉煤灰砖、轻质砌块等,因此我国今后的建筑技术政策规定用各种砌块代替黏土砖,变废为宝。此外,国际上重视发展轻质高强空心砖配筋砌体,以减少自重改进砌体力学性能,也是我国发展的方向。国外已采用强度达 70 MPa 的砖建造了砖承重墙的 16 层公寓,用砖或混凝土砌块中间夹配筋灌浆层建造了 18~21 层高的旅馆等高层建筑。

4. 钢筋混凝土结构(Reinforcement Concrete Structure)

钢筋混凝土结构是由钢筋和混凝土这两种力学性能全然不同的材料所组成的。其之所以能有效地结合在一起共同工作,主要是由于钢筋与混凝土之间存在有粘结作用,使两者能共同受力;同时钢筋外围的混凝土保护层则保证了必要的耐久性。主要用于框架结构、框架—剪力墙结构、剪力墙结构、筒体结构、空间薄壳和空间折板结构。采用合理配筋构造的钢筋混凝土,可以充分利用两种材料的受力性能特点,形成强度较高、刚度较大的结构构件,钢筋混凝土结构具有较好的耐久性及耐火性,可模性好、整体性好、维护费用低及便于就地取材等优点,在建筑结构、桥梁、隧道、公路、铁路、港口及核电站等土木工程中得到广泛应用。但钢筋混凝土也存在着自重过大、抗震性差、施工复杂、修补困难等缺点,这在一定程度上限制了其应用范围。采用轻质高强混凝土(C60 以上)、预应力混凝土、钢骨混凝土(劲性钢筋混凝土)、预制装配式构件及机械化、工业化施工方法可使这些缺点得到改善,并扩大钢筋混凝土结构的应用范围。可以认为钢筋混凝土结构是当今最有发展前途的结构。

目前,世界上最高的建筑是迪拜的哈利法塔(图 1.13),又称迪拜大厦或比斯迪拜塔,是世界第一高楼与人工构造物。哈利法塔高 828 m,楼层总数 162 层,造价 15 亿美元,大厦本身的修建耗资至少 10 亿美元,还不包括其内部大型购物中心、湖泊和稍矮的塔楼群的修筑费用。哈利法塔总共使用 33 万 m³ 混凝土、6.2 万 t 强化钢筋,14.2 万 m² 玻璃。为了修建哈利法塔,共调用了大约 4 000 名工人和 100 台起重机,把混凝土垂直泵上逾 606 m 的地方,打破上海环球金融中心大厦建造时的 492 m 纪录。大厦内设有 56 部升降机,速度最高达 17.4 m/s,另外还有双层的观光升降机,每次最多可载 42 人。

世界上最高的办公建筑大厦是深圳的平安金融大厦(图 3.9),建设于深圳市福田区,总建筑面积 460 665 m²,塔顶高度 660 m,主体高度 588 m。地上 115 层,地下 5 层,建筑容积率为 16~20。该项目将发展为一个包括商场、写字楼及酒店的大型商业综合项目。

5. 钢结构(Steel Structure)

通常由型钢、钢管、钢板等制成的钢梁、钢柱、钢桁架等构件组成,各构件之间采用焊缝、螺栓或铆钉连接(有些钢结构还用钢绞线、钢丝绳束)组成。钢结构常用于跨度大、高度大、荷载大、动力作用大的各种建筑及其他土木工程结构中。

钢结构按所用型钢类别的不同,可分为两类:以热轧型钢(包括钢板)为主的普通钢结构;以冷弯薄壁型钢为主的薄壁型钢结构。对于不同用途的钢结构,如门式刚架、轻型房屋钢结构、高层房屋钢结构等,钢结构构件长而细,板件宽而薄,故稳定性问题较为突出。

目前世界上最高的全钢结构建筑——美国芝加哥的西尔斯大厦(图 3.10)。它高 443 m,108 层,建筑面积 41.38 万 m²,它的标准楼层是一个在 9 个 23 m×23 m 成束筒结构基础上形成的 69 m×69 m 的方形平面。每个筒体的柱距为 4.6 m 随着建筑的升高,各筒体在不同高度处终止,形成以下楼层面积:1~50 层 4 893 m²,51~66 层 3 848 m²,67~90 层 2 802 m²,91~110 层 1 141 m²。

图 3.9 平安金融大厦   图 3.10 美国芝加哥西尔斯大厦

埃菲尔铁塔(图 1.10)是现代巴黎的标志,是一座于 1889 年建成位于法国巴黎战神广场上的露空结构铁塔,高 330 m。距今已有 100 多年的历史了。埃菲尔铁塔占地一公顷,除了四个脚是用钢筋水泥之外,全身都用钢铁构成,塔身总重量 7 000 t。塔分为 3 层,分别在离地面 57 m、115 m 和 276 m 处建有平台。除了第 3 层平台没有缝隙外,其他部分全是透空的。从塔座到塔顶共有 1 711 级阶梯,现已安装电梯,故十分方便。每一层都设有酒吧和饭馆,供游客在此小憩,领略独具风采的巴黎市区全景,每逢晴空万里,这里可以看到远达 70 km 之内的景色。

上海环球金融中心(图 1.14)位于上海市浦东新区世纪大道 100 号,为地处陆家嘴金融贸易区的一栋摩天大楼,东临浦东新区腹地,西眺浦西及黄浦江,南向张杨路商业贸易区,北临陆家嘴中心绿地。上海环球金融中心占地面积 14 400 m²,总建筑面积 381 600 m²,拥有地上 101 层、地下 3 层,楼高 492 m,外观为正方形柱体。裙房为地上 4 层,高度约为 15.8 m。上海环球金融中心 B2、B1、2 和 3 层为商场、餐厅;7～77 层为办公区域(其中 29 层为环球金融文化传播中心);79～93 层为酒店;94、97 和 100 层为观光厅。

在钢结构中,网架、桁架、悬索、索—膜、充气等适应于大跨度屋盖的结构形式近年来发展迅速。网架是由多根按一定网架形式通过节点连接而成的空间结构,分平板网架和曲面网架(网壳),具有空间受力、重量轻、刚度大、整体性强、稳定性好、抗震性能好等优点。

我国的国家大剧院(图 3.11)屋顶是个椭圆大穹体,外部围护结构为钢结构壳体,内部骨架由钢结构焊接而成,东西轴跨度 212.2 m、南北轴跨度 143.64 m,周长达 6 000 多 m。椭球形屋面主要采用钛金属板,中部为渐开式玻璃幕墙。大剧院位于北京人民大会堂西侧,总建筑面积约 16.5 万 m²,其中主体建筑 10.5 万 m²,地下附属设施 6 万 m²。主体建筑外环绕人工湖,湖面面积达 35 500 m²,北侧主入口为 80 m 长的水下长廊,南侧入口和其他通道也均设在水下。人工湖四周为大片绿地组成的文化休闲广场。国家大剧院北入口与地铁天安门西站相连,并有能容纳 1 000 辆机动车和 1 500 辆自行车的地下停车场。在入口处设有售票厅,观众通过水下长廊进入大剧院。水下长廊的两边设有艺术展示、商店等服务场所。大剧院内有三个剧场,中间为歌剧院、东侧为音乐厅、西侧为戏剧院,三个剧场既完全独立又可通过空中走廊相互连通。在歌剧院的屋顶平台设有大休息厅,在音乐厅的屋顶平台设有图书和音像资料厅,在戏剧院屋顶平台设有新闻发布厅。内部歌剧院主要演出歌剧、芭蕾、舞剧,有观众席 2 416 座;音乐厅主要演出交响乐、民族乐、演唱会,有观众席 2 017 席;戏剧院主要演出话剧、京剧、地方戏曲、民族歌舞,有观众席 1 040 座。

图 3.11　国家大剧院

国家体育场(图 3.12)钢屋架工程为国内第一个双向张弦工程,也是建成后国内外跨度最大的双向张弦桁架结构(114 m×144.5 m)。其结构形式为单曲面、双向张弦桁架钢结构,上层为正交正放的平面桁架;下层预应力索,通过钢撑杆下端的双向索夹节点,形成双向空间预应力索网。整个屋架通过 8 个三向固定球铰支座、6 个两向可动球铰支座和 70 个单向滑动球铰支座支承在钢筋混凝土劲性柱顶。工程总用钢量约为 2 800 t。国家体育场位于北京奥林匹克公园南部,是奥运会三大主场馆之一,总建筑面积为 8 万多 m^2,整个建筑造型呈椭圆形马鞍形,地下一层,地上七层,组成三层碗状斜看台。是目前国内规模最大的室内体育场之一。2008 北京奥运会和 2022 年北京冬奥会开幕式、闭幕式、田径比赛、男子足球决赛等项目都在这里举行,非奥运会时间将用于体育比赛、艺术演出、大型展览和全民健身等商业运营,堪称一座具有国际现代化先进水平的大型综合性体育场。

图 3.12　国家体育场

6. 钢—混凝土组合结构(Steel Reinforced Concrete Composite Structure)

建筑物的承重构件部分为钢构件、部分为钢筋混凝土构件,或承重构件(如梁、板、柱等)的同一界面内有混凝土和型钢或压型钢板或钢管同时存在,依靠交互作用或材料的粘结作用协同工作的结构。这种组合可使钢和混凝土两种材料都取长补短,取得良好的技术经济效果。钢—混凝土组合构件有组合板、组合梁、组合柱等,如图 3.13 所示。目前这种结构形式在高层建筑中应用十分广泛。

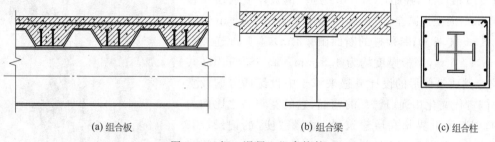

(a) 组合板　　　　　　　　　　　　(b) 组合梁　　　　　　(c) 组合柱

图 3.13　钢—混凝土组合构件

目前,钢—混凝土组合结构中最高的是中国台北金融大厦(图 3.14)。它从地面到屋顶的高度有 448 m,至桅杆顶 508 m,地上 101 层,地下 5 层,也称台北 101 大厦。台北 101 的主楼旁边还有一栋 6 层楼、总高 60 m 的裙楼,规划为购物中心及银行、证券行,裙楼内有挑高 40 m 的豪华室内广场。因应高空强风及台风吹拂造成的摇晃,台北 101 设置了"调和质块阻尼器",是在 88~92 楼层挂置一个重达 660 t 的巨大钢球,利用摆动来减缓建筑物的晃幅。防震措施方面,台北 101 采用新式的"巨型结构",在大楼之四个外侧分别各有两支巨柱,共八支巨柱,每支截面约 3 m 长、2.4 m 宽,自地下 5 楼贯通至地上 90 楼,柱内灌入高密度混凝土,外以钢板包覆。大厦拥有全球最快的电梯,其最高速率可达 1 010 m/min,相当于时速 60 km,从 1 楼到 89 楼的室内观景台,只需 37 s。

上海金茂大厦(图 3.15)位于上海浦东新区陆家嘴金融贸易区,建筑面积 29 万 m^2,地下 3 层,底上 88 层,高度 420.5 m,裙房 6 层,钢结构用钢量 18 000 t,塔楼高间上呈宝塔形,平面上呈八边形为组合结构的筒中筒钢混结构。金茂大厦基坑面积近 2 万 m^2,基坑开挖深度约 20 m,主楼基础承台为 4 m 厚。13 500 m^3 的高强度等级大体积混凝土,主楼泵造混凝土高度达到 382.5 m,在 24~26 层、55~57 层、85~87 层有三道外伸桁架将核心筒与 8 根巨型柱连接成一个整体。

图 3.14　台北金融大厦

图 3.15　上海金茂大厦

地王大厦(图 3.16)采用钢框架—钢筋混凝土核心筒混合结构,钢筋混凝土核心筒平面为 43.5 m×12.0 m,墙内设有钢柱 24 根,核心墙厚度 40 层以下为 750 mm,40层以上为 600 mm;外框有 26 根由钢板焊成的箱形钢柱,内填 C45 混凝土,柱距以 8.7 m 为主,钢板厚度底层角柱为 70 mm,向上递减至 22 mm,断面由 2.5 m×1.5 m 递减至 0.8 m×0.8 m;其他柱的断面由 1.3 m×1.1 m 递减至 0.6 m×0.6 m,钢板厚度均为 4.5 mm。高 383.95 m,共 69 层。其建筑体形的设计灵感来源于中世纪西方的教堂和中国古代文化中通、透、瘦的精髓,它的宽与高之比例为 1∶9,创造了世界超高层建筑最"扁"最"瘦"的记录。33层高的商务公寓最引人注目的设计是空中游泳池,空间跨距约 25 m,高 20 m,上下延伸由 9 层至 16 层。

图 3.16 深圳地王大厦

7. 膜结构(Membrane Structure)

膜结构建筑是一种具有时代感的标新立异的建筑物。它的特点是不需要梁(屋架)和刚性屋面板,膜材由钢支架、钢索支撑和固定,膜结构建筑造型美观、独特,结构形式简单,表观效果很好,因此极受各界重视,已广泛用于体育场馆、展厅、商场、娱乐场馆、旅游设施等。膜结构按其结构形式可分为钢结构、张拉结构及充气结构;按膜材特性又可分为永久性膜结构(膜材是使用年限可超过 25 年)、半永久性膜结构(膜材使用年限为 10~15 年)及临时性膜结构(膜材使用年限为 3~5 年)。

英国被誉为"伦敦明珠"的千年穹顶(图 3.17)是一幢展览科普中心建筑,位于泰晤士河边格林尼治半岛上,占地 300 英亩(约 120 公顷),是英国为庆祝 20~21 世纪之交的千禧年而营造的纪念性建筑之一。从空中鸟瞰,它如同泰晤士河畔的一颗珍珠。整个建筑为穹庐形,12 根 100 m高的钢桅杆直刺云天,张拉着直径 320 m,周长大于 1 000 m 的穹面钢索网。它的屋面采用圆球形张力膜结构,表面积 10 万 m²,仅为 1 mm 厚的膜状材料,却坚韧无比,同时它有卓越的透光性,可充分利用自然光。膜面支撑在 72 根辐射状的钢索上,这些钢索通过斜拉吊索与系索被桅杆所支撑,吊索和系索同时对桅杆起稳定作用。另外还设有四圈索桁架将钢索联成网状。

图 3.17 千年穹顶

德国汉堡网球场(图 3.18)可缩进的膜结构棚盖可以在任何恶劣的天气时,将棚盖关上;在天气转好时打开。以确保在任何季节里网球比赛的举行,或避免重要的赛事中断或延迟。此建筑充分发挥了索膜结构重量轻、造型灵活的优点。整体结构展开面积约 10 000 m²。

(a) 棚盖打开   (b) 棚盖关闭

图 3.18 德国汉堡网球场

坐落在海边的迪拜酒店也称伯瓷酒店(图 3.19),宛如一叶帆船飘扬在大海上,一共有 56 层、321 m 高,建立在离海岸线 280 m 处的人工岛上。迪拜酒店采用双层 PTFE 膜,最新的建筑及工程科技,迷人的景致及造型,使它看上去仿佛和天空融为一体,并成为世界上最高的膜结构建筑。迪拜酒店工程花了 5 年的时间,两年半时间在阿拉伯海填出人造岛,两年半时间用在建筑本身。

1997 年建成的上海八万人体育场(图 3.20)是我国首次在大型建筑上采用膜结构,其看台挑篷为大型钢管空间结构,它由 64 榀大悬挑主桁架和 2~4 道环向次桁架组成,屋面为钢骨架支撑的膜结构,膜材为进口高技术材料(Sheerfill)。屋面平面投影呈椭圆形,长轴 288.4 m,短轴 274.4 m,中间敞开的椭圆孔(长轴 215 m,短轴 150 m),总覆盖面积 36 100 m²,最大悬挑长度 73.5 m,最短悬挑长度 21.6 m,是国内跨度最大,悬挑长度最长的体育场。

图 3.19 迪拜酒店   图 3.20 上海八万人体育场

近年来我国在膜结构方面的应用开始呈现较活跃的势头,继上海八万人体育场之后,位于四川成都的中国死海漂浮运动中心水上乐园(图 3.21),为现今国内唯一的室内人造海岸工程。本工程采用空间钢桁架结构体系,屋面覆盖膜材,为典型的骨架膜结构工程。整个结构平面布置为扇形,跨度 115 m,横向总长度为 250 m,立面最高点为 40 m,总投影面积约为 30 000 m²。钢结构部分由 19 榀径向布置的三角形空间拱桁架组成,同时主桁架之间沿横向布置多道连续的空间次桁架。主桁架两端各设上下弦三个铰支座,与下部混凝土柱连接。膜面部分由 14 大片膜体组成,膜材选用法拉利公司的 1202T2。

国家游泳中心"水立方"(图 3.22)是一个 177 m×177 m 的方形建筑,高 30 m,看起来形状很随意的建筑立面遵循严格的几何规则,立面上的不同形状有 11 种。内层和外层

图 3.21 死海漂浮运动中心水上乐园

都安装有充气的枕头,梦幻般的蓝色来自外面那个气枕的第一层薄膜,因为弯曲的表面反射阳光,使整个建筑的表面看起来像是阳光下晶莹的水滴。如果置身于"水立方"内部,感觉则会更奇妙,进到"水立方"里面,像海洋环境里面的一个个水泡一样。"水立方"从建筑到结构完全是一个创新的建筑,蕴涵着极高的科技含量。它的建筑外围护采用新型的环保节能 ETFE 膜材料,覆盖面积达到 10 万 m²,是目前世界上最大的 ETFE 膜材料应用工程。这种 ETFE 膜材料的质量只有同等大小玻璃的 1%,韧性好,又能吸收更多的阳光,并且不会自燃,另外,它们还有很强的自洁功能。

图 3.22 国家游泳中心"水立方"

3.3 建筑工程设计

建筑设计是指为满足建筑物的功能和艺术要求,在建筑物建造之前对建筑物的使用、造型和施工作出全面筹划和设想并用图纸和文件表达出来的过程。广义地说,建筑设计的工作范围包括为了建造一座建筑物所要进行的全部事先的筹划和设想,主要涉及建筑学、结构学以及给水、排水、供暖、通风、空气调节、电气、消防、自动控制、建筑声学、建筑光学、建筑热工学、建筑材料、工程概预算等知识领域,而且还和哲学、美学、社会学、人体工程学、行为与环境心理学

等诸多边缘学科有关。因此,需要与各学科技术人员共同协作。狭义上说,建筑设计的工作范围指的则是"建筑学"所囊括的内容。

3.3.1 设计程序

在我国建筑设计的程序通常包括资料搜集阶段、方案设计阶段、初步设计阶段和施工图设计阶段等,因设计项目的规模和复杂程度不同而有所增减。

在国际上,多数国家的建筑设计公司(事务所)主要从事方案设计,施工图设计一般由承包商完成。

3.3.2 设计内容

设计的主要内容包括总体设计、工艺设计、建筑专业及其各专业设计及概(预)算等。

1. 总体设计

总体设计是根据建设单位的功能要求和当地规划部门的专门要求,设计建筑物的总体布局,进行空间处理、建筑方案设计,解决好房屋体型和外部环境协调的问题。

2. 建筑专业设计

根据批准的总体设计,合理布置和组织房屋室内空间,确定建筑平面布置、层数、层高,以及为达到室内采光、隔音、隔热等建筑技术参数要求和其他环境要求所采取的技术措施。

3. 工艺设计

工艺设计一般为工业项目的要求,部分公共建筑(如酒店)也有相应的要求。工艺设计要依据总体设计和当地环保、卫生、劳动、消防等部门对三废治理、工业卫生、消防安全、劳动保护的具体要求,对设计方案具体化。

4. 结构专业设计

根据自然条件、功能的要求和施工环境确定结构选型和房屋结构承受的荷载,地基处理方案,变形缝的设置,解决好结构承载力、变形、稳定、抗倾覆等技术问题、特殊使用要求的结构处理,新结构、新技术、新材料的采用,主要结构材料的选用等。

5. 给水排水工程设计

依据项目对水量、水质、水压、消防的要求进行室内给水设计,根据项目生活、生产污水及雨水排放量对室外排水、污水处理进行综合设计。

6. 电气工程设计

对电力照明、电力、供电、自动控制、自动调节以及建筑物防雷保护进行设计,确定是否需要变电所等。

7. 电信工程

对电话、通信、广播、电视、火警、信号等进行设计。

8. 采暖通风设计

对工程采暖、通风、除尘、空调、制冷等进行设计。

9. 动力设计

主要是对锅炉房、压缩空气站、室内外动力管道等进行设计。

10. 概(预)算

概(预)算属于设计经济文件。概算是在初步设计阶段进行,预算是在施工图设计阶段进行。概算确定投资,预算确定造价,前者要起控制后者的作用。

3.3.3　图纸的种类与格式

建筑工程图纸从称谓上有原图、底图和复制图之分。原图是指经审核、认可后,可作为原稿的图,一般用绘图纸或透明度较高的描图纸绘制而成。根据原图制成的可供复制的图称为底图。由原图或底图复制成的图,称为复制图。施工图纸大多复制成蓝色的,因此俗称蓝图。

图纸宽度(短边)与长度(长边)组成的图面称为图纸的幅面。建筑工程图纸基本幅面采用 A 系列,尺寸见表 3.1。尺寸 $B \times L$,为图纸的短边×长边,长边与短边之比为 $\sqrt{2} : 1$。建筑工程图纸,一般短边不得加长,长边可加长,但应符合规定幅面要求。图纸以短边作垂直边使用称为横式,以短边作水平边使用称为立式。一般 A0～A3 图纸均横式使用,A4 图纸只能使用立式幅面。

表 3.1　图纸幅面及尺寸

幅 面 代 号	尺寸(mm)			附　　注
	$B \times L$	c	a	
A0	841×1 189	10	25	俗称 0 号图
A1	594×841			俗称 1 号图
A2	420×594			俗称 2 号图
A3	297×420	5		俗称 3 号图
A4	210×297			俗称 4 号图

图纸的规定格式中一般包括幅面线、图框线、标题栏和会签栏等基本内容,如图 3.23 和图 3.24 所示。标题栏,简称图标,主要标明设计单位、工程名称、设计人员签名、图名与图号。会签栏是工程图纸上填写会签人员姓名、会签人所代表的专业、签字日期等的一个表格,不需会签的图纸,可不设会签栏。

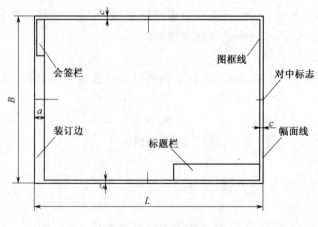

图 3.23　图幅格式

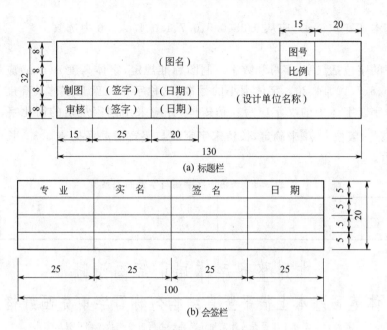

(a) 标题栏

(b) 会签栏

图 3.24　标题栏及会签栏(单位:mm)

3.3.4　图线与字体

图是用点、线、符号和数字等描绘事物几何特征、形态、位置及大小的一种形式。图中的图线不仅要表示一定的范围,还要表示一定的含义。建筑工程图纸除了画出建筑物的图形外,还需要用文字来说明它的名称、尺寸、材料、作法等。因此,图线和字体是构成工程图的基本要素。有关制图标准对图线和字体都做了规定。

1. 图线

图线简单地说就是在图纸上绘制的线条。在绘制建筑工程图时,为了表示图中不同的内容,并且能够分清主次,必须使用不同的线型和不同的粗细(线宽)的图线。建筑工程图线的线型包括:实线、虚线、点画线、双点画线、折断线和波浪线。建筑工程制图常用线型见表 3.2。各专业图纸所表示的工程内容不同,图线的具体用途也随之不同。

表 3.2　工程制图常用线型

名称	线型	一般用途
实线	——————————	可见轮廓线
虚线	——————————	不可见轮廓线
点画线	—·—·—·—·—·—	中心线、对称线
双点画线	—··—··—··—··	见有关制图标准
折断线	——————〜——————	断开界限
波浪线	〜〜〜〜〜〜〜	断开界限

建筑工程图中,图线宽度包括图线的基本宽度和线宽组。画图时一个图样中最多使用三种线宽,称为一个线宽组,一般根据图样的类别、比例大小及复杂程度选择宽度 b 值,选定线宽

组。图线的基本宽度 b(mm),应从 0.35、0.5、0.7、1.0、1.4、2.0 中选取。

2. 字体

工程图中的字包括汉字、字母和数字。制图标准规定,字体高度 h(mm)应从如下系列中选用:2.5、3.5、5、7、10、14、20。字体大小的号数(简称字号),就是字体的高度。例如:7 mm高的字称 7 号字。字体中的汉字应写长仿宋体,并应采用国家规定的简化字。字号不小于3.5 号。其字宽一般按 $h/\sqrt{2}$ 来确定,长仿宋字字高与字宽的关系见表 3.3。长仿宋字的字样如图 3.25 所示。

表 3.3 长仿宋字字高与字宽的关系

字高 h(mm)	3.5	5	7	10	14	20
字宽 b(mm)	2.5	3.5	5	7	10	14

排列整齐字体端正笔画清晰
字体笔画基本上横平竖直结构匀称写字前先画好格子
阿拉伯数字拉丁字母罗马数字和汉字并列书写时它们的字高比汉字高小

图 3.25 长仿宋体字例

3.3.5 常用绘图用具

常用的绘图笔有绘图铅笔和绘图墨水笔两种。绘图铅笔上一般都标有表示铅芯软硬程度的代号,H 表示铅芯硬度;B 表示铅芯软度(即黑度);标 HB 表示软硬程度适中。近年来,描图普遍使用绘图墨水笔,这种笔的笔尖是一只细针管,所以又名针管笔。这种笔的笔尖口径有多种规格,可视线型粗细而选用。

图板的大小规格,一般与绘图纸的基本幅面相对应,各号图板适于画对应幅面的图纸,四周还略有宽余。图板的左边硬木边为工作边,其他边不可用来靠丁字尺。图板放在桌子上,板身要略为倾斜,如图 3.26 所示。

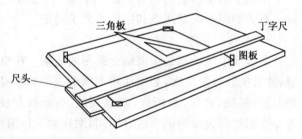

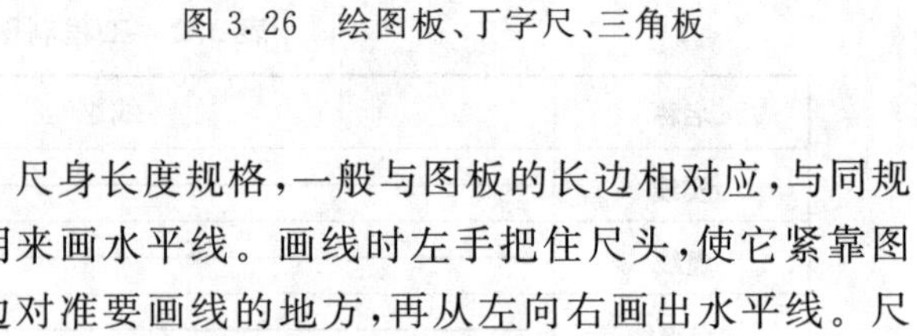

图 3.26 绘图板、丁字尺、三角板

丁字尺由相互垂直的尺头和尺身构成。尺身长度规格,一般与图板的长边相对应,与同规格的图板配合使用较为适合。丁字尺主要用来画水平线。画线时左手把住尺头,使它紧靠图板工作边,然后上下推动,直至丁字尺工作边对准要画线的地方,再从左向右画出水平线。尺身的上边为工作边,只能使用工作边画线或靠尺。

一副三角板有两块,都是直角三角形,一块是 30°、60°,一块是 45°铅直线要用三角板与丁字尺配合来画出。用一副三角板与丁字尺配合,可以画出与水平线成 15°及其整倍数(30°、45°、60°、75°、90°)的斜线。

比例尺是用来缩小(或放大)图形的工具,使用比例尺可以减少烦琐的计算过程。比例尺的形式有许多种,常用的有三棱比例尺和比例直尺。

圆规是画圆及圆弧的仪器,使用时应注意将针尖和铅芯都调整到垂直纸面,且使针尖略长于铅芯尖。分规是用来分等份和量取线段用的。

　　除以上所列绘图用具外,绘图需要准备的常用物品还有:曲线板、擦图用橡皮、固定图纸用胶带纸、绘图墨水、修改图线用的薄刀片、软毛刷、擦图片、铅笔刀、磨铅芯用的细砂纸等。

　　随着计算机辅助绘图技术的不断发展,传统的绘图工具的功能正逐步被计算机所替代。计算机绘图在我国已广泛应用于建筑设计的各个领域,各设计单位已经普及应用计算机辅助设计,计算机出图率基本达到100%。计算机绘图系统主要由计算机和自动绘图仪组成。常用建筑工程绘图软件有:美国 Auto CAD(Auto Computer Aided Design)设计软件、Discreet公司开发的 3DMax、中国建筑科学研究院开发的 PKPM 系列、天正公司开发的天正系列、广州中望龙腾软件开发的中望 CAD、理正公司开发的理正系列及探索者公司开发的探索者结构绘图系列等。

3.4　建筑结构基本构造

　　结构是指房屋建筑及其相关组成部分的实体。但从狭义上说,是指各种工程实体的承重骨架。应用在工程中的结构称工程结构,例如桥梁、堤坝、房屋结构等。当局限于房屋建筑中采用的工程结构则称为建筑结构。根据所用材料的不同,结构有金属结构、混凝土结构、钢筋混凝土结构、木结构、砌体结构和组合结构等。房屋结构除满足工程所要求的性能外,还必须在使用期内安全、适用、经济、耐久地承受外加的或内部的各种作用。

　　房屋工程的构造组成如图 3.27 所示。它主要由基础、墙或柱、楼板、楼地面、楼梯、屋顶、隔墙、门窗等部分组成。

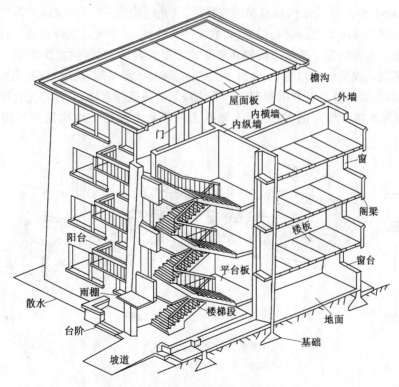

图 3.27　房屋基本组成

3.4.1 基 础

无论什么结构都必须坐落在基础上,由基础将结构承受的全部荷载传给地基。受结构传来荷载影响的土层或岩层称地基(Ground)。地基内的土通常不是均一的土,而是若干层各类土(图 3.28)。

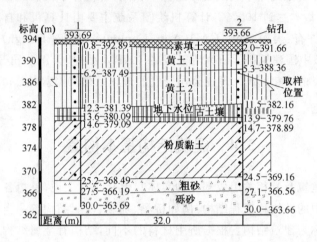

图 3.28 地基土层分布示意

(图例说明:$\frac{1}{393.69}$表示钻孔 1 孔口标高为 393.69 m;0.8—392.89 表示钻孔

1 处素填土层厚为 0.8 m,素填土底标高为 392.89 m)

基础(Foundation)既是结构和地基的连接件,又是结构的一部分,也称下部结构。它的设置既要考虑上部结构的型式、规模、用途、荷载大小与性质,又要考虑下部地质条件、土层分布、土的性质和地下水的情况。基础应搁置在坚实的土层或岩层上,因搁置深度不同可分为浅基础和深基础两类。浅基础为如图 3.29 所示的独立基础、条形基础、筏形基础、箱形基础。深基础为如图 3.30 所示的桩基础和沉箱基础。无论浅基础还是深基础,它们都是由厚板、深梁、粗柱、厚墙作为基本构件组成的,这是因为地基土的承载力远低于结构构件所用材料强度的缘故。

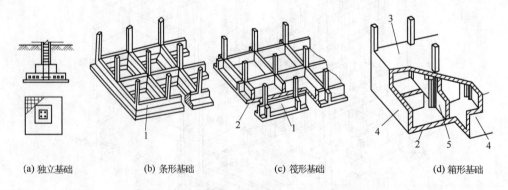

(a) 独立基础   (b) 条形基础   (c) 筏形基础   (d) 箱形基础

图 3.29 浅基础示意图

1—基础梁;2—底板;3—顶板;4—外壁;5—内壁

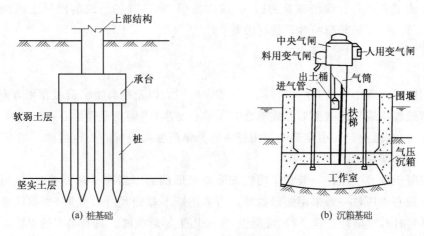

图 3.30　深基础示意图

3.4.2　墙

墙是建筑物竖直方向起围护、分隔和承重等作用,并具有保温隔热、隔音及防火等功能的主要构件。墙体按不同的方法可以分成不同的类型。

1. 按其在建筑物中的位置区分

(1)外墙:是位于建筑物外围的墙。位于房屋两端的外墙称山墙。纵向檐口下的外墙称檐墙。高出平屋面的外墙称女儿墙。

(2)内墙:是指位于建筑物内部的墙体。

另外,沿房屋纵向(或者说,位于纵向定位轴线上)的墙通称纵墙;沿房屋横向(或者说,位于横向定位轴线上)的墙,通称横墙。在一片墙上,窗与窗或门与窗之间的墙称窗间墙,窗洞下边的墙称窗下墙。

2. 按其受力状态分

按墙在建筑物中的受力情况可分为承重墙、自承重墙和非承重墙。承重墙是承受屋顶、楼板等上部结构传递下来的荷载及自重的墙体。

承自重墙是只承担自重的墙体。

非承重墙是不承重的墙体,例如幕墙、填充墙等。

3. 按其作用区分

按墙在建筑物中的作用区分可分为围护墙和内隔墙。

围护墙是起遮挡风雨和阻止外界气温及噪声等对室内的影响作用的墙。

内隔墙起分隔室内空间、减少相互干扰作用的墙。

在框架结构建筑中,墙仅起围护和分隔作用,填充在框架内的墙又称填充墙;预制装配在框架上的称悬挂墙,又称幕墙。

根据墙体用料的不同、有土墙、石墙、砖墙、砌块墙、混凝土墙以及复合材料墙等。其中普通实心黏土砖墙目前已禁止采用。复合材料墙有工厂化生产的复合板材墙,如由彩色钢板与各种轻质保温材料复合成的板材,也有在黏土砖或钢筋混凝土墙体的表面现场复合轻质保温材料而成的复合墙。

按墙体施工方法分有现场砌筑的砖、石或砌块墙;有在现场浇筑的混凝土或钢筋混凝土墙;有在工厂预制、现场装配的各种板材墙等。

3.4.3　柱

柱的截面尺寸远小于其高度。柱承受梁传来的压力以及柱自重。荷载作用方向与柱轴线平行。当荷载作用线与柱截面形心线重合时为轴心受压;当偏离截面形心线时为偏心受压(既受压又受弯)。在工业与民用建筑中应用较多的是钢筋混凝土偏心受压构件。如一般框架柱、单层工业厂房排架柱等。

钢筋混凝土轴心受压柱一般常采用正方形或矩形截面。当有特殊要求时,也可采用圆形或多边形。偏心受压柱一般采用矩形截面。当采用矩形截面尺寸较大时(如截面的长边尺寸大于 700 mm 时),为减轻自重、节约混凝土,常采用工字形截面。具有吊车的单层工业厂房中的柱带有牛腿,当厂房的跨度、高度和吊车起重量较大,柱的截面尺寸较大时(截面的长边尺寸大于 1 300 mm),宜采用平腹杆或斜腹杆双肢柱及管柱,如图 3.31 所示。

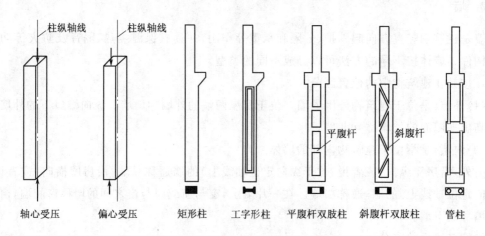

图 3.31　柱的受力及截面形式

3.4.4　梁

梁的截面宽度和高度尺寸远小于其长度尺寸。梁承受板传来的压力以及梁的自重。梁受荷载作用的方向与梁轴线相垂直,其作用效应主要为受弯和受剪。梁可以现浇也可以预制。梁常见的分类如下:

1.按支承情况分类

(1)简支梁:梁的两端支承在墙上或柱上。简支梁在荷载作用下,内力较大宜用于小跨。如单个门窗洞口上的过梁,单根搁置在墙上的大梁通常都作为简支梁计算。简支梁的优点是当两支座有不均匀沉降时,不产生附加应力。简支梁的高度一般为跨度的 1/15～1/10,宽度为其高度的 1/3～1/2,如图 3.32(a)所示。

(2)悬臂梁:梁的一段支承在墙上或一端固定支承与柱上而另一端自由无任何支承。常用于建筑物阴阳台处,如图 3.32(b)所示。

梁通常为直线形,如需要也可做成折线形或曲线形。曲梁的特点是,内力除弯矩、剪力外,还有扭矩。梁在墙上的支承长度一般不小于 240 mm。

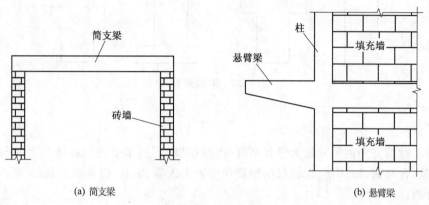

(a) 简支梁　　　　　　　　　　　　　(b) 悬臂梁

图 3.32　简支梁、悬臂梁

(3)连续梁：它是支承在墙、柱上整体连续的多跨梁。这在楼盖和框架结构中最为常见。连续梁刚度大，而跨中内力比同样跨度的简支梁小，但中间支座处及边跨中部的内力相对较大。为此，常在支座处加大截面，做成加肋的形式；而边跨跨度可稍小一些，或在边跨外加悬挑部分，以减小边跨中部的内力。连续梁当支座有不均匀下沉时将有附加应力，如图 3.33 所示。

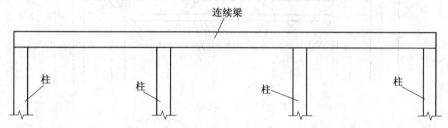

图 3.33　连续梁

(4)多跨静定梁：它和简支梁一样，支座有不均匀下沉时不产生附加应力。它是由外伸梁和短梁铰接连接构成。这种梁连接构造简单，而内力比单跨的简支梁小。木檩条常做成这种梁的形式，以节约木材。公路多跨简支桥也常做成这种形式，如图 3.34 所示。

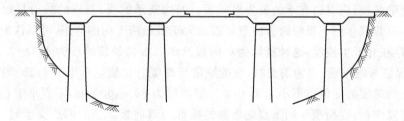

图 3.34　公路桥多跨静定梁

2.按截面形式分类

梁的截面形式常为矩形、T 形、⊥形、十字形及花篮形等。矩形梁制作简便、T 形梁可减小梁的宽度，节约混凝土用量，⊥形、十字形及花篮形截面可增加房屋的净空，如图 3.35 所示。

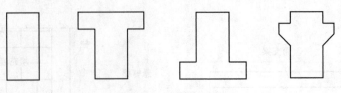

图 3.35　梁截面形式

3.4.5　板

板的长、宽两方向的尺寸远大于其高度(也称厚度)。板承受施加在楼板上并与板面垂直的重力荷载(含楼板、地面层、顶棚层的恒载和楼面上人群、家具、设备等活载)。图 3.36 为梁、板、柱布置图。

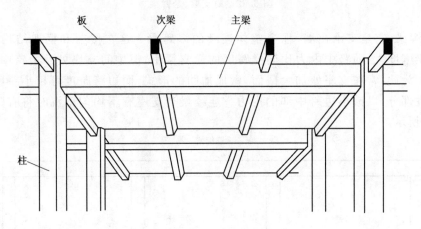

图 3.36　梁、板、柱布置图

板按施工方法不同分为现浇板和预制板。

1. 现浇板

现浇板具有整体性好,适应性强,防水性好等优点。它的缺点是模板耗用量多,施工现场作业量大,施工进度受到限制。适用于楼面荷载较大,平面形状复杂或布置上有特殊要求的建筑物;防渗、防漏或抗震要求较高的建筑物及高层建筑。

(1)现浇单向板:两对边支承的板为单向板。四边支承的板,当板的长边与短边长度之比大于 2 的板,在荷载作用下板短跨方向弯矩远远大于板长跨方向的弯矩,可以认为板仅在短跨方向有弯矩存在并产生挠度,这种板称为单向板。单向板的经济跨度为 1.7～2.5 m,不宜超过 3 m。为保证板的刚度,当为简支时,板的厚度与跨度的比值应不小于 1/35;当为两端连续时,板的厚度与跨度的比值应不小于 1/40。一般板厚为 80～100 mm,不宜小于 60 mm。

(2)现浇双向板:在荷载作用下双向弯曲的板称为双向板。当为四边支承时,板的长边与短边之比不大于 2,在荷载作用下板长、短跨方向弯矩均较大,均不可忽略,这种板称为双向板。为保证板的刚度,当为四边简支时,板的厚度与跨度的比值应不小于 1/45;当为四边嵌固时,板的厚度与短向跨度的比值不小于 1/50。四边支承的双向板厚度一般在 80～160 mm 之间。除四边支承的双向板外,还有三边支承、圆形周边支承、多点支承等形式。

2. 预制板

在工程中常采用预制板,以加快施工速度。预制板一般采用当地的通用定型构件,由当地预制构件厂供应。它可以是预应力的,也可以是非预应力的。由于其整体性较差,目前在民用建筑中已较少采用,主要用于工业建筑。

预制板按截面形式可分为:实心板、空心板、槽形板及T形板等。

(1)实心板:普通钢筋混凝土实心平板一般跨度在2.4 m以内。这种板上下表面平整、制作方便。但用料多、自重大,且刚度小,多用作走道板、地沟盖板、楼梯平台板等,如图3.37(a)所示。实心板通常在现场就地预制。

(2)空心板:空心板上下平整,当中有圆形、矩形或椭圆形孔,其中圆形孔制作简单,应用最多,如图3.37(b)所示。这种板构造合理,刚度较大,隔音、隔热效果较好,且自重比实心板轻,缺点是板面不能任意开洞、自重也较槽形板大。所以一般用于民用建筑中的楼(屋)盖板(目前已较少采用)。非预应力空心板常用跨度为2.4~4.8 m,预应力空心板常用跨度为2.4~7.5 m;民用建筑中的空心板厚度常用120 mm、180 mm两种,在工业建筑中由于其荷载大,厚度有厚达240 mm,宽度常为600~1 200 mm。

(3)槽形板:它相当于小梁和板的组合,如图3.37(c)所示。槽形板有正槽板和反槽板两种。正槽板受力合理、但顶棚不平整;反槽板顶棚平整,而楼面需填平,可加其他构件做成平面。槽形板较空心板自重轻且便于开洞,但隔音隔热效果较差。在工业建筑中采用较多。

(4)T形板:T形板是大梁和板合一的构件,有单T板和双T板两种,如图3.37(d)所示。这类板受力性能良好,布置灵活,能跨越较大的空间,但板间的连接较薄弱。T形板适用于跨度在12 m以内的楼(屋)盖结构,也可用作外墙板。

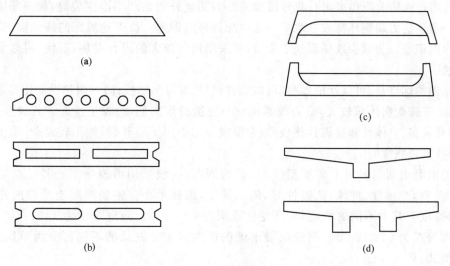

图3.37 预制板截面形式

3.4.6 构件组合

在实际房屋结构中,常看到以上几种基本构件组合而成的结构构件,主要有楼板(盖),桁架及框架等。

从广义上说,组成承重结构的基本构件一般有刚性和柔性的两大类。

刚性构件在形式上又可分为杆(梁、柱均可看成杆)、板(墙也可看成板)、筒和盒四种基本形式。其中直线形杆件组成的承重结构有框架、桁架、网架。刚性曲线杆件组成的承重结构有拱、网壳和网格式穹窿等。刚性平面板式结构有装配式大型板材,其他如砖石砌筑或混凝土浇筑的纵横墙以及折板式屋顶也可视为刚性平面板式结构;刚性曲面板式结构即壳体和穹隆。刚性的筒式和盒式结构就是四面或六面平板形结构组合的整体结构形式,常见的有单筒、套筒以及筒体与框架、悬挂等相结合的结构形式;盒式结构则多为预制装配的组合结构。

柔性的承重结构也可分为线形和面形两类,前者如悬索结构和悬挂结构等,后者如薄膜建筑中的篷帐建筑和充气建筑等。它们都是建筑中的特种结构形式。

3.5　特种构筑物

特种结构(Special Structure)指房屋、地下建筑、桥梁、隧道、水工结构以外的具有特殊用途的工程结构(也称构筑物)。特种结构包括高耸结构、海洋工程结构、管道结构和容器结构等。本节主要介绍常见的几种特种结构。

3.5.1　烟囱(Chimney)

烟囱是工业中常用的构筑物,是把烟气排入高空的高耸结构,能改善燃烧条件,减轻烟气对环境的污染。

烟囱分为砖烟囱、钢筋混凝土烟囱和钢烟囱三类。

砖烟囱的高度一般不超过 50 m,多数呈圆锥形,外表面坡度约为 25%,筒壁厚度为 240～740 mm,用普通黏土砖和水泥石灰砂浆砌筑。为防止外表面产生温度裂缝,筒身每隔 1.5 m 左右设一道预应力扁钢环箍或在水平砖缝中配置环向钢筋。位于地震区的砖烟囱、筒壁内尚须加配纵向钢筋。为减少现场砌筑工程量,可采用尺寸较大的组合砌块、石块、耐热混凝土砌块等砌筑。

砖烟囱的优点是:可以就地取材,可以节省钢材、水泥和模板;砖的耐热性能比普通钢筋混凝土好;由于砖烟囱体积较大,重心较其他材料建造的烟囱低,故稳定性好。其缺点是:自重大,材料数量多;整体性和抗震性能较差;在温度应力作用下易开裂;施工较复杂,手工操作较多,需要技术较熟练的工人。

钢筋混凝土烟囱多用于高度超过 50 m 的烟囱,一般采用滑模施工。其优点是自重较小,造型美观,整体性、抗风、抗震性好,施工简便,维修量小。钢筋混凝土烟囱的外形为圆锥形,沿高度有几个不同的坡度,坡度变化范围为 0～10%。筒壁厚度为 140～800 mm,混凝土强度等级为 C20 或 C30,钢筋混凝土烟囱按内衬布置方式的不同可分为单筒式、双筒式和多筒式。

目前,我国最高的单筒式钢筋混凝土烟囱为 210 m。最高的多筒式钢筋混凝土烟囱是秦岭电厂 212 m 高的四筒式烟囱。现在世界上已建成的高度超过 300 m 的烟囱达数十座,例如米切尔电站的单筒式钢筋混凝土烟囱高达 368 m。

烟囱越高,造价越高。对高烟囱来说,钢筋混凝土烟囱的造价明显比砖烟囱低,在我国钢筋混凝土高烟囱的造价远远低于钢的高烟囱造价。目前,世界各国越来越趋向于使用钢筋混凝土烟囱。

钢烟囱自重小,有韧性,抗震性能好,适用于地基差的场地,但耐腐蚀性差,需经常维护。钢烟囱按其结构可分为拉线式、自立式和塔架式。

拉线式钢烟囱耗钢量小,但拉线占地面积大,宜用于高度不超过 50 m 的烟囱。自立式钢烟囱一般上部呈圆柱、下部呈圆锥形,筒壁钢板厚 6～12 mm,建造高度不超过 120 m。塔架式钢烟囱整体刚度大,常用于高度超过 120 m 的高烟囱,塔架式钢烟囱由塔架和排烟管组成,塔架是受力结构,平面呈三角形或方形,塔架内可以设置一个或几个排烟管。

3.5.2　水池(Reservoir)

水池位于地平面以上或地下,用于储存液体的一种构筑物。

1. 水池的分类

水池按材料分:可分为钢水池、钢筋混凝土水池、钢丝网水泥水池、砖石水池等。其中钢筋混凝土水池耐久性好、节约钢材、构造简单等优点,应用最广。

水池按平面形状分:可分为矩形水池和圆形水池(图 3.38)。矩形水池施工方便,占地面积少,平面布置紧凑;圆形水池受力合理,可采用预应力混凝土。经验表明,小型水池宜采用矩形,深度较浅的大型水池也可采用矩形水池,200 m³ 以上的中型水池宜采用圆形池。考虑到地形条件也可采用其他形式的水池,如扇形水池,为节约用地,还可采用多层水池。

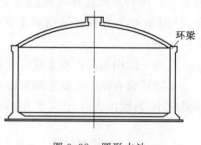

图 3.38　圆形水池

按水池的施工方法分:可分为预制装配式水池和现浇整体式水池。目前推荐用预制圆弧形壁板与工字形柱组成池壁的预制装配式圆形水池,预制装配式矩形水池则用 V 形折板作池壁。

按水池的配筋形式分:可分为预应力钢筋混凝土水池和非预应力钢筋混凝土水池。

2. 水池的构造组成

下面以圆形水池为例,讲解水池的构造与荷载计算。

圆形水池由顶盖、池壁和底板三部分组成。

水池顶盖可采用整块平板、肋形梁板、无梁楼盖结构或球形壳(锥壳)结构。水池直径为 6 m 以下时,顶盖可用平板式;直径为 6～10 m 时,可采用中间有一个支柱的圆平板;当水池直径较大时,宜采用中间多柱支承的形式,顶盖可用现浇式无梁楼盖或装配式楼盖。此时,支柱可用方格网布置和环状布置,柱网尺寸一般为 4～6 m;对于直径较大,但小于 15 m,容积为 600 m³ 以内的水池,顶盖一般采用薄壳结构,薄壳顶盖厚度一般为 80～100 mm,配置环形和辐射形钢筋。

圆形水池的池壁高度一般为 3.5～6 m,池壁厚度主要取决于环向拉力作用下的抗裂度,不宜小于 120 mm。

水池的底板与水池顶盖结构相似,可采用平板结构、无梁楼盖结构、倒球形壳(锥形)结构。

3. 水池的荷载与计算

水池的荷载主要包括池顶荷载、池壁荷载、池底荷载。

池顶荷载包括顶板自重、覆土荷载、活荷载、雪荷载等;池壁荷载包括水平方向的水压力和土压力;池底荷载包括地基的反力和地下水的浮力。

水池的计算应分三种情况分别计算：

(1)池内有水,池外无土(试水阶段);

(2)池内无水,池外有土(复土阶段);

(3)池内有水,池外有土(使用阶段)。

3.5.3 水塔(Water Tower)

水塔是储水和配水的高耸结构,是给水工程中常用的构筑物,用来保持和调节给水管网中的水量和水压。水塔由水箱、塔身和基础三部分组成。

水塔按建筑材料分为钢筋混凝土水塔、钢水塔、砖石塔身与钢筋混凝土水箱组合的水塔。水箱也可用钢丝网水泥、玻璃钢和木材建造。过去欧洲曾建造过一些具有城堡式外形的水塔。法国有一座多功能的水塔,在最高处设置水箱,中部为办公用房,底层是商场。我国也有烟囱和水塔建在一起的双功能构筑物。水箱的形式分为圆柱壳式(图 3.39)和倒锥壳式(图 3.40),在我国这两种形式应用最多,此外还有球形、箱形、碗形和水珠形等多种形式的水塔。

塔身一般用钢筋混凝土或砖石做成圆筒形,墙身支架多用钢筋混凝土刚架或钢构架。

水塔基础有钢筋混凝土圆板基础、环板基础、单个铁壳与组合锥壳基础和桩基础。当水塔容量较小、高度不大时,也可采用砖石材料砌筑的刚性基础。

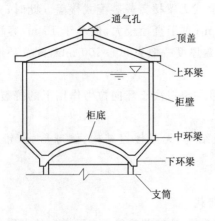

图 3.39　圆柱壳式水塔

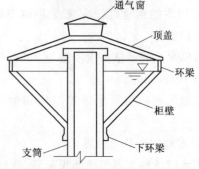

图 3.40　倒锥壳式水塔

3.5.4　筒仓（Silo）

筒仓是贮存粒状和粉状松散物体（如谷物、面粉、水泥、碎煤、精矿粉等）的立式容器，可作为生产企业调节和短期贮存生产用的附属设施。也可作为长期贮存粮食的仓库。

根据所用的材料，筒仓可做成钢筋混凝土筒仓、钢筒仓和砖砌筒仓。钢筋混凝土筒仓又可分为整体式浇筑和预制装配、预应力和非预应力的筒仓。从经济、耐久和抗冲击性能等方向考虑，我国目前应用最广泛的是整体浇筑的普通钢筋混凝土筒仓。

按照平面形状的不同，筒仓可做成圆形、矩形（正方形）、多边形和菱形，目前国内使用最多的是圆形和矩形（正方形）筒仓。圆形筒仓的直径为 12 m 或 12 m 以下时，采用 2 m 的倍数，12 m 以上时采用 3 m 的倍数。

按照筒仓的贮料高度与直径或宽度的比例关系，可将筒仓划分为浅仓和深仓（图 3.41）。

浅仓和深仓的划分界限为：

当 h/D_0（或 h/b_0）$\geqslant$1.5 时为深仓；

当 h/D_0（或 h/b_0）<1.5 时为浅仓。

式中　h——料计算高度，m；

　　　D_0——圆形筒仓的内径，m；

　　　b_0——矩形筒仓的短边（内侧尺寸）或正方形筒仓的边长（内侧尺寸），m。

浅仓主要作为短期贮料用。由于在浅仓中所贮备的松散物料的自然坍塌线不与对面仓壁相交，一般不会形成料拱，因此可以自动卸料。

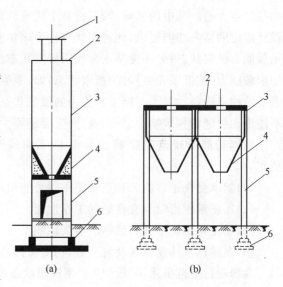

图 3.41　筒仓结构示意图
1—仓上建筑物；2—仓顶；3—仓壁；4—仓底；
5—仓下支承结构（筒壁或柱）；6—基础

深仓主要供长期贮料用。深仓小松散物料的自然坍塌线与对面仓壁相交，会形成料拱而引起卸料时的堵塞，因此从深仓中卸料需用动力设施或人力。

3.5.5　其他特种构筑物

除了以上介绍的四种特种构筑物外，还有电视塔和纪念性构筑物等类型。电视塔为筒体悬臂结构或空间框架结构，有塔基、塔座、塔身、塔楼及桅杆 5 部分组成。纪念性的构筑物用于纪念重大历史事件或重要的历史人物，也可作为城市标志性建筑。

5.电视塔和纪念性构筑物

3.6　结构设计的基本理论与方法

3.6.1　结构设计的基本理论

一幢建筑物或构筑物能建造起来，必须进行设计与结构计算。设计与结构计算的目的一般有两个，一个是满足使用功能要求，另一个是经济问题。其中满足使用功能要求又可分为两个方面考虑，首先要保证建筑物或构筑物在施工过程中和建成以后安全可靠，结构构件不会破坏,整个结构不会倒塌;其次要满足使用者提出的适用性要求,如建筑物的梁变形太大,虽然其没有破坏,但站在上面的人将会感到很不安全,不敢停留,这就不能满足人的适应性要求,再比如厂房里的吊车梁,如果变形太大,吊车将会卡轨,无法使用,这是不能满足机械的适用性要求。所谓经济问题,即是如何用最经济的方法实现上述的安全可靠性和适用性,将建筑物的建造费用降至最少、结构的安全可靠性、使用期间的适用性和经济性是对立统一的,也是我们结构设计所研究和考虑的主要问题。

结构的安全可靠性,指建筑结构达到极限状态的概率是足够小的,或者说结构的安全保证率是足够大的。其中的极限状态,指整个建筑或结构的一部分超过某一特定状态就不能满足设计规定的某一功能要求,此特定状态称为该功能的极限状态。极限状态可分为两类:一类是承载能力极限状态;另一类是正常使用极限状态。承载力极限状态是结构或构件达到了最大的承载能力(或极限强度)时的极限状态,如:混凝土柱被压坏,梁发生断裂等;正常使用极限状态是结构或构件达到了不能正常使用的极限状态,如:梁发生了过大的变形,或裂缝太大,或在不能出现裂缝的构筑物中(如水池)产生裂缝等。

我国目前的规范对结构设计制订了明确规定,即建筑结构必须满足下列各项功能要求:

(1)能承受在正常施工和正常使用时可能出现的各种作用。

(2)在正常使用时具有良好的工作性能。

(3)在正常维护下具有足够的耐久性能。

(4)在偶然事件发生时及发生后,仍能保持必需的整体稳定性。

我国现行规范采用了"近似"概率极限状态设计方法,考虑了荷载效应 S 和结构抗力 R 的联合分布(假定其为正态、对数正态、或当量正态分布等)。校核安全度时,在数据空间选择验算点,而结构的失效概率 P_f 为设计验算点的安全指标 β 的函数。对于结构的安全性则通过 P_f 和 β 来衡量,并与结构的极限状态方程建立起联系。在设计时采用了以分项系数表达的极限状态方程,而分项系数则是经可靠度分析优化定得的。

3.6.2 传统结构设计的基本方法

建筑工程的结构设计步骤一般可分为建筑结构模型的建立,结构荷载的计算,构件内力计算和构件选择,施工图绘制四个阶段。

1. 结构模型的建立

在建筑工程的结构设计前,必须先清楚需选用的结构类型。可依据建筑的要求选用合理的结构类型。

以下以框架结构(图 3.42)为例,讲解框架结构的模型建立过程。

(1)整体结构的简化:框架结构虽然是空间结构,但为简化计算,可取出其中的一榀框架,将其简化为平面框架进行计算。

(2)构件的简化:梁和柱的截面尺寸相对于整个框架来说较小,因此可以将其简化为杆件,梁和柱的连接节点可简化为刚性连接。

经过如上简化后,看似复杂的框架结构建筑即成为用结构力学完全可以对其进行受力计算分析的简单模型(图 3.43),框架结构简化后的平面计算模型。

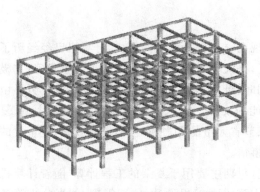
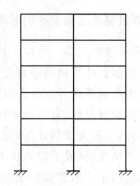

图 3.42　框架结构空间模型　　　　　图 3.43　框架结构简化平面计算模型

2.结构荷载计算

结构模型建立完成后,即可计算该模型上的受力。计算受力必须清楚该结构所受荷载的种类和传力路线。

(1)荷载种类

建筑物上的结构荷载主要有恒载、活载、积灰荷载、雪荷载、风荷载、地震荷载等。恒载主要指结构的自重,其大小不随时间变化。活载包括楼面活荷载、屋面活荷载,主要考虑人员荷载、家具及其他可移动物品的荷载,其大小一般视建筑物用途,根据规范值而定。积灰荷载主要指屋面常年积灰重量,其大小亦根据建筑用途查规范定出。雪荷载和风荷载依据当地所属地区依据规范中雪荷载和风荷载的地区分布图而定。地震荷载依据当地的抗震设防烈度和建筑物的抗震等级而定。

(2)传力路线

在框架结构中,荷载是由板传递给次梁,再由次梁传递给主梁,由主梁传递给柱,柱将荷载传递给基础,基础再传递给下面的地基。

(3)荷载计算

根据规范和结构的布置,计算出各种荷载,并将其换算为作用于平面框架上的线荷载,将荷载作用于框架的计算模型上。

3.构件内力计算和构件选择

绘制出计算模型和其所受力后,即可针对该模型进行内力计算。

(1)先依据经验估计梁柱的截面尺寸,然后即可进行该模型的受力计算。模型受力的计算方法将在结构力学课程中学到。

(2)计算出构件的内力后,再依据内力,进行梁柱配筋的计算和梁柱的强度、稳定性、变形的计算,这些计算方法将在混凝土结构、钢结构等课程中学到。

这个阶段有一个反复的过程,即当选定的梁柱截面尺寸无法满足要求时,需重新选择截面重新计算,直至满足要求。

4.施工图纸的绘制

构件的截面尺寸和配筋确定后,下一步即是如何将其反映到施工图纸上,如何绘制施工图纸将在画法几何和建筑制图课程中学习。

施工图纸的绘制必须规范,因施工人员是按图纸施工的,只有按规范绘制的图纸,施工人员才能识别,也才能按照图纸正确施工。

3.6.3 计算机辅助结构设计的基本方法

从 1946 年世界上第一台电子计算机诞生到现在,仅仅 70 多年的历史,计算机已经经历了五代的发展历程。计算机是一种先进的计算工具,是人类智力发展道路上的重要里程碑,它极大地提高了人类认识世界和改造世界的能力。同时,计算机系统软件和应用软件也经历了由初级到高级的发展过程,有力地支持了计算机功能的发挥。土木工程的设计,特别是大型、复杂工程的设计,需要大量的计算,应用计算机可以节省大量的人力和时间,提高效率,更重要的是提高了计算精度,做成了以往认为不可能做的事情。

计算机应用于土木工程始于 20 世纪 50 年代,早期主要用于复杂的工程计算,随着计算机硬件和软件水平的不断提高,应用范围已逐步扩大到土木工程设计、施工管理、仿真分析等各个方面。

计算机辅助设计(Computer Aided Design,简称 CAD)在工业部门的广泛应用,已成为人们熟悉的并能推动生产前进的新技术;CAD 技术最初的发展可追溯到 20 世纪 60 年代,美国麻省理工学院(MIT)的 Sutherland 首先提出了人机交互图形通信系统,并在 1963 年的计算机联合会议上展出,引起了人们的极大兴趣。在整个 60 年代,人们对计算机图形学进行了大量的研究,为 CAD 技术奠定了很好的基础。直到 80 年代,由于计算机设备价格的降低,使得 CAD 技术成为一般设计单位可以接受的系统。与此同时,一些通用的 CAD 图形交互软件成功地移植到微型机上,从而开始在微机上应用 CAD,也引起了一些中小企业的兴趣。

我国对 CAD 的应用和研究,开始于 20 世纪 70 年代,在 80 年代中期进入了全面开发应用阶段,并对土木工程设计工作带来了越来越大的影响。当前,计算机辅助设计在建筑工程领域中的应用首推由中国建筑科学研究院开发的 PKPMCAD 系统。

PKPMCAD 是面向钢筋混凝土框架、排架、框架—剪力墙、砖混以及底层框架上层砖房、钢结构等结构;适用于一般多层工业与民用建筑、100 层以下复杂体型的高层建筑;是一个较为完整的设计软件系统。

PKPMCAD 软件采均人机交互方式,引导用户逐层对要设计的结构进行布置。建立起一套描述建筑物形体结构的数据。软件具有较强的荷载统计和传导计算功能,它能够方便地建立起要设计对象的荷载数据。由于建立了要设计结构的数据结构,PMCAD 成为 PK、PM 系列结构设计各软件的核心,它为各功能设计提供数据接口。PMCAD 可以自动推导计算荷载,建立荷载信息库;为上部结构绘制 CAD 模块提供结构构件的精确尺寸,如:梁、柱的截面、跨度,次梁,轴线号,偏心等;统计结构工程量,以表格形式输出等。

PK 软件则是钢筋混凝土框架、框排架、连续梁结构计算及施工图绘制软件,它是按照结构设计的规范编制的。PK 软件的绘图方式有整体式与分开绘制式,它包含了框、排架计算软件和壁式框架计算软件,并与其他有关软件接口完成梁、柱施工图的绘制,生成底层柱底组合内力均可与 PMCAD 产生的基础柱网对应,直接传过去作柱下独立基础、桩基础或条形基础的计算,达到与基础设计 CAD(JCCAD)结合工作,以最终绘制出各种构件的施工图,能自动布置图纸版面与完成模板图的绘制等。

计算机辅助结构设计步骤与传统结构设计步骤略有不同,图 3.44 计算机辅助结构设计基本步骤。

目前我国除了 PKPMCAD 外,还有中国广东设计院开发的广厦 CAD(GSCAD)及清华大学开发的 TUS 等都是很好的集计算施工图绘制于一体的结构计算设计软件。

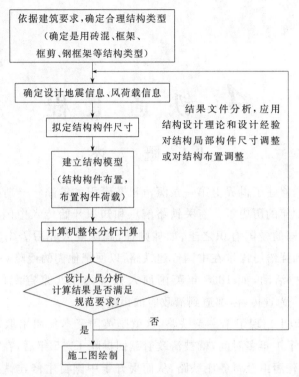

图 3.44 计算机辅助结构设计基本步骤

对于结构构件进行力学分析与计算也是土木工程专业学生必须掌握的一项重要技能。由于计算机硬件的快速发展和力学计算软件的快速发展。当前,这种力学分析与计算大多可以由计算机来完成。现成的结构分析计算软件有美国的 ANSYS、SAP、STAADPRO 以及我国上海交通大学与上海城乡建筑设计院联合开发的通用建筑结构软件 STRAT 等。当然也有一些针对性较强,计算功能比较简单的专门软件,以供设计与计算人员使用。

思考题 ▐▐▐▐

3.1 试述建筑学科中建筑、结构、设备的概念和它们之间的关系。

3.2 区别建筑结构中下列概念:木结构、砌体结构、钢筋混凝土结构、钢结构。

3.3 按房屋主体结构的型式和受力系统划分,建筑物分为哪几类?

3.4 简述膜结构的特点。

3.5 建筑工程设计的内容有哪些?

3.6 一幢建筑物是由哪些部分组成的?

3.7 建筑物的基础有哪些类型? 分别在什么情况下使用?

3.8 简述墙在建筑物中的作用。

3.9 简述特种结构的几种常见形式。

3.10 未来的智能生态建筑将向哪些方向发展?

3.11 建筑结构设计必须满足哪些功能要求?

3.12 建筑工程的结构设计分哪几个步骤?

6. 思考题答案(3)

4 铁 道 工 程

4.1 概 述

自从 1825 年英国修建了世界上第一条蒸汽机车牵引的铁路——斯托克顿至达灵顿铁路以来,铁路已有近 200 年的历史了。有关铁路信息和知识开始传入中国,大约是在 1840 年鸦片战争前后。当时中国的爱国有识之士,如林则徐、魏源等人先后著书立说,介绍铁路知识。在这期间,帝国主义列强纷纷谋求在中国修建铁路,以便把他们的侵略势力从中国沿海伸向内地,并为此展开了种种活动,如 1865 年英国商人杜兰德在北京宣武门外修建了一条长约 0.5 km 的展览铁路,广为宣传,但都遭到清政府的拒绝。

1876 年,中国土地上出现了第一条铁路,这就是英国资本集团采取欺骗手段修筑的淞沪铁路。这条铁路经营了 1 年多时间,就被清政府赎回拆除了。5 年后,在清政府洋务派的主持下,于 1881 年开始修建唐山至胥各庄铁路,从而揭开了中国自主修建铁路的序幕。此后又在中国台湾修筑了台北到基隆港和到新竹的铁路。但由于清政府的昏庸愚昧和闭关锁国的政策,早期修建铁路的阻力很大,到 1894 年中日甲午战争前夕,近 20 年的时间里仅修建 400 多千米铁路。从 1876 年我国最早出现的淞沪铁路(次年即拆除)到 1949 年 10 月 1 日中华人民共和国成立为止,70 多年中全国总共修建铁路只有 2 000 km(不包括中国台湾地区的铁路)。

新中国成立以来,经过 70 多年发展,我国铁路发生了巨大变化。一是路网数量有了较大的扩展,到 2020 年底,全国铁路营业里程达到 14.63 万 km,其中高铁超过 3.7 万 km,占世界高铁总量的 66.3%。"四纵四横"高铁网提前建成,"八纵八横"高铁网加密成型。我国铁路客运周转量、货运发送量、换算周转量、运输密度等主要运输经济指标稳居世界第一。全国各省、自治区、直辖市均有铁路通达,基本形成了以大通道为骨架、干支结合、纵横交错、连接亚欧的铁路网络。二是路网布局有了很大的完善,占国土面积一半以上的西南、西北地区,从昔日的不足上千千米跃进到上万千米,在整个路网中的比重上升到 1998 年的 51%。三是初步形成我国铁路"八纵八横"路网主骨架的格局,特别是南北方向的京广、京沪、京九、京哈通道和东西方向的欧亚大陆桥、沪昆、京兰通道,已成为我国交通运输体系的大动脉。1995 年 11 月 16 日,跨越我国九省市的、全长 2 536 km 的第三条大动脉——京九铁路全线铺通。京九铁路的建成,对于开发沿线物产和矿藏资源、促进贫困地区和老区发展、加强沿海地区与内地的经济协作具有战略意义。2012 年 12 月 17 日,京九铁路全段电气化改造全部完工,改造后的京九铁路可满足开行双层集装箱列车的要求。

2006 年 7 月投入试运营的青藏铁路,由青海省西宁市至西藏自治区拉萨市,全长 1 956 km (其中,西宁至格尔木段 814 km,1984 年建成运营)。格尔木至拉萨段,自青海省格尔木市起,沿青藏公路南行,经纳赤台、五道梁、沱沱河、雁石坪、翻越唐古拉山,再经西藏自治区安多、那曲、当雄、羊八井,进入拉萨市,全长 1 142 km(新建 1 110 km,格尔木至南山口既有线改造

32 km)。设计年输送能力为客车 8 对,货流密度 500 万 t。随着这条 1 142 km 长的"天路"从格尔木成功铺轨至拉萨,世界铁路建设史、中国作为统一多民族国家的发展史以及青海西藏两省区人民的生活史都掀开了新的一页。西格段于 2007 年开始进行复线建设,已完工,并于 2011 年 06 月 29 日实现电气化运营。

截至 2022 年 6 月底,青藏集团公司累计运送旅客 2.6 亿人次,旅客运送量由 2006 年的 648.2 万人增长到 2021 年的 1 870.5 万人,其中累计运送进出藏旅客 3 169.69 万人。青藏铁路对改变青藏高原贫困落后面貌,增进各民族团结进步和共同繁荣,促进青海与西藏经济社会又快又好发展产生广泛而深远的影响。

兰渝铁路(Lanzhou—Chongqing Railway),是中国境内一条连接甘肃省与重庆市的国铁Ⅰ级双线电气化客货共线快速铁路;线路呈南北走向,是中国中长期铁路网规划中西北至西南区域间客货并重的大能力运输新通道,为第三条纵贯中国南北的铁路大动脉。2014 年 8 月,兰渝铁路高南支线开通;2015 年 1 月,重庆北至渭沱段投入运营;2015 年 12 月,重庆北至广元段正式投运;2016 年 12 月,甘肃岷县至广元段开通;2017 年 9 月 29 日,岷县至夏官营段开通,标志着兰渝铁路全线正式开通运营。

截至 2020 年底,我国旅客发送量 96.65 亿人次,货运总发送量 472.96 亿 t。

铁路有单线、双线和多线之分,按轨距有标准轨距铁路、宽轨铁路和窄轨铁路。每一种铁路,都少不了铁路线路(包括桥涵、隧道)和车站(场)。

就线路而言,它是由上部建筑和下部建筑所组成。上部建筑又称轨道。上部建筑包括:钢轨、轨枕、道床、钢轨联结零件、防爬器、道岔等。下部建筑包括:路基、桥涵、隧道、挡土墙等。

当前,虽然各国情况不同,铁路运输的重要性各异,但总的来说,铁路仍然以其装载量大、全天候运行、快速安全的优势和节省能源、较少环境污染的特点,程度不同地保持着陆上交通运输骨干的作用和潜在的发展势头。

4.2 铁路的组成

铁路,由线路、路基和线路上部建筑 3 部分组成。它们的典型横剖面如图 4.1 所示。此外,属于铁路工程的还有桥梁、涵洞、隧道、车站设施、机务设备、电力供应等。

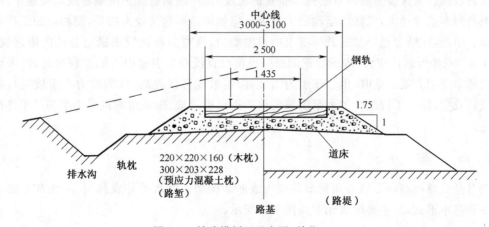

图 4.1 铁路横剖面示意图(单位:mm)

铁路等级应根据其在路网中的作用、性质、设计速度和客货运量确定,分为客货共线铁路、城际铁路、重载铁路、高速铁路。以客货共线铁路为例,将铁路划分为 4 个技术等级,其主要技术标准见表 4.1。通常,一条铁路应选定一个等级。铁路设计分远近两期,远期为交付运营后的第 10 年、近期为第 5 年。年客货运量通过运量调查和预测确定。

表 4.1 铁路等级和主要技术标准

等级	路网中的作用	远期年客货运量(Mt)	最高行驶速度(km/h)	限制坡度		最小圆曲线半径(m)	
				一般地段	困难地段	一般地段	困难地段
Ⅰ	骨干	≥20	200	6.0	12.0	3 500	2 800
Ⅱ	联络、辅助	≥10 且≤20	160	6.0	15.0	2 000	1 600
Ⅲ	地区性	≥5 且≤10	120	9.0	18.0	1 200	800
Ⅳ	地区性	≤5	100			800	600

注:Ⅳ级铁路未规定限制坡度。

4.2.1 线　路

铁路线路是铁路横断面中心线在铁路平面中的位置,以及沿铁路横断面中心线所作的纵断面状况。铁路线路在平面上由直线和曲线组成,而曲线则采用圆曲线,并在圆曲线和直线之间插入缓和曲线,使作用在列车上的离心力平稳过渡。

列车以一定的速度在曲线上行驶时,车辆会受到离心力的作用。离心力的大小同速度的平方成正比,同曲线半径成反比。离心力的作用:一方面影响到列车行驶的平稳性,另一方面使外侧车轮轮缘紧压外轨,而加剧其磨损。同时,由于动轮踏面在曲线段会发生横向滑动,而曲线范围内的外轨较内轨长,车轮又会产生纵向滑动。这些滑动会引起车轮同钢轨间的黏着系数下降。使牵引力减小。因而列车在曲线上须限速行驶。根据各级铁路旅客列车最高行车速度的要求,规定了圆曲线的最小半径(表 4.1)。

为适应地形起伏以减少工程量,铁路线路可在纵断面上设置上坡、下坡和平道。列车在坡道上行驶时,其重量平行于坡道方向的分力便成为车辆行驶的阻力,称为被迫阻力。纵坡越大,其坡道阻力也越大,而机车克服坡道阻力,其所剩余的牵引力就越小。这就影响到机车所能牵引的列车重量,也直接影响到线路的运输能力。

铁路线路在某区段上限制货物列车重量的坡度,称作限制坡度。限制坡度定得越小,则所能牵引的列车重量越大,线路的运输能力越大。但如果地形起伏较大的话,则相应的工程费用也越高。因而,应结合地形情况其所要求的运输能力,通过分析比较来选定合适的限制坡度,见表 4.1。当地形起伏较大,按所规定的限制坡度设置线路会引起很大的工程量时,可考虑采用多台机车牵引方案。这时,由于牵引力增大,限制坡度可以提高(称为加力牵引坡度),从而缩短线路长度、减少工程量。加力牵引坡度值根据牵引重量、所采用的机车类型和机车连接方式确定。

4.2.2 路　基

路基是铁路线路承受轨道和列车荷载的地面结构物。路基可分成路堤、路堑和半路堤半路堑 3 种基本形式,其主要组成元素如图 4.2 所示。

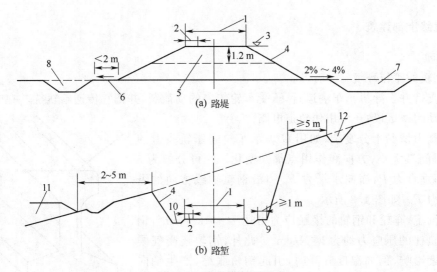

图 4.2 路基横断面形式

1—路基面宽度；2—路肩；3—路肩高程；4—边坡；5—基床；6—护道；
7—取土坑；8—排水十沟；9—平台；10—侧沟；11—弃土堆；12—截水沟

区间路基面宽度应根据设计速度、轨道类型、正线数目、线间距、曲线加宽、路肩宽度、养路形式、电缆槽、接触网支柱类型和基础类型等因素计算确定，必要时应考虑声屏障基础的设置。表 4.2 为区间直线路段上的路基面宽度数值。

表 4.2　路基面宽度

项目		设计速度	双线线间距	单线道床顶面宽度	道床结构	道床厚度	路基面宽度	
							单线	双线
单位		km/h	m	m	层	m	m	m
Ⅰ级铁路		200	4.4	3.5	单	0.35	8.1(7.7)	12.5(12.3)
						0.30	8.1(7.7)	12.5(12.1)
		160	4.2	3.4	双	0.50	8.1(7.7)	12.3(12.2)
					单	0.35	8.1(7.7)	12.3(11.9)
						0.30	8.1(7.7)	12.3(11.9)
		120	4.0	3.4	双	0.50	8.1(7.7)	12.1(12.0)
					单	0.35	8.1(7.7)	12.1(11.7)
						0.30	8.1(7.7)	12.1(11.7)
Ⅱ级铁路		≤120	4.0	3.4	双	0.45	8.1(7.7)	12.1(11.8)
					单	0.30	8.1(7.7)	12.1(11.7)
高速铁路	有砟轨道	350	5.0	—	—	0.35	8.8	13.8
		300	4.8	—	—	0.35	8.8	13.6
		250	4.6	—	—	0.35	8.8	13.4
	无砟轨道	350	5.0	—	—	—	8.6	13.6
		300	4.8	—	—	—	8.6	13.4
		250	4.6	—	—	—	8.6	13.2

路基两侧必须设置排水沟以保证线路排水、铁路通畅。

4.2.3 线路上部建筑

1. 钢轨

(1)钢轨的工作环境

钢轨支持并引导机车车辆运行,承受车轮传来的动荷载,并把它传递给轨枕。在电气化道路上或自动闭塞区段,还可用作轨道电路。

钢轨受力情况十分复杂,如用 G 表示车轮施于轨头上的力,每一瞬间其大小、方向和作用点都在变化。G 可分解为3个分力,即垂直力 P,横向水平力 P_e 和沿钢轨轴线方向的纵向水平分力 P_n,如图 4.3 所示。

根据测定,车轮和钢轨的接触应力可达 $7 \sim 9 \ kN/cm^2$,钢轨传递给轨枕的压应力约为 $20 \ N/cm^2$。此外,钢轨还受气候和其他因素影响,例如温度升降时,引起钢轨胀缩,产生轴向附加应力等。

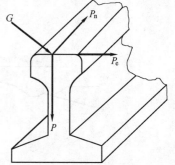

图 4.3 钢轨受车轮作用力

钢轨似一个弹性支点上的连续梁被支承在轨枕上。在上述动荷载等作用下,钢轨产生压缩、伸长、弯曲、扭转、压溃和磨耗等变形。因此,要求钢轨应具有一定的刚性、韧性、坚硬性。这种相互矛盾的要求,应在钢轨的材质和热处理工艺上去精进。

另外,车轮在钢轨上行走,要靠摩擦力,所以要求轨头表面粗糙,这样一来又会增加列车的运动阻力,增加动力消耗,因而轨头表面又不能粗糙。为了解决这一矛盾,机车设置了洒砂装置,在需要增加摩擦力时,向钢轨上面洒砂就行了。

(2)钢轨的品种规格

按每米重量划分,钢轨有 5 种类型,其主要尺寸见表 4.3。

表 4.3　钢轨主要尺寸

钢轨类型(kg)	38	43	50	60	75
每米质量(kg)	38.73	44.65	51.51	60.64	77.41
总断面积(cm^2)	49.5	57	65.8	77.08	95.04
轨高 H/(mm)	134	140	152	176	192
头宽 b/(mm)	68	70	70	70.8	72
底宽 B/(mm)	114	114	132	150	150
腰厚 C/(mm)	13	14.5	15.5	17	20

为了节约而又不降低承载能力,钢轨一般做成工字形断面,如图 4.4 所示。

我国标准钢轨的定尺长度为:

——38 kg/m、43 kg/m 轨型:12.5 m、25 m;

——50 kg/m、60 kg/m 轨型:12.5 m、25 m 和 100 m;

——75 kg/m 轨型:25 m、75 m 和 100 m。

2. 轨枕

(1)轨枕的功用

承受钢轨及钢轨连接件(包括防爬器)等传来的垂直力、纵向和横向水平力,并将其分布在道床上。道床顶面所受的压力平均为

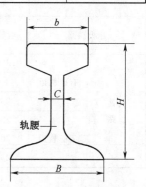

图 4.4　钢轨断面

$1.5 \sim 3.0 \ N/cm^2$;保持钢轨的方向、位置和距离。

（2）轨枕的种类

轨枕的种类很多，按材料来分，主要有木枕、钢筋混凝土枕和钢枕。此外还有轨枕板及整体道床等新型轨下基础。除普通常用的轨枕外，还有用于道岔下的岔枕、用于桥梁上的桥枕。下面简介两种。

①木枕。木枕通称枕木，到目前为止，仍然被采用，其优点是：a. 弹性好，可缓和列车的动力冲击作用；b. 容易加工，也便于运输、铺设、养护和修理；c. 与钢轨连接比较简单，易于保持轨道稳定；d. 绝缘性能好，可直接用于自动闭塞和电气线路区段上。松、云杉、冷杉等最为常用。

木枕的主要缺点有：a. 要消耗大量优质木树；b. 每根木枕的强度和弹性都不一致，列车运行时，轨道会出现不平顺，从而产生较大的附加动应力，加速各部分的损坏；c. 容易虫蛀、腐朽，且机械强度较低，易裂缝和机械磨损，使用寿命较短。

木枕应有足够的长度，对于轨距为 1 435 mm 轨道，木枕长度以 $2.5 \sim 2.6$ m 为合适，我国规定为 2.5 m。木枕还应保证足够的宽度和厚度，我国用于标准轨距的木枕有 3 种断面形式，如图 4.5 所示。为了延长使用寿命，对木枕应进行防腐处理，制成防腐枕木。此外，还应采取各种措施，以减少对木枕的机械磨损。

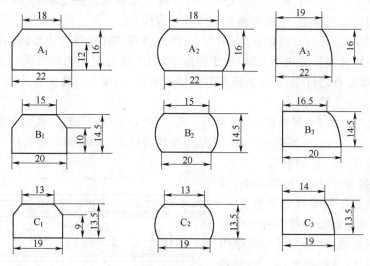

图 4.5　木枕 3 种断面形式（单位：cm）

②钢筋混凝土轨枕。使用初期的普通钢筋混凝土轨枕，抗裂性能差，在重复荷载下容易产生裂纹，因此逐渐被淘汰。预应力钢筋混凝土轨枕，抗裂性能提高了，虽然在特大荷载下出现裂纹，但荷载消失后，由于预应力的作用，裂纹能够自己闭合，因而延长了使用期限。

实践证明，钢筋混凝土轨枕的优点有：节约木材，这对缺乏木材的我国来说，具有重大意义；尺寸统一，弹性均匀，强度大，能提高轨道的强度和稳定性；不受气候影响，不腐朽，不虫蛀，使用寿命长。主要缺点是质量大，弹性差。一根质量为 $220 \sim 250$ kg，是木枕的 4 倍，使搬运、铺设、养护困难增加。由于弹性差，使之在同样荷载下比木枕受力大 25% 左右，因而要求道床质量高、厚度大。

钢筋混凝土轨枕有 10 多种型号。因轨底坡由 1/20 改为 1/40 后，目前生产的型号有"弦69""筋69"。"弦"表示配筋是钢丝，我国选定钢筋混凝土轨枕长度和木枕一样长，为 2.5 m，断面是变化的。这是由于轨枕受力后，弯短沿轨枕长度方向是变化的，如图 4.6 所示。变化的断面既经济又满足了使用上的要求。

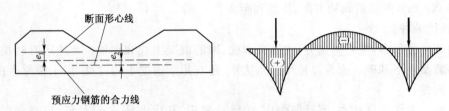

断面形心线

预应力钢筋的合力线

图 4.6　预应力钢筋混凝土轨枕受力弯矩

3. 钢轨的连接

(1)钢轨与轨枕的连接

钢轨与轨枕(或其他形式的轨下基础)的连接是通过中间连接零件(或简称为扣件)来实现的。中间连接零件把钢轨扣紧在轨枕上,保持钢轨在轨枕上的位置和稳定,防止钢轨倾覆和纵向、横向移动。

枕木常用的扣件是道钉与垫板,道钉有普通和螺纹的两种。枕木与钢轨的扣紧方式有简易式、不分开式、分开式及混合式 4 种。简易式是用道钉把钢轨直接扣紧在枕木上,由于易使道钉松动和损坏枕木,正规线路很少采用这种扣紧方式。不分开式是用道钉把钢轨和轨下垫板直接扣紧在枕木上;分开式则是先把垫板用 4 个螺纹道钉扣紧在枕木上,然后用扣轨板及底脚螺栓将轨底扣压在垫板上,中间有弹簧垫圈等减震件。

对扣件的要求是,具有一定的强度、耐久、有弹性、构造简单、便于装卸、成本低。

钢筋混凝土轨枕和其他轨下基础,由于弹性差,扣件除与木枕扣件有共同点之外,还要弹性好,有安装绝缘设备的可能,能保护轨距且方便调节,不用锤击可装卸等功能。

(2)钢轨接头的连接

钢轨与钢轨之间通过鱼尾板和螺栓连接在一起,以便列车顺利通行。我国干线铁路的钢轨接头采用对接形式,工厂内部曲率很小的曲线钢轨采取错接形式。两股钢轨接头相互对应的称为对接,接头位置相互错开的称为错接。

根据功能,接头可分为:过渡接头,采用异形鱼尾板连接不同类型钢轨的接头;导电接头,设置导电装备的接头称导电接头。使用电力机车的线路,为了保证牵引电流回路由钢轨通过(电阻要小),用较粗的钢线连接两根相连的钢轨,在接头处形成电流通路,如图 4.7 所示。非电力机车

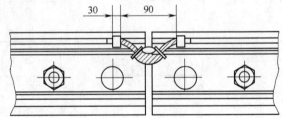

图 4.7　导电接头(单位:mm)

区段,自动闭塞信号电流也要通过钢轨传导,因而钢轨接头处采用两根直径 5 mm 镀锌铁丝(两端分别)焊接,能使信号电流顺利通过;绝缘接头,为了使一个闭塞区段的电流不传到另一个闭塞区段,在区段之间或者闭塞区段两端的钢轨接头处,设置绝缘装置,称为绝缘接头。

这里用轨道电路原理说明导电与绝缘接头的功用。在两端绝缘的区段间,钢轨接头均为导电形式。因而从区段内一端送电,另一端就可以受电,这样用轨道构成的电路称轨道电路,如图 4.8 所示。

4. 道床

道床就是轨枕下部的石砟层(道砟层)。其作用为:

(1)均匀传布机车车辆荷载于较大的路面上。

(2)阻止轨枕在列车作用下面发生纵向和横向移动。

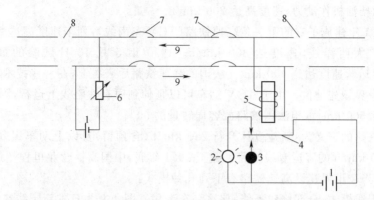

图 4.8 轨道电路原理示意图

1—电源;2—绿灯;3—红灯;4—继电器 GJ 的衔铁;5—继电器;
6—限流电阻;7—钢轨连接器;8—绝缘处;9—电流方向

(3)排除线路上的地表水并阻止水分自路基上升至轨枕。

(4)使轨道具有弹性,借以吸收机车车辆的大部分冲击动力。

(5)便于校正轨道平面纵断面。

道床的质量直接影响轨道各部分的使用寿命、路基面的状况以及养护维修费用的多少,因此道床材料的质量首先要得到保证:质地坚韧;排水良好,吸水度小;不易被磨碎捣碎;耐冻性强,不易风化,不易被水冲走或被风吹动。

我国铁路的道床材料,主要是筛分碎石和筛选卵石。此外,天然级配卵石也可作道床材料。

碎石道砟是用人工或机械破碎筛分而成的火成岩(如花岗岩、玄武岩)或沉积岩(如砂岩、石灰岩),这种材料坚韧而表面粗糙,有尖锐的棱角,相错结合,阻力很大,故能较好地保持轨枕的位置,线路稳定性好。

碎石要粒径大小均匀,应为粗糙的多面体,不允许含有薄片,因为薄片碎石在捣面中容易被击碎或压碎。碎石料径规格有 3 种,即 20~70 mm、15~40 mm、5~20 mm ,3 种规格分别用于新建及大修、维修、垫砟起道。

4.3 高速铁路

铁路现代化的一个重要标志是大幅度地提高列车的运行速度。高速铁路是发达国家于20 世纪 60~70 年代逐步发展起来的一种城市与城市之间的运输工具。

一般地讲,铁路速度的分档为:速度 100~120 km/h 称为常速;速度 120~160 km/h 称为中速;速度 160~200 km/h 称为很高速或快速;速度 200~400 km/h 称为高速;速度 400 km/h以上称为特高速。

1964 年 1 月 1 日,世界上第一条高速铁路——日本的东海道新干线正式投入运营,速度达 210 km/h,突破了保持多年的铁路运行速度的世界纪录,从东京到大阪开行 3 h 10 min(后来又缩短为 2 h 56 min)。由于速度比原来提高一倍,票价比飞机便宜,因而吸引了大量旅客,使得东京至大阪的飞机不得不停飞,这是世界上铁路与航空竞争中首次获胜的实例。目前日本高速铁路的运营里程已达 3 300 多千米,并计划再修建 3 500 km 的高速铁路。

英国铁路公司于 1977 年开办的行驶在伦敦、布里斯托尔和南威尔士之间的旅客列车。两台 1 654 kW 的柴油机作动力,速度高达 200 km/h。

法国于 1981 年建成了它的第一条高速铁路(TGV 东南线),列车速度高达 270 km/h。后来又建成 TGV 大西洋线,速度达 300 km/h。1990 年 5 月 13 日试验的最高速度已达 513 km/h,可使运营速度达到 400 km/h 法国的高速铁路后来居上,在一些技术和经济指标上超过日本而居世界领先地位。由于 TGV 列车可以延伸到原有铁路线上运行,因此 TGV 的总通车里程超过 2 500 km,承担法国铁路旅客周转量的 50%。

中国高速铁路的定义为:新建设计开行 250 km/h(含预留)及以上动车组列车,初期运营速度不小于 200 km/h 的客运专线铁路。截至 2021 年底,中国高铁营业里程超过 4 万 km。

归纳起来,当今世界建设高速铁路有下列几种模式:

①日本新干线模式:全部修建新线,旅客列车专用。图 4.9 为日本新干线铁路图片。

②德国 ICE 模式:全部修建新线,旅客列车及货物列车混用。图 4.10 为德国 ICE 图片。

③英国 APT 模式:既不修建新线,也不大量改造旧线,主要采用由摆式车体的车辆组成的动车组:旅客列车及货物列车混用。图 4.11 为英国 APT 图片。

④法国 TGV 模式:部分修建新线,部分旧线改造,旅客列车专用。图 4.12 为法国 TGV 图片。

⑤中国"引进、消化并创造"模式:部分修建新线,部分旧线改造,旅客列车专用。图 4.13 为中国复兴号图片。

图 4.9　日本新干线

图 4.10　德国 ICE

图 4.11　英国 APT

图 4.12　法国 TGV

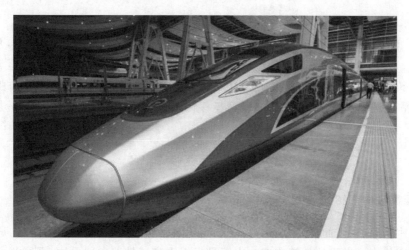

图 4.13　中国复兴号

　　高速铁路的实现为城市之间的快速交通往来和旅客出行提供了极大方便,同时也对铁路选线与设计等提出了更高的要求,如铁路沿线的信号与通信自动化管理,铁路机车和车辆的减振和隔音要求,对线路平、纵断面的改造,加强轨道结构,改善轨道的平顺性和养护技术等。

　　为使高速列车能在常规轨道上高速行驶,且减少轨道磨损,车辆用玻璃纤维强化的塑料及其他重力很小而耐疲劳的材料制造。另外如英国的高速列车采用两台柴油机分别置于列车两端的两辆动力车中,司机从驾驶室用电缆控制。动力车牵引七八辆具有空调和隔音设备的组合结构客车,每辆客车装有制动盘和一套弹簧与气囊弹簧并用的悬置系统,在高速行驶时也感到乘坐舒适。

　　高速铁路线路应能保证列车按规定的最高车速,安全、平稳和不间断地运行。铁路曲线是决定行车速度的关键因素之一。首先遇到的限制即是曲线限速问题。如:我国速度为160 km/h的铁路曲线半径一船为 2 000 m。法国速度达 300 km/h 的铁路曲线半径为4 000 m。一般来说,各国对铁路曲线都有各自的标准和规范。在高速铁路上,随着列车运行速度的提高,要求线路的建设标准也越高,如:最小曲线半径、缓和曲线、外轨超高等线路平面标准;坡度值和竖直线等线路纵断面标准;以及高速行车对线路构造、道岔等的特定要求等。

　　轨道的平顺性是解决列车提速至关重要的问题。轨道的不平顺是导致车辆振动,产生轮轨附加动力的根源。因此高速铁路必须严格地控制轨道的几何形状,以提高轨道的平顺性。高速铁路的轨道目前已实现了无砟轨道,这样能有效减少了列车在行驶中由于轨道接口引起的冲击和振动,提高了列车行驶的平顺性和舒适性。

　　另外,高速列车的牵引动力是实现高速行车的重要关键技术之一。它又涉及许多新技术,如:新型动力装置与传动装置;牵引动力的配置已不能局限于传统机车的牵引方式,而要采用分散又相对集中的动车组方式;新的列车制动技术;高速电力牵引时的受电技术;适应高速行车要求的车体及行走部分的结构以及减少空气阻力的新外形设计等,这些均是发展高速牵引动力必须解决的具体技术问题。

　　高速铁路的信号与控制系统是高速列车安全、高密度运行的基本保证;它是集微机技术和数据传输于一体的综合控制与管理系统,也是铁路适应高速运行、控制与管理而采用的最新综合性高技术,一般统称为先进列车控制系统。如,列车自动防护系统、卫星定位系统、车载智能控制系统、列车调度决策支持系统、列车微机自动监测与诊断系统等。

进入 21 世纪,随着环境问题的日益严峻,专家们认为,交通运输各行业中,从单位运量的能源消耗、对环境资源的占用、对环境质量的保护、对自然环境的适应以及运营安全等方面来综合分析,铁路的优势最为明显。因此欧洲各发达国家在经历了一段曲折的道路之后,重新审视和调整其运输政策,把重点逐步移回铁路,其策略中重要的一环是规划和发展高速铁路。

4.4 中国高速铁路

4.4.1 中国高铁的介绍

中国高速铁路,常被简称为"中国高铁"。高速铁路作为现代社会的一种新的运输方式,中国的高铁速度代表了世界的高铁速度。中国是世界上高速铁路发展最快、系统技术最全、集成能力最强、运营里程最长、运营速度最高、在建规模最大的国家。

(1)高速铁路的工作原理

一是高速铁路采用了钢轨焊接技术,消除了钢轨接口,使列车能够高速平稳前进。

二是高速铁路的列车做出了改革,采用不同于传统的只有火车头牵引列车的动车组,几乎使每个车厢都有电动机,所有车轮动作一致。这样的工作原理使高速铁路的速度有了大幅度的提升。

7. 2010—2020 年中国
高速铁路基本情况

(2)中国高速铁路的发展

2008 年 8 月 1 日——中国第一条具有完全自主知识产权、世界水平的时速 350 km 高速铁路京津城际铁路(图 4.14)通车运营。

2009 年 12 月 26 日——世界上一次建成里程最长、工程类型最复杂时速 350 km 的武广高铁(图 4.15)开通运营。

2010 年 2 月 6 日——世界首条修建在湿陷性黄土地区,连接中国中部和西部时速 350 km 的郑西高速铁路(图 4.16)开通运营。

2012 年 12 月 1 日,世界上第一条地处高寒地区的高铁线路——哈大高铁正式通车运营,921 km 的高铁,将东北三省主要城市连为一线,从哈尔滨到大连冬季只需 4 h 40 min。哈大高铁(图 4.17)冬季以时速 200 km 的"中国速度"行驶在高寒地区,成为一道亮丽的风景线。

2014 年 11 月 25 日,装载"中国创造"牵引电传动系统和网络控制系统的中国北车 CRH5A(图 4.18)型动车组进入"5 000 km 正线试验"的最后阶段。这是国内首列实现牵引电传动系统和网络控制系统完全自主创新的高速动车组,标志着中国高铁列车核心技术正实现由"国产化"向"自主化"的转变,中国高铁列车实现由"中国制造"向"中国创造"的跨越。这将大力提升中国高铁列车的核心创造能力,夯实中国高铁走出去的底气。

2016 年 9 月 10 日,连接京广高铁与京沪高铁两大干线设计时速 350 km 的郑徐高铁(图 4.19)开通运营。

2018 年 6 月 7 日,中国铁路总公司在京沈高铁(图 4.20)启动高速动车组自动驾驶系统(CTCS-3+ATO 列控系统)现场试验,这标志着中国铁路在智能高铁关键核心技术自主创新上取得重要阶段成果,同时,京张智能高铁的开通表明中国高铁整体技术持续领跑世界。

图 4.14 京津城际铁路

图 4.15 武广高铁

图 4.16 郑西高速

图 4.17 哈大高铁

图 4.18 中国北车 CRH5A

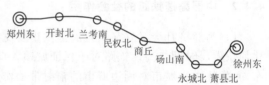

图 4.19 郑徐高铁

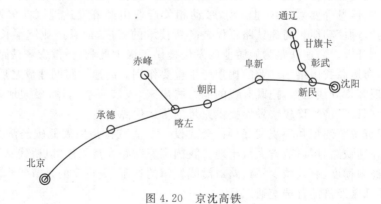

图 4.20 京沈高铁

(3)中国高速铁路的未来

　　未来,中国高铁在"四纵四横"高速铁路的基础上,全面形成以"八纵八横"主通道为骨架、区域连接线衔接、城际铁路补充的高速铁路网,实现省会城市高速铁路通达、区际之间高效便捷相连。"八纵"通道:沿海通道、京沪通道、京港(台)通道、京哈—京港澳通道、呼南通道、京昆通道、包(银)海通道和兰(西)广通道。"八横"通道:绥满通道、京兰通道、青银通道、陆桥通道、沿江通道、沪昆通道、厦渝通道、广昆通道。

中国高铁发展到今天,无论是从规模上还是技术上来讲,都已经成为名副其实的世界第一。但是社会在发展,时代在进步,世界各国之间新技术的竞争变得异常激烈。要保持我国高铁技术在世界上的地位,使之能够更好地为人们的生产生活服务,中国高铁人还应该做些什么呢?未来中国高铁技术发展方向在哪里?

(1)进一步普及高铁,让其在全国的布局更趋合理。中国高铁的发展有目共睹,通车的总里程已经达到世界第一。但是,我们也应看到,我国国土面积广大,幅员辽阔,虽然许多发达地区已经开通了高铁,但在一些欠发达地区尚未规划,铁路运输仍然停留在传统普速列车的模式。所以,我国高速铁路发展的潜力仍然十分巨大,其布局也有待进一步地优化平衡,使中国高铁真正能够承载起中国经济的高速运转。

(2)未来中国的高铁可着眼于服务的软实力,进一步加强人性化的设计,提高乘客乘坐的舒适度。高铁在中国的逐渐普及,大大方便了人们出行,节约了时间,提高了生产生活的效率。随着生活品质的提高,人们将更加关注出行过程中的体验。虽然,现在的高铁相较于传统火车,在舒适度和人性化上已经有了极大的进步,但仍然还有很大的提升空间,包括高速列车座椅的人车功能设计、其他配套设施的完善、乘务服务质量的进一步提高等。

(3)未来的高铁发展一定会与新信息技术紧密结合,可靠性更高,安全性更强。人工智能的兴起,已经深刻影响到其他领域的发展。与人工智能的结合,将是高铁技术发展的重要方向。在高铁技术如信号引导、障碍物探测甚至是车辆驾驶等方面引入人工智能技术,可以大大增强列车的可靠性和安全性,引领高铁发展新一轮的革命。

4.4.2 中国高速铁路的社会作用

(1)为经济社会又好又快发展提供重要支撑和保障作用。当前,我国正处在工业化和城镇化加快发展时期。高速铁路对于保证城镇人口的大量流动,实现中心城市与卫星城镇的合理布局,发挥中心城市对周边城市的辐射带动作用,强化相邻城市的"同城"效应,具有重要作用。高速铁路还有利于推动区域和城乡协调发展。可以大大缩短各区域间和城乡间的时空距离,我国东西间、南北间将不再遥远,中部地区也必定更加通达。同时,也将促进区域间、城乡间劳动力尤其是人才、信息等要素的快速流动,带动相关产业由经济发达地区向欠发达地区的转移,增强农村的"造血"功能。高速铁路不仅是高新技术的集成,而且产业链很长,能够带动相关产业结构优化升级。高速铁路为旅游业的发展提供了极大便利,会像青藏铁路那样,带来旅游业的大发展,对提高我国第三产业的比重产生重要作用。高速铁路网建成之后,我国铁路繁忙干线可以实现客货分线运输,把既有线的能力腾出来,发展货物运输,极大地释放既有线货运能力,能够为国民经济平稳较快发展提供充足的货运保障。

(2)有利于资源节约型和环境友好型社会建设。节能减排是发展低碳经济必须解决的重大课题。发展高速铁路,可以节省大量土地。我国高速铁路大量采用"以桥代路",不仅大大提高了线路基础稳固程度,有效减少了铁路对沿线城镇的切割,更重要的是节省了大量土地。高速铁路,是发展低碳经济的首选交通工具。

(3)推动了铁路交通在全球的新一轮复兴。速度作为交通运输现代化的重要标志之一,往往在很大程度上影响着某种运输方式或某种交通工具的兴衰。

4.4.3 中国高铁在世界上的地位

中国高铁起步比世界上部分发达国家晚,但自21世纪以来发展突飞猛进,中国已成为世界上高铁系统技术最全、集成能力最强、运营里程最长、运行速度最高、在建规模最大的国家。在当下,全球正掀起一股"高铁热",中国的高铁实现从追赶、并跑到超越,并已领跑世界高铁,已成为一张靓丽的名片成功赢得世界目光。中国高铁不仅是我们国人的骄傲,更为世界各国提供了世纪工程的样板和科技运用的典范。中国高铁已不仅仅代表一种简单的交通工具,而是代表整个中国的高铁水平和时代价值,是一种综合实力的体现,彰显着我国强大的国家力量,提升了中国的国际影响力和国际地位。

4.5 现代铁路的发展

4.5.1 磁悬浮铁路

1. 磁悬浮列车的原理

在 20 世纪 50~60 年代,发达国家的铁路产业曾经被认为是一个夕阳运输产业。因为面对航空、高速公路等运输对手的强劲挑战,它蜗牛般的爬行速度,已越来越不适应现代工业社会物流和人流的快速流动需要了。但 70 年代以来,特别是近几年,随着铁路高速化成为世界的热点和重点,铁路重新赢回了它在各国交通运输格局中举足轻重的地位。法国、日本、俄国、美国等国家列车时速由 200 km 向 300 km 飞速发展。

但要使列车在如此高的速度下持续行驶,传统的车轮加钢轨组成的系统,已经无能为力了。这是因为传统的轮轨黏着式铁路,是利用车轮与钢轨之间的黏着力使列车前进的。它的黏着系数随列车速度的增加而减小,走行阻力却随列车速度的增加而增加,当车速增至黏着系数曲线和走行阻力曲线的交点时,就达到了极限。据科研人员推算,普通轮轨列车最大时速为 350~400 km。如果考虑到噪声、振动、车轮和钢轨磨损等因素,实际速度不可能达到最大时速。所以,欧洲、日本现在正运行的高速列车,在速度上已没有多大潜力。要进一步提高速度,必须转向新的技术,这就是超常规的列车——磁悬浮列车。

尽管我们还将磁悬浮列车的轨道称为"铁路",但这两个字已经不够贴切了。就以铁轨来说,实际上它已不复存在。轨道只剩下一条,而且也不能称其为"轨道"了,因为轮子并没有从上面滚过。事实上,磁悬浮列车连轮子也没有了。"铁路"上行驶的这种超级列车并没有传统意义上的牵引机车,它运行时并不接触地面,只是在离轨道 10 cm 的高度"行驶"。

磁悬浮列车是一种采用无接触的电磁悬浮、导向和驱动系统的磁悬浮高速列车系统。它的时速可达到 500 km 以上,是当今世界最快的地面客运交通工具,有速度快、爬坡能力强、能耗低运行时噪声小、安全舒适、无燃油、污染少等优点。并且它采用高架方式,占用的耕地很少。磁悬浮列车意味着这些火车利用磁的基本原理悬浮在导轨上来代替旧的钢轮和轨道列车。磁悬浮技术利用电磁力将整个列车车厢托起,摆脱了讨厌的摩擦力和令人不快的锵锵声,实现与地面无接触、无燃料的快速"飞行"。

稍有物理知识的人都知道:把两块磁铁相同的一极靠近,它们就相互排斥,反之,把相反的一极靠近,它们就互相吸引。托起磁悬浮列车的,那似乎神秘的悬浮之力,其实就是这两种吸引力与排斥力。

应用准确的定义来说,磁悬浮列车实际上是依靠电磁吸力或电动斥力将列车悬浮于空中并进行导向,实现列车与地面轨道间的无机械接触,再利用线性电机驱动列车运行。虽然磁悬浮列车仍然属于陆上有轨交通运输系统,并保留了轨道、道岔和车辆转向架及悬挂系统等许多传统机车车辆的特点,但由于列车在牵引运行时与轨道之间无机械接触,因此从根本上克服了传统列车轮轨黏着限制、机械噪声和磨损等问题，所以它也许会成为人们梦寐以求的理想陆上交通工具。

根据吸引力和排斥力的基本原理，国际上磁悬浮列车有两个发展方向。一个是以德国为代表的常规磁铁吸引式悬浮系统——EMS 系统，利用常规的电磁铁与一般铁性物质相吸引的基本原理，把列车吸引上来，悬空运行，悬浮的气隙较小，一般为 10 mm 左右。常导型高速磁悬浮列车的速度可达每小时 400～500 km，适合于城市间的长距离快速运输；另一个是以日本的为代表的排斥式悬浮系统——EDS 系统，它使用超导的磁悬浮原理，使车轮和钢轨之间产生排斥力，使列车悬空运行，这种磁悬浮列车的悬浮气隙较大，一般为 100 mm 左右，速度可达 500 km/h 以上。这两个国家都坚定地认为自己国家的系统是最好的，都在把各自的技术推向实用化阶段。

2. 上海磁悬浮列车（图 4.21）

2002 年 12 月 31 日举世瞩目的上海磁悬浮列车线将首次试运行，它将是世界上第一条投入商业运营的磁悬浮列车线。据悉，这次试运行全程共 30 km，单向运行约 8 min，上海磁悬浮列车一次可乘坐 959 人，每小时可发车 12 列。上海磁悬浮工程是中德两国友好合作的结晶，并且是世界上第一条投入商业运营的磁悬浮列车线。据悉，磁悬浮列车线的调试工作从 2002 年 9 月就已经开始。当时一个大问题是首先能够让磁悬浮列车在轨道梁

图 4.21 上海磁悬浮列车

上稳稳地"浮"起来。为此，中方专门邀请了德国磁悬浮试验线 TVE 的专家到上海，主持调试工作。10 月底，上海磁悬浮列车顺利达到 200 km 的时速，并一步步向最高时速 430 km 前进。

3. 长沙磁悬浮（图 4.22）

长沙磁悬浮快线是中国第一条具有自主知识产权的中低速磁悬浮交通线路。该工程线路西起长沙南站，东至长沙黄花国际机场，正线全长约 18.7 km，全部采用高架铺设。长沙磁悬浮于 2016 年 5 月 6 日投入载客试运营，中国首条具有完全自主知识产权的中低速磁悬浮商业运营示范线——长沙磁悬浮快线开通试运营。采用磁浮列车 3 辆编组，最大载客量为 363 人，设计最高速度可达 100 km/h，从长沙南站至长沙黄花

图 4.22 长沙磁浮快线

国际机场 T2 航站楼全程运行只需 19 分 30 秒。该线路也是世界上最长的中低速磁浮运营线。2018 年 6 月，我国首列商用磁浮 2.0 版列车在中车株洲电力机车有限公司下线。设计时速 200 km 的商用磁浮 3.0 版列车正在生产中。2020 年 6 月，长沙磁浮计划东延接入 T3 航站楼，东延线全线长约 4.5 km，其中高架约 0.2 km，地下线约 4.3 km。全线共设车站 2 座，均为地下站。项目建设总工期 4 年。

目前，磁悬浮列车已达到当初的运行要求，开动起来噪声很小。在对上海磁悬浮轨道梁进行的检测中，德国方面的专家表示"工程质量相当好"。同时，目前每天时速超过 400 km 的列车奔跑也相当顺利。

4.5.2 地下铁路

20 世纪城市人口迅速增加,导致车辆增多,给城市带来交通拥挤、环境污染与能源危机等一系列问题。截至 2020 年,世界人口已突破 76 亿大关,百万以上人口的城市目前已达 360 多个。世界上不少城市不同程度地存在着"乘车难"和"行路难"的问题,发展城市公共交通、缓解交通拥挤,是当前世界大城市迫切需要解决的问题。地铁与城市中其他交通工具相比,除了能避免城市地面拥挤和充分利用空间外,还有很多优点。

一是运量大。地铁的运输能力要比地面公共汽车大 7~10 倍,是任何城市交通工具所不能比拟的。

二是速度快。地铁列车在地下隧道内风驰电掣地行进,行驶的时速可超过 100 km。

三是无污染。地铁列车以电力作为动力,不存在空气污染问题。因此受到各国政府的青睐。

世界上首条地下铁路系统是在 1863 年英国开通的"伦敦大都会铁路"(Metropolitan Railway)(图 4.23),是为了解决当时伦敦的交通堵塞问题而建。当时电力尚未普及,所以即使是地下铁路也只能用蒸汽机车。由于机车释放出的废气对人体有害,所以当时的隧道每隔一段距离便要有和地面打通的通风槽。到了 1870 年,伦敦开办了第一条客运的钻挖式地铁,在伦敦塔附近越过泰晤士河,但这条铁路并不算成功,在数月后便关闭。现存最早的钻挖式地下铁路则在 1890 年开通,亦位于伦敦,连接市中心与南部地区。最初铁路的建造者计划使用类似缆车的推动方法,但最后用了电力机车,使其成为第一条电动地铁。早期在伦敦市内开通的地下铁亦于 1906 年全数电气化。1896 年,当时奥匈帝国的城市布达佩斯开通了欧洲大陆的第一条地铁,共有 5 km,11 站,至今仍在使用。

中国第一条地铁线路始建于 1965 年 7 月 1 日,1969 年 10 月 1 日建成通车,使北京成为中国第一个拥有地铁的城市。

大部分的城市轨道系统都是使用动力分布式(即动车组),而不使用动力集中式。若使用动力集中式,经常会用推拉运作。另外,部分较为先进的系统已开始引入列车自动操作系统。伦敦、巴黎、新加坡等地车长都不需控制列车。更先进的轨道交通系统能够做到无人操控。例如世界上最长的自动化 LRT(Light Rapid Transit System)系统——温哥华 Skytrain,整个 LRT 所有的车站及列车均为"无人管理"。上海地铁 1 号线、2 号线(图 4.24)、3 号线、4 号线、8 号线已经实现有司机全程监控、控制开关门的半无人驾驶,10 号线也将试行无人驾驶,届时司机将仅仅进行监控。

图 4.23 伦敦大都会铁路

图 4.24 上海 2 号线

　　世界上很多大城市的地下都已构筑起一个上下数层、四通八达的地铁网，有的还在地下设立商业设施和娱乐场所，与地铁一起形成了一个地下城。地铁车站建筑构思新颖，气势磅礴，富有艺术特色。乘客进入地铁车站，犹如置身于富丽堂皇的地下宫殿。地铁车站以其迷人的魅力吸引着各国旅行者，并成为该地的重要旅游景点。还有很多国家的地铁与地面铁路、高架道路等联合构成高速道路网，以解决城市紧张的交通运输问题。地铁现代化的发展，已成为城市交通现代化的重要标志之一。

　　现代地铁行车安全十分重要，世界各国都在加大行车安全的保障，为行车安全打造铠甲。国外的安全监控系统和设备向系统化、综合化发展。表现在两个层次上，在单项设备层次上，安全技术装备的功能不断扩展，并趋于横向融合，如热轴探测与制动装置探测的一体化等。在系统层次上，安全综合监控系统与运行控制、调度指挥、运营管理、维修养护、客货营销等不断融合，发展成为集安全监控、行车指挥、运营管理、服务等为一体的综合性系统。

　　车载化探测装置使全面实现实时连续监测成为可能，通信技术和网络技术的发展消除了车载化探测装置在信息传输方面的障碍。热轴监测、转向架状态、脱轨探测器等已经初步实现了车载化实时监测。如南非铁路开发的车载断轨探测技术，它通过监测转向架铰接金属圆盘的异常来测定钢轨是否断裂。

　　高速摄像技术广泛应用于安全监测，不论是对钢轨、轨道部件、接触网等固定设施的形态检测，还是对车轮、转向架等移动设备构件的工况监测，各种高速数字摄像技术得到了广泛应用，成为国外铁路各种检测车的必备检测器材。

　　全球卫星定位系统（GPS）和北斗卫星导航系统（BDS）不仅作为安全检测的定位工具，有效提高了检测作业效率，而且直接应用于大型结构物的实时连续监测，为铁路安全检测提供了经济有效的定位和检测手段。

4.5.3　城市轻轨

　　城市轻轨属于轨道交通，轨道交通包括了地铁、轻轨、有轨电车和磁悬浮列车等，由于轻轨的机车重量和载客量都较小，使用的铁轨质量也较小，每米只有 50 kg，而一般铁轨每米的质量为 60 kg，由此得名"轻轨"。

　　轻轨交通，由有轨电车发展而来，经过了几十年的改进与提高，其技术及装备水平已与地铁相差无几；轻轨交通属中等运量的快速轨道运输系统，且造价低廉，适用于市内、市郊、机场联络等中长距离运输。它具有较大的优越性和广阔的发展前景。

　　从运量来区分，地铁的运输量最大，单向每小时可运送 4 万～6 万人次，轻轨可运送 2 万～3 万人次，有轨电车的运量最小，只有 1 万人次。从能源使用的角度来说，大多数轨道交通工具都是用电驱动的。

　　轻轨在发达国家，尤其是在重视环保的城市中越来越受青睐，发展很快，如欧洲的德国、瑞士、奥地利、法国、比利时等国，成为解决城市大气污染、降低噪声、方便市民外出的重要交通工具。

　　德国在世界上保持着轻轨交通的技术标准研究方面的领先水平，先后颁布了《德国联邦轻轨运输系统建设和运行规范》等技术标准。卡尔斯鲁厄市将市内的有轨电车线路接到属于德国铁路的市郊线路（约 20 km）上，以便使运输通道扩大到郊区。这条取名为 City Link 的系统，总长约 30 km，包括市内 6.14 km 有轨电车线路、2.18 km 连接线路和属于德国铁路的 21 km 的铁路线路。使用的运载工具是由 2 节车厢铰接而成的列车，车上设有 2 种牵引供电系统，市内有轨电车为直流 750 V，过铁路线用交流电。这条运输通道开通以来客运量逐年增长。萨尔布吕肯市建成了类似卡尔斯鲁厄市的混合型运输通道,首先开通了市南方向的19 km线路,然后向市北方向延伸25 km,其中德国铁路公司线路11 km,新建线14 km。这辆列车式有轨电车服务范围包括100万居民区。萨尔布吕肯市的这种轻轨系统采用的列车由庞巴迪公司制造,定员为250个座位,由3节车厢组成。运营第一年就运送了乘客800万人次,比这个方向的原有轨电车、铁路和公共汽车运量之总和还多20%。

我国的天津滨海轻轨(图4.25)分为东、西两段,全长52.5 km,现开通是东段的46 km,目前已开通9个运营车站,分别是中山门站、二号桥站、东丽开发区站、钢管公司站、洋货市场站、洞庭路站、市民广场站、会展中心站、东海路站;而西段工程现已开工建设,由中山门至天津站,全长约7.5 km,其中地下线约6.9 km,将与天津市规划中的地铁2、3、4、5号线实现换乘。天津滨海轻轨的开通为滨海新区的发展提供了有力的保障。

重庆市主城区地理条件复杂,已建成的轨道交通线路采用以下两种制式:跨座式单轨,应用线路有2号线(图4.26)、3号线;传统钢轮钢轨铁路,应用线路有1号线、6号线。两种制式在建设成本、适宜环境、噪声控制、速度运力等方面各有不同。重庆轨道交通1号线是山城重庆开通运营的第一条地铁线路,重庆轨道交通2号线是中国西部地区首条城市轨道交通线,也是中国首条跨座式单轨交通线路,重庆轨道交通3号线是国内第一条跨越长江的城市轨道交通线。

图4.25 天津滨海轻轨　　　　　图4.26 重庆轻轨2号线

4.5.4 客、货专用线

我国铁路过去一直沿用客货共线的运输模式。但建设客、货专用线,既是世界铁路发展的方向,也是我国铁路改变客货共线运输局面,高速度、大幅度扩充运输能力,为经济快速发展提供强有力运输支撑的战略需要。运输繁忙大通道是建设客运专线的首选。在连接大经济区、大城市的繁忙干线修建客运专线,可以大大缓解大通道运能紧张状况,对促进经济发展和提高人民生活水平意义重大。

首先,繁忙干线建设客运专线,实现客货分运,能够大幅度提高铁路运输能力,满足全面建设小康社会的运力需要。建设客运专线,不仅可以转移既有线上大部分客车,而且还可以满足增量运输的需求,特别是能够腾出既有线能力用于发展货物重载运输,迅速形成高速度、大能力、安全畅通的运输通道,适应日益增长的运输需要。

其次,繁忙干线建设客运专线,可以提升城市的集聚功能和辐射能力,使大城市更好地发挥中心城市的作用,同时推动沿线中间地带现有城市高速发展和功能升级,增强人、财、物吸纳能力,促进新的小城镇生成和发展,加快我国城市化的整体进程。

最后,繁忙干线建设客运专线将使铁路速度和服务实现质的飞跃,提升我国铁路发展水平。客运可实现大容量、高速度、高频率,大大缩短旅行时间,特别是在运输高峰时期,可以用几分钟间隔密集大量发车,为旅客提供更安全、快捷、方便、舒适的服务;货运可实现"大宗物资直达化,高值货物快速化",降低铁路社会成本,满足旅客货主越来越高的多层次、多样化服务需求。在创造良好社会经济效益同时,铁路路网运输效率和投资效益将进一步提高,有利于实现铁路可持续发展。

4.5.5 铁路的展望

铁路是国民经济大动脉、关键基础设施和重大民生工程,是综合交通运输体系的骨干和主要交通方式之一,在我国经济社会发展中的地位和作用至关重要。加快铁路建设特别是中西部地区铁路建设,是稳增长、调结构,增加有效投资,扩大消费,既利当前、更惠长远的重大举措。

8. 2020 年中国铁路运营里程(分地区)

"十四五"时期是开启全面建设社会主义现代化国家新征程的第一个五年期,也是加快建设科技强国、交通强国的关键攻坚期。立足新发展阶段,完整、准确、全面贯彻新发展理念,构建新发展格局,推动铁路高质量发展,对坚持创新的核心地位、充分发挥科技创新的引领驱动作用提出了更高的要求。面向世界科技前沿,要以成为世界铁路科技发展中原始创新和核心技术的需求提出者、创新组织者、技术供给者、市场应用者为目标,强化基础研究,加快新一代信息技术等与铁路深度融合,抢占新一轮科技革命和产业变革制高点,保持我国铁路科技创新领先优势,增强国际话语权和影响力。面向经济主战场,要推进铁路科技创新与经济发展紧密结合,加强重点领域科技攻关和成果转化运用,提高运输质量和效率,推动铁路发展方式转变和产业链优化升级,促进数字经济和实体经济融合发展,当好中国现代化的开路先锋。面向国家重大需求,要坚持以国家需要为指引,以重大工程为抓手,推进铁路领域战略高技术、装备和系统集成攻关,服务区域协调发展、碳达峰碳中和等国家重大战略实施。面向人民生命健康,要坚持人民至上、生命至上,加强铁路运输服务、安全、绿色等技术创新,提高运输服务品质和安全保障能力,创造清洁美丽的生态环境,更好满足人民群众美好生活需要。

到 2025 年,铁路创新能力、科技实力进一步提升,技术装备更加先进适用,工程建造技术持续领先,运输服务技术水平显著增强,智能铁路技术全面突破,安全保障技术明显提升,绿色低碳技术广泛应用,创新体系更加完善,总体技术水平世界领先。

到 2035 年,中国铁路战略科技力量不断增强,总体技术水平、科技创新能力大幅跃升,成为全球铁路科技的创新高地、引领先锋和重要人才中心,有力支撑社会主义现代化强国建设。

思考题 ▋▋▋

4.1 试述铁路工程的基本组成。

4.2 铁路的线路由哪些因素组成?

4.3 钢轨的种类有哪几种?

4.4 简述高铁的工作原理。

4.5 铁路的上部结构由哪些部分组成?

4.6 简述在繁忙干线建设客运专线的意义和作用。

4.7 简述中国高速铁路的发展对社会的作用及意义。

9. 思考题答案(4)

5 桥梁工程

5.1 概　述

  桥梁是供铁路、道路、渠道、管线、车辆、行人等跨越河流、山谷、湖泊、低地或其他交通线路时使用的建筑结构。

  交通的进步和发展,除了道路与铁路的建设,桥梁的建设也是必不可少的。假如没有桥梁,过河就必须依靠船只;遇到峡谷,又须绕道而行。如果建有桥梁接通河道两岸或峡谷两侧,就方便多了。因此桥梁是人类生活和生产活动中,为克服天然屏障而建造的建筑物,它是人类建造的最古老、最壮观和最美丽的一类建筑工程,它的发展不断体现着时代的文明与进步(图 5.1和图 5.2)。

图 5.1　石拱桥   图 5.2　港珠澳大桥青州航道桥(斜拉桥)

  桥梁工程是土木工程中属于结构工程的一个分支学科,它与房屋建筑工程一样,也是用砖石、木、混凝土、钢筋混凝土和各种金属材料建造的结构工程。

  桥梁既是一种功能性的建筑物,又是一座立体的造型艺术工程,也是具有时代特征的景观工程,桥梁具有一种凌空宏伟的通航能力。发展交通运输事业,建立四通八达的现代交通网,则离不开桥梁建设。道路、铁路、桥梁建设的突飞猛进对创造良好的投资环境,促进地域性的经济腾飞,起到关键的作用。

5.2　桥梁的类别

  桥梁按照其用途、大小规模和建筑材料等方面,桥梁可分为:(1)按用途分类分为:公路桥,铁路桥,公路铁路两用桥,农用桥,人行桥,运水桥(渡槽)和专用桥梁(如管路电缆等)。(2)按照桥梁全长和跨径的不同分为:特大桥(多孔桥全长大于 1 000 m,单孔桥全长大于 150 m),大桥(多孔桥全长小于 1 000 m,大于 100 m;单孔桥全长大于 40 m,小于 150 m),中桥(多孔桥全长小于 100 m,大于 30 m;单孔桥全长小于 40 m,大于 20 m)和小桥(多孔桥全长小于 30 m,大于 8 m;单孔桥全长小于 20 m,大于 5 m)。(3)按照桥梁主要承重结构所用材料分为:圬工桥(包括砖、石、混凝土桥),钢筋混凝土桥,预应力混凝土桥,钢桥和木桥(易腐蚀、且资源有限,除临时用外,一般不宜采用)等。(4)按照跨越障碍的性质分为:跨河桥,跨线桥(立体交叉),高架桥和栈桥等。(5)按照上部结构的行车道位置分为:上承载式桥,下承载式桥和中承载式桥。

桥梁工程按照其受力特点和结构体系可分为:梁式桥、拱式桥、刚架桥、斜拉桥、悬索桥、组合体系桥等。下面简要地介绍以上几种桥跨结构形式。

1. 梁式桥

梁式桥是一种在竖向荷载作用下无水平反力的结构体系,由于桥上的恒载和活载的作用方向与承重结构的轴线接近垂直,所以与同样跨径的其他结构体系比较、桥的梁上将产生最大弯矩,通常需要抗弯能力强的材料(如钢或钢筋混凝土)来建造。

目前应用最广的是简支梁结构形式的梁式桥,这种结构形式简单,施工方便,对地基承载力的要求也不高,通常跨径在 25 m 以下的桥梁常被采用。当跨度大于 25 m,并小于 50 m 时,一般采用预应力混凝土简支梁式桥的形式。梁式桥的组成如图 5.3 所示。

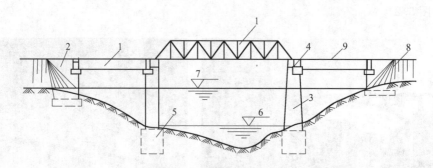

图 5.3　梁式桥的组成

1—上部结构;2—桥台;3—桥墩;4—支座;5—基础;6—低水位;
7—设计水位;8—锥体填方;9—桥面

梁的截面结构形式一般有实心板梁、矮肋板梁、空心板梁和箱形梁等。

我国古代建成于 1151 年的安平桥(图 5.4)是中古时代世界最长的梁式石桥,也是我国现存最长的海港大桥。该桥位于福建泉州城南的安海镇,长 2 251 m(约 5 里,俗称五里桥)、宽 3~3.8 m,桥墩 361 个,全以条石砌成。桥面以石板为梁,每条石板长 8~11 m、最长的有 20 多米,宽厚各 0.5~1 m。桥墩有长方形、半船形和船形墩 3 种形式。

彩凤桥(图 5.5)是一座古代伸臂式木梁桥,位于云南省云龙县境,横跨在江上,桥长 39 m,宽 4.7 m。两岸桥台用石块支砌,桥台上以方木加榫口联结,层层向江心挑出,形成伸臂。该桥始建于汉代,1962 年修复,2003 年 6 月,公路管养部门对桥顶上腐烂的木椽和坍塌的瓦片进行了更换。

开封黄河大桥(图 5.6)桥全长 4 475.09 m,共 108 孔,其中 77 孔为跨径 50 m 的预应力混凝土简支 T 形梁,其余 31 孔跨径为 20 m。桥宽 18.5 m,机动车道 12.3 m,非机动车道人行道两侧各 3.1 m。下部结构为单排双柱式墩,直径 220 cm 大直径钻孔灌注桩基础。

六库怒江桥(图 5.7)是我国目前最大跨度的预应力混凝土连续梁桥,位于云南省怒江傈僳族自治州州府六库镇,跨越怒江。该桥采用 3 跨变截面箱形梁(跨度 85 m+154 m+85 m),

其中箱形梁为单箱单室截面,箱宽 5 m、两侧各悬出伸臂 2.5 m、支点处梁高 8.5 m(为跨度 154 m 的 1/18),跨中梁高 2.8 m(为跨度 154 m 的 1/55)。这种跨长和梁高的比例,使桥的造型既强劲有力又纤细美观。

图 5.4　安平桥

图 5.5　彩凤桥

图 5.6　开封黄河大桥

图 5.7　六库怒江桥

2. 拱式桥

拱式桥是以拱圈或拱肋作为主要承载结构。这种结构在竖向荷载作用下,桥墩或桥台将承受水平推力。拱的弯矩和变形都比较小,主要承受压力,故拱式桥用砖、石、混凝土和钢筋混凝土材料建造的比较多。

拱的跨越能力大,外形也较美观,因此一般修建拱桥是经济合理的。但是由于在桥墩和桥台处承受很大的水平推力,因此对桥的下部结构和基础的要求比较高。另外拱桥的施工比梁式桥要困难些。

赵州桥(图 5.8),又名安济桥,也称大石拱桥,坐落在河北省赵县城南的清水河上。它不仅是中国第一座石拱桥,也是当今世界上第一座石拱桥,距今已有 1 400 多年的历史。桥身长 50.82 m,宽 9.60 m,大拱的净跨度长 37.37 m,拱高 7.23 m。大拱的两肩上,各做两个小拱,使得整个桥型显得格外均衡、对称,既便于雨季泄洪,又节省了建筑材料。其结构雄伟壮丽、奇巧多姿、布局合理,多为后人所效仿。

目前,世界上最大跨度的钢筋混凝土拱桥是 2015 年建成的拱跨 445 m 的北盘江特大桥(图 5.9),是上承式劲性骨架钢筋混凝土拱桥,大桥以一跨形式跨北盘江而过,距江面高约 300 m,全长 721.25 m,其中主桥 445 m 的跨度在世界同类型铁路拱桥中跨度是最大的。大桥建成后,实现了"五大突破",即钢筋混凝土拱桥最大跨径、高速铁路桥最大跨度、大跨度桥梁无砟轨道铺设技术、大跨度混凝土拱桥工法和大跨度桥梁刚度控制工艺。

图 5.8 赵州桥   图 5.9 北盘江特大桥

被誉为"世界第一钢拱桥"的卢浦大桥(图 5.10),穿越黄浦江,南至浦东济阳路,全长 8.7 km。大桥主桥为全钢结构,大桥全长 3 900 m,主桥长 750 m,主桥面宽 28.7 m,桥下净高 46 m,桥面为双向 6 车道。桥身呈优美的弧型,如长虹卧波,飞架在黄浦江之上。它是世界上首座采用箱形拱结构的特大型拱桥,主拱截面世界最大,为 9 m 高、5 m 宽,可通过 5 万吨级的轮船。整座主桥在建造中的施工用钢超过 1.1 万 t,也是目前世界上单座拱桥施工用钢量最大的钢拱桥。

图 5.10 卢浦大桥

3. 刚架桥

刚架桥也称刚构桥,主要承重结构是梁或板和立柱或竖墙构筑成整体的刚架结构,且梁与柱的连接处具有很大的刚性。因此在竖向荷载作用下,梁主要承受弯矩,而柱脚处也有水平反力,其受力状态介于梁式桥和拱式桥之间。刚架的腿形成墩(台)形,梁和腿为刚性连接,可用钢、钢筋混凝土或预应力钢筋混凝土制造。

对于同样的跨径,在相同的外力作用下,刚架桥的跨中正弯矩比一般梁式桥要小。根据这一特点,刚架桥跨中的构件高度就可以做的较小。这在城市中当遇到线路立体交叉或需要跨越通航江河时,采用这种桥型能尽量降低线路标高以改善桥的纵坡,当桥面标高已确定时,它能增加桥下净空。

钢架桥一般可采用 T 形刚架桥、连续刚架桥、斜腿刚架桥三种类型。T 形刚架便于施加预应力,在两个伸臂端上挂梁后可做成很大跨度的刚架,在要跨越深水、深谷、大河急流的大跨桥梁中常被应用。连续刚架桥有较好的抗震性能。斜腿刚架造型轻巧美观,当建造跨越陡峭河岸和深邃峡谷的桥梁时,采用这类刚架型式往往既经济又合理。

乌龙江桥(图 5.11)位于福建省福州市乌龙江下游峡口处,是中国较早建成的一座大跨度预应力混凝土 T 形刚构桥。总长 552 m,分跨为(58+3×144+58) m,各刚构间采用 33 m 简支挂梁连接。桥宽 12 m,采用 8 m 宽双箱断面,两侧挑出悬臂板各 1.25 m。T 形刚构与桥台间采用 6 m 长搭板连接。中部两个 T 形刚构采用悬拼,两端 T 形刚构采用悬浇施工。下部结构采用钢筋混凝土空心桥墩,最大水深达 26 m,潮差 5 m,并有正逆两个流向,选用钢板桩围堰管柱基础。

我国虎门珠江辅航道桥(图 5.12)(150+270+150) m,主跨 270 m,是目前世界上最大跨径的连续刚架桥,桥面有 6 车道,总宽 33 m,由上下行两座单桥组成。单桥主梁采用单室变截面箱梁,箱高由墩顶处 14.8 m 减至跨中 5 m,箱底宽 7 m。该桥建成后使我国桥梁跨入此类桥型的世界领先地位。

图 5.11 乌龙江桥

图 5.12 虎门珠江辅航道桥

邯长线浊漳河桥(图 5.13)位于山西省境内浊漳河上,系我国第一座预应力混凝土斜腿刚构铁路桥。该桥桥址两岸陡峭,岩层完整坚硬,石嘴形成峡谷。桥式主跨为 1 孔 82 m 预应力混凝土斜腿刚构,两腿趾设铰支座,两端伸臂各长 23.5 m,设水平方向无约束的活动支座,中心跨为 90 m,梁全长 91 m,桥全长 171.12 m。梁体及腿部均为单室箱形截面。

4. 斜拉桥

斜拉桥由斜拉索、塔柱和主梁所组成,是一种高次超静定的组合结构体系。系在塔柱上的张紧的拉索将主梁吊住,使主梁就像跨度显著缩小的多跨弹性支承连续梁那样工作。这样拉索可以充分利用高强度钢材的抗拉性能,又可以显著减小主梁的截面面积,使得结构自重大大减轻,从而能建造大跨度的桥梁。斜拉桥的主梁和塔柱可以采用钢筋混凝土或型钢来建造,在我国,主要采用钢筋混凝土结构。为了减小梁的截面与自重,常用预应力混凝土代替普通钢筋混凝土,这就是预应力混凝土斜拉桥。

斜拉桥根据跨度大小的要求以及经济上的考虑,可以建成单塔式、双塔式或多塔式等不同类型。通常的对称断面及桥下净空要求较大时,多采用双塔式斜拉桥。

斯特伦松德桥(图 5.14)是世界第一座近代公路斜拉桥。位于瑞典,德国工程师 F. 迪辛格设计,1955 年建成。桥跨为(74.7+182.6+74.7) m,长 332 m,自锚式三跨连续斜拉桥。用电焊钢板作加劲梁,钢筋混凝土板和钢纵梁结合的桥面,是结构上的创新。每根拉索由 4 根封闭式钢索组成,分别锚固在塔架顶部和主梁之间的横向锚固箱梁内。在立面上拉索布置成辐射形,双面索,二段吊。塔架为斜倾塔柱的门式框架。

图 5.13 邯长线浊漳河桥

图 5.14 斯特伦松德桥

目前世界上建成的最大跨径的斜拉桥为俄罗斯的俄罗斯岛大桥(图 5.15),主跨径为 1 104 m,于 2012 年 7 月完工。它中央跨度达 1 104 m,总长度为 3.1 km,系世界上最长的斜拉桥。大桥的悬索和梁系统进行同步安装。共计 130 根悬索,最长悬索达 483 m。主桥板的悬臂部分长度为 852 m,比桥梁总长(1 104 m)的 75% 还要略长。俄罗斯岛大桥,是全世界第三座超过千米的斜拉桥,它连接了弗拉迪沃斯托克大陆和岛屿部分。

南京长江第三大桥(图 5.16)位于现南京长江大桥上游约 19 km 处的大胜关附近,横跨长江两岸,南与南京绕城公路相接,北与宁合高速公路相连,全长约 15.6 km,其中跨江大桥长 4 744 m,主桥采用主跨 648 m 的双塔钢箱梁斜拉桥,索塔采用顶天立地的"人"字形结构,高 215 m,全钢塔身,这一曲线形设计在世界上首次采用。正交异性板钢桥面宽 37.16 m、深 3.2 m,采用扁平钢箱梁结构,在纵桥向上通过弹性支座与塔柱相连,为漂浮式桥面系。它是世界上第一座"人"字弧线形钢塔斜拉桥,也是世界上第一座弧线形斜拉桥。

图 5.15 俄罗斯岛大桥

图 5.16 南京长江第三大桥

5. 悬索桥

悬索桥也称吊桥。主要承重结构由缆索(包括吊杆)、塔和锚碇三者组成的桥梁。在两个高塔之间悬挂两条缆索,靠缆索吊起桥面,缆索固定在高塔两边的锚碇上,由锚碇承载整座桥的重量。其缆索几何形状由力的平衡条件决定,一般接近抛物线。从缆索垂下许多吊杆,把桥面板吊住,在桥面和吊杆之间常设置加劲梁,同缆索形成组合体系,以减小活载所引起的挠度变形。悬索桥采用高强钢丝成股编制成钢缆,充分发挥其优越的抗拉性能,因此结构自重轻,可以获得比斜拉桥更大的跨径。而且成卷钢缆便于运输,也便于无支架悬吊拼装,适合在大江、湖海或跨越深沟、深谷时采用。悬索桥边跨与主跨之比一般为 0.3～0.4,最小可达 0.21。

近 30 多年是世界上修建悬索桥的鼎盛时期,目前,跨径超过 1 000 m 的悬索桥有近 20 座。日本于 1998 年建成目前世界最大跨径的悬索桥——明石海峡大桥,其主跨跨径为 1 990 m。20 世纪 90 年代以来,我国在悬索桥方面的建桥技术异军突起,相继建成了汕头海湾大桥、西陵长江大桥、江阴长江大桥等悬索桥。南沙大桥,原称虎门二桥,是主跨径长 1 687 m 的单孔悬索桥,是目前中国第一、世界第二的特大跨径悬索桥。

日本明石海峡大桥(图 5.17)全长 3 911 m,主跨 1 991 m,桥面宽 35 m,往返 6 车道,是目前世界最长的悬索桥,通航净空 65 m。两座主桥墩海拔 297 m,基础直径 80 m,水中部分高 60 m。此桥是一座位于明石海峡上的 3 跨 2 铰钢桁加劲梁结构的公路悬索桥,连接着淡路岛和本州岛,索塔高约 300 m。该桥梁上部结构共使用钢材 200 000 t,下部结构使用混凝土约为 1 420 000 m²。

江阴长江大桥(图 5.18)是我国"两纵两横"公路主骨架中黑龙江同江至海南三亚国道主干线以及北京至上海国道主干线的跨江"咽喉"工程,为 20 世纪"中国第一、世界第四"大钢箱梁悬索桥,总投资 36.25 亿元。大桥采用一跨过江、大跨径钢悬索桥桥型,全长 3 071 m,主跨 1 385 m。桥面按六车道高速公路设计,宽 33.8 m;桥下通航净高 50 m,可满足五万吨级的巴拿马型散装货船通航。主桥上部梁体采用扁平钢箱梁,箱高 3 m,箱总宽 36.9 m,需钢材 18 000 t。主缆采用两根各两万多丝直径 5.35 mm 的镀锌高强钢丝组成,共 17 000 t,累计长 10 万 km。南北桥塔高 190 m,塔基采用钻孔灌柱桩方案,其中北塔基由 96 根直径 2 m 的桩群组成。

图 5.17 日本明石海峡大桥 　　　　　　　　　　　　　图 5.18 江阴长江大桥

我国香港青马大桥(图 5.19)横跨青衣岛及马湾,全长 2 160 m,主桥跨度也达 1 377 m,两座吊塔,每座高 206 m,离海面 62 m,是全世界最长的行车、铁路两用悬索桥。吊装的钢缆直径 1.1 m。6 万多条的主缆钢绳,总长 16 万 km,足可环绕地球赤道 4 圈,全部结构钢重量达 5 万 t。主梁截面为流线型闭合钢箱,双层桥面。上层为公路 6 车道,下层桥面的中间设双线铁路,两侧各设单车道公路,供紧急行车和维修用。桥塔为混凝土框架式结构,采用预制钢筋混凝土沉箱基础。

图 5.19　香港青马大桥

6. 组合体系桥

组合体系桥主要承重结构采用两种独立结构体系组合而成的桥梁。如连续刚构与连续梁组合体系、梁拱组合体系、刚构拱组合体系、斜拉拱组合体系、斜拉刚构组合体系、斜拉悬索组合体系、悬索拱组合体系等。组合体系可以是静定结构,也可以是超静定结构;可以是无推力结构,也可以是有推力结构。结构构件可以用同一种材料,也可以用不同的材料制成。

联邦德国费马恩海峡桥(图 5.20),1963 年建成,桥全长 963.4 m,主跨跨度为 248.4 m,边跨跨度为 102 m。靠大陆一端为 5 孔,靠岛一端为 2 孔,桥面全宽 20.95 m。桥主跨结构为刚梁柔拱组合体系铆焊钢系杆拱,矢高为 43.47 m,拱肋截面宽 1.9 m,高 3~4 m,两片拱肋上方向内侧倾斜,用以提高桥梁整体的扭转刚度。拱的系杆部分,为正交异性桥面板,用斜交拉索吊于拱肋上。结构外部是静定的,有固定支座和活动支座各一个,内部是高次超静定,这种形式的空间结构有较高的抗弯及抗剪强度。拉索共有 80 根,其直径有 5 种。直径 69 mm、77 mm、81 mm 的拉索用于公路拱,直径 81 mm、92 mm、104 mm 的拉索用于铁路拱。

台湾关渡桥(图 5.21)位于我国台湾地区台北市淡水河口,连接关渡与八里地区。于 1983 年建成,主桥长 539 m,净宽 19 m,为中承式 5 孔连续系杆拱桥,中间孔跨度为 165 m,两侧孔跨度为 143 m 及 44 m,桥墩基础采用沉井及螺纹管两种。拱圈为抛物线,高度递减变化有序,桥姿巍峨,于附近的环境及景色相匹配。

湘潭湘江四大桥(图 5.22)位于湘潭三大桥下游 4.3 km 处,大桥全长 1 341 m,桥面宽 27 m,主桥设计为(120+400+120) m 斜拉飞燕式钢管混凝土系杆拱桥。它巧妙地集拱、梁、索三种结构于一体,设计新颖,造型美观,为世界首创;主拱采用斜拉飞燕式钢管混凝土系杆拱梁,亦属世界首创;大桥钢管拱系杆长 640 m,是国内跨径最大的钢筋混凝土系杆拱桥,在同类桥梁中居世界领先地位。该桥 2004 年 2 月 28 日正式动工,工期 3 年,于 2007 年 7 月建成通车。

润扬长江大桥(图 5.23)是我国第一座由悬索桥和斜拉桥构成的组合型特大桥梁,工程全

长 35.66 km,由北接线、北汊桥、世业洲互通高架桥、南汊桥、南接线及延伸段等部分组成。南
汊主桥为主跨长 1 490 m 的单孔双铰钢箱梁悬索桥,是目前中国第三、世界第五的特大跨径柔
性悬索桥,索塔高达 215.58 m(指高出黄海海平面的标高),相当于 73 层楼的高度,是目前国
内桥梁中最高的索塔。索塔采用多层门式框架钢筋混凝土塔柱,加劲梁为流线型钢箱梁结构。
北汊主桥采用(176+406+176) m 的三跨双塔双索面钢箱梁刚性斜拉桥。因此,它是我国第
一座刚柔相济的组合型桥梁。

图 5.20　费马恩海峡桥

图 5.21　台湾关渡桥

图 5.22　湘潭湘江四大桥

图 5.23　润扬长江大桥

5.3　桥梁的荷载

　　桥梁修建之前,需要对桥梁所受荷载的种类、形式和大小进行分析,其选择是否恰当,直接
关系到建成后的使用寿命与安全,与建设费用也密切相关。

　　根据荷载出现的概率,荷载可以分为主要荷载、次要荷载和特殊荷载。主要荷载是经常起
作用的荷载;次要荷载非经常起作用,在荷载组合中必须考虑;特殊荷载的名称和类型已经对
荷载特殊性作了说明。

　　静力荷载、动力荷载与附加荷载也是常采用的荷载分类法。我国目前的公路设计规范划
分为永久荷载、可变荷载和偶然荷载。

5.3.1　永久荷载

　　永久荷载亦称恒载,在设计使用期内其值不随时间变化,或其变化与平均值相比忽略不计。

　　永久荷载包括:结构自重、桥上附加恒载(桥面、人行道及附属设备)、作用于结构上的土重

及土侧压力、基础变位影响力、水浮力、混凝土收缩和徐变的影响力等。

5.3.2　可变荷载

分为基本可变荷载和其他可变荷载。基本可变荷载为桥梁的使用荷载:车辆、人群、由车辆间接引起的荷载。

1. 车辆荷载

桥梁上行驶的车辆荷载有许多不同的型号和载重等级,种类繁多,有汽车、平板挂车、履带车、压路机等。同一类车辆,例如汽车,也有许多不同的型号和载重等级,而且随着交通运输和高速公路的发展,出现了集装箱运输车等载重量越来越大的车辆。

通过对实际车辆的轮轴数目、前后轴间距、轴重力等情况的分析、综合和概括,我国交通部在《公路桥涵设计通用规范》(JTG D60—2015)(简称《通规》)中规定了桥涵设计的标准化荷载。由于各种车辆在桥梁上出现的概率是不同的,因此标准化荷载把经常地、大量地出现的汽车排列成车队,作为计算荷载(图 5.24 和图 5.25),把偶然、个别出现的平板挂车和履带车作为验算荷载(图 5.26)。

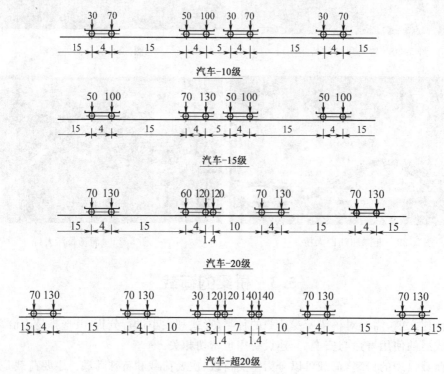

图 5.24　各级汽车车队的纵向排列

(轴重力单位:kN;尺寸单位:m)

汽车荷载的车队分为汽车-10 级、汽车-15 级、汽车-20 级、汽车超-20 级四个等级。每级车队中有一辆重车,其前后都是主车,主车的辆数不限,图中所示荷载均为轴重。当使用汽车荷载布置最不利位置时,其轴重力的顺序应按车队规定的排列。

2. 人群荷载

在有人行道的桥上,人群荷载与汽车荷载同时考虑,验算时则不计入人群荷载。人群对栏杆扶手有水平推力和竖向力。

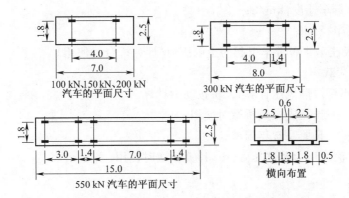

图 5.25 各级汽车的平面尺寸和横向布置(单位:m)

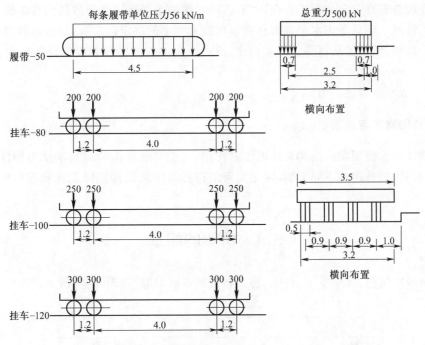

图 5.26 平板挂车和履带车荷载的纵向排列和横向布置
(轴重力单位:kN;尺寸单位:m)

公路桥涵 3 kN/m²,城市郊区 3.5 kN/m²,人群荷载只与计算荷载同时考虑。

人行道板——以 1.2 kN 集中竖向力作用在一块板上进行验算。

计算栏杆——水平推力 0.75 kN/m,作用在栏杆柱顶,竖向力 1 kN/m,作用在上部扶手。

3. 汽车冲击力

汽车的突然加力将引起桥梁振动,路面不平和车轮不圆也会引起桥梁振动。这种振动造成内力加大现象称为冲击作用。近似计算法是汽车荷载重乘以冲击系数。

4. 离心力

车辆在曲线上运行产生离心力。公路桥上离心力较小,当曲线半径不大于 250 m 时,才考虑离心力的作用。离心力等于车辆荷载(不计动力效应)乘以离心系数 C。

$$C = v^2 / 127R^2$$

式中　v——计算行车速度,km/h;

　　　　R——曲线半径,m。

5. 汽车、平板挂车或履带车引起的土侧压力(计算桥台时使用)

6. 其他可变荷载

风力——中小桥按静风压计算,大桥按动力计算。

汽车制动力——计算支座及桥墩时使用。

温度影响力——日照及常年温差。

支座摩阻力、流水压力及冰压力——计算桥墩时使用。

5.3.3　偶然荷载

(1)地震力

地震作用分竖直方向和水平方向,经验表明地震的水平运动是导致结构破坏的主要因素。结构抗震验算时一般只考虑水平地震作用。地震力大小的决定因素有:地面运动的强烈程度、结构的动力特性、结构的质量等。基本烈度:反映地震本身的剧烈程度。设计烈度:是由设计者选用的。

(2)船只或漂流物撞击力

5.3.4　荷载的确定与选用

桥梁设计基准使用期内结构总体的正常使用,对主要承重结构与局部受力构件强度储备的合理性,对长、短桥跨的不同影响,对于大跨结构必须注意结构实际工作状态中可能遇到的一些复杂而巨大的荷载。

5.4　桥梁的组成

桥梁由桥跨结构、支座系统、桥墩、桥台和桥梁基础组成,如图 5.27 所示。

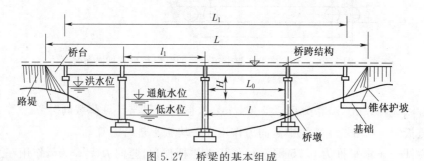

图 5.27　桥梁的基本组成

L—桥梁全长;L_1—桥梁总长;l,l_1—计算跨径;l_0—净跨径;H—桥下净空高度

5.4.1　桥跨结构

桥跨结构是承担线路荷载、跨越障碍的结构物,也称桥孔结构、上部结构,由桥面系和主要承重结构组成。桥面系一般由桥面、纵梁和横梁组成。桥跨结构是主要承重结构,承担上部结构所受的全部荷载并传给支座,如桁架梁桥的主桁、实腹梁桥的主梁、拱桥的拱肋(拱圈)。

5.4.2 桥梁支座

1. 支座的作用

支座设置在桥梁的上部结构与墩台之间,它的作用是:(1)传递上部结构的支承反力,包括恒载和活载引起的竖向力和水平力;(2)保证结构在活载、温度变化、混凝土收缩和徐变等因素作用下能自由变形,以使上、下部结构的实际受力情况符合结构的静力图式。

2. 支座的分类

(1)按其变位的可能性分为固定支座和活动支座。

固定支座传递竖向力和水平力,允许上部结构在支座处能自由转动但不能水平移动;活动支座则只传递竖向力,允许上部结构在支座处既能自由转动又能水平移动。

(2)按材料分为简易支座、钢支座、钢筋混凝土支座、橡胶支座、特种支座(如减震支座、拉力支座等)。

3. 支座的布置原则

固定支座和活动支座的布置,应以有利于墩台传递纵向水平力为原则:

(1)对于桥跨结构,最好使梁的下缘在水平力的作用下受压,从而能抵消一部分竖向荷载在梁下缘产生的拉应力。

(2)对于桥墩,应尽可能地使水平力的方向指向河岸,以使桥墩顶部在水平力作用下不受拉。

(3)对于桥台,应尽可能使水平力的方向指向桥墩中心,以使桥台顶部受压,并能平衡一部分台后土压力。

4. 支座的布置注意事项

(1)对于有坡桥跨结构,宜将固定支座布置在标高低的墩台上。

(2)对于连续梁桥及桥面连续的简支梁桥,为使全梁的纵向变形分散在梁的两端,宜将固定支座设置在靠近桥跨中心;但若中间支点的桥墩较高或因地基受力等原因,对承受水平力十分不利时,可根据具体情况将固定支座布置在靠边的其他墩台上。

(3)对于特别宽的梁桥,尚应设置沿纵向和横向均能移动的活动支座。对于弯桥则应考虑活动支座沿弧线方向移动的可能性。对于处在地震地区的梁桥,其支座构造还应考虑桥梁防震的设施,通常应确保由多个桥墩分担水平力。

5.4.3 桥　　墩

桥梁的支承结构为桥台与桥墩。桥台是桥梁两端桥头的支承结构,是道路与桥梁的连接点。桥墩是多跨桥的中间支承结构,桥台和桥墩都是由台(墩)帽、台(墩)身和基础组成。

桥墩的作用是支承在它左右两跨的上部结构通过支座传来的竖直力和水平力。由于桥墩建造在江河之中,因此它还要承受流水压力、水面以上的风力和可能出现的冰压力、船只等的撞击力。所以桥墩在结构上必须有足够的强度和稳定性,在布设上要考虑桥墩与河流的相互影响,即水流冲刷桥墩和桥墩壅水的问题。在空间上应满足通航和通车的要求。

桥墩的型式取决于桥上线路或道路条件、桥下水流速度、水深、水流方向与桥梁中轴线的夹角、通航及桥下漂流物、基底土壤的承载能力、梁部结构及施工方法等情况。一般分为重力式实体墩、空心墩、柱式墩、轻型墩、拼装式墩,如图 5.28 所示。

具体桥梁建设时采用什么类型的桥墩,应依据地质、地形及水文条件,墩高,桥跨结构要求

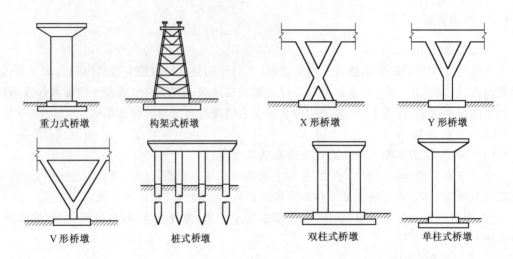

图 5.28　桥墩示例

及荷载性质、大小,通航和水面漂浮物,桥跨以及施工条件等因素综合考虑。但是在同一座桥梁内,应尽量减少桥墩的类型。

1. 重力式实体墩

主要特点是依靠自身重量来平衡外力而保持稳定。它一般适宜荷载较大的大、中型桥梁,或流冰、漂浮物较多的江河之中。此类桥墩的最大缺点是圬工体积较大,因而其自重大阻水面积也较大。有时为了减轻墩身体积,将墩顶部分做成悬臂式的。

重力式桥墩的截面形式从减少水流阻力来说,尖端形、圆形、圆端形较好,如图 5.29 所示。

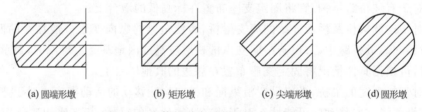

(a) 圆端形墩　　　(b) 矩形墩　　　(c) 尖端形墩　　　(d) 圆形墩

图 5.29　实体桥墩常见截面形式示意图

2. 空心式桥墩

它克服了实体式桥墩在许多情况下材料强度得不到充分发挥的缺点,而将混凝土或钢筋混凝土桥墩做成空心薄壁结构等形式,这样可以节省圬工材料,还减轻了重量。缺点是经不起漂浮物的撞击。

空心桥墩的截面形式有圆形、圆端形、长方形等,如图 5.30 所示。沿墩高一般采用可滑模施工的变截面,即斜坡式立面布置,墩顶和墩底部分可设实心段,以便设置支座与传递荷载。

3. 桩或柱式桥墩

由于大孔径钻孔灌注桩基础的广泛使用,桩式桥墩在桥梁工程中得到普遍采用。这种结构是将桩基一直向上延伸到桥跨结构下面,桩顶浇筑墩帽,桩作为墩身的一部分,桩和墩帽均由钢筋混凝土制成。这种结构一般用于桥跨不大于 30 m,墩身不高于 10 m 的情况。如在桩顶上修筑承台,在承台上修筑立柱作墩身,则成为柱式桥墩。柱式桥墩可以是单柱,也可以是双柱或多柱形式,视结构需要而定。

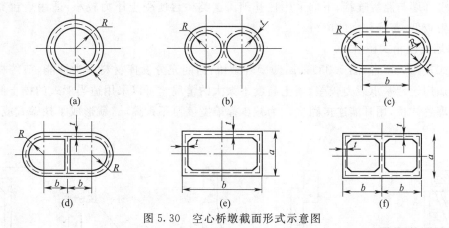

图 5.30　空心桥墩截面形式示意图

R—空心桥墩内径；a,b—空心桥墩截面尺寸(宽、长)；t—空心桥墩混凝土壁厚

5.4.4　桥　　台

桥台是两端桥头的支承结构物，它是连接两岸道路的路桥衔接构造物。它既要承受支座传递来的竖直力和水平力，还要挡土护岸，承受台后填土及填土上荷载产生的侧向土压力。因此桥台必须有足够的强度，并能避免在荷载作用下发生过大的水平位移、转动和沉降，这在超静定结构桥梁中尤为重要。当前，我国公路桥梁的桥台有实体式桥台和埋置式桥台等形式，如图 5.31 所示。

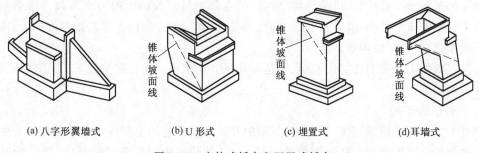

(a) 八字形翼墙式　　　(b) U 形式　　　(c) 埋置式　　　(d) 耳墙式

图 5.31　实体式桥台和埋置式桥台

1. 实体式桥台

U 形桥台是最常用的桥台形式，它由支承桥跨结构的台身与两侧翼墙在平面上构成 U 字形而得名。一般用圬工材料砌筑，构造简单。适合于填土高度在 8～10 m 以下，跨度稍大的桥梁。缺点是桥台体积和自重较大，也增加了对地基的要求。

2. 埋置式桥台

它是将台身大部分埋入锥形护坡中，只露出台帽，以便安置支座及上部构造物。这样，桥台体积可以大为减少。但是由于台前护坡用作永久性表面防护设施，存在着被洪水冲毁而使台身裸露的可能，故一般用于桥头为浅滩、护坡受冲刷较小的场合。埋置式桥台不一定是实体结构。配合钻孔灌注桩基础，埋置式桥台还可以采用桩柱上的框架式和锚拉式等型式。

3. 柱式、框架式桥台

柱式、框架式桥台(图 5.32)是由埋置式桥台改造而成。柱式可以做成单柱或双柱，框架式桥台也可称为多柱加横向支撑的桥台。柱式、框架式桥台一般采用埋置式，台前设置溜坡，台帽两侧设耳墙与路堤连接,下部采用柱基础。这类桥台所受土压力较小,适用于台身较高、地基承压力较低、跨径较大的梁桥。

4. 撑墙式及箱式桥台

撑墙式及箱式桥台(图 5.33)都属薄壁轻型桥台,能充分发挥材料力学性能,节约材料,施工较快。适用于地基承载力较差、填土高度不太大的情况。可以采用适当形式的挡土侧墙,也可以做成埋置式桥,用耳墙连接路堤。为减少撑墙宽度可不设撑墙,就形成了扶壁式或悬臂式桥台。

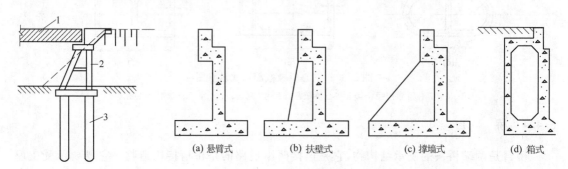

(a) 悬臂式　　(b) 扶壁式　　(c) 撑墙式　　(d) 箱式

图 5.32　框架式桥台示意图　　　　　　图 5.33　薄壁式轻型桥台示意图
1—梁;2—桩基础;3—桥台本身

5.4.5　桥梁基础

桥梁的基础承担着桥墩、桥跨结构(桥身)的全部重量以及桥上的可变荷载。桥梁基础往往修建于江河的流水之中,遭受水流的冲刷。所以桥梁基础一般比房屋基础的规模大,需要考虑的问题多,施工条件也困难。

桥梁基础的类型有刚性扩大基础、桩基础和沉井基础等。在特殊情况下,也用气压沉箱基础。现分别简述之。

1. 刚性扩大基础

刚性扩大基础是桥梁实体式墩台浅基础的基本型式。它的主要特点是基础外伸长度与基础高度的比值必须限制在材料刚性角的正切 $\tan \alpha$ 的范围内。若满足此条件,则认为基础的刚性很大,基础材料只承受压力,不会发生弯曲和剪切破坏。刚性扩大基础即由此而得名。此基础施工简单,可就地取材,稳定性好,也能承受较大的荷载。

2. 桩基础

桥梁的桩基础是桥梁基础中常用的型式。当地基上面土层较软且较厚时,如采用刚性扩大基础,地基的强度和稳定性往往不能满足要求。这时采用桩基础是比较好的方案。水流稍深的江河道上的桥梁也多用桩基础。

桩基础由若干根桩与承台两部分组成。每根桩全部或部分沉入地基中,桩在平面排列上可成为一排或几排,所有桩的顶部由承台联成一个整体,在承台上再修筑墩台,如图5.34 所示。

桩基础的作用是将墩台传来的外力由其

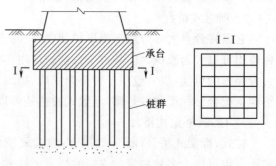

图 5.34　桩基础

经过上部软土层传到较深的地层中去。承台将外力传递给各桩,并起到箍住桩顶使各桩共同工作的作用。各桩所承受的荷载由桩身与周围土之间的摩阻力及桩底地层的抵抗力来支承。因此桩基础一般具有承载力高、稳定性好、沉降小、沉降均匀等特点。在深水河道中,桩基础可以减少水下工程,简化施工工艺,加快施工进度等优点。

桩基础一般适合以下情况:

(1)荷载较大,地基上部土层软弱,适宜的持力层位置较深时。

(2)河床受冲刷较大,河道不稳定或冲刷深度不易计算准确时。

(3)采用刚性扩大基础困难大,其他方案在技术经济上不合理时。

桩基础有钢筋混凝土预制桩和钢筋混凝土现浇灌注桩两种,因为钢筋混凝土桩的承载能力大,耐久性好。具体根据施工技术上有:

(1)钻孔灌注桩:钻孔桩的直径一般为 0.8~1.0 m。桩身混凝土强度不低于 C15,水下部分不低于 C20。桩内钢筋笼的主筋直径不小于 14 mm,并不少于 8 根。即使按照内力计算不需要配筋时,也应在桩顶 3~5 m 内设置构造钢筋。这种桩的特点是承载力大,施工设备简单,操作方便。

(2)打入桩:是将预制好的钢筋混凝土桩,通过打桩机打入地基内。预制桩一般边长为 30~40 cm 的方桩,桩身混凝土强度不低于 C25。桩内纵钢筋要求通长布置,且要加密柱两端的箍筋或螺旋筋。这种桩适用于各种土层条件,且不受地下水位的影响,桩可以标准化生产。

(3)管柱基础:直径较大的空心圆形桩称为管柱,用管柱修建的桩基础,又称管柱基础(图 5.35)。管柱基础一般适用于深水、无覆盖层、厚覆盖层、岩面起伏等桥址条件。管柱可以穿越各种土质覆盖层或溶洞,支承于较密实的土上或新鲜岩面上。一般采用预应力混凝土管柱或钢管柱。

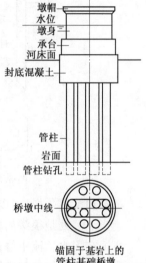

图 5.35　管柱基础

1957 年建成的中国武汉长江大桥首次采用直径 1.55 m 的管柱基础。管柱通过覆盖层下沉到基本岩层,再在管柱内用大型钻机钻岩达到必要的深度,然后放置钢筋骨架,灌注水下混凝土,使管柱在岩壁中锚固。20 世纪 60 年代初,中国南京长江大桥采用了直径 3.6 m 的预应力混凝土大型管柱基础。管柱基础能达到气压沉箱所不能达到的水下施工深度,可避免在水下和高气压下作业,有利于施工人员健康,而且不受洪水季节影响,可常年施工。因此管柱基础应用广泛。管柱直径也不断增大,如中国南昌赣江大桥采用的管柱直径达 5.8 m。

3. 沉井基础

沉井基础(图 5.36)是以沉井作为基础结构,将上部荷载传至地基的一种深基础。

沉井是一种四周有壁、下部无底、上部无盖、侧壁下部有刃脚的筒形结构物。通常用钢筋混凝土制成。它通过从井孔内挖土,借助自身重量克服井壁摩阻力下沉至设计标高,再经混凝土封底并填塞井孔,便可成为桥梁墩台的整体式深基础,如图 5.36 所示。沉井基础的特点是埋深大、整体性强、稳定性好,能承受较大的竖向作用和水平作用,沉井井壁既是基础的一部分,又是施工时的挡土和挡水结构物,施工工艺也不复杂。因此这种结构型式在桥梁基础中得到广泛使用,随着施工技术的提高,还将得到应用与发展。

4. 沉箱基础

沉箱基础又称为气压沉箱基础,它是以气压沉箱来修筑的桥梁墩台或其他构筑物的基础。

沉箱形似有顶盖的沉井。在水下修筑大桥时,若用沉井基础施工有困难,则改用气压沉箱施工,并用沉箱作基础,它是一种较好的施工方法和基础型式。它的工作原理是:当沉箱在水下就位后,将压缩空气压入沉箱室内部,排出其中的水,这样施工人员就能在箱内施工,并通过升降筒和气闸,把弃土外运,从而使沉箱在自重和顶面压重作用下逐步下沉至设计标高,最后用混凝土填实工作室,即成为沉箱基础(图5.37)。由于施工过程中都通入压缩空气,使其气压保持或接近刃脚处的静水压力,故称为气压沉箱。

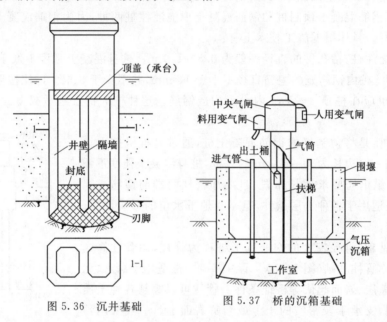

图 5.36 沉井基础   图 5.37 桥的沉箱基础

沉箱和沉井一样,可以就地建造下沉,也可以在岸边建造,然后浮运至桥基位置穿过深水定位。当下沉处是很深的软弱层或者受冲刷的河底,应采用浮运式。

我国在深水急流中修建了不少桥梁,已积累了丰富的深水基础工程设计和施工技术经验。如在采用大型管柱基础来取代气压沉箱的施工方法,管柱直径从 1.5 m 发展到 5.8 m,水下深度达 64 m。在沉井施工方面,成功地研发了先进的触变泥浆套下沉技术,大幅减少了圬工数量,并使下沉速度加快 3～11 倍。已竣工的江阴长江大桥,其支承悬索的北岸锚锭的沉井的平面尺寸达 69 m×51 m,埋深 58 m,是世界上平面尺寸最大的沉井基础。大型深水基础还成功采用双壁钢围堰内抽水封底并加管柱钻孔的型式,围堰直径达 30～40 m。还广泛地采用和推广了大直径钻孔灌注桩基础,直径 1.5～3.0 m,并对更大直径的空心桩研究取得初步成果。如北镇黄河公路桥采用钻孔深度已达到 104 m。目前在大型基础上已采用了地下连续墙的施工方法,并获得成功。

5.5 总体规划与设计要点

5.5.1 桥梁总体规划的任务和重点

桥梁工程是一项复杂的建设工程,它的规划所涉及的因素很多。我国现今一般采用两阶段设计(图 5.38)。

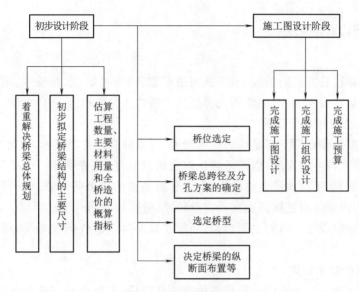

图 5.38 两阶段设计

　　桥梁总体规划的基本内容如图 5.39 所示。

　　桥梁总体规划的原则是:根据其使用任务、性质和将来发展的需要,全面贯彻安全、经济、适用和美观的方针。一般需考虑下述各项要求:

　　(1)使用上的要求:桥上的行车道和人行道应保证车辆和行人安全畅通,满足将来交通发展的需要。桥型、跨度大小和桥下净空还应满足泄洪,安全通航和通车的要求。

　　(2)经济上的要求:桥梁的建造应体现经济合理。桥梁方案的选择要充分考虑因地制宜和当地取材以及施工水平等物质条件,力求在满足功能要求的基础上,使总造价和材料等消耗量最少,工期最短,提早投入使用。

图 5.39　桥梁总体规划的基本内容

　　(3)结构上的要求:整个桥梁结构及其部件,在制造、运输、安装和使用过程中应具有足够的强度、刚度、稳定性和耐久性。

　　(4)美观上的要求:桥梁应具有优美的外形,应与周围环境与景色协调。

5.5.2　桥梁设计前资料准备工作

　　桥梁设计前资料准备工作如图 5.40 所示。

图 5.40　桥梁设计前资料准备工作

5.5.3 桥梁工程的设计要点

1. 选择桥位

桥位在服从路线总方向的前提下,选在河道顺直、河床稳定、水面较窄、水流平稳的河段。中小桥的桥位服从路线要求,而路线的选择服从大桥的桥位要求。

2. 确定桥梁总跨径与分孔数

总跨径的长度要保证桥下有足够的过水断面,可以顺利地宣泄洪水,通过流冰。根据河床的地质条件,确定允许冲刷深度,以便适当压缩总跨径长度,节省费用。分孔数目及跨径大小要考虑桥的通航需要,工程地质条件的优劣,工程总造价的高低等因素。一般是跨径越大,总造价越大,施工亦困难。桥道标高也在确定总跨径、分孔数的同时予以确定。设计通航水位及通航净空高度是决定桥道标高的主要因素,一般在满足这些条件的前提下,尽可能地取低值,以节约工程造价。

3. 桥梁的纵横断面布置

桥梁的纵断面布置是在桥的总跨度与桥道标高以后,来考虑路与桥的连接线形与连接的纵向坡度。连接线形一般应根据两端桥头的地形和线路要求而定。纵向坡度是为了桥面排水,一般控制在 3%~5%。桥梁横断面布置包括桥面宽度、横向坡度、桥跨结构的横断面布置等。桥面宽度含车行道与人行道的宽度及构造尺寸等,按照道路等级,国家有统一规定可循。

4. 公路桥型的选择

桥型选择是指选择什么类型的桥梁,是梁式桥,还是拱桥;是刚架桥,还是斜拉桥;是多孔桥,还是单跨桥等。分析一般应从安全实用与经济合理等方面综合考虑,选出最优的桥型方案,实际操作中,往往需要准备多套可能的桥型方案,综合比较分析以后,才能找出符合要求的最优方案。

思考题

5.1 按照力学特性(体系)划分,桥梁有哪些基本类型? 各类桥梁的受力特点是什么?

5.2 试述悬索桥的组成构件,其中哪些是主要的承重构件?

5.3 试对比分析斜拉桥和悬索桥在结构受力方面的不同之处。

5.4 桥梁设计荷载分为哪几类? 各类荷载主要包括哪些作用力?

5.5 试述桥梁工程的基本组成。

5.6 支座的布置原则是什么?

5.7 常用的桥墩、桥台类型有哪些?

5.8 重力式桥墩和空心桥墩的主要区别是什么?

5.9 桥梁基础的类型有哪些?

5.10 简述沉井基础的构造和特点。

10. 思考题答案(5)

6 地 下 工 程

6.1 概 述

地下工程是指深入地面以下为开发利用地下空间资源所建造的地下土木工程。即建造在岩石中、土中或水底以下的建筑工程统称地下工程(图 6.1),如工业建筑工程(地下加工厂、地下电站等)、民用建筑工程(人防与市政地下工程、地下商店、地下剧场等)、交通工程(如地下铁道、铁路和公路隧道、地下停车场)、矿山工程(如矿井)、水利工程(如输水道、水电站地下厂房)、军事工程(如指挥所、通信枢纽、军火库)、防御减灾工程(如人防工程、各种储存设施、防御洪水灾害的地下河、地下坝)和各种公用服务性建筑等。

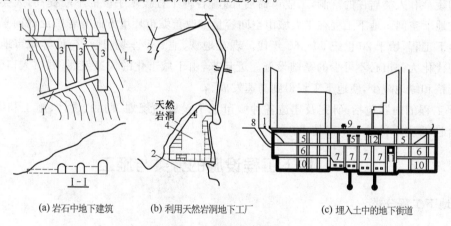

(a) 岩石中地下建筑　　(b) 利用天然岩洞地下工厂　　(c) 埋入土中的地下街道

图 6.1　地下工程示意

1—出入口;2—洞口;3—储藏室;4—地下厂房;5—商店;6—车库;7—地下铁道;

8—汽车出入口;9—地上街道;10—机房;11—污水管道;12—电缆道

地下建筑物可以构筑成隧道形式,也可以和地面房屋相似,在平面布局上采用棋盘式和房间式的布置,并可建成多层多跨的框架结构。它的横断面可以有各种不同的形状,最常见的有圆形、矩形、拱顶直墙(包括厚拱薄墙)、拱顶曲墙(当地基软弱时在底板处多加设仰拱)、落地拱、弯顶直墙等几种。

地下工程设施的特点,一方面是它必然承受着四周岩层和土层传来的压力,该压力称为围岩压力或岩体压力;另一方面岩层和土层又都具有较好的抗爆、抗震能力和良好的热稳定性和密闭性。因而,地下工程设施可作为有效的防空、防炸设施,形成恒温恒湿防振的环境,并能节约地面建筑占地,这是它的优点;但是地下工程设施建造时对地质条件要求较高,施工比较困难,投资较高,这又是它的缺点。

地下工程设施的结构与地上工程设施结构的不同,主要是与岩(土)层接触处必须有衬砌结构(图 6.2),其作用是承受岩(土)层和爆炸等静力和动力荷载,并防止地下水和潮气的侵入。衬砌结构的材料一般为钢筋混凝土或砖、石等圬工材料。衬砌结构的形式主要由使用、地

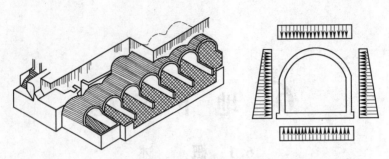

图 6.2 衬砌结构示意

质和施工三个因素综合决定。其中地质因素既与作用于衬砌四壁的岩石或土压力以及水压力有关,又与施工方法有密切联系。为了使衬砌四壁大体受压而较少受弯、受拉,最适宜的衬砌外形介于圆形和卵形之间。

人类在原始时期就利用天然洞穴作为群居、活动场所和墓室。我国的地下储粮已有 5 000 多年历史。敦煌、云岗、龙门三大石窟群也是我国古代杰出的地下建筑工程,但更多地局限于帝王贵人的陵墓和人类居住的窑洞,工业革命后,随着各种工程技术手段的不断提高,人类开始大规模开发地下空间。地下工程在扩大城市空间容量和改善城市环境方面有着广泛的前景。大规模建造地下工程,始于 20 世纪 50～60 年代。现在地铁、地下停车场、地下街道等城市地下工程已经是现代化大都市必不可少的基础设施。近年来,由于城市化的快速发展,城市人口饱和,建筑空间拥挤和绿地减少,使地下工程得到高速发展。

地下工程的内容包括:研究及建造各种城市地下设施的规划、勘测、设计、施工和维护等。它是综合性的应用科学与工程技术。

6.2 地下工程设施的分类与施工

6.2.1 地下工程分类

根据使用目的,地下设施主要分为以下几类:(1)住宅设施。指各种地下或半地下住宅,我国的窑洞及北美等地的覆土式房屋就是典型的地下住宅。地下住宅有着显著的节能和改善微气候功能,但在目前的条件下,将地下住宅内部环境改造为高标准居住环境,使大量人口穴居地下,仍是不现实的。(2)城市地下综合设施。为改善城市功能的各项设施,包括地下街、地下商场(图 6.3)、下沉式广场、地下过街人行道、地下停车场、埋在地下的各类管线、变电站、水厂、污水处理系统、地下垃圾处理系统、管沟等。(3)生产设施。为改善城市人口密集,将有噪声污染、振动污染的工业厂房、变电站等迁入地下,有益于城市环境的改善和人民生活质量的提高。(4)交通设施。指运送物资或人员的各种地下铁路、公路、管线等。(5)储藏设施。地下空间有恒温性及防盗性好,鼠害轻。节能、安全、低成本的地下仓库广泛用于储存食品、水资源、石油、城市垃圾等。(6)军事设施。指各种永备的和野战的工事、屯兵和作战坑道、指挥所、通信枢纽部、军用油库、军用物资仓库和导弹发射井等。(7)防灾、人防设施。地下空间对各种自然、人为灾害具有较强的综合防灾能力,地下设施战争时承担人防功能,而和平时期仍可用于其他事业。

地下工程按周围环境材料,分为岩石地层的和土质地层的两大类:岩石地层中的地下工程除了人工洞室外,也包括改造利用天然溶洞和废弃坑井;土质地层中的地下工程包括用明挖法施工的浅埋式和在深层土体中用暗挖法施工的洞埋式通道和洞室。按建造方式不同又可分为

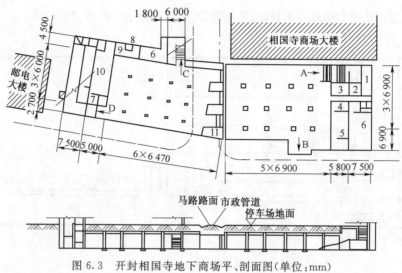

图 6.3　开封相国寺地下商场平、剖面图(单位:mm)

1—配电室;2—广播室;3—公安办公室;4—办公室;5—会议室;6—风机房;
7—净化室;8—泵房;9—卫生间;10—值班室;11—人行坡道;A、B、C、D—出入口

单建式和附建式:单建式是指独立建造的地下工程,地上没有其他建筑物;附建式一般指各种建筑的地下室部分。按工程规模又可分为小型地下工程和大型地下工程:小型地下工程是指一般性地下室;大型地下工程是指空间开阔的大型地下车库、地铁、地下工业厂房以及各种地下隧道。

6.2.2　地下工程施工

因地下工程设置在岩土中,建造的方法与地上的建筑工程有较大的差别,其主要的施工方法有:

1. 明挖法

明挖法是浅埋地下通道最常用的方法,采用敞口放坡明挖或板柱护壁明挖,在挖好的坑内浇筑混凝土结构,或装配预制构件,或修建隧道后,然后在结构上部回填土及恢复路面的施工方法。主要方法有:敞口放坡明挖法、板桩法、地下连续墙施工法等。

2. 盾构法

盾构法(图 6.4)是采用盾构为施工机具在地表以下土层或松软岩层中暗挖隧道的一种施工方法。施工时在盾构前端切口环的掩护下开挖土体,在盾尾的掩护下拼装衬砌(管片或砌块)。在挖去盾构前面土体后,用盾构千斤顶顶住拼装好衬砌,将盾构推进到挖去土体空间内,在盾构推进距离达到一环衬砌宽度后,缩回盾构千斤顶活塞杆,然后进行衬砌拼装,再将开挖面挖至新的进程。如此循环交替,逐步延伸而建成隧道。用盾构法修建隧道已有 150 余年的历史。最早在 1818 年开始研究盾构法施工,并于 1825 年在英国伦敦泰晤士河下,用一个矩形盾构建造世界上第一条水底隧道。1847 年在英国伦敦地下铁道城南线施工中,英国人 J. H. 格雷特黑德第一次在黏土层和含水砂层中采用气压盾构法施工,第一次在衬砌背后压浆来填补盾尾和衬砌之间的空隙,创造了比较完整的气压盾构法施工工艺,为现代化盾构法施工奠定了基础,促进了盾构法施工的发展。20 世纪 30~40 年代,仅美国纽约就采用气压盾构法成功地建造了 19 条水底的道路隧道、地下铁道隧道、煤气管道和给水排水管道等。从 1897—1980 年,在世界范围内用盾构法修建的水底道路隧道已有 21 条。德、日、法等国把盾构法广泛使用于地下铁道和各种大型地下管道的施工。1969 年起,在英、日和西欧各国开始发展一种微型盾构施工法,盾构直径最小的只有 1 m 左右,适用于城市给水排水管道、煤气管道、电力和通信电缆等管道的施工。

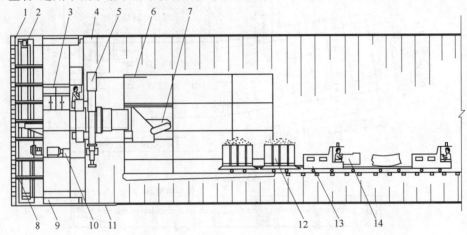

图 6.4 盾构法施工示意

1—网格;2—转盘;3—配电箱;4—操作台;5—拼装器;6—车架;7—刮板运输机;8—胸板;
9—千斤顶;10—油泵;11—盾尾密封;12—装土箱;13—电车;14—钢筋混凝土管片

我国于第一个五年计划期间,首先在辽宁阜新煤矿,用直径 2.6 m 的手掘式盾构进行了疏水巷道的施工。我国自行设计、制造的盾构,直径最大为 16.07 m,最小为 3.0 m。第二条黄浦江水底道路隧道的水下段和部分岸边深埋段也采用盾构法施工,盾构的千斤顶总推力为 108 MN,采用水力机械开挖掘进。在上海地区用盾构法修建的隧道,除水底道路隧道外,还有地铁区间隧道、通向河海的排水隧洞和取水管道、街坊的地下通道等。盾构法是一项综合性施工技术,这种方法具有明显的优越性:①在盾构的掩护下进行开挖和衬砌作业,有足够的施工安全性;②地下施工不影响地面交通,在河底下施工不影响河道通航;③施工操作不受气候条件的影响;④产生的振动、噪声等环境危害较小;⑤对地面建筑物及地下管线的影响较小。

3. 沉管法

预制管段沉放法的简称,是在水底建筑隧道的一种施工方法。其施工顺序是先在船台上或干坞中制作隧道管段(用钢板和混凝土或钢筋混凝土),管段两端用临时封墙密封后滑移下水(或在坞内放水),使其浮在水中,再拖运到隧道设计位置。定位后,向管段内加载,使其下沉至预先挖好的水底沟槽内。管段逐节沉放,并用水力压接法将相邻管段连接。最后拆除封墙,使各节管段连通成为整体的隧道。在其顶部和外侧用块石覆盖,以保安全。水底隧道的水下段,采用沉管法施工具有较多的优点。20 世纪 50 年代起,由于水下连接等关键性技术的突破而普遍采用,现已成为水底隧道的主要施工方法。用这种方法建成的隧道称为沉管隧道。

4. 顶管法

隧道或地下管道穿越铁路、道路、河流或建筑物等各种障碍物时采用的一种暗挖式施工方法。施工时,先以准备好的顶压工作坑(井)为出发点,将管卸入工作坑后,通过传力顶铁和导向轨道,用支承于基坑后座上的液压千斤顶将管压入土层中,同时挖除并运走管正面的泥土(图 6.5)。当第一节管全部顶入土层后,接着将第二节管接在后面继续顶进,只要千斤顶的顶力足以克服顶管时产生的阻力,整个顶进过程就可循环重复进行。由于预管法中的管既是在土中掘进时的空间支护,又是最后的建筑构件,故具有双重作用的优点:施工时无须挖槽支撑,因而可以加快进度,降低造价;在采取加气压等辅助措施后,能解决穿越江河和各种构筑物等特殊环境下的管道施工,为世界许多国家所采用。近几十年来,头部和管节分开顶进的盾构式

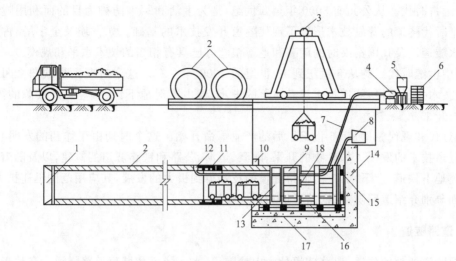

图 6.5　顶管法施工示意

1—工具管刃口;2—管子;3—起重行车;4—泥浆泵;5—泥浆搅拌机;6—膨润土;7—灌浆软管;
8—液压泵;9—定向顶铁;10—洞口止水圈;11—中继接力环;12—泥浆灌入空;
13—环形顶铁;14—顶力支撑墙;15—承压垫木;16—导轨;17—底板;18—后千斤顶

工具管的出现,中继接力技术的形成,促进了顶管法施工技术的应用,使顶进距离越来越长。美国在不用中继接力环的情况下,顶进距离为 588 m;德国在用中继接力环的情况下,创造了 1 210 m 的长距离顶管记录。日本将遥控技术应用到顶管法中,从而开创了小至直径 35 cm 的小型顶管施工,操作人员在地面控制室中通过闭路电视和各种仪表进行遥控操作,对顶管技术进行了重大革新。顶管技术除直接用于各种管道的顶进外,还演变出许多特种顶管工程,如平列式顶管,用于铁路和道路立交上的大型箱涵(地道桥)顶进、垂直顶管等。我国在 1981 年 4 月完成的穿越浙江省甬江的顶管工程,直径为 2.6 m,采用 5 只中继接力环,单向顶进 581 m,终点偏位上下、左右均小于 1 cm。20 世纪 70 年代在上海金山石油化工总厂海永取水口及污水排水口工程中,采用了垂直顶进管道的方法,在杭州湾内修建了进、排水口工程,标志着中国的顶管技术的发展。

6.3　隧道工程

近年来随着我国社会经济快速发展,地面交通增长十分迅猛,而修建速度满足不了发展的需要,造成各种交通设施超负荷运转,交通事故、交通阻塞和交通公害等成为一大社会问题,阻碍了国家和地区经济的发

11. 隧道工程的特点及其分类

展。因此,针对交通需求的高涨,解决好路面交通的规划和修建,是目前亟须研究的课题之一。

路面交通线一般由许多工程建筑物组成,其中包括路基、涵洞、桥梁、隧道等,而隧道是交通线上重要的组成部分。所谓隧道,是指修建在岩体、土体或水底的,两端有出入口,供车辆、行人、水流及管线等通过的通道,包括交通运输方面的道路、铁路、水(海)底隧道和各种水工隧洞等。

隧道的产生和发展是和人类的文明史相对应的,大致可以分为如下 4 个时代:

(1)原始时代。即人类的出现到公元前 3000 年的新石器时代,是人类利用隧道来防御自然威胁的穴居时代。

(2)远古时代。从公元前 3000 年至 5 世纪,是为生活和军事防御为目的而利用隧道的时代。这个时代隧道的开发技术形成了现代隧道开发技术的基础。如古埃及金字塔、古代巴比伦的引水隧道以及我国秦汉时的陵墓和地下粮仓等已具有相当的技术水平和规模。

(3)中世纪时代。约从 5 世纪到 14 世纪的 1000 年左右。这个时期正是欧洲文明的低潮期,建设技术发展缓慢,隧道技术没有显著的进步,但由于对地下铜、铁等矿产资源的需求,开始了矿石开采。

(4)近代和现代。即从 16 世纪以后的产业革命开始。这个时期由于炸药的发明和应用,加速了隧道技术的发展。如矿物的开采,灌溉、运河、公路和铁路隧道的修建,以及随着城市的发展修建地下铁道、上下水道等,使得隧道的技术得到极大的发展,其应用范围迅速扩大。

下面分别介绍道路隧道、铁路隧道和水底隧道。

6.3.1 道路隧道

按照隧道所处的位置,道路隧道分为山岭隧道、水底隧道和城市道路隧道。在地形复杂的山区道路选线中,采用隧道可谓最佳选线方案,因为隧道能缩短线路长度,减小坡度和曲率,提高线路技术标准。

道路隧道的平面线形根据公路规范要求进行设计。隧道平面线形尽量设计成直线。隧道的纵断面坡度,由隧道通风、排水和施工等因素确定,采用缓坡为宜。隧道内的纵坡不应小于 0.3%,也不宜大于 3.5%。较长的山岭隧道,如从两个洞口对头掘进,隧道内可采用双向坡,短的隧道可采用单向坡。水底隧道用凹形的纵断面,在最低处设集水井排水。公路隧道需要有较完善的通风、照明、排水和安全设施。

隧道衬砌的内轮廓线所包围的空间称为隧道净空。隧道净空包括公路的建筑界限(图 6.6),通风及其他需要的断面积。建筑界线是指隧道衬砌等人和建筑物不得侵入的一种界限。道路隧道的建筑界限包括车道、路肩、路缘带、人行道等的宽度,以及车道、人行道的净高。道路隧道的横断面净空,除了包括建筑界限之外,还包括通风管道、照明、防灾、监控、运行管理等附属设备所需要的空间,以及富余量和施工允许误差等,如图 6.7 所示。

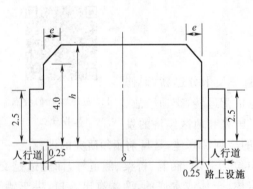

图 6.6 公路建筑界限(单位:m)

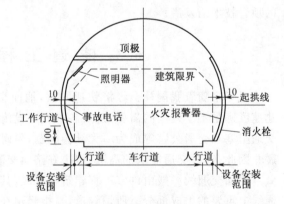

图 6.7 公路隧道横断面(单位:cm)

目前,世界上最长的公路隧道是位于挪威中部地区的洛达尔公路隧道,洛达尔公路隧道东起洛达尔城,西至艾于兰城,全长 24.51 km。我国穿越秦岭的终南山隧道,全长 18.02 km。这是我国自行设计施工的世界最长的双洞单向公路隧道(图 6.8)。

图 6.8 终南山隧道

6.3.2 地下铁路隧道

地铁车站是大量乘客的集散地,要求有较大空间、良好通风、照明和清洁的环境。世界各地站台断面形式多种多样,归纳起来主要分为岛式站台(站台位于两条线路之间)、侧式站台(站台位于两条线的外侧,分设两个站台)和岛侧混合式站台,如图 6.9 所示。

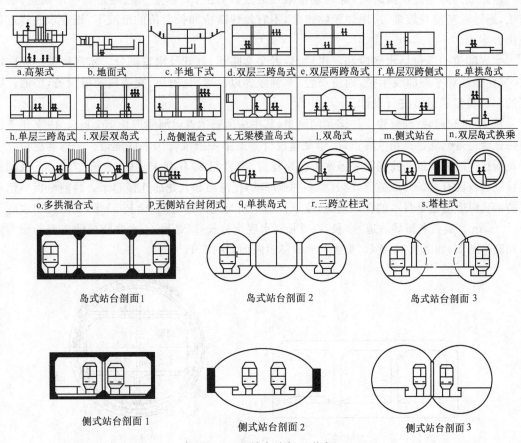

图 6.9　地铁车站断面形式

自 1983 年以来,世界城市轨道交通已走过了 140 年的历程,其数量和质量有了极大的提高。

伦敦于 1863 年修建了世界上第一条地下铁道,地铁列车由蒸汽机车牵引。巴黎和纽约于 20 世纪初建造地铁。莫斯科首条地铁建于 1933 年。我国北京、上海、天津、广州等城市也先后拥有了城市轨道交通。我国第一条城市地下铁道是 1969 年 10 月 1 日在北京建成通车,是中国运营时间最久、乘客运载最多、早晚峰值最忙的地铁线路。2000 年,北京仅有轨道交通 96 km,截至 2019 年底,北京地铁年客流量 45.3 亿人次,最大日客流量是 1 327.46 万人次。截至 2020 年底,北京市轨道交通路网运营线路达 24 条,总里程 727 km,车站 428 座(包括换乘站 64 座),是全国第二大城市轨道交通系统。到 2025 年,北京地铁将形成线网由 30 条运营,总长 1 177 km 的轨道交通网络。

英国的伦敦,其地铁在城市地下纵横交错,行驶里程高达几百千米长,共有 12 条线路,几十个交汇换乘点,遍布城市各个角落的 275 个地下车站。俄罗斯莫斯科的地铁,以车站富丽堂皇而闻名于世,莫斯科地铁自 1935 年 5 月运营以来,累计运营乘客已超过 500 亿人次,目前每天运送乘客高达 900 多万人次,担负着莫斯科市交通客运量的 45%。美国波士顿的地铁,由 80 多 km 长的多条线路交汇于市中心的几个点上。波士顿地铁于 20 世纪 90 年代率先采用交流电驱动的电机和不锈钢制作的车厢,也是美国大陆首先使用交流电直接作为动力的地铁列车。

6.3.3　水底隧道

铁路或公路遇到水阻碍时,除修建桥梁可通过外,还可以修建水底隧道。在水面宽,航运繁忙,通过巨型船只较多,两岸建筑物密集,不宜修建高桥和长引桥的情况下,修建水底隧道是最优方案。

水底隧道一般包括水底段和河岸段,后者又有暗埋、敞开及出口部分。水底隧道的纵向坡度、纵向曲线和平面曲线半径、通道布置、车辆限界以及照明、通风、交通监控等设备,按通过隧道的车辆类型和运量进行设计。

从 17 世纪起,欧洲修建了许多运河隧道,其中法国魁达克运河隧道长 157 km。1927 年美国纽约在哈得逊河底建成霍兰隧道,次年又建成世界上第一条沉管法水底隧道——博赛隧道。上海黄浦江达浦路隧道是我国第一条水下公路隧道,20 世纪 60 年代末建成,全长 2 761 m。我国香港特别行政区有三条海底隧道,越过维多利亚海峡,把港岛和九龙岛连接起来。目前全世界已建成的最长海底隧道是日本的青函隧道,位于日本本州与北海道之间,全长 53.85 km,其中水底部分长 23 km。英吉利海峡隧道,全长 50.5 km,水底部分长 37.2 km。水底隧道的典型断面为矩形和圆形断面,如图 6.10 所示,英吉利海峡隧道断面如图 6.11 所示。

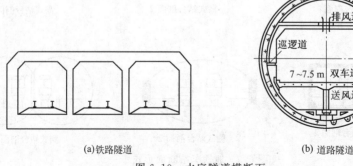

(a)铁路隧道　　　　　　　　　　(b)道路隧道

图 6.10　水底隧道横断面

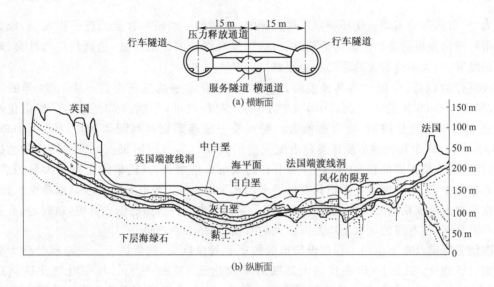

图 6.11 英吉利海峡隧道断面示意

港珠澳大桥海底隧道全长 5.6 km,是世界最长的公路沉管隧道和唯一的深埋沉管隧道,也是我国第一条外海沉管隧道。海底部分约 5 664 m,由 33 节巨型沉管和 1 个合龙段最终接头组成,最大安装水深超过 40 m。港珠澳大桥海底隧道如图 6.12 所示。

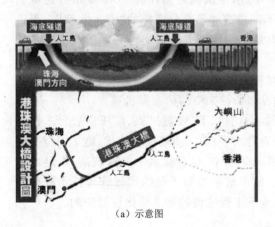

（a）示意图

（b）外部图

图 6.12 港珠澳大桥海底隧道

目前,中国将建国内最长的海底隧道,渤海海峡跨海通道,连接辽宁大连和山东蓬莱,设计全长 123 km,是中国境内规划建设的跨海通道,于 1992 年首次提出,其构想是:从山东蓬莱经长山列岛至辽宁大连旅顺,以跨海桥梁、海底隧道或桥梁隧道结合的方式,建设跨越渤海海峡的直达快捷通道。

6.4 地下与隧道工程发展趋势

城市是现代文明的标志和社会进步的标志,是经济和社会发展的主要载体。伴随着我国城市化进程的加快,城市建设快速发展,城市规模不断地扩大,城市人口急剧膨胀,许多城市不同程度地现了用地紧张、生存空间拥挤、交通堵塞、基础设施落后、生态失衡、环境恶化等问题,被称为"城市病",给人类居住环境带来很大影响,也制约了经济和社会的进一步发展,成为现代城市可持续发展的障碍。如何治理"城市病",提高居民的生活质量,达到经济与社会、环境的协调发展,成为亟待解决的重要社会课题。

改革开放以后,中国经济高速发展,促进了城市化水平的迅速提高。从 1989 年的不到 20%,提高到 2000 年的 35.7%,2010 年达到 45% 左右,2020 年达到 64% 左右。城市化水平提高表现在城市数量增加,城市规模大。据气象卫星遥感资料判断和测算,1986—1996 年 10 年间,全国 31 个特大城市城区实际占地规模扩大 50.2%。据国家土地管理局检测数据分析,已建城区规模扩展都在 60% 以上,其中有的城市成倍增长,其结果是占用了大量的耕地。我国人多地少,人均耕地占有面积只有世界平均水平的 1/4。城市不能无限制地蔓延扩张,只能着眼于走内涵式集约发展的道路。城市地下空间作为一种新型的国土资源,适时地、有序地加以开发利用,使有限的城市土地发挥更大的效用,这是必然趋势。

围绕着隧道及地下空间工程建设所形成的产业规模巨大,前景诱人。铁路和公路大建设的高潮已经到来,如 2019 年底我国大陆铁路干线达到 13.99 万 km,其中电气化铁路达到 10.04 万 km,从现在起每年平均应新筑铁路干线 2 000 km,而且有半数分布在中西部重丘和高山地区,按照以往的隧道含量比例统计计算,平均每年应建隧道在 300 km 以上。国家公路建设也一直保持着较高的速度,这些年来平均新建等级公路为 50 000 km,其中建成公路隧道每年也在 150 km 上下,这个速度近期内不会降低。城市轨道交通发展迅速,2013—2021 年,我国城轨交通运营线路长度逐年增长。截至 2021 年底,中国内地累计有 51 个城市开通城轨交通运营 209 条,运营线路达到 8 708 km。正在不断推进和已部分实施的"南水北调"工程将会开创隧道及地下空间工程建设史上的新篇章,规划中的西线方案可能会有多条数十千米长的输水隧洞以及出现单座上百千米长的输水隧洞。加上其他水利电力开发、输送和储存油气、煤炭和矿山开采及市政工程,隧道及地下工程的规模非常可观,堪称世界第一。由此可见,我国快速持久的经济发展将会给隧道及地下工程建设事业带来空前的发展机遇。

近些年我国已经可以制造大型施工专用设备如盾构机、TBM 掘进机、液压凿岩台车及其关键配件等;建设管理水平不断改进,表现为工程质量水平较高、质量稳定性优、施工安全有保证、人身事故率低;施工队伍专业化水平高,施工机械化水平、信息化水平普遍较高,不足之处主要是施工现场上较高素质的管理技术人才欠缺,城市地下空间工程的运行管理技术有待提高等。这些与国家快速发展的经济形势对隧道及地下工程建设的需求是比较适应的。

思考题

6.1　什么是地下工程设施?它和地上建筑物有何区别?

6.2　根据使用目的,地下设施主要有哪几类?

6.3　试述隧道与地下建筑物的异同。

6.4　试区别道路隧道、铁路隧道和水底隧道。

6.5　地下工程主要的施工方法有哪些?

6.6　简述盾构法的施工特点。

6.7　简述顶管法的施工特点。

6.8　建造地下建筑和地下工程设施对城市发展有何影响?

6.9　简述未来隧道工程发展趋势,并分析会遇到哪些技术、管理方面的问题和瓶颈。

12. 思考题答案(6)

7 道路工程

7.1 概　述

路与人的关系是非常密切的。道路的主要功能是作为城市与城市、城市与乡村、乡村与乡村之间及内部的联络通道。我国是文明古国,道路的名称源于周朝,道路原为"导路",以后称为"驰道""驿道""大道"。清朝时将京都通往各省会的道路称为"官路",省会之间的道路称为"大路",市区街道称为"马路"。20 世纪初,汽车出现以后则称道路为"公路"。

道路的修建促进了人类的进步,而人类进步又促进了道路的建设。出现了轮车以后对道路提出了平整、不沉陷的要求。现代道路的修建始于 18 世纪的法国和英国,当时对道路已有排水良好、有密实的路基以承受必要的荷载等要求。汽车的出现,使得车辆速度猛增,路面荷载要求不断增长。对道路又提出更高的要求。

道路是一种带状的二维空间人工构筑物,它包括路基、路面、桥梁涵洞、隧道等工程实体。

道路的设计一般从几何和结构两大方面进行。几何设计是指道路的线形设计。在道路的结构设计上一般要求用最小的投资,使得道路在自然力及车辆荷载的共同作用下,在使用期限内保持良好状态,满足使用要求。

7.1.1 公路的发展概况

我国道路运输的发展可追溯到上古时代。黄帝拓土开疆,统一中华,发明舟车,开始了我国的道路交通。周朝的道路更发达,"周道如砥,其直如矢",表明那时道路的平坦和壮观。秦始皇十分重视交通,以"车同轨"与"书同文"列为一统天下之大政,当时的国道以咸阳为中心,有着向各方辐射的道路网。修筑于公元前 212 年的秦直道,自陕西淳化县甘泉宫遗址至包头市西九原,全长 900 km,平均宽度 60 m,被誉为"古代高速公路"。

13. 2020 年交通运输行业发展统计公报

在欧亚,古波斯大道、欧洲琥珀大道、罗马阿庇乌大道享誉至今已有数千年历史,横贯亚洲的丝绸之路(东自长安,西出地中海)延续两千余年,对东西文化交流起到巨大影响。

瓦特发明蒸汽机后,1784 年英国人特勒瑞蒂克发明了世界上第一辆蒸汽汽车,时速达14 km。蒸汽汽车的发明结束了几千年来以有机体(人或动物)驱动车辆的时代,但是由于它车体笨重、噪声大、废气污染严重,因而在所有的车辆中,它的寿命最短,只用了不到一个世纪。

1885 年德国人奔驰发明汽油汽车成功,1892 年美国福特制造了世界上第一辆汽车。1913 年佰持公司开始大量生产汽车,到 1925 年该公司的年产量达 200 万辆之多。

随着汽车的急剧增加,出现了专为汽车使用的高速公路,世界上第一条高速公路,是希特勒为了侵略需要,于 1932 年开始,用 11 年时间建成,全长为 3 860 km。意大利、英、美、法以及日本等国,相继也都修建了许多高速公路。截至 2020 年底,世界高速公路总里程已超过34 万 km,近 80 个国家已建成高速公路。其中美国高速公路近 8.9 万 km,居世界第二;中国 16.1 万 km,居世界第一。

我国近代道路建设起步较晚,在 20 世纪初期从外国进口了第一辆汽车,修建最早的公路是 1913 年开工、1921 年建成的长沙至湘潭公路,全长 50 km。抗日战争时期(1941 年)完成的滇缅公路 155 km,是我国最早建造的沥青表面处理路面的公路,也是我国公路机械化施工的开始。1921 年全国通车里程 1 100 km,1927 年为 3 万 km,至 1949 年约达 13 万 km。原有公路不仅里程少,技术标准低,分布也极不合理。

新中国成立后,首先修复了被破坏道路、桥梁的损伤,接着从修筑难度极大的康藏、青藏高原公路(全长 2 271 km)开始,进行了大规模的公路建设。截至 2012 年底,全国公路总里程达到 423.75 万 km。截至 2020 年底,全国公路总里程达到 519.81 万 km,路网结构进一步完善。全国公路总里程中,国道 37.07 万 km、省道 38.27 万 km、县道 66.14 万 km、乡道 123.85 万 km、村道 248.24 万 km、专用公路 73 700 km,分别占公路总里程的 7.13%、7.36%、12.72%、23.83% 和 47.75%。2021 年交通部编制了规划期从 2021—2035 年的《国家综合立体交通网规划纲要》,从中提出未来公路包括国家高速公路网、普通国道网,合计 46 万 km 左右。其中,国家高速公路网 16 万 km 左右,由 7 条首都放射线、11 条纵线、18 条横线及若干条地区环线、都市圈环线、城市绕城环线、联络线、并行线组成;普通国道网 30 万 km 左右,由 12 条首都放射线,47 条纵线,60 条横线及若干条联络线组成。"两纵两横,总长约 1 万 km 三条重要路段"的同江至三亚、北京至珠海、连云港至霍尔果斯、上海至成都、北京至沈阳、北京至上海及西南出海大通道全部建成高速公路或高等级公路。我国横贯东西、直通南北的公路快速运输网已经形成。

7.1.2　公路的组成与分类

道路工程,指通行各种车辆和行人的工程设施。根据其所处的位置、交通性质、使用特点等可分为公路(连接城镇、乡村和工矿基地之间主要供汽车行驶的道路)、城市道路(供城市各地区间交通用)、厂矿道路(为厂矿服务用)、农村道路(野外乡村地区间交通用)及人行小路等。我国道路工程的分类、组成和工程内容如图 7.1 所示。

14. 国家综合立体交通网规划纲要

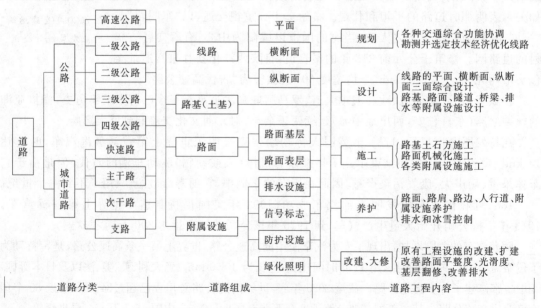

图 7.1　道路分类、组成和工程内容

7.1.3　道路交通管理安全术语

道路交通管理过程中有许多安全术语。如:万车死亡率表示在一定空间和时间范围内,按机动车拥有量所平均的交通事故死亡人数的一种相对指标。其计算公式为

$$R_N = D/(N/10^4)$$

式中　R_N——万车死亡率;

　　　　D——交通事故的死亡人数;

　　　　N——机动车的拥有量。

视距是从车道中心线上 1.2 m 的高度,能看到该车道中心线上高 10 cm 物体顶点的距离(指沿该车道中心线量得的长度)。视距是确保汽车刹车时应当看得见、停得住的必要短距离。它分为三种:停车视距、会车视距、超车视距。

(1)停车视距:驾驶员在行驶过程中,从看到同一车道上的障碍物时,开始刹车到达障碍物前安全行车的最短距离。它由驾驶员在反应时间内车辆行驶距离($l_行$),开始刹车至停车的制动距离($l_制$)和安全距离(I_0)组成。

(2)会车视距:两辆汽车在同一条行车道上相对行驶发现时来不及或无法错车,只能双方采取制动措施,使车辆在相撞之前安全停车的最短距离。

(3)超车视距:汽车绕道到相邻车道超车时,驾驶员在开始驶离原行车路线能看到相邻车道上对向驶来的汽车,以便在碰到对向驶来车辆之前能超越前车并驶回原车道所需的最短距离。

15. 三种视距
情况介绍

由于公路等级不同,因而技术标准规定了各级公路平曲线和竖曲线上的停车视距。

7.2　道路的组成

7.2.1　线　　路

公路与城市道路由于受到自然环境与地物地貌的限制,在平面上有转折,纵面上有起伏。在转折点两侧相邻直线处,为满足车辆行驶顺适、安全和速度要求,要有一定半径的曲线连接。故线路在平纵面上都是由直线和曲线组成的。

公路中线在平面上的投影称"平面线形",它是由直线、圆曲线和缓和曲线 3 部分组成。当一条公路的起终点确定后,线路应尽可能最短,所以必然有直线段;同时由于转折需要,相邻直线段间要用圆曲线连接。但是,为了行车顺畅,使车辆在直线段(图 7.2 中的 *ab* 和 *ef*)行驶时不受离心力和在圆曲线段(*cd*)行驶时受到一定离心力之间有一个过渡,必须在直线和圆曲线之间插入一段光滑衔接的缓和曲线(图 7.2 中的 *bc* 和 *de*)。

3 种线段都有限制(表 7.1):①直线段乘坐平稳,行车视距良好,但易引起驾驶员产生麻痹与疲劳,故不宜过长,美国要求小于 3 min 行程;②圆曲线段半径 *R* 愈小,离心力愈大,可能引起汽车向外滑移或倾覆,应予限制;③缓和曲线长度 L_s 不能过小,使汽车行驶时所受离心力能平稳过渡。

另外,为了保证行车安全,应将行车弯道部分做成外侧高、内侧低的单斜面,这种做法称超高。为了使公路平顺地从直线段的双向横断面逐渐变到曲线段有超高的单坡横断面,需设置超高缓和段。道路纵断面线形常采用直线(又称直坡段)、竖曲线,竖曲线又分为凸形和凹形两种,如图 7.3 所示。

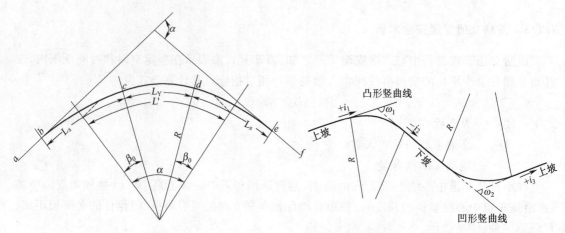

图 7.2　公路线路示意　　　　　　　　图 7.3　线路纵断面上、下坡及凸、凹形竖曲线

ab、ef—直线段;be、de—缓和曲线段;cd—圆曲线段;
L_s—缓和曲线长度;L_Y—圆曲线长度

表 7.1　公路线路设计主要技术指标汇总表

公路等级		高　速　公　路				一		二		三		四	
适应交通量(辆/昼夜)		25 000~100 000				15 000~30 000		3 000~7 500		1 00~4 000		200~1 500	
计算行车速度(km/h)		120	100	80	60	100	60	80	40	60	30	40	20
行车道宽度(m)		30~15.0	2×7.5	2×7.5	2×7.0	2×7.5	2×7.0	9.0	7.0	7.0	6.0	3.5 或 6.0	
路基宽度(m)	一般值	27.5~42.5	26.0	24.5	22.5	25.5	22.5	12.0	8.5	8.5	7.5	6.5	6.5
	变化值	25.5~40.50	24.5	23.0	20.0	24.0	20.0	17.0	—	—		4.5 或 7.0	
平曲线最小半径(m)	极限值	650	400	250	125	400	125	250	60	1250	30	60	15
	一般值	1 000	700	400	200	700	200	400	100	200	65	100	30
	不设超高	5 500	4 000	2 500	1 500	4 000	1 500	2 500	600	1 500	350	600	150
缓和曲线最小长度(m)		100	85	70	50	85	50	70	35	50	25	35	20
停车规距(m)		210	160	110	75	160	75	110		75		40	
超车视距(m)		—	—	—		—		550	200	350	150	200	100
最大纵坡(%)		3	4	5	5	4	6	5	7	6	8	6	9
竖曲线最小半径(m)	凸形 极限值	11 000	6 500	3 000	1 400	6 500	1 400	3 000	450	1 400	250	450	100
	凸形 一般值	17 000	10 000	4 500	2 000	10 000	2 000	4 500	700	2 000	400	700	200
	凹形 极限值	4 000	3 000	2 000	1 000	3 000	1 000	2 000	450	1 000	250	450	100
	凹形 一般值	6 000	4 500	3 000	1 500	4 500	1 500	3 000	700	1 500	400	700	200
竖曲线最小长度(m)		100	85	70	50	85	50	70	35	50	25	35	20
路基设计洪水频率		1/100				1/100		1/50		1/25		按具体情况确定	

当道路与道路、道路与铁路相交时,称交叉口,它可分为平面交叉口和立体交叉口两类(高速公路只能采用后者)。常见的平面交叉口有简单交叉口[图 7.4(a)、(b)]、拓宽路面式交叉[图 7.4(c)]和环形交叉口[图 7.4(d)]。立体交叉又可分为分离式立体交叉和互通式立体交

叉[图 7.4(e)]两种。道路交叉口的作用是减少以至消灭交通事故，提高通行能力。

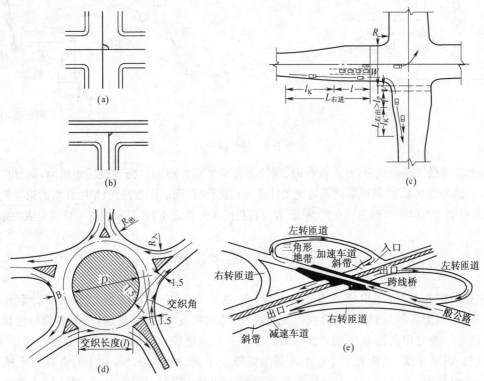

图 7.4　道路交叉口的类型
(a)、(b)简单交叉口；(c)拓宽路面式交叉口；(d)环形交叉口；
(e)互通式交叉口(本图为清晰起见，只画一部分)

7.2.2　路　　基

　　道路路面下的基础部分称路基。路基设计要满足 3 个基本要求：①具有足够的承载力和刚度，即在自身重力下不应发生过大沉陷，在车辆动力荷载作用下不应发生过大的弹性或塑性变形；②具有足够的整体稳定性，即不致产生路基的整体滑坍；③具有足够的水温稳定性，即在地面水、地下水或冰冻时不致显著地降低承载力。

　　自然地面起伏不平，为了使路面平顺，有时需填土，有时需开挖，故路基可分为路堤、路堑和填挖结合路基 3 种(图 7.5)。路基的几何待征由高度、宽度和边坡组成。路基的填挖高度由线路纵断面设计加以确定。它要考虑线路纵坡、路基稳定性和工程经济等要求。路基的宽度根据设计交通量和公路等级而定。一般每个车道宽度为 3.5～3.75 m(不同等级公路的行车道总宽度见表 7.4 要求)，路基总宽度量度为行车道总宽度每侧加 0.5～1.0 m。边坡要求如图 7.5 所示。一般路提采用 1∶1.75～1∶1.5 边坡，它是影响路基整体稳定性的主要因素之一。路基变形和破坏的主要原因之一是受水的影响，它来源于地面和地下水，会使路基湿软，承载力降低，造成滑坡、塌方、冻害、翻浆等破坏。因此必须十分重视路基排水。

7.2.3　路　　面

　　用筑路材料铺在路基顶面，供车辆在其表面行驶的一层或多层的道路结构层称为路面。路面

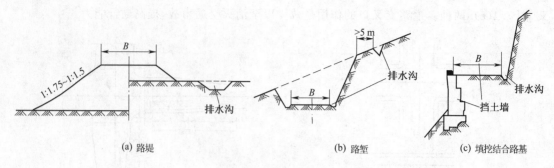

图 7.5　路基的形成

按荷载作用下的工作特性分,有柔性路面、刚性路面和半刚性路面。沥青混凝土路面、沥青贯入式碎(砾)石路面、泥(水泥)结碎石路面等属柔性路面;混凝土路面属刚性路面;半刚性路面指早期为柔性路面,后期逐渐向刚性路面转化的路面,如用石灰或水泥稳定土,或石灰炉渣等材料建成的路面。

7.3　高速公路

　　高速公路是指"能适应年平均昼夜小客车交通量为 25 000 辆以上,专供汽车分道高速行驶并全部控制出入的公路"。按照我国交通部"公路工程技术标准"规定,高等级公路包括高速公路、汽车一级专用公路和汽车二级专用公路。一般能适应 120 km/h 或者更高的速度,要求路线顺畅,纵坡平缓,路面有 4 个以上车道的宽度。中间设置分隔带,采用沥青混凝土或水泥混凝土高级路面,为保证行车安全设有齐全的标志、标线、信号及照明装置;禁止行人和非机动车在路上行走,与其他线路采用立体交叉、行人跨线桥或地道通过。

7.3.1　高速公路突飞猛进

　　国家统计局(中国统计年鉴 2021 年)数据显示,截至 2020 年底,我国公路通车总里程将突破 519.81 万 km,高速公路达到 16.10 万 km。"十三五"期间建成高速公路 3 万 km,是"十一五"建成高速公路总和的 1.22 倍。2020 年,全国新增高速公路通车里程 1.1 万多 km。截至 2020 年底,全国有 31 个省(市、区)的高速公路里程均超过 500 km。高速公路突破千米的省(区、市)上升到 31 个。分别是:河南(7 100 km)、广东(10 488 km)、河北(7 809 km)、山西(5 745 km)、山东(7 473 km)、黑龙江(4 512 km)、江苏(4 925 km)、湖北(7 230 km)、陕西(6 171 km)、江西(6 234 km)、四川(8 140 km)、湖南(6 951 km)、辽宁(4 331 km)、浙江(5 096 km)、福建(5 635 km)、广西(6 803 km)、安徽(4 904 km)、云南(8 406 km)、内蒙古(6 985 km)、贵州(7 607 km)、甘肃(5 072 km)、新疆(5 555 km)、吉林(4 306 km)、重庆(3 402 km)、青海(3 451 km)、宁夏(1 946 km)、天津(1325 km)和中国台湾(1 009 km)。"两纵两横三条重要路段"的同江至三亚、北京至珠海、连云港至霍尔果斯、上海至成都、北京至沈阳、北京至上海及西南出海大通道全部建成高速公路或高等级公路。我国横贯东西、直通南北的公路快速运输网已经形成。

16. 中国(分地区)不同等级公路运营里程

　　"十五"规划以来,国家加大了包括公路在内的基础设施建设投资力度,高速公路建设进入了快速发展期,年均通车里程超过 4 000 km。长江三角洲、珠江三角洲、环渤海等经济发达地区的高速公路网络正在加快形成。高速公路的快速发展,有力地促进了我国经济发展和社会进步。

在党的十六大提出全面建设小康社会的奋斗目标后,交通部加快编制《国家高速公路网规划》。规划确定,未来 20 年到 30 年,我国高速公路网将连接起所有省会级城市、计划单列市、83％的 50 万以上城镇人口大城市和 74％的 20 万以上城镇人口中等城市。国家高速公路网采用放射线与纵横网格相结合布局方案,由 7 条首都放射线、9 条南北纵线和 18 条东西横线组成,简称为"7918"网,总规模约 8.5 万 km,其中主线 6.8 万 km,地区环线、联络线等其他路线约 1.7 万 km。

我国在 2002 年基本建成"两纵两横三个重要路段",到 2010 年"五纵七横"国道主干线基本建成通车,到 2015 年国道主干线和公路主枢纽系统全部建成,构筑以高速公路为主体的公路运输主骨架。

"两纵两横三个重要路段"和"五纵七横"国道主干线系统,总长约 3.5 万 km,均由高等级公路组成,是全国公路网的主骨架。

"五纵"指的是:黑龙江同江至海南三亚(含吉林长春至黑龙江珲春线)长约 5 200 km;北京至福州(含天津至塘沽支线和泰安至淮阴连接线)长约 2 500 km;北京至珠海长约 2 400 km;二连浩特至河口长约 3 600 km;重庆至湛江长约 1 400 km。

"七横"指的是:绥芬河至满洲里长约 1 300 km;丹东至拉萨(含天津至唐山支线)长约 4 600 km;青岛至银川长约 4 400 km;连云港至霍尔果斯长约 4 400 km;上海至成都(含万县至南充至成都支线)长约 2 500 km;上海至瑞丽(含宁波至杭州至南京支线)长约 2 500 km;衡阳至昆明(含南宁至友谊关支线)长约 2 000 km。

三个重要路段是指:北京至沈阳线,是丹东至拉萨国道主干线中交通流量最大的一部分。长约 700 km,规划目标全部为高速公路;北京至上海线,是由北京至福州主干线上的北京至泰安段、同江至三亚主干线上的淮阴至上海以及泰安至淮阴主干线连接线组成,长约 1 350 km;西南地区出海通道。该线走向是重庆至贵阳南宁至北部湾地区,长约 1 270 km。

"十三五"以来,全国高速公路建设次第开花,一批批重大公路项目在大江南北纷纷落地。在青藏高原、在彩云之南、在千湖之省、在粤港澳大湾区……"十纵十横"综合运输大通道加快联通,每年超过 1 万亿元铺就的中国公路网不断延伸。北京到新疆更便捷的公路大通道于 2017 年 7 月 15 日全线贯通,当日京新高速公路内蒙古临河至白疙瘩段、甘肃白疙瘩至明水段和新疆明水至哈密段 3 个路段联动通车,北京进疆公路里程比经西安或兰州绕道连霍高速公路缩短近 1 300 km。一桥连三地,天堑变通途。世界最长跨海大桥、全长 55 km 的港珠澳大桥 2018 年 10 月 23 日开通,开车从香港到珠海的时间由过去的 3 个多小时缩减为半个多小时。工程创下多项世界之最,体现了一个国家逢山开路、遇水架桥的奋斗精神,体现了我国综合国力、自主创新能力,体现了勇创世界一流的民族志气。目光转向雪域高原,举世闻名的"两路"进入高速化发展阶段,西藏自治区高速公路通车里程已经从"十二五"末的 38 km 迅速增长到如今的 620 km。近 5 年艰苦奋战终出硕果。12 月 3 日凌晨 2 时 6 分,保(山)泸(水)高速公路控制性工程——全长 11 515 m 的老营特长隧道右幅胜利贯通。作为连接滇中、滇西、滇北的重要通道,保泸高速公路也将成为滇藏公路的新通道和通往缅甸、印度的南亚国际大通道。

党的十八大以来,我国交通运输发展取得了举世瞩目的成就。基础设施网络基本形成,综合交通运输体系不断完善;运输服务能力和水平大幅提升。2021 年交通部编制了规划期从 2021 年至 2035 年的《国家综合立体交通网规划纲要》,计划到 2035 年,基本建成便捷顺畅、经济高效、绿色集约、智能先进、安全可靠的现代化高质量国家综合立体交通网,实现国际国内互联互通、全国主要城市立体畅达、县级节点有效覆盖,有力支撑"全国123出行交通圈"(都市区1小时通勤、城市群2小时通达、全国主要城市3小时覆盖)和"全球123快货物流圈"(国内1天送达、周边国家2天送达、全球主要城市3天送达)。

7.3.2　已建成的高速公路

1. 吐乌大高速公路(图7.6)

吐鲁番—乌鲁木齐—大黄山高等级公路连接3个地、州、市和3条国道线,全长283 km,其中一级公路101.3 km,二级汽车专用公路182 km。总投资30.7亿元人民币,其中利用世界银行贷款1.5亿美元。1995年3月21日公路开工修建,1998年8月20日建成通车。这是新疆利用世界银行贷款建成的第一条长距离高等级公路。

2. 沪宁高速公路(图7.7)

沪宁高速公路江苏段全长248.2 km,包括镇江支线约258 km,途经南京、镇江、常州、无锡、苏州等市,是人口稠密、经济发达的地区。上海至南京高速公路江苏段,简称沪宁高速公路江苏段,是我国"八五"跨"九五"期间重点建设项目,是江苏省第一条高速公路。

图7.6　吐乌大高速公路

图7.7　沪宁高速公路

3. 沈大高速公路(图7.8)

1990年9月,沈大高速公路通车。沈阳至大连高速公路全长375 km,是国家"七五"重点建设项目,1984年6月开工,1990年9月建成通车,在6年零2个月时间里,辽宁省举全省之力,艰苦奋战建成。沈大高速公路连接沈阳、辽阳、鞍山、营口、大连5个城市,是当时我国公路建设项目中规模最大、标准最高的艰巨工程,全部工程由我国自行设计、自行施工,开创了我国建设长距离高速公路的先河,为20世纪90年代我国大规模的高速公路建设积累了经验。

4. 台金高速公路(图7.9)

台金高速公路于2009年1月1日凌晨零时开通,全长156 km,跨台州、丽水、金华三市,途经临海、椒江、仙居、缙云、永康等五个县(市、区),双向四车道,设计行车时速100 km,为高等级沥青路面,该高速公路东起临海杜桥,与规划中的沿海高速相接,途中与甬台温高速、诸永高速相交,西至永康前仓,与金丽温高速相连,是沟通浙江腹地与东部的高速干线公路。

图 7.8　沈大高速公路

图 7.9　台金高速公路

5. 济广高速公路(图 7.10)

济南—广州高速公路,简称济广高速,中国国家高速公路网编号为 G35。起点在济南,途经泰安、菏泽、商丘、阜阳、六安、安庆、东至、景德镇、鹰潭、南城、广昌、瑞金、寻乌、平远、兴宁、河源,终点在广州,全长 2 110 km,纵贯华东、华南,直达珠江三角洲。济广高速公路是国家规划的中国高速公路路网中"七纵九横"中的第四纵。济广高速公路从经济较发达的胶东半岛经济区导入,连通长江三角洲,进入珠江三角洲,是中国贯穿南北又一条大通道,是山东省的又一出省大通道。同时,作为一条

图 7.10　济广高速公路

唯一以省会济南为起点的国家级高速公路,它同时也是山东高等级公路网规划"五纵四横一环八连"最西端的"一纵",也是"一环"的重要组成部分,于 2015 年全线贯通。

6. 我国第一条沙漠高速公路——榆靖高速公路(图 7.11)

榆靖高速公路起自榆林市榆阳区芹河乡孙家湾村,止于靖边县新农村乡石家湾村,正线全长 115.918 km,榆林、横山、靖边三条连接线长 18.256 km,项目建设里程全长 134.174 km,是中国第一条沙漠高速公路。

路线主要沿长城布设,大部分路段穿越毛乌素沙漠(即不毛之地)。正线设计标准为全封闭、全立交、双向四车道高速公路,计算行车速度为

图 7.11　榆靖高速公路

100 km/h,使榆林至靖边行车时间缩短为 1 个多小时,仅是原来的三分之一。路基宽度 26 m 和 35 m 两种。全线共设特大桥 2 座,大桥 13 座,中桥 1 座,小桥 1 座,互通式立交 4 处。全线共设一处(管理)三区(养护及服务)五站(收费)。

榆靖高速公路的建设,填补了我国沙漠高速公路建设的空白。工程科技人员历时两年,研

究出了路基填筑全部采用风积沙的办法:即只需将沙漠表层上的草皮扒去,高削低填,用特殊的压路机压实。同时根据沙漠冬夏温差较大,路面易造成冰害的特点,为防止破损,采取防沙治沙措施。建设者为我国沙漠高速公路的修筑和养护提供了第一手技术资料,积累了宝贵的经验。

而且,榆靖高速公路总投资为 18.17 亿元,其中用于绿化防沙的投资就达 4 000 万元。公路两旁已基本建成全线绿化、防护林带,这条沙漠公路将成为一条"绿色长廊"。榆林至靖边高速公路 2003 年 8 月 20 日完工,22 日正式通车,比原计划提前 40 天建成。

7.4 公路的展望

截至 2020 年底,全国公路总里程达到 519.81 万 km,比上一年增加 18.57 万 km,比"十二五"期末增加 62.09 万 km,路网结构进一步完善。全国公路总里程中,国道 37.07 万 km、省道 38.27 万 km、县道 66.14 万 km、乡道 123.85 万 km、村道 248.24 万 km,专用公路 73 700 km,分别占公路总里程的 7.13%、7.36%、12.72%、23.83% 和 47.75%。

公路技术等级和路面等级不断提高。截至 2020 年底,全国四级以上等级公路 494.45 万 km,比上年末增加 24.58 万 km,占公路总里程的 95.1%,比上年末提高 1.4 个百分点。二级及以上等级公路里程 70.24 万 km,增加了 3.04 万 km,占公路总里程的 13.5%,提高了 0.1 个百分点。按公路技术等级分组,各等级公路里程分别为:高速公路 16.1 万 km,占比 3.1%;一级公路 12.47 万 km,占比 2.4%;二级公路 41.58 万 km,占比 8%;三级公路 45.74 万 km,占比 8.8%;四级公路 372.48 万 km,占比 72.8%;等外公路 25.47 万 km,占比 4.9%。县乡公路里程继续大幅度增长,公路密度不断提高,公路通达情况进一步改善。截至 2020 年底,全国县道、乡道、村道里程达到 438.23 万 km,比上年末增加 18.18 万 km,占全国新增公路里程的 97.9%。全国公路密度为 54.15 km/百 km²,比上年末提高 1.94 km/百 km²,比"十二五"期末提高 6.47 km/百 km²。

7.4.1 青藏公路(图 7.12)

世界的"第三极"——西藏是一个神奇而美丽的地方,一直以来都是许多人向往的佛教圣地。然而,因为地势险峻、高山大川阻隔了它与外界的联系。1950 年初,中国人民解放军挺进西藏,这支英雄的军队遵照党中央的号召和毛主席"一面进军,一面修路"的指示,和藏族同胞一起发扬艰苦奋斗的精神,历经艰险、排除万难,在世界屋脊上修通了全长 4 360 余千米的川藏和青藏两条公路,使得西藏人民用现代化交通运输取代了千百年来人背畜驮的极其落后的交通方式,开创了西藏交通事业发展的新篇章。

图 7.12 青藏公路

青藏公路是西藏与祖国内地联系的重要通道,在青藏铁路建成之前,承担着西藏 85% 以上进藏物资和 90% 以上出藏物资运输任务,在西藏经济发展和社会稳定中发挥着重要作用,被誉为西藏的"生命线"。

青藏公路全长 1 160 km,为国家二级公路干线,路基宽 10 m,坡度小于 7%,最小半径 125 m,最大行车速度 60 km/h,全线平均海拔在 4 000 m 以上,虽然线路的海拔高,但登上昆仑山后高原面系古老的湖盆地貌类型,起伏平缓,共修建涵洞 474 座,桥梁 60 多座,总长 1 347 m,初期修建、改建公路和设备购置总投资 4 050 万元,每千米平均造价 2.52 万元。

公路青海西宁至格尔木段,翻越日月山、橡皮山、旺尕秀山、脱土山等高山,跨越大水河、香日德河、盖克光河、巴西河、青水河、洪水河等河流,计长 782 km。从青海省第二大城市格尔木市出发,翻越四座大山——昆仑山(4 700 m)、风火山(4 800 m)、唐古拉山(垭口海拔 5 150 m)和念青唐古拉山;跨过三条大河——通天河、沱沱河和楚玛尔河,平均海拔 4 500 m,其中西藏境内 544 km。穿过藏北羌塘草原,在西藏自治区首府拉萨市与川藏公路汇合。

青藏公路改建工程于 1975 年开工,是世界上尚无先例的高寒冻土区铺设黑色路面工程,共投资 7.6 亿元,是中国公路史上规模最大的工程。1985 年 8 月青藏公路全线黑色路面铺筑工程基本竣工,大大提高了运输效率,经济效益明显提高,每年可节约运输成本 5 000 万元,行车密度明显提高,最高车流量每昼夜达 3 000 多辆,行车时速由每小时 20 km 提高到 60 km,但还需要对早期铺建的沥青路面、沿线未适应重型车辆的临时性桥涵、多年冻土带热融沉陷及路基翻浆路段进行改建和彻底整治。

17. 拟建重大公路工程举例

7.4.2 智能交通系统

智能交通系统(ITS)是未来交通系统的发展方向,其是将先进的信息技术、数据通信传输技术、电子传感技术、控制技术及计算机技术等有效地集成运用于整个地面交通管理系统而建立的一种在大范围内、全方位发挥作用的,实时、准确、高效的综合交通运输管理系统。当前 ITS 的服务领域有:先进的交通管理系统、先进的出行者信息系统、先进的公共交通系统、先进的车辆控制系统、营运车辆调度管理系统、电子收费系统、应急管理系统等。其中交通控制和线路诱导是现今城市交通的两大重要管理手段,即为先进的交通管理系统 ATMS(Advanced Traffic Management System)和先进的出行者信息系统 ATIS(Advanced Traveller Information System)。

先进的交通管理系统 ATMS 用于监测控制和管理公路交通,在道路、车辆和驾驶员之间提供通信联系。依靠先进的交通监测技术和计算处理技术,获得有关交通状况的信息,并进行处理,及时地向道路使用者发出诱导信号,从而达到有效管理交通的目的。

先进的出行者信息系统 ATIS 采取先进的信息技术、数据通信技术、电子传感技术、控制技术及计算机技术将采集到的各种道路交通及服务信息经交通管理中心处理后传输到交通系统的各个用户(驾驶员、公共交通利用者、步行者)使得出行者实时选择出行方式和出行路线。

道路交通控制和线路诱导是现今城市交通在线管理的两大重要手段,同时是 ITS 的两大子系统 ATMS、ATIS 系统功能的实现。ITS 中城市交通的在线管理主要由道路交通控制系统和车辆诱导系统完成,但二者存在着矛盾。

7.4.3 全球卫星定位系统 GPS

全球定位系统(Global Positioning System,GPS),又称全球卫星定位系统,中文简称为"球位系",是一个结合卫星及通信发展的技术,利用导航卫星进行测时和测距的中距离圆形轨道卫星导航系统。全球卫星定位系统(GPS)是美军 20 世纪 70 年代初在"子午仪卫星导航定位"技术上发展起来的具有全球性、全能性(陆地、海洋、航空与航天)、全天候优势的导航定位、定时、测速系统,由空间卫星系统、地面监控系统、用户接收系统三大子系统构成,已广泛应用于军事和民用等众多领域。在发达国家,GPS 技术已经广泛应用于交通运输和道路工程之中。当代我国在这方面的应用也已日渐成熟。

三维导航是 GPS 的首要功能,飞机、船舶、地面车辆以及步行者都可利用 GPS 导航接收器进行导航。汽车导航系统是在 GPS 的基础上发展起来的一门新技术。它由 GPS 导航、自律导航、微处理器、车速传感器、陀螺传感器、CD-ROM 驱动器、LCD 显示器组成。

GPS 导航是由 GPS 接收机接收 GPS 卫星信号(三颗以上),得到该点的经纬度坐标、速度、时间等信息。为提高汽车导航定位的精度,通常采用差分 GPS 技术。当汽车行驶到地下隧道、高层楼群、高速公路等遮掩物而捕捉不到 GPS 卫星信号时,系统可自动导入自律导航系统,此时由车速传感器检测出汽车的行进速度,通过微处理单元的数据处理,从速度和时间中直接算出前进的距离,陀螺传感器直接检测出前进的方向,陀螺仪还能自动存储各种数据,即使在更换轮胎暂时停车时,系统也可以重新设定。

由 GPS 卫星导航和自律导航所测到的汽车位置坐标、前进的方向都与实际行驶的路线轨迹存在一定误差,为修正这两者间的误差,使之与地图上的路线统一,需采用地图匹配技术,加一个地图匹配电路,对汽车行驶的路线与电子地图上道路的误差进行实时相关匹配,并做自动修正,此时,地图匹配电路通过微处理单元的整理程序进行快速处理,得到汽车在电子地图上的正确位置,以指示出正确行驶路线。CD-ROM 用于存储道路数据等信息,LCD 显示器用于显示导航的相关信息。

GPS 技术在汽车导航和交通管理工程中的研究与应用目前在中国日渐成熟,而国外在这方面的研究早已开始并已取得了一定的成果:美国研制了应用于城市的道路交通管理系统,该系统利用 GPS 和 GIS 建立道路数据库,数据库中包含有各种现时的数据资料,如道路的准确位置、路面状况、沿路设施等,该系统于 1995 年正式运行,为城市道路交通管理起到了重要作用。

7.4.4 北斗卫星导航系统 BDS

中国北斗卫星导航系统(英文名称:BeiDou Navigation Satellite System,简称 BDS)是中国自行研制的全球卫星导航系统,也是继 GPS,GLONASS 之后的第三个成熟的卫星导航系统。北斗卫星导航系统(BDS)和美国 GPS、俄罗斯 GLONASS、欧盟 GALILEO,是联合国卫星导航委员会已认定的供应商。

北斗卫星导航系统由空间段、地面段和用户段三部分组成,可在全球范围内全天候、全天时为各类用户提供高精度、高可靠定位、导航、授时服务,并且具备短报文通信能力,已经初步具备区域导航、定位和授时能力,定位精度为分米、厘米级别,测速精度 0.2 m/s,授时精度 10 ns。

交通运输部将深化北斗系统在铁路、公路、水路、民航、邮政等相关综合交通运输领域的应用,同时持续推动北斗系统的国际化应用。目前,全国已有超过 660 万辆(666.57 万)道路营运车辆、5.1 万辆邮政快递运输车辆、1 356 艘部系统公务船舶、8 600 座水上助导航设施、109 座沿海地基增强站、300 架通用航空器应用了北斗系统。在首架运输航空器上也安装使用了北斗系统,实现了零的突破。交通部还将持续推动北斗系统的国际化应用。在国际海事组织框架下,我国成功推动北斗系统纳入全球卫星搜救系统。交通部等部门还将持续开展,北斗短报文服务系统,加入全球海上遇险与安全系统(GMDSS)工作,推进中俄北斗—格洛纳斯国际道路运输应用。

全球范围内已经有 137 个国家与北斗卫星导航系统签下了合作协议。随着全球组网的成功,北斗卫星导航系统未来的国际应用空间将会不断扩展。卫星导航系统是全球性公共资源,多系统兼容与互操作已成为发展趋势。中国始终秉持和践行"中国的北斗,世界的北斗"的发展理念,服务"一带一路"建设发展,积极推进北斗系统国际合作。与其他卫星导航系统携手,与各个国家、地区和国际组织一起,共同推动全球卫星导航事业发展,让北斗系统更好地服务全球、造福人类。

7.4.5　公路的展望

未来公路发展的趋势主要是以"便捷顺畅"、"经济高效"、"绿色集约"、"智能先进"和"安全可靠"的宗旨进一步建设和完善。根据 2021 年交通部编制的《国家综合立体交通网规划纲要》,到 21 世纪中叶,全面建成现代化高质量国家综合立体交通网,拥有世界一流的交通基础设施体系,交通运输供需有效平衡、服务优质均等、安全有力保障。新技术广泛应用,实现数字化、网络化、智能化、绿色化。出行安全便捷舒适,物流高效经济可靠,实现"人享其行、物优其流",全面建成交通强国,为全面建成社会主义现代化强国当好先行。

目前,各个省份逐步加大加快重大项目建设,持续扩大交通有效投资。持续新建扩建公路等。其中,吉林省高速公路续建 7 个项目 722 km,新开工 3 个项目 307 km,建成通车 2 个项目,新增通车里程 79 km,高速公路通车总里程达到 4 394 km。国省干线公路续建 16 个项目 439 km,建设 4 个项目 145 km,力争新开工通榆绕越线等项目。

到 21 世纪中叶,中国公路建设将持续推进区域交通运输协调发展,例如加快推进京津冀地区交通一体化,建设世界一流交通体系,高标准、高质量建设雄安新区综合交通运输体系。推进交通与相关产业融合发展,加强交通运输与现代农业、生产制造、商贸金融、旅游等跨行业合作,实现区域经济增长。打造东西双向互济对外开放通道网络,优化枢纽布局,完善枢纽体系,加速东部地区优化升级,提高人口、经济密集地区交通承载力,强化对外开放国际运输服务功能,实现中西部均衡发展。

思考题 ▌▌▌

7.1　公路的组成和分类是什么?

7.2　公路线路由哪些因素决定的?

7.3　停车视距、会车视距、超车视距的含义是什么?

7.4　高速公路和一级公路有何不同?

7.5　公路路基、铁路路基和房屋基础有什么不同?

7.6　道路路面应满足哪些基本要求?

7.7　青藏公路建设的意义和作用是什么?

7.8　智能交通系统是什么? 可应用在哪里?

7.9　什么是全球卫星定位系统 GPS?

18. 思考题答案(7)

8 给排水工程与建筑环境工程

伟大的作家维克多·雨果在《悲惨世界》中对伦敦的排水系统有一段详细而精彩的描述，从中能够看到 17 世纪欧洲发达城市的排水系统已经发展到很高的水平。给排水工程是人类文明的产物，体现了人类卫生条件和居住环境的改善。人类进入工业社会以后，伴随着工业发展，也开始了城市化进程，兴建起了大量的城市和工厂，并形成了大量规模不等的城市。人们的生活和工业生产都需要水，为此在城市和工厂都修建了给排水设施，相应地也发展了给排水工程科学。城市和工程的给排水设施，大多都是以土建构筑物形式实现的。所以给排水工程学科在传统上属于土木工程学科。

传统的给排水工程是土木工程学科的一个分支，给排水工程是城市基础设施的一个组成部分。城市的人均耗水量和排水处理比例，往往反映出一个城市的发展水平。传统的取水和水处理过程主要是以土建构筑物实现的。但是现代水工业学科的研究对象已经由关注水量发展到以水量、水质并重。换言之，水工业中，取水仍然以土建筑物实现，但是水处理已经由传统的土木型向设备性和继承性发展，因此水工程学科也开始从土木工程学科中分离出来，进而发展成为相对独立的学科。

给排水工程是为适应中国城市建设现代化程度与人民生活福利设施水平不断提高而形成的一门内容不断充实更新的工程技术学科。近半个世纪随着现代新材料、新设备、新工艺和新的管理思想的出现，给排水工程在规划、设计、施工、维护和管理控制等诸多方面不断进步。

20 世纪 80 年代后期，我国水资源及水环境污染问题已经严重制约着我国社会经济的发展。我国已经进入社会主义市场经济时代，由于水资源的稀缺性，水作为一种特殊商品正在进入市场，采集、生产、加工商品水的工业被称为"水工业"。随着水工业的概念被提出，给排水工程学科不断从简单供水、排水拓展到了市政水工程、建筑水工程、工业水工程、农业水工程、节水产业、水污染治理等方面，而给排水工程学科随着水工业的发展不断完善。如今，随着经济的发展和人口的增加，人类对水资源的需求不断增加，再加上存在对水资源的不合理开采和利用，很多地区出现不同程度的缺水问题。因此给排水工程学科变得更加重要。

8.1 给 水 工 程

给水工程包括城市给水和建筑给水两部分。前者解决城市区域供水问题；后者解决一栋具体的建筑物的供水问题。

8.1.1 城市给水

1. 城市给水系统的组成

城市给水主要是供应城市所需的生产、生活、消防和市政等所需的用水。城市给水系统一般由取水工程、输水工程、水净化工程和配水管网工程四者组成。如水源距城市很近，则往往没有输水工程。城市给水设计的主要准则是：

①保证供应城市的需要水量；

②保证供水水质符合国家规定的卫生标准；

③保证不间断地供水、提供规定的服务水压和满足城市的消防要求。

图 8.1 为城市给水系统示意图，图 8.1(a)为地面水源，其取水设施为取水构筑物、一级泵站，净水设施由净化站和清水池组成，输、配水工程设施则由二级泵站输水管路、配水管网、水塔等组成。图 8.1(b)为地下水源的给水系统，其中管井群、集水池为水源部分，输水管、水塔和配水管网则属于输配水设施。建筑内用水水源，一般取自配水管网。给水工程的主要设计内容如图 8.2 所示，其中给水管网是给水工程中造价最大的部分。

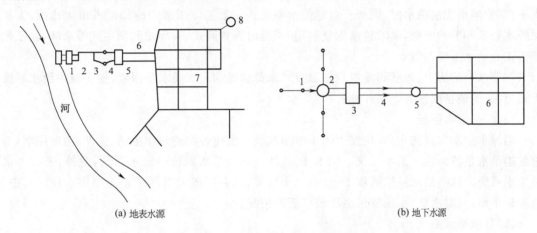

| (a) 地表水源 | (b) 地下水源 |

图 8.1　城镇给水系统示意图

1—取水构筑物；2—一级加压泵站；　　　　1—井群；2—集水池；

　3—水净化构筑物；4—清水池；　　　　　　3—加压泵站；4—输水管；

　5—二级加压泵站；6—输水管路；　　　　　5—水塔(网前)；6—配水干管网

　7—配水干管网；8—水塔(网后)

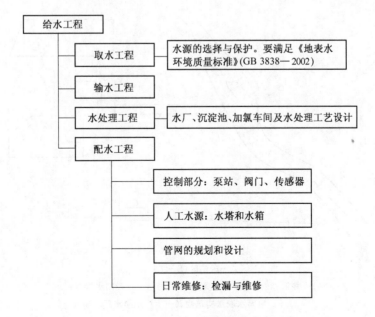

图 8.2　给水工程主要设计内容

2. 城市给水系统

城市给水系统根据水源性质可分为地表水给水系统和地下水给水系统。取用地表水时，给水系统比较复杂，须建设取水构筑物，从江河取水，由一级泵房送往净水厂进行净化处理。处理后的水由二级泵房将水加压，通过管网输送到用户。

根据供水方式可分为重力给水系统、压力给水系统和混合给水系统。当水源位于高地且有足够的水压可直接供应用户时，可利用重力输水。以蓄水库为水源时，常采用重力给水系统。压力给水是常见的一种供水系统。还有一种混合给水系统，即整个系统部分靠重力给水，部分靠压力给水。

一般情况下，城市内的工业用水可由城市水厂供给，但如工厂远离城市或用量大但水质要求不高，或城市无法供水时，则工厂自建给水系统。一般工业用水中冷却水占极大比例，为了保护水资源和节约电能，要求将水重复利用，于是出现直流式、循环式和循序式等系统，这便是城市工业给水系统的特点。

一座城市的历史、现状和发展规划、地形、水源状况和用水要求等因素，使得城市给水系统千差万别，但概括起来有下列几种：

(1)统一给水系统

当城市给水系统的水质，均按生活用水标准统一供应各类建筑作生活、生产、消防用水，则称此类给水系统为统一给水系统。图 8.1(a)、(b)均为单水源统一给水系统，此外，还有多水源给水系统。这类给水系统适用于新建中、小城市、工业区或大型厂矿企业中用水户较集中、地形较平坦，且对水质、水压要求也比较接近的情况。

(2)分质给水系统

当一座城市或大型厂矿企业的用水，因生产性质对水质要求不同，特别对用水大户，其对水质的要求低于生活用水标准，则适宜采用分质给水系统。这种给水系统显然因分质供水而节省了净水运行费用，缺点是需设置两套净水设施和两套管网，管理工作复杂。选用这种给水系统应作技术、经济分析和比较，如图 8.3 所示。

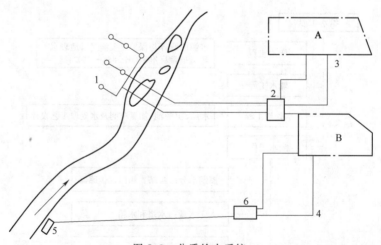

图 8.3　分质给水系统

A—居住区；B—工厂

1—井群；2—泵站；3—生活给水管网；4—生产用水管网；

5—地面水取水构筑物；6—生产用净水厂

（3）分压给水系统

当城市或大型厂矿企业用水户要求水压差别很大,如果按统一供水,压力没有差别,势必造成高压用户压力不足而增加局部增压设备,这种分散增压不但增加管理工作量,而且能耗也大。如果采用分压给水系统是很合适的。分压给水可以采用并联和串联分压给水系统。图 8.4 为并联分压给水系统。根据高、低压供水范围和压差值由泵站水泵组合完成。

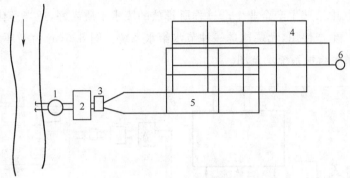

图 8.4　分压并联给水系统

1—取水构筑物;2—水净化构筑物;3—加压泵站;

4—低压管网;5—高压管网;6—网后水塔

（4）分区给水系统

分区给水系统是将整个系统分成几个区,各区之间采取适当的联系,而每区有单独的泵站和管网。采用分区系统技术上的原因是使管网的水压不超过水管能承受的压力。因一次加压往往使管网前端的压力过高,经过分区后,各区水管承受的压力下降,并使漏水量减少。在经济上,分区的原因是降低供水能量费用。在给水区范围很大、地形高差显著或远距离输水时,均须考虑分区给水系统。

图 8.5 单水源分区供新工业区、新城区、旧城区用水。这种系统多用于大、中城市面积比较辽阔,地形有明显高、低分区变化,城市规划功能划分明确,具有分期建设的条件。为了保证供水可靠性,区间应有管道联通,以便能够区间互相支援灵活调度。

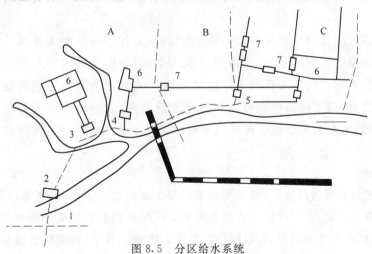

图 8.5　分区给水系统

A—新城区;B—工业区;C—旧城区

1—井群;2—低压输水管路;3—新城区加压配水站;4—工业区加压配水站;

5—旧城区加压配水器;6—配水管网;7—加压站

(5)循环和循序给水系统

循环系统是指使用过的水经过处理后循环使用,只从水源取得少量循环时损耗的水,这种系统采用较多。循序系统是在车间之间或工厂之间,根据水质重复利用的原理,水源水先在某车间或工厂使用,用过的水又到其他车间或工厂应用,或经冷却、沉淀等处理后再循序使用,这种系统不能普遍应用,原因是水质较难符合循序使用的要求。

当城市工业区中某些生产企业生产过程所排放的废水水质尚好,适当净化还可循环使用,或循序供其他工厂生产使用,无疑这是一种节水给水系统。图 8.6(a)为循环给水系统工艺流程,图 8.6(b)为循序给水系统示意图。

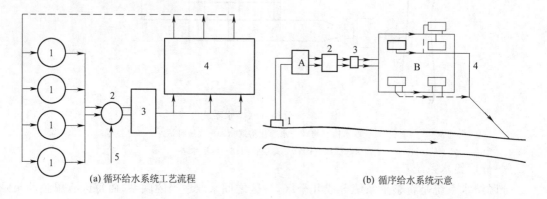

(a) 循环给水系统工艺流程   (b) 循序给水系统示意

图 8.6 循环与循序给水系统示意图

1—冷却塔;2—吸水井;3—加压泵站;   1—取水构筑物;2—冷却塔;3—泵站;
4—生产车间;5—补充水   4—排水系统;A、B—生产车间

(6)区域给水系统

这是一种统一从沿河城市的上游取水,经水质净化后,用输、配管道送给沿该河诸多城市使用的区域性供水系统。这种系统因水源免受城市排水污染,水源水质是稳定的,但开发需要的投资大。

各种给水系统的管网有两种,一种是输水管路,另外一种是配水管网。输水管路的功能是把水源的水量输送到净水厂,当净水厂远离供水区时,从净水厂至配水管网间的干管也可作为输水管考虑。而配水管网则是把经过净化的水配送给各类建筑使用。配水管网有干管和支管之分,为了保证供水可靠和便于灵活调度,大中城市或大型厂矿企业配水干管都布置成环形,但在小城市也可布置成树枝状。图 8.7 为城市环状管网和枝状管网的示意图。

(7)中水系统

随着城市建设和经济的发展,城市用水量和排水量的增长很快,水资源也日益感到不足,不少水源水质日趋恶化,对于国民经济的发展和人民生活福利的提高影响很大。为了摆脱水资源短缺的困境,需要在不同方面、不同层次上采取措施。其中,开源节流就是一项最为重要的措施。在此基础上提出的中水系统更是一项具有现实意义的工程措施。

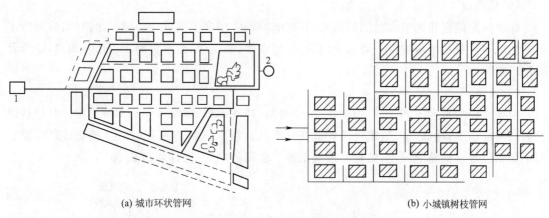

(a) 城市环状管网　　　　　　　　　　　　　　(b) 小城镇树枝管网

图 8.7　环状和枝状配水管网示意图

1—水厂;2—水塔

中水系统(图 8.8)是指将各类建筑或建筑小区使用后的排水,经处理达到中水水质要求后,而回用于厕所便器冲洗、绿化、洗车、清扫等各杂用水点的一整套工程设施。它包括中水原水系统、中水处理系统及中水给水系统。

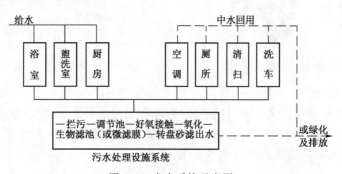

图 8.8　中水系统示意图

中水系统的设置可实现污水、废水资源化,使污水、废水经处理后可以回用,既节省了水资源,又使污水无害化。在保护环境,防治水污染、缓解水资源不足等方面起到了重要作用。高层建筑用水量一般均较大,设置中水系统也就具有很大的现实意义。

给水管网的规划和设计包括下列内容:城市规划用水量的预测,供水方式选择,布网方式的选择和管网结构优化,管材的选择和管径优化。其中,水量的预测与城市地理位置、居民生活习惯、城市人口、城市未来发展速度等许多因素有关。一般南方城市高于北方城市人均用水量;发达城市高于欠发达城市的人均用水量。

3. 增压、储水设备

(1)水泵

水泵是给水系统中的主要升压设备。有虹吸式、离心式等多种水泵形式。虹吸式水泵流量大、扬程低,在城市供水管网中应用较多。在建筑内部的给水系统中,一般采用离心式水泵,它具有结构简单、体积小、效率高且流量和扬程在一定范围内可以调整等优点。水泵的流量、扬程应根据给水系统所需的流量、压力确定。由流量、扬程查水泵性能表即可确定其型号。图 8.9为我国生产的某型号水泵。

（2）储水池

储水池是储存和调节水量的构筑物,其有效容积应根据生活(生产)调节水量、消防储备水量和生产事故备用水量确定。储水池应设进、出水管、溢流管、泄水管和水位信号装置,溢流管宜比进水管大一级。

（3）水箱

根据水箱的用途不同,有高位水箱、减压水箱、冲洗水箱、断流水箱等多种类别。其形状通常为圆形或矩形,特殊情况下也可设计成任意形状。制作材料有钢板(普通、搪瓷、镀锌、复合和不锈钢板等),钢筋混凝土,塑料和玻璃钢等。水箱的配管、附件如图 8.10 所示。

图 8.9　我国生产的某型号水泵

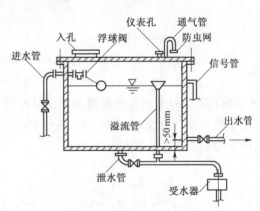

图 8.10　水箱的配管、附件

（4）气压给水设备

气压给水设备是根据波义耳—马略特定律,即在定温条件下,一定质量气体的绝对压力和它所占的体积成反比的原理制造的。它利用密闭罐中压缩空气的压力变化,调节水压和送水量,在给水系统中主要起增压和水量调节作用。

8.1.2　建筑给水

建筑给水是为工业与民用建筑物内部和居住小区范围内生活设施和生产设备提供符合水质标准以及水量、水压和水温要求的生活、生产和消防用水的总称。包括对它的输送、净化等给水设施。

19. 建筑给水系统的组成

建筑给水的供水规模较前面介绍的城市给水系统小得多,且大多数情况下无须设自备水源,直接由市政给水系统引水。给水系统按用途可分为三类:生活给水系统、生产给水系统和消防给水系统及组合给水系统。三类系统可以独立设置,也可以按照条件和需要组合设置。建筑给水系统一般包括水源、引入管、水表节点、给水管网、配水装置和附件、增压和储水装置、给水局部处理设施。建筑给水设计的关键点包括:供水方式的选择、布管方式的选择及水质、水量的保证。

1. 建筑给水方式

建筑物的供水量由供水服务目的来确定。供水服务目的可分为三类:生活、生产、消防。三个目的可以通过一个室内供水系统满足,也可以按供水用途的不同和系统功能的差异分为:饮用水给水系统、杂用水给水系统(中水系统)、消火栓给水系统、自动喷水灭火系统和循环或重复使用的生产给水系统等。建筑内部的给水系统如图 8.11 所示。

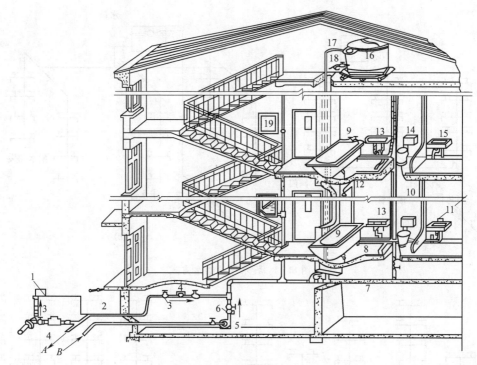

图 8.11　建筑内部给水系统

1—阀门井；2—引入管；3—闸阀；4—水表；5—水泵；6—逆止阀；7—干管；8—支管；

9—浴盆；10—立管；11—水龙头；12—淋浴器；13—洗脸盆；14—大便器；15—洗涤盆；

16—水箱；17—进水管；18—出水管；19—消火栓；A—入储水池；B—来自储水池

给水方式指建筑内部给水系统的供水方案。给水方式的基本类型(不包括高层建筑)有以下几种：直接给水方式、设水箱的给水方式、设水泵的给水方式、设水泵和水箱的给水方式、分区给水方式、分质给水方式等(图 8.12～图 8.16)。建筑给水方式在设计时主要考虑以下原则：①应保证供水安全可靠、管理维修方便；②在满足用户用水要求的前提下，力求给水系统简单、造价最省；③应充分利用城市管网直接供水。

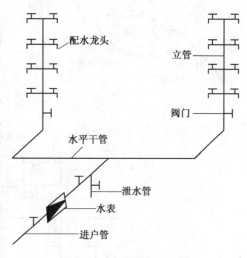

图 8.12　直接的给水方式

其中，高层建筑的供水系统与一般建筑物的供水方式不同。高层建筑物层多、楼高，为避免低层管道中静水压力过大，造成管道漏水；启闭龙头、阀门出现水锤现象，引起噪声；损坏管道、附件；低层放水流量大，水流喷溅，浪费水量和影响高层供水等弊病，高层建筑必须在垂直方向分成几个区，采用分区供水的系统。

城市给水网的供水压力往往不能满足高层建筑的供水要求，需要另行加压。所以在高层建筑的底层或地下室要设置水泵房，用水泵将水送到建筑上部的水箱，如图 8.17 所示。

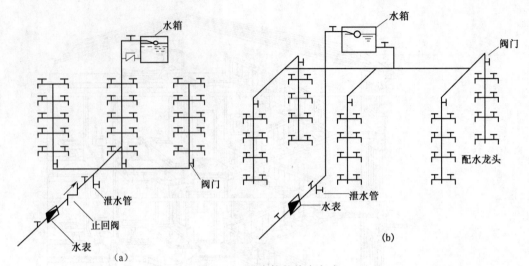

图 8.13　设水箱的给水方式

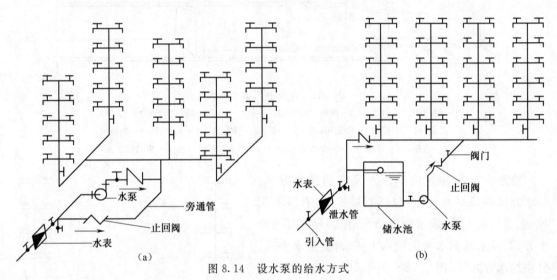

图 8.14　设水泵的给水方式

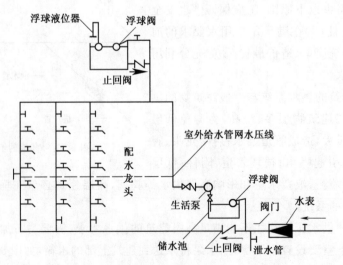

图 8.15　分区给水方式

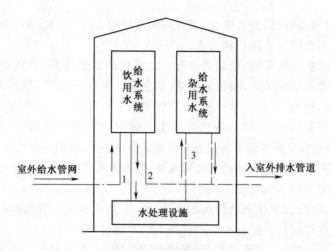

图 8.16 分质给水方式
1—生活废水;2—生活污水;3—杂用水

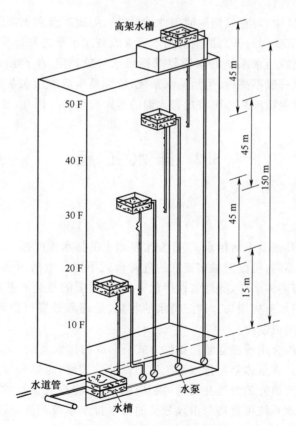

图 8.17 高层建筑供水示意图

2. 给水管网设计

室内给水管网的布置应考虑建筑结构、用水要求、配水点和室外给水管道的位置以及其他设备工程管线位置等因素。进行管道布置时,注意有利于安装、维修。管道周围应留有一定的空间,给水管道与其他管道和建筑结构的最小净距应按规范要求留置。

室内给水管道的布置按供水可靠程度要求可分为枝状和环状两种形式,前者单向供水,供水安全可靠性差,但节省管材,造价低;后者管道相互连通,双向供水,安全可靠,但管线长造价高。一般建筑内给水管网宜采用枝状布置。

室内给水管道的敷设有明装、暗装两种形式。明装即管道外露,其优点是安装维修方便,造价低。但外露的管道影响美观,表面易结露、积灰尘。暗装即管道隐蔽,其优点是管道不影响室内的美观、整洁,但施工复杂,维修困难,造价高。

建筑内部给水所需的水压、水量是选择给水系统中增压和水量调节、贮存设备的基本依据。给水系统的水压应保证配水最不利点具有足够的流出水头,即给水系统要考虑水在水管中流动会发生的各类能量损失之后,仍能把水送到最远、最高的用水点,并且保持足够的流速和流量。

3. 建筑给水系统的水量、水质的保证

建筑内给水包括生活、生产和消防用水三部分。生产用水量一般比较均匀,可按消耗在单位产品上的水量或单位时间内消耗在生产设备上的水量计算确定。

生活用水量受当地气候、生活习惯、建筑物使用性质、卫生器具和用水设备的完善程度以及水价等多种因素的影响,故用水量不均匀。生活用水量可根据国家制定的用水定额(经多年的实测数据统计得出)查算。

消防用水量大而集中,与建筑物的使用性质、规模、耐火等级和火灾危险程度等密切相关,建筑内消防水量应按需要同时开启的消防用水灭火设备用水量之和计算。

除了水量保证,建筑给水系统的水质要求视用水对象而定,生产给水系统取决于生产工艺;消防水系统的要求一般不高;而生活给水系统,特别是生活饮用水系统的水质要求很高,必须满足《生活饮用水卫生标准》,否则将危害人们的健康与生命。因此,建筑给水系统必须加强水质防护。

8.2 排 水 工 程

8.2.1 城市排水

1. 城市排水体制

城市排水主要涉及城市生活污水、工业废水及雨水的排水等问题。生活污水、工业废水和雨水径流的水质水量不同,可能对城市造成的危害也就不同。生活污水的主要危害是它的耗氧性;工业废水的危害多种多样,除耗氧性等危害外,更重要的是会危害人体健康;雨水的主要危害是雨洪,即市区积水造成损失。这三类水的收集、处理和处置可以采用不同方式,从而构成不同的排水系统体制或制度。

排水体制可以采取合用或独立管渠排除方式所形成的排水系统。有合流制排水系统与分流制排水系统两大类。排水体制是排水系统规划设计的关键,也影响着环境保护、投资、维护管理等方面。其在建筑内外的分类并无绝对相应的关系,应视具体技术经济情况而定。如建筑内部的分流生活污水系统可直接与市政分流的污水排水系统相连,或经由局部处理设备后与市政合流制排水系统相连。

(1)合流制排水系统。

①简单合流系统。一个排水区只有一组排水管渠,接纳各种废水(混合起来的废水称城市污水)。这是古老的自然形成的排水方式。它们起简单的排水作用,目的是避免积水危害。实际上这是地面废水排除系统,主要为雨水而设,顺便排除水量很少的生活污水和工业废水。由于就近排放水体,系统出口甚多,实际上是若干先后建造的各自独立的小系统的简单组合。

②截流式合流系统。原始的简单合流系统常使水体受到严重的污染,因而设置截流管渠,

把各小系统排放口处的污水汇集到污水厂进行处理,形成截流式合流系统。在区干管与截流管渠相交处的窨井称溢流井,上游来水量大于截流管的排水量时,在井中溢入排放管,流向水体。这样,晴天时污水(常称旱流污水)全部得到处理。截流管的排水量大于旱流污水量,差额与旱流污水量之比称截留倍数或截流倍数,其值将影响水体的污染程度。设计采用的值理论上决定于水体的自净能力,实际上常制约于经济条件。

(2)分流制排水系统

截流式合流系统对水体的污染仍较大,因此设置两个(在工厂中可以在两个以上)各自独立的管渠系统,分别收集需要处理的污水和不予处理、直接排放到水体的雨水,形成分流制系统,以进一步减轻水体的污染。某些工厂和仓库的场地难于避免污染时,其雨水径流和地面冲洗废水不应排入雨水管渠,而应排入污水管渠。在一般情况下,分流管渠系统的造价高于合流管渠系统,后者为前者的 60%～80%。分流管渠系统的施工也比合流系统复杂。图 8.18 为城镇排水体制示意图。

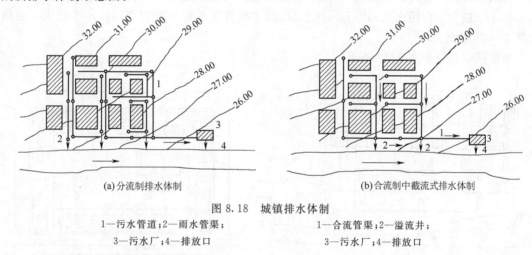

(a)分流制排水体制　　　　　　　　　　　　(b)合流制中截流式排水体制

图 8.18　城镇排水体制

1—污水管道;2—雨水管渠;　　　　　　1—合流管渠;2—溢流井;
3—污水厂;4—排放口　　　　　　　　3—污水厂;4—排放口

(3)半分流制排水系统

如果城市环境卫生不佳,雨水流经路面、广场后的水质可能接近城市污水,如直接排放水体也将造成污染。若将分流系统的雨水系统仿照截流式合流系统,把它的小流量截流到污水系统,则城市废水对水体的污染将降到最低程度,这就是半分流制系统的基本概念,也可以说它是一种特殊的分流系统——不完全分流系统。

将雨水系统的水截流到污水系统的方法有待开发。在雨水系统排放口前设跳越井是一种可行的措施,当雨水干管中流量小时,水流将落入跳越井井底的截流槽,流向污水系统;流量超过设计量时,水流将跳过截流槽,直接流向水体。

(4)排水系统体制的选择应遵循的原则

①除特殊情况外,新建工程宜采用分流制。雨水管渠系统的设计方法应有所突破,以降低造价,使分流制系统的造价有可能与合流系统竞争。

②半分流制系统应在建成的分流系统上做积极的研究和试验。

③原有合流系统扩建时,在尽可能利用已有设施的前提下,应研究将原设施改建为分流系统的可行性。

④在选定体制前,应深入调查原有排水设施及存在的问题。

2. 城市排水系统

从总体看,城市排水系统由收集(管渠)、处理(污水厂)和处置三方面的设施组成。通常所说的排水系统往往狭义地指管渠系统,它由室内设备、街区(庭院和厂区)管渠系统和街道管渠系统组成。城市的面积较大时,常分区排水,每区设一个完整的排水系统。

(1)排水管渠系统的组成

管渠系统满布整个排水区域,但形成系统的构筑物种类不多,主体是管道和渠道,管段之间由附属构筑物(检查井、其他窨井和倒虹管)连接。有时,还需设置泵站以连接低管段和高管段。最后是出水口,排水管道应依据城市规划地势情况以长度最短顺坡布设,可采用截留、扇形、分区、分散形式布置,雨水管道应就近排入水体或储调处。

检查井的功能是便于管渠清通其间堵塞物,所以一般在管渠交汇、转弯、管渠尺寸变化、管渠坡度改变处、跌水处以及直线段相距一定距离处设置排水检查井。

雨水井是分流制雨水管渠或合流制管渠上收集雨水的构筑物,一般设于道路交叉路口边侧,或直线道路适当距离边侧,或边侧低洼处。雨水经雨水口流进与其连通的连接管后进入排水管渠。

污水泵站是为提升污水所设,一般采用独立、地下、能自灌提升的方式。污水泵房有效容积不得小于最大一台污水泵的 5 min 出水量,雨水泵房集水池有效容积不得小于最大一台雨水泵 30 s 出水量。

城镇排水系统如图 8.19 所示。

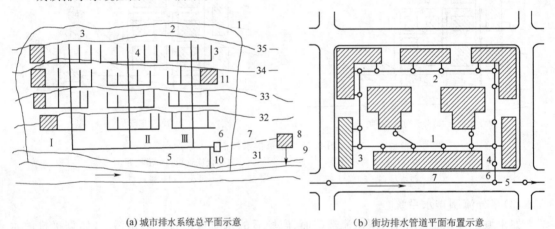

(a) 城市排水系统总平面示意   (b) 街坊排水管道平面布置示意

图 8.19　城镇排水系统

1—城市边界;2—排水流域分界;3—支管;4—干管;　　　　1—污水管道;2—排水检查井;3—出户管;
5—主干管;6—总泵站;7—压力管道;8—污水厂;　　　　4—控制井;5—街道排水检查井;
9—出水口;10—事故排出口;11—工厂　　　　　　　　6—连接管;7—街道污水管

(2)污水处理厂的组成

城市污水在排放前一般都先进入处理厂处理。处理厂由处理构筑物(主要是池式构筑物)和附设建筑物组成,常附有必要的道路系统、照明系统、给水系统、排水系统、供电系统、电信系统和绿化场地。处理构筑物之间用管道或明渠连接,一般还有一个测流量的设施。污水处理厂的复杂程度随处理要求和水量而异。

污水处理厂的厂址一般应设于污水能自流入厂内的地势较低处并位于城镇水体下游,与居民区有一定隔离带,主导风向下方,不能被洪水浸淹,地质条件好,地形有坡度之处。

(3)城市排水系统规划原则和要点

①规划原则

a.排水系统既要实现市政建设所要求的功能,又要实现环境保护方面的要求,缺一不可。环境保护的要求必须恰当、分期实现,以适应经济条件。

b.城市要为工业生产服务,工厂也要顾及和满足城市整体运作的要求。厂方对城市需要的资料应充分提供,对城市提出的预处理要求应在厂内完成。

c.规划方案要便于分期执行,以便合理使用资金和对后期工程提供完善设计的机会。

②规划步骤和要点

a.确定计算废水量所需的各项基本数据,考虑近远期间的变化。

b.确定各种废水的水质数据及质量标准。

c.专门研究排水区域内各工厂的废水问题,拟定预处理方案。

d.研究和确定各种废水的处置方式和处理要求,争取利用废水以降低排水工程的各项费用。

e.研究和确定排水区域的划分。

f.确定各排水区干管和处理厂的位置。干管位置要便于汇集支管来水和方便施工,要考虑地形、地质和地下管线条件。干管上避免设置造价较高的倒虹管、跌水井和泵站。对必须设置的倒虹管和泵站,须确定其初步位置。

g.初步确定各污水处理厂的流程和各主要处理构筑物与附属建筑物的尺寸。

h.初步确定废水处置方式和工程要点。

i.调整分区界线,完成方案。多方案时,在工程费用、工程效益、合理性和现实性上做客观而细致的综合比较。

8.2.2 建筑排水

建筑排水是工业与民用建筑物内部和居住小区范围内生活设施和生产设备排出的生活污水、工业废水以及雨水总和,包括对它的收集输送、处理与回用以及排放等排水设施。建筑排水系统是接纳输送居住小区范围内建筑物内外部排出的污废水及屋面、地面雨雪降水的排水系统,包括建筑内部排水系统与居住小区排水系统两类。与市政排水系统相比,不仅其规模较小,且大多数情况下无污水处理设施而直接接入市政排水系统。

1. 建筑内部排水系统

(1)排水系统的分类

建筑内部排水系统将建筑内部人们在日常生活和工业生产中使用过的水收集起来,及时排到室外。按系统接纳的污废水类型不同,建筑内部排水系统可分为三类:生活排水系统、工业废水排水系统和屋面雨水排水系统。建筑内部排水体制也分为分流制和合流制两种,分别称为建筑分流排水和建筑合流排水。

(2)排水系统的组成

建筑内部排水系统的组成应能满足以下三个基本要求:首先系统能迅速畅通地将污废水排到室外;其次,排水管道系统气压稳定,有毒有害气体不进入室内,保持室内环境卫生;其三,管线布置合理,简短顺直,工程造价低。为满足上述要求,建筑内部排水系统的基本组

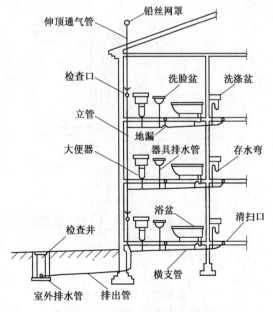

图 8.20 建筑排水系统示意图

成部分为:卫生器具和生产设备的受水器、排水管道、清通设备和通气管道,如图 8.20 所示。在有些排水系统中,根据需要还设有污废水的提升设备和局部处理构筑物。

(3)排水管道的布置与敷设

建筑内部排水系统直接影响着人们的日常生活和生产,为创造一个良好的生活和生产环境,建筑内部排水管道布置和敷设时应遵循以下原则:

①排水畅通,水力条件好;

②使用安全可靠,不影响室内环境卫生,保护管道不受损坏;

③总管线短,占地面积小、工程造价低;

④便于安装、维修和清通。

建筑排水管道的敷设形式有明装、暗装两类。除埋地管外,一般以明装为主,明装不但造价低,便于安装、维修,也利于清通。当建筑或工艺有特殊要求时可暗装在墙槽、管井、管沟或吊顶内,在墙槽、管井的适当部位应设检修门或入孔。

室内污水除通过明装、暗装的管道排出外,当生产、生活污水不散发有害气体和大量蒸汽并处于以下情况时,也可采用有盖或无盖的排水沟排除:污水中含有大量悬浮物或沉淀物需经常冲洗;生产设备排水支管很多,用管道连接困难;生产设备排水点位置不固定;地面需要经常冲洗。

排水沟与排水管道连接处应设置格网或格栅和水封装置。

排水管道是无压力管道,排水的动力是靠高差而形成的重力作用。

(4)屋面排水

室内雨水系统用以排出屋面的雨水和冰、雪融化水。按雨水管道敷设的不同情况,可分为外排水系统和内排水系统两类。

①外排水系统。外排水系统的管道敷设在外,故室内无雨水管产生的漏、冒等隐患,且系统简单、施工方便、造价低,在设置条件具备时应优先采用。根据屋面的构造不同,该系统又分为檐沟排水系统(图 8.21)和天沟排水系统(图 8.22)。

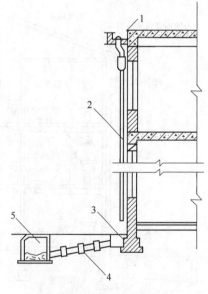

图 8.21 檐沟外排水系统

1—檐沟;2—水落管;3—雨水口;4—连接管;5—检查井

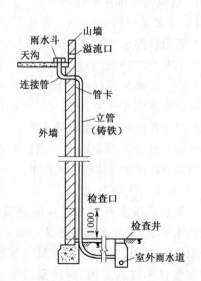

图 8.22 天沟外排水系统(单位:mm)

②内排水系统。内排水是指屋面设雨水斗,建筑物内部有雨水管道的雨水排水系统。对于跨度大、特别长的多跨工业厂房,在屋面设天沟有困难的锯齿形或壳形屋面厂房及屋面有天窗的厂房应考虑采用内排水形式。对于建筑立面要求高的高层建筑,大屋面建筑及寒冷地区的建筑,在墙外设置雨水排水立管有困难时,也可考虑采用内排水形式。内排水系统由雨水斗、连接管、悬吊管、立管、排出管、埋地干管和检查井组成,如图8.23所示。降落到屋面上的雨水,沿屋面流入雨水斗,经连接管、悬吊管、入排水立管,再经排出管流入雨水检查井,或经埋地管排至室外雨水管道。

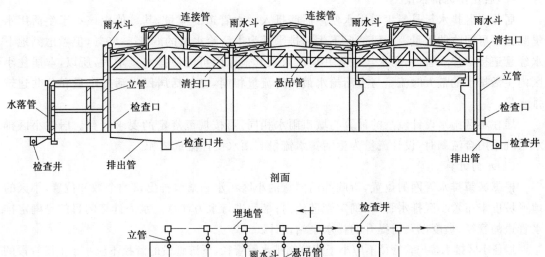

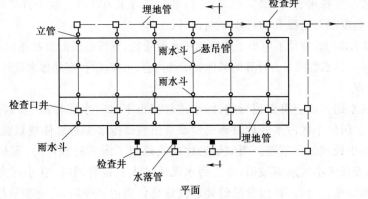

图 8.23　内排水系统

2.居住小区排水系统

居住小区排水系统是汇集小区内各类建筑排放的污、废水和地面雨水,并将其输入城镇排水管网或经处理后直接排放。

(1)排水体制

居住小区排水体制与城市排水体制相同,分为分流制和合流制。采用哪种排水体制,主要取决于城市排水体制和环境保护要求,同时也与居住小区是新区建设还是旧区改造以及建筑内部排水体制有关。新建小区一般应采用雨污分流制,以减少对水体和环境的污染。居住小区内需设置中水系统时(建筑中水工程是利用民用建筑或建筑小区排放的生活污、废水或设备冷却水等,经适当处理后回用于建筑或建筑小区作生活杂用水的压力供水工程系统),为简化中水处理工艺,节省投资和日常运行费用,还应将生活污水和生活废水分质分流。当居住小区设置化粪池时,为减小化粪池容积也应将污水和废水分流,生活污水进入化粪池,生活废水直接排入城市排水管网、水体或中水处理站。

(2)排水管道的布置与敷设

居住小区排水管道由接户管、支管、干管等组成,应根据小区总体规划、道路和建筑物布置、地形标高、污水、废水和雨水的去向等实际情况,按照管线短、埋深小、尽量自流排出的原则来布置。一般应沿道路或建筑物平行敷设,尽量减少与其他管线的交叉,如不可避免时,与其他管线的水平和垂直最小距离应符合有关规定。排水管道与建筑物基础间的最小水平净距亦应符合有关规定。

(3)居住小区排水量

居住小区排水量是指生活用水使用后能排入污水管道的流量,其数值应该等于生活用水量减去不可回收的水量。一般情况下生活排水量为生活给水量的 $60\%\sim80\%$,但考虑到地下水经管道接口渗入管内,雨水经检查井口流入及其他原因可能使排水量增大,所以,取居住小区内生活排水的最大时流量与生活给水最大时流量相同,也包括居民生活排水量和公共建筑排水量。

居住小区雨水设计流量的计算与城市雨水相同,可按规范规定的要求计算。居住小区排水系统采用合流制时,设计流量为生活排水流量与雨水设计流量之和。

(4)水力计算

根据城镇排水管网的位置,市政部门同意的小区污水和雨水排出口的个数和位置,小区的地形坡度来布置小区排水管网,确定管道流向;最后进行水力计算。水力计算的目的是确定排水管道的管径、坡度以及需提升的排水泵站设计。

居住小区排水接户管管径不应小于建筑物排水管管径,下游管段的管径不应小于上游管段的管径,有关居住小区排水管网水力计算的其他要求和内容,可按现行《室外排水设计规范》执行。

(5)污水处理

居住小区污水的排放应符合现行的《污水排放城市下水道水质标准》和《污水综合排放标准》规定的要求。居住小区污水处理设施的建设应由城镇排水工程总体规划统筹确定,并尽量纳入城镇污水集中处理工程范围。当城镇已建成或规划了污水处理厂时,居住小区不宜再设污水处理设施;若新建小区远离城镇,小区污水无法排入城镇管网时,在小区内可设置分散或集中的污水处理设施。目前,我国分散的处理设施是化粪池。今后,将逐步被按二级生物处理要求设计的分散设置的地埋式小型污水净化装置所代替。当几个居住小区相邻较近时,也可考虑几个小区规划共建一个集中的污水处理厂(站)。

8.3 环 境 工 程

环境工程是研究和从事防治环境污染和提高环境质量的科学技术,主要包括水体污染控制、生活用水供给、大气污染控制、固体废物处置、噪声污染控制以及放射性污染控制等。

人类活动必然会污染环境,但自然环境受污染后有一定自净能力,只要污染物的量不超过环境的承载力,环境仍能维持正常的结构、功能,而自然生态也能维持平衡。随着工业生产的迅猛发展和城市人口的急剧增加,自然环境受到的冲击和破坏愈来愈严重,原来土木建筑中的市政卫生工程分支逐渐发展为独立的学科——建筑环境工程(包括给水和排水工程、垃圾处理、环境卫生、水分析等内容),但它和土木工程仍保持着密切的联系。

8.3.1　大气污染

20. 如何实现更好的空气质量?

由于人类进行生产和生活活动向大气排放有害物质,改变了大气中的原有成分,造成了大气质量的恶化,影响了生态平衡,严重威胁着人类的生存环境和身体健康,并对建筑物造成腐蚀和损坏。

1. 大气污染物的主要成分及其危害

大气污染物主要有两方面的来源:工业污染源、人类生活排入大气中的主要污染物。根据"十四五"环保规划,以"减污降碳"为总抓手,强化 PM2.5、臭氧协同控制。二氧化硫及氮氧化物都是大气污染物排放的约束性指标。其中,硫氧化合物是指 SO_2 和 SO_3。矿物燃料中一般都含有相当数量的硫,这些燃料中的可燃性硫在燃烧时大部分形成 SO_2,其中有 5% 在空气中又被氧化成 SO_3,可形成酸雨,腐蚀建筑物。SO_2 的腐蚀性较大,能使建筑材料变色破坏,对人体健康也有很大影响。

氮氧化合物包括 NO、NO_2、NO_3、N_2O、N_2O_3 等,而排放于大气中的氮氧化合物主要是 NO、NO_2,它们大部分来源于石化燃料的燃烧过程,一般空气中的 NO 对人体无害,但当其转变为 NO_2 时,就具有腐蚀性和生理刺激作用,对人类有害。

CO 是无色、无味、无臭的气体,是碳氢化合物燃烧不完全的产物。它与人体中的血红素结合能力特别强,使得血液携带氧的能力大大降低,造成人体严重缺氧。

光化学烟雾形成的机理,主要是由于汽车排放尾气中的氮氧化合物、碳氢化合物在强烈太阳光作用下发生了光化学反应,形成臭氧(O_3)及过氧化酰硝酸酯(PAN)等有毒的污染物,危害人类身体健康。

悬浮颗粒是指粒径小于 10 μm 浮游在空气中的固体颗粒。这些固体颗粒不但不会降落,而且能通过呼吸道直接进入肺内,并沉积在肺泡或呼吸道细胞上造成尘肺病。空气中的微粒不仅对人体造成危害,而且遮挡阳光使可视度降低,增加耗电量及燃料消耗量,从而进一步加大污染。近年来,粒径小于 2.5 μm 浮游在空气中的固体颗粒(俗称 PM2.5)因空气动力条件差、长期滞留空气中,形成我国大面积的雾霾天气,越来越成为人们关注的焦点和治理大气污染的重点。

2. 大气环境质量标准

国家规定的大气环境质量标准将大气环境质量分为三级:

一级标准:为保护自然生态和人类健康,在长期接触情况下不发生任何危害的空气质量要求。

二级标准:为保护人类健康和城市、乡村的动植物,在长期和短期接触情况下,不发生伤害的空气质量要求。

三级标准:为保护人类不发生急、慢性中毒和城市一般动植物(敏感者除外)正常生长的空气质量要求。

3. 大气污染防治

根据长期监测及研究,大气污染与气象诸因素,如风向、风速、大气的稳定性、降雨量及雾等有直接关系。

在土木工程建设中尤其是在城市规划中应当考虑到大气污染的影响。城市规划应根据环境保护的要求,使工业、交通、居住、娱乐等建设项目统一规划、合理安排,既要考虑收益的一面,又要兼顾对环境的影响。一般来说,小城镇规模小、人口少,比大城市易于保持良好的自然环境,对污染的净化和稀释能力大,所以应多建小城镇,少建大城市,这是解决工业化与环境保护之间矛盾的有效途径。工业布局应实行大分流,小集中的合理方案。工厂过分集中,污染物排放量过大,不易被大气稀释扩散,容易引起大气污染。在大城市内应尽量不建或少建大型工矿企业,以减少三废的排放量,或尽可能地将新建工矿企业放在远郊区,以减轻对城市的污染。对新建工矿企业的选址,应考虑地理、气象条件,尽量避免在盆地、峡谷、每年逆温层或"事故日"多的地方建设大的或比较集中的工业区,以防止大气污染物长时间积聚,同时还必须考虑工厂区应设在城市的下风向,并与居民生活区之间保持合理的距离。对已造成严重污染的工厂,除加强治理外,还应迁到人烟稀少的地方。

城市内应尽量采用区域采暖和集中供热,因为便于集中采用高效除尘设备,以减少烟尘的排放量,并能减少燃料的运输量,减少能耗。

据测定,地面污染物的浓度与烟囱高度的平方成反比,烟囱越高,越有利于充分利用高空的扩散稀释作用。若烟囱高度达 100 m 以上,排烟污染便可减至最小,目前合理的经济高度不超过 200 m,我们必须注意,高烟囱排烟有可能以扩大污染范围为代价来减少烟囱附近地面的污染。

8.3.2 水 污 染

21. 水污染
典型案例

所谓水污染是指排入水体的污染物使该物质在水中的含量超过了水体的本底含量和水体的自净作用,从而破坏了水体原有的功能。

水体的自净作用,以河流为例,是指河水在流动中,使污染物浓度自然降低的现象。这种现象从净化机制来看可分为下面几种:

(1)物理净化:由于稀释、扩散、沉淀等作用使河水污染物浓度降低。

(2)化学净化:由于氧化、还原、分解、凝聚等过程使河水污染物浓度降低。

(3)生物净化:出于水中生物活动引起河水污染物浓度降低,尤其是水中微生物对有机物的分解氧化作用。

1. 水污染物的来源

水体污染源主要来自三个方面:工业污染源、生活污染源及其他污染源。

(1)工业污染源

工业废水是人类排放入水体最主要的污染源。其量大、面广、含污染物多、成分复杂,在水中不易净化,处理比较困难。它主要的特点是:悬浮物质含量高,最高达 30 000 mg/L;需氧量高,有机物一般难于降解;pH 值变化幅度大;温度较高,易引起热污染;易燃,常含有低燃点的挥发性液体,如汽油、苯、CS_2、甲醇、酒精、石蜡等;含有多种有害成分,如硫化物、氰化物、汞、镉、砷等。

(2)生活污染源

城市生活污水是另一大污染源。它主要是日常生活中的各种洗涤水,其特点是:含磷、氮、硫高会造成水体富营养化等环境问题。生活污水中有机物质主要有纤维素、淀粉、糖类、脂肪、蛋白质和尿素等;含有大量合成洗涤剂;含有多种微生物、细菌及病原菌。

(3)其他污染源

主要是农村污水和灌溉水,由于农田施用化肥和农药,灌溉后排出的水或雨后径流中常含有农药和化肥。在污水灌溉区,河流、水库及地下水都会出现污染。

2. 水体环境质量标准

我国水环境质量标准主要有国家标准、地方标准及行业标准。国家颁布的水环境质量标准主要有《地表水环境质量标准》《地下水环境质量标准》《海水水质标准》，其中《地表水环境质量标准》依据地表水域环境功能和保护目标，将地表水环境质量分为 5 类。

一类，主要适用于源头水、国家自然保护区。

二类，主要适用于集中式生活饮用水地表水源地以及保护区、珍稀水生生物栖息地、鱼虾类产卵场所、仔稚幼鱼的索饵场所。

三类，主要适用于集中式生活饮用水地表水源地二级保护区、鱼虾类越冬场、洄游通道、水产养殖区等渔业水域及游泳区域。

四类，主要适用于一般工业用水区及人体非直接接触的娱乐用水区。

五类，主要适用于农业用水区及一般景观要求水域。

3. 水体污染治理的工程措施

目前我国为了保护水系，把兴建污水处理厂、普及和完善城市下水道作为防治水体污染的重要措施。城市污水处理正向普及化、大型化、合并化、深度化方向发展。在新发展的城市中普遍采用雨水与污水分流制下水道，同时还兴建流域下水道，将局域地区两个以上的城镇下水道连接在一起，以便提高处理效率，降低处理费用，便于运转管理，以保护所在流域水系。

由于城市给、排水系统在城市水处理中起着不可替代的作用，关于城市给、排水工程参考8.1～8.2 节内容。此外，应加快推进水体污染突发事件应急预案的制定。

8.3.3　土壤污水

22. 土壤污染
典型案例

土壤是指陆地表面具有肥力、能够生长植物的疏松表层，其厚度一般在 2 m左右。土壤不但为植物生长提供机械支撑能力，并能为植物生长发育提供所需要的水、肥、气、热等肥力要素。由于人口急剧增长，工业迅猛发展，固体废物不断向土壤表面堆放和倾倒，有害废水不断向土壤中渗透，大气中的有害气体及飘尘也不断随雨水降落在土壤中，导致了土壤污染。凡是妨碍土壤正常功能，降低作物产量和质量，还通过粮食、蔬菜、水果等间接影响人体健康的物质，都称为土壤污染物。土壤污染是指人为活动产生的污染物，进入到土壤中并累积到一定程度，引起土壤环境质量恶化，造成农作物中某些指标超过国家标准的现象。

土壤污染的主要来源有以下几个方面：①工业污水，用未经处理或未达到排放标准的工业污水灌溉农田使污染物进入到土壤当中。其后果是在灌溉渠系两侧形成污染带。属封闭式局限性污染。②酸雨，工业排放的 SO_2、NO_x 等有害气体在大气中发生反应而形成酸雨，以自然降水形式进入土壤，引起土壤酸化。冶金工业烟囱排放的金属氧化物粉尘，则在重力作用下以降尘形式进入土壤，形成以排污工厂为中心、半径为 2～3 km 范围的点状污染。③尾气排放，汽油中添加的防爆剂四乙基铅随废气排出污染土壤，行车频率高的公路两侧常形成明显的铅污染带。④堆积物，堆积场所土壤直接受到污染，自然条件下的二次扩散会形成更大范围的污染。⑤农业污染，不当的化肥、农药在作物生长过程中的施用，会造成有机物质残留土壤中，并累积下来。

土壤污染的防治措施可通过以下几个方面来解决：①科学合理的灌溉，灌溉水应符合国家标准；②合理施用化肥农药；③对于已经污染的土壤应积极通过土壤修复技术恢复。

8.3.4　噪声污染

噪声属于感觉公害，噪声传播虽然没有给环境留下污染及有毒物质，即声源一停止，噪声也消失,但是长期处于噪声下,同样会给人体造成重大损害。发达国家因公害起诉的案件中,噪声污染案件占 1/3 以上,大于大气污染和水污染案件。在我国,此类投诉案件也急剧增加。有趋势表明,由于噪声造成投诉案件的迅速增长,噪声有可能成为公害之首。

1. 噪声的来源

噪声的产生来源于物体的振动,根据物体振动的物理性质,噪声可分为两类:一类为机械振动噪声,是出于机械运转中的机件摩擦、撞击以及运转中因动力、磁力不平衡等原因产生的机械振动而辐射出来的噪声;另一类为气体动力噪声,是由于物体高速运动,以及气流高速喷射、化学爆炸引起的周围空气急速膨胀而产生的噪声。

城市环境噪声归纳起来,主要来源于下列几方面:

(1)交通噪声

交通噪声主要来自汽车、火车、飞机、拖拉机等交通运输工具的运行、振动和喇叭声,如载重汽车、公共汽车、拖拉机的噪声为 89～92 dB,轿车、吉普车的噪声为 82～85 dB;喇叭声最严重,电喇叭为 90～95 dB,汽喇叭为 105～110 dB,我国一些大城市市中心噪声平均值在 80 dB以上。国外航空噪声十分严重,如美国的芝加哥市俄亥俄国际机场,飞机每天平均起落 1 940次,一天 24 h 飞机声不断,对周围居民造成严重的危害。

(2)工厂噪声

各类工矿企业的噪声来自生产过程。一般电子工业和轻工业的噪声在 90 dB 以下;纺织厂噪声在 90～106 dB;机械工业的噪声在 80～120 dB;凿岩机、大型球磨机的噪声达 120 dB;风铲、风铆、大型鼓风机的噪声在 130 dB 以上。总之工厂噪声对人体健康危害较大,是造成职业耳聋的主要原因。

(3)建筑噪声

随着国民经济的发展,城市建设的日益增加,规模逐渐扩大,跨年度的施工屡见不鲜,所以建筑施工的噪声将影响周围环境。一般施工过程产生的噪声见表 8.1 及表 8.2。

表 8.1　建筑施工机械噪声级(dB)

序　号	机械名称	距离声源 10 m		距离声源 30 m	
		范　围	平　均	范　围	平　均
1	打桩机	93～112	105	84～103	91
2	地螺钻	68～82	75	57～70	63
3	铆机	85～98	91	74～86	86
4	空气压缩机	82～98	88	73～86	78
5	压路机	80～92	85	74～80	76

表 8.2　施工现场边界上的噪声级(dB)

序　号	施工过程	居住建筑	办公楼	道路工程
1	场地清理	84	84	84
2	挖土方	88	89	89
3	地基	81	78	88
4	安装	82	85	79
5	修整	88	89	84

(4)生活噪声

居民区和建筑物内部各种生活设施及社会活动等产生的声音,如大声开放电视机或录音机等。随着人民生活水平的提高,家用电器设备不断增加,家庭各类设备的噪声也与日俱增。

2. 声环境质量标准

国家规定的《声环境质量标准》中,按照声环境功能区的划分及环境质量的要求,将声环境功能区分为 5 个类型:

0 类声环境功能区:指康复疗养等特别需要安静的区域。

1 类声环境功能区:指以居民住宅、医疗卫生、文化教育、科研设计、行政办公为主要功能,需要保持安静的区域。

2 类声环境功能区:指以商业金融、集市贸易为主要功能,或者居住、商业、工业混杂,需要维护住宅安静的区域。

3 类声环境功能区:指以工业生产、仓储物流为主要功能,需要防止工业噪声对周围环境产生严重影响的区域。

4 类声环境功能区:指交通干线两侧一定距离之内,需要防止交通噪声对周围环境产生严重影响的区域,包括 4a 类和 4b 类两种类型。4a 类为高速公路、一级公路、二级公路、城市快速路、城市主干路、城市次干路、城市轨道交通(地面段)、内河航道两侧区域;4b 类为铁路干线两侧区域。

3. 噪声控制措施

随着经济的发展和生活水平的提高,现代都市商业活动的繁荣以及交通日益发达,噪声扰民成为各大城市日益突出的环境问题。噪声控制也成为城市生态环境部门最重要的任务之一,其防治措施主要有以下几个方面:

(1)减弱或减低声源的振动

常用的方法有吸声降噪、隔声、减震和隔震、消声、阻尼、掩蔽效应等,如采用棉、毛、麻等纤维和玻璃棉、矿渣棉、泡沫塑料等吸声材料,以及薄膜吸声、空腔共振吸声和微穿孔板吸声结构,能减少室内噪声的反射,可使噪声减低 8~15 dB;采用双层或多层结构的墙和门窗能阻消噪声,其隔音性能与质量有关,质量越大,传声损失越大,隔音效果越好。

(2)合理的城市规划

在区域规划中,应考虑建筑物的不同功能,合理划分区域,如工业区、商业区、文教区、居民区等,尽量减少干扰。

建筑物的布置应考虑使噪声的影响降至最小,尤其是在交通干线两侧的建筑物,图 8.24 是在建筑物布置中考虑噪声影响好坏的实例。

交通干线的合理布局非常重要,应根据城市人口和车辆增长情况,噪声标准和交通噪声诸因素,考虑干线的布局、马路宽窄、辅助车线的配置及立交的兴建等。一方面使交通畅通无阻,另一方面还要限制车速、禁止鸣号等,严格执行交通法规。

当前世界许多国家开始建立卫星城,用来解决城市噪声问题。卫星城的建立可以解决城市人口的高度集中及商业的相对集中,从而降低噪声。这是解决噪声问题的有效途径。

我国是一个发展中国家,面临着城市化的重大挑战,城市建设方兴未艾,建筑噪声扰民的问题越来越突出。为了控制建筑噪声,各级市政管理部门出台了一系列的文件法规,规定了建筑施工时段、施工方法、噪声强度限值等相关问题。例如,限制重型车辆通过,严禁住宅区夜间

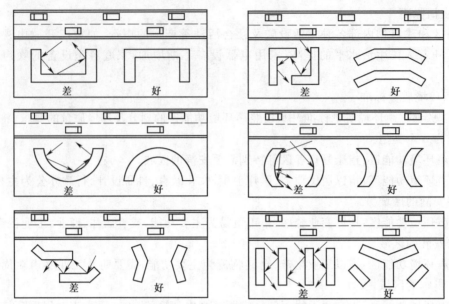

图 8.24　建筑物布局

施工,强制施工单位采用商品混凝土等。同时,建筑施工单位为了在法规允许噪声强度下施工,也必然朝着淘汰旧工艺、旧设备,采用新设备、新工艺的方向发展。

8.4　建筑环境与设备

8.4.1　建筑采暖

23. 分层式采暖
系统简介

在冬季比较寒冷的地区,人们为了进行正常的工作和生活,需维持室内一定的环境温度,而房间的围护结构不断向室外散失热量,在风压作用下通过门窗缝隙渗入室内的冷空气也会消耗室内的热量,使房间的温度降低。采暖的任务是用采暖设备不断向房间供给相应的热量,以补偿房间内的热耗损失量,维持室内一定的环境温度。

1. 常用的采暖方式

(1)区域供热

区域供热是指大规模的集中供热。由一个或多个大型热源产生热水或蒸汽,通过区域供热管网供给地区以至整个城市建筑物的生活或生产用热。如大型区域锅炉房或热电厂供热系统。

(2)集中采暖

由热源(锅炉产生的热水或蒸汽作为热媒)经输热管道送到采暖房间的散热器中放出热量后,经回水管道流回热源重新加热,循环使用。

集中采暖系统由三部分组成:产热部分(如锅炉房)、输热部分(热力管网)和散热部分(各类散热器)。

采暖系统是个循环系统,其流程为:热源地→室外供热管道→室内供热干管→室内供热立管→室内供热支管→散热设备→室内回水管→室外回水管道→热源地。

散热器按形状分主要有:翼型、柱型、板型、盘管型、排管型等。按材料分有:铸铁、钢、铝、塑料及复合材料。

（3）局部采暖

将热源和散热设备合并成一个整体，分散设置在各个采暖房间。如火炉、火坑、空气电加热器等。

（4）区域供热

区域供热是指大规模的集中供热。由一个或多个大型热源产生热水或蒸汽，通过区域供热管网供给地区以至整个城市建筑物的生活或生产用热。如大型区域锅炉房或热电厂供热系统。

2. 采暖系统的类型

采暖系统按热媒种类分有热水采暖系统和蒸汽采暖系统；按散热方式分有散热器采暖系统、辐射暖系统和热风暖系统。

（1）热水采暖系统

热水采暖系统一般由锅炉、输热管道、散热器、循环水泵及膨胀水箱等组成。根据循环方式不同又分为两种：

① 自然循环采暖供应系统：靠供水与回水的温度差形成的重力差形成的压力使水循环。

② 机械循环热水采暖系统：水循环靠水泵运转产生的动力。

常用的建筑热水采暖系统中的供水温度为 80 ℃，回水温度一般为 60 ℃。

（2）蒸汽采暖系统

蒸汽采暖系统以蒸汽锅炉产生的饱和水蒸气作为热媒，经管道进入散热器内，将饱和水蒸气的汽化潜热散发到房间周围的空气中，水蒸气冷凝成同温度的饱和水，凝结水再经管道及凝结水泵返回锅炉重新加热。

蒸汽采暖系统按蒸汽压力的不同分为：

① 低压蒸汽系统：供气压力低于或等于 70 kPa。

② 高压蒸汽系统：供气压力大于 70 kPa。

对于间歇性的采暖建筑（如影剧院、俱乐部），蒸汽采暖有较高的实用价值。

3. 采暖的散热方式

采暖系统按采暖的散热方式可分为散热器采暖系统（散热器散热，以对流为主）、辐射暖系统（如地板辐射采暖、金属辐射板采暖等，以辐射为主）和热风暖系统（如热送风、热风幕等，以强制对流为主）。

4. 供、回水方式

采暖系统按散热器不同供、回水方式，分为双管系统和单管系统。

（1）双管系统

并联连接。热水经供热管道平行地分配给多组散热器，冷却后的回水自每个散热器直接沿回水管道流回热源的系统，称为双管系统。使用比较普遍。

（2）单管系统

串联连接。热水经供热管道顺序流过多组散热器，并顺序地在各散热器中冷却的系统，称为单管系统。

供回水管位置有上供下回和下供下回两种方式。传统的室内采暖多采用上供下回方式，一般没有计量装置。许多城市已经开始在新建住宅和公建工程的室内采暖系统中推广一户一表系统，其系统具有分户控制、分户计量的功能。

5. 高层建筑热水采暖系统

在高层建筑的热水采暖系中,由于下层散热器只能承受一定的静水压力,从而限制了采暖系统的高度,使得系统须沿垂直方向分区,因此工程中常用分层式采暖系统和单双管混合式系统。具体分区高度需按建筑物总高度和所选用的散热器的工作压力,以及系统的形式综合考虑确定。此外,还应结合给水系统与空调系统的分区情况,一并考虑楼层中间设备层的问题。

8.4.2 建筑通风与空调

通风又称换气,其任务是将室内的污浊空气排出,并将经过处理的新鲜空气送入。使室内的空气温度、相对湿度、气流速度、洁净度等参数保持在一定范围内的技术称为空气调节(空调),它是建筑通风的发展和继续。

1. 通风系统及其分类

为了维持室内合适的空气湿度与温度,排出其中的余热、有害气体、水蒸气和灰尘,同时送入一定质量的新鲜空气,以满足人体卫生或生产车间工艺的要求,需要设置一套送、排风系统或除、排毒通风系统。通风系统一般按如下方式分类:

(1)按空气流动所依据的动力分类

通风系统按空气流动所依据的动力分为自然通风和机械通风。

① 自然通风:通风的动力是室内外空气温度差所产生的"热压"和室外风的作用所产生的"风压"。这两种因素有时单独作用,有时同时存在。风的大小和方向是不断变化的,因而自然通风的通风效果不稳定。但它不消耗能源,是一种经济的通风方式。

② 机械通风:是以风机为动力造成空气流动。一般只有当自然通风不能保证卫生标准和特殊要求时才使用。机械通风系统,除了作为动力的风机以外,一般还需要空气过滤器、通风管网以及其他一些配套设施。机械通风能够合理地组织室内气流的方向,便于调节通风量和稳定通风效果。但是,系统运行时要消耗电能,风机和风道等设备要占用一定的建筑面积和空间,因而初期投资和运行费用较大,安装和管理较为复杂。

(2)按通风范围分类

按通风范围分为全面通风和局部通风。

① 全面通风也称稀释通风。全面通风及时在整个房间内,全面地进行通风换气,以改变温、湿度和稀释有害物质的浓度,使作业地带的空气环境符合卫生标准的要求。

全面通风系统适用于有害物质分布面积较广以及某些不适合采用局部通风的场合,在公共及民用建筑中广泛采用。全面通风系统所需风量大,设备较为庞大。当要求通风房间面积较大时,会有局部通风不良的死角。

② 局部通风,又称个性化通风。是在污染物的产生地点直接把污染的空气收集起来排至室外,或者直接向局部空间供给新鲜空气。局部通风具有通风效果好、风量节省等优点。

(3)按特征分类

按特征分为进气式通风和排气式通风。

① 进气式通风,也称送风,是将新鲜空气由室外吹入室内。

② 排气式通风,也称排风,是将污浊空气由室内吸出,排放到室外。

在实际工程中,各种通风方式常常联合使用,具体方式需根据卫生和技术要求,建筑物和生产工艺特点,以及经济、适用等情况而定。

2. 空调系统及其分类

(1)空调系统的组成

空调系统一般由空气处理设备(如制冷机、冷却塔、水泵、风机、空气冷却器、加热器、加湿器、过滤器、空调器、消声器)、空气输送管道、空气分配装置的各种风口和散流器,以及调节阀门、防火阀等附件组成,它可根据需要组成不同形式的系统。

空气调节系统的功能包括为室内供暖、通风、降温和调节湿度等。

(2)空调系统的分类

空调系统可以按多种方式进行分类。

①按空气处理的设置情况分类

按空气处理的设置情况分类,空调系统可分为集中式、分散式、半集中式、分散式系统。

a. 集中式系统:空气处理设备大都设置在集中的空调机房内,空气经处理后,由风道送入各房间。

b. 分散式系统:将冷、热源和空气处理与输送设备等整个空调机组,直接放置在空调房内或附近的房间内,每台机组只供一个或几个小房间,或者一个大房间内放置几台机组。

c. 半集中式系统:集中处理部分或全部风量,然后送往各个房间或各区进行再处理。

② 按负担室内负荷所用的介质分类

按负担室内负荷所用的介质分类,空调系统可分为全空气系统、全水系统、空气—水系统和冷剂系统。

a. 全空气系统:房间全部冷热负荷均由集中处理后的空气来负担。

b. 全水系统:房间冷热负荷全部由集中供应的冷热水负担。

c. 全空—水系统:房间冷热负荷由集中处理的空气负担一部分,其余由水作为介质,在送入房间时,对空气进行再处理。

d. 冷剂系统:房间冷热负荷由制冷系统的直接蒸发器和空调器组合在一起的小型机组负担。直接蒸发机组按冷凝器的冷却方式不同,可以分为风冷式或水冷式;按安装组合情况可以分为窗式、柜式和分体式。

③按集中式空调系统处理的空气来源分类

按集中式空调系统处理的空气来源划分,分为封闭式系统、直流式系统和混合式系统。

a. 封闭式系统:需要处理的空气全部来自空调房间本身,无室外新风补充,适用于战时人防工程或少有人进出的仓库。

b. 直流式系统:需要处理的空气全部来自室外新风,适用于不允许采用室内回风的系统,如放射性实验室等。

c. 混合式系统:封闭式和直流式系统的组合使用,多用于工业与民用建筑。

8.4.3　建筑电气

建筑电气系统包括强电系统和弱电系统。强电系统一般包括:供电电源(变配电室)、室外线路、室内线路、防雷接地设施等部分。弱电系统一般包括:火灾自动报警系统、有线电视系统、通信电话系统、计算机网络系统等。

1. 供配电系统

(1)电力系统

发电厂、电力网和电能用户组合成的一个整体,称为电力系统。

在电力系统中,一切消耗电能的用电设备均称为电能用户。一般分为:

动力用电设备:把电能转换为机械能,例如水泵、电梯等。

照明用电设备:把电能转换为光能,例如各种电光源。

电热用电设备:把电能转换为热能,例如电烤箱、电加热器。

工艺用电设备:把电能转换为化学能,例如电解、电镀。

一个电路的组成,包括四个基本要素:电源、导线、开关控制设备和用电设备。任何电路都必须构成闭合回路。

(2)电源

建筑项目一般从电网或临近的高压配电所直接取得电源,也有设自备电源的(如发电机)。从电网或临近的高压配电所取得的电源一般需经变配电室再次变、配电才可供用户的用电设备使用。

建筑物室内的供电方式,采用 220 V 单相二线制或 380/220 V 三相四线制系统。

(3)室内外电气配电线路

目前,室外一般采用电缆线路,采取直接埋地敷设、电缆沟内敷设或电缆隧道敷设,也有采取电杆架空敷设的。

室内配电线路的导线一般采用绝缘导线、电缆。敷设方式有明敷和暗敷。明敷是导线直接或在管子、线槽、桥架等保护体内,敷设于建筑的墙壁、顶棚的表面或桁架、支架上,一般直接采用线卡敷设;暗敷是导线在管子、线槽等保护体内,敷设于墙壁、顶棚、地层、楼板、梁柱的内部或混凝土板孔内。

电线电缆穿的保护管主要有钢制电线管、焊接钢管、水煤气钢管、聚氯乙烯硬质电线管、聚氯乙烯半硬质电线管、聚氯乙烯塑料波纹电线管以及钢制线槽或聚氯乙烯线槽。

电气竖井内布线,是正在积极推广的一种综合布线方式。

2. 室内低压配电与电气照明

(1)室内低压配电

室内配电用的电压通常为 220 V/380 V 三相四线制的交流电压。220 V 单相负载用于电灯照明或其他家用电器设备,380 V 三相负载多用于有电动机的设备。

低压电源直接进户的供电网路由配电柜、配电箱、干线和支线等部分组成。一般将电能从配电柜(盘)送到各个配电箱(盘)的线路称为干线,而将配电箱接至各种灯具(或其他负载)的线路称为支线。

(2)照明方式

照明方式按照照明器的布置特点分为一般照明、局部照明和混合照明。

一般照明是指在工作场所内不考虑局部的特殊要求,为照亮整个场所而设置的照明,如教室、阅览室、会议室等场所。局部照明是局限于工作部位的固定或移动照明,如设计室的工作台、检修台等。混合照明是指由一般照明和局部照明共同组成的照明方式。

(3)照明种类

照明种类按照照明的功能分为正常照明、事故照明(应急照明)、障碍照明、景观照明等。

3. 导线、配电箱、开关、电表及光源的选择

(1)导线选择的一般原则

导线选择是供配电系统设计中的一项重要内容。它包括导线型号和导线截面的选择。导线型号的选择根据使用环境、敷设方式和供货情况而定。导线截面的选择则根据机械强度、通过导线电流的大小、电压损失等确定。

（2）配电箱

配电箱是接受和分配电能的装置。配电箱内装有电表、总开关和总熔断器、分支开关和分熔断器等。

配电箱按用途可分为照明和动力配电箱;按安装形式可分为明装(挂在墙上或柱上)、暗装和落地柜式;按制造方式可分为定型产品和由施工单位或工厂根据使用要求另行设计加工的非定型配电箱。

用电量小的建筑物可只设一个配电箱;用电量较大的可在每层设分配电箱,而在首层设总配电箱;对于用电量大的建筑物,可根据不同用途设置数量较多的各种类型的配电箱。

（3）开关

总开关(分支开关)包括刀开关和自动空气开关。前者适用于小电流配电系统中,可作为电灯、电器等回路的开关。后者主要用来接通或切断负荷电流,因此又称为电压断路器。开关系统中一般还有熔断器,主要用来保持电气设备免受超负荷电流和短路电流的损害。

灯的开关分明装式和暗装式两类。按构造分有单联、双联和三联开关(一块面板上的开关个数)。按使用方式有拉线开关、扳把开关、按钮开关、感应(声控、光控、触摸)开关等。从控制方式看,有单控开关和双控开关,单控开关可以一只开关控制一盏灯,也可以一只开关控制多盏灯,双控开关可以两只开关在两处控制同一盏灯。

（4）电表

电表又称电度表,是用来计算用户的用电量,并根据用电量计算应缴电费数额。交流电度表分为单相和三相两种。

（5）常用照明灯具

照明灯具又称光源,是指能将电能转换为光能的灯泡、灯管等。

照明灯具按光源类型分为热辐射光源(如白炽灯和碘钨灯)和气体放电光源(如日光灯)。按照安装方式可以分为吊灯、吸顶灯和壁灯等。目前应用广泛的光源是白炽灯和荧光灯具。

（6）插座

插座分双极插座和三极插座,双极插座又分双极双孔和双极三孔(其中一孔做接地极)两种,三极插座有三极三孔和三极四孔(其中一孔接地用)两种。插座也有明装和暗装。

4. 建筑防雷、接地、接零保护

雷电是大气中的自然放电现象。雷电的危害可以分为三类,第一类是直雷击,即雷电直接击在建筑物或设备上发生的机械效应和热效应;第二类是感应雷,即雷电流产生的电磁效应和静电效应;第三类是高位引入,即雷电击中电气线路和管道,雷电流沿这些电气线路和管道引入建筑物内部。它可能引起建筑物或设备的严重破坏并危及人的生命。因此,应采取适当的措施保持建筑物不受雷击,保护设备和人员安全。建筑物的防雷装置一般由接闪器(避雷针、避雷带或网)、引下线及接地线三部分组成。

在电气设备运行中,绝缘损坏会使设备的外壳带电。当人员接触到带电的设备外壳时,电流将通过人体流入大地对人身产生危害。因此,应采取保护措施。对于变压器中性点不接地的运行方式,应将设备的外壳接地,称为接地保护;对于变压器中性点直接接地的运行方式,应将设备的金属外壳与中性点引来的零线相连接,称为接零保护。

思考题 ▐▐▐

8.1　城市给水系统的分类有哪几种?

8.2　循序给水系统与循环给水系统有什么不同?

8.3　给水方式的基本类型有哪些？

8.4　城市排水系统的体制有几种？

8.5　建筑排水系统的分类有哪些？

8.6　污水分为哪几类？

8.7　大气污染的主要成分是什么？如何防治？

8.8　水污染的主要成分是什么？如何防治？

8.9　噪声污染源主要有哪些？如何防治？

8.10　常用的采暖方式有哪些？

8.11　通风系统如何分类？

8.12　电气设备主要包括什么？

24. 思考题答案(8)

9 水利工程

9.1 概　述

9.1.1 水利工程概述

众所周知,水既是自然界一切生命赖以生存不可替代的物质,又是社会发展不可缺少的重要资源。农田灌溉、水产渔业、河海航运、水力发电、工矿企业的生产、城乡居民的生活用水等,可以说,人类生活领域的各方面,国民经济的各部门,都离不开水这一宝贵的物质资源。在目前的经济技术条件下,人类可利用的水资源是有限的。水资源可以再生,可以重复利用,但受气候影响,在时间、空间上分布不均匀,在不同地区之间、同一地区连续几年内汛期和枯水期的水量可能相差很大。水量偏多或偏少往往造成洪涝或干旱等自然灾害。因此,必须认识水资源的变化规律,根据天然水资源的时间、空间分布特点和国民经济各用水部门的需水要求,加强对水资源的管理,合理开发、利用和保护水资源,实现水资源的可持续利用。兴建水利工程是除水害、兴水利最有效的工程措施。所谓水利工程,是指对自然界的地表水、地下水进行控制和调配,以达到兴利除害目的的各项工程的总称。自然界的水在时间上和地区上的分布及其自然存在的状态,不能完全适应人类的需要。为了防治水旱灾害并充分合理地利用水资源,以满足人类生活、工农业生产、交通运输、能源供应、环境保护和生态建设等方面的需要,需统筹规划,因地制宜地修建一系列水利工程。

水利工程按其服务对象可分为防洪工程、农田水利工程(或称灌溉排水工程)、水力发电工程、航道及港口工程、供水及排水工程、环境水利工程、堤防和海塘工程等。很多水利工程具有综合利用效益,称为综合型水利工程。

水利工程也可以按其对水的作用分为蓄水工程、排水工程、取水工程、输水工程、提水工程、水质净化和污水处理工程等。

另外,著名的水利专家黄万里先生将水利工程分为 8 类:治河工程(通常包括防洪,有时兼及航道)、防洪工程、航道工程(包括航道渠化工程)、排水工程、供水工程、灌溉工程、水力发电工程、港湾工程。他还说"这 8 类工程在一条河上要综合起来利用,以发挥最大效益",又说"任何水利工程都涉及治河,治河工程或治水工程是最基本的水利工程"。

水利工程主要由各种类型的水工建筑物组成,其中有挡水的堤防、海塘和各种类型的挡水坝;泄水或取水的水闸、隧洞和涵管;输水的人工河道、渠道、渡槽和倒虹吸管;河道整治的丁坝、顺坝、导流堤和护岸;水力发电系统的压力前池、调压室、压力管道和电站厂房;城镇供水及排水系统的过滤池、配水管网、污水处理厂和排污渠道;航运设施的船闸、升船机、码头和防波堤等。

水利工程多修建在江河、湖泊、海岸等范围内,既对水起控制作用,又要承受水的作用,因而水利工程具有不同于其他工程的特点:①在同一流域或同一地区内,一项水利工程与其他水利工程乃至其他建设工程存在着对立统一的关系；而一项水利工程又往往同时为防洪、灌溉、供水、发电、航运等多方面服务，在这些服务对象之间，也存在着对立统一的关系。因此，兴建水利工程必须遵循全面规划、统筹兼顾、标本兼治、综合利用的原则。②水利工程特别是一些大型水利工程的兴建，都在不同程度上改变了江河、湖泊、海岸以及邻近土地的天然状态，对生态环境、自然景观、区域气候以及人类生活等都将产生一定的影响。③作为水利工程主要部分的水工建筑物，在施工、运行过程中，要承受水压力、浮力、渗透力以及侵蚀、冲刷、冰冻等作用，因而水工建筑物的设计、施工和运行管理也较为复杂。

9.1.2 我国水利工程发展概述

我国和古代埃及等文明古国一样，水利工程起源较早。从春秋战国时期开始，在黄河下游沿岸修建堤防，经历代整修加固至今，已形成近 1 600 km 的黄河大堤。最早有文字记载的水利工程是安徽寿县的安丰塘（古称芍陂）堤坝，建于公元前 598 至公元前 591 年。公元前 485 年开始兴建、公元 1293 年全线通航的京杭大运河，全长 1 797 km，是世界上最长的人工运河，对便利我国南北交通，发挥了重要作用。公元前 256 至公元前 251 年在四川省成都市建成的都江堰工程，是世界上现存历史最长的无坝引水工程，至今仍发挥巨大效益。我国第一座较高的土坝是河南的马仁陂坝，坝高 16 m，坝长 820 m，建于公元前 34 年，经历代维修，安全运行至今已有两千多年。后来直到 16~17 世纪，我国又建造了不少土石坝和砌石坝（包括过水的砌石坝），水利工程的建设仍处于世界前列。

自 17 世纪开始至 20 世纪中叶，西方国家由于工业和科学技术的快速发展，水利水电工程也发展很快，建造了一些高土石坝、混凝土重力坝、拱坝和支墩坝、钢筋混凝土水闸等，并逐步形成了一些建坝理论和计算方法。在这一时期，我国由于政治、经济和科学技术的落后和外强侵略、内战等原因，在水利工程建设方面远落后于西方国家，直到 1950 年全世界 15 m 以上高的坝有 5 196 座，我国只有 8 座，只占 0.154%，那时我国水电站也寥寥无几，就算当时最大的丰满水电蓄水后大坝漏水严重，蓄水位受到限制，仅有 14.3 万 kW 的运行能力。

在 20 世纪 50 年代新中国成立初期，国家和人民都亟须兴修水利，兴建了官厅水库（黏土心墙坝，原坝高 46 m，后又加高 7 m）、佛子岭水库（连拱坝，高 74.4 m）、梅山水库（连拱坝，高 88.24 m，在当时是世界上最高的连拱坝）、响洪甸水库（重力拱坝，高 87.5 m）、狮子滩水库（堆石坝，高 52 m）、磨子潭水库（双支墩大头坝、高 82 m）、新安江水库（宽缝重力坝，高 105 m）等。这些具有不同特色的坝型，很快填补了旧中国筑坝技术的空白。尤其是在 1958 年毛主席、周总理等中央首长参加兴建十三陵水库的劳动以后，全国掀起了兴修水利的高潮。华北最大的密云水库（总库容 43.75 亿 m³），土石方 838 万 m³，混凝土 52 万 m³，仅用两年时间于 1960 年建成，这在古今中外的筑坝史上是罕见的。就在这样一种精神带动下，各种水利工程在全国星罗棋布，很快的建造起来。据水利部数据统计，2017 年，全国已建成各类水库 98 795 座，总库容 9 035 亿 m³。其中：大型水库 732 座，总库容 7 210 亿 m³，占全部总库容的 79.8%；中型水库 3 934 座，总库容 111 亿 m³（图 9.1）。新中国在旧中国烂摊子的基础上，财力物力很紧缺，机械化程度很低，大坝建设的速度如此之快，实为世人所惊叹。

图 9.1 我国 2012—2017 年水库数量

到了 20 世纪 80 年代以后,随着改革开放、经济发展和现代化建设,用电非常紧缺。我国的大江大河蕴藏着丰富的水能资源,据统计,我国大小河流总长度约为 42 万 km,流域面积在 1 000 km² 以上的河流有 1 600 多条,大小湖泊 2 000 多个,年平均径流量总计为 2.78 万亿 m³,居世界第六位。水力资源的蕴藏量为 6.8 亿 kW,是世界水力资源最丰富的国家之一。1980 年底以前所建成的水电站装机容量 2 040 万 kW,仅占总蕴藏量的 3%,占可开发水能资源的 3.76%,所以在大江大河上快速兴建和加快在建的大型水电站工程已成了我国在 80 年代以后能源开发和水利建设的主要目标之一。此后,一批在建和新建的高坝大型水电站或发电效益较大的大型水利枢纽工程抓紧设计和施工,如紧水潭、白山、大华、龙羊峡、葛洲坝、鲁布革、水口、漫湾、东江、东风、安康、隔河岩、宝珠寺、五强溪、李家峡、江垭、盐滩、大朝山、天生桥、小浪底、万家寨、二滩、三峡等工程。其中,二滩双曲拱坝,坝高240 m,是当时世界第三高拱坝,总装机容量 330 万 kW,是我国当时已建的最大水电站。三峡工程在 2003 年底第一批机组发电,于 2009 年全部建成发电,总装机容量 1 820 万 kW(未包括扩建机组),是世界上最大的水电站,并具有很大的防洪、航运和引水效益。其双线五级船闸,总水头 113 m,可通过万吨级船队,垂直升船机总重 11 800 t,过船吨位 3 000 t,提升高度 113 m,均为世界之首。总之,1980 年以来兴建的这些水利水电工程的特点是:①大坝很高或工程量很大;②大兵团作战已不能适应快速施工的要求,机械化和现代化施工代替过去劳动力密集型的施工;③这一时期引进、研究、设计和建造了一大批工期短、投资省的碾压混凝土坝和混凝土面板堆石坝,其数量和高度已成为世界第一;④河水流量和下泄单宽流量大,施工导流、高水头泄洪雾化和消能都存在很大的难题;⑤高水头蓄水容易诱发地震,高坝对坝体和坝基的强度和稳定性要求很高,地下厂房周围岩体应力很大,还有高边坡稳定问题等。我国正在建设中的龙滩碾压混凝土重力坝(第 1 期坝高 192 m,第 2 期拟加高至 216.5 m)、水布垭混凝土面板堆石坝(高 233 m)和小湾混凝土拱坝(高 292 m)都是世界上目前已建和在建的同类坝中最高者。我国已建和在建的水利水电工程中,有些设计和施工技术已达到世界先进水平,进一步丰富了水利水电工程的设计理论和筑坝技术,当然还有很多新问题,科研任务也相当繁重。

除了大坝建设外,新中国建立以后从 1950 年治淮工程开始,广大群众每年投入了大量的劳动,进行大江大河整治工程建设,对黄河、淮河、长江、海河水系、珠江、松花江、辽河等大大小小河流进行了疏浚、筑堤、加固、抢险,还为淮河、海河、太湖等水系开辟了新的排洪入海通道,修建了红旗渠、引滦入津工程等。除此之外,为了保障人民的生存和发展,进入21世纪后,我国投入并修建了大藤峡水利枢纽工程、滇池牛栏江补水工程、滇中引水工程、德厚水库工程等。

9.1.3 水利水电工程的作用

水利是国民经济的基础产业,水利水电工程是国民经济的重要组成部分,是我国最重要的基础设施和推动国民经济发展的基础产业之一,在社会发展和人类进步中发挥着重要的作用。

众所周知,没有水就没有生命,人类的生存和发展与水密切相关,如农田灌溉,水产渔业,河海航运,水力发电、工矿企业的生产,城乡居民的生活用水等,可以说,人类生活领域的各方面、国民经济的各部门,都离不开水这一宝贵的物质资源。我国地域辽阔,水力资源极其丰富。我国水能蕴藏 10 000 kW 以上的河流有 300 多条,水能资源居世界第一。但是我国有 80% 的水力资源未开发,因此,水电增长空间很大。

水是人类赖以生存的基础,水具有"利"和"害"的双重性。人类可以利用水进行灌溉、发电、饮用、航运、养殖、旅游等。同时,水又会对人类造成危害,如降雨产生的洪水、泥石流等会造成淹没或冲毁农田、村庄、城镇等灾害,必须通过工程措施避免或减少这种危害。因此,为了"兴水利"与"除水害",需要修建大量的水利水电工程,如两千多年前修建的举世闻名的都江堰水利枢纽,现在仍发挥着防洪和灌溉的重要作用。目前我国建设的长江三峡水利枢纽,是集"防洪、灌溉、城市供水、发电、航运"等功能于一体的特大型综合水利水电工程,是多目标开发的综合利用工程,其防洪、发电、航运三大主要效益,均居世界同类水利工程前列,目前还无其他相当的巨型水利枢纽可与之比拟。

水利水电工程是国民经济的重要基础设施,兴建水利工程不仅能满足人们对于供水、防洪、灌溉、发电、航运、渔业及旅游等需求,而且更重要的是水利水电工程对于经济发展、社会进步有着巨大的推动作用,同时在生态建设方面也同样具有积极作用。

水能是世界能源的重要组成部分,水电更提供着 1/5 的电力能源。与煤炭等化学能源发电相比,水能具有无温室气体排放、资源可再生等优点,是符合可持续发展要求的重要能源,中国水能资源丰富。不论是水能资源蕴藏量,还是可开发的水能资源,我国都居世界第一位。但是,与发达国家相比,我国的水力资源开发利用程度并不高。截至 2020 年底,我国水电装机容量突破了 3.8 亿 kW 占全球总水电装机容量的 28% 左右,居世界第一。以三峡工程为代表的大型水电项目的开放式建设,带动了全球行业技术的飞跃发展,成就举世瞩目。

目前,我国已建或在建,如葛洲坝、二滩、小浪底、三峡等一批令世人瞩目的大型水电站,为当地的旅游、经济发展及居民生活水平的提高,做出了巨大贡献。但是和任何事物都具有双重性一样,水电建设要截断河流、淹没土地、迁移人口,不可避免地会给环境带来一些不利影响。这些不利影响主要包括移民安置问题、水电工程建设所产生的泥沙冲淤变化,以及水电工程对鱼类和水生生物的影响。

综上所述,水利水电工程在利用自然资源产生巨大的经济效益的同时,也带来了巨大的社会效益,促进了社会福利的提高。但水利水电工程也使一部分人受损。因此,在国民经济的发展中,水利水电工程的规划、建设、运行管理与市场经济的关系愈发显得重要,是目前要重点解决的问题。

9.2 水 力 发 电

9.2.1 水电开发在能源开发中的地位和作用

1. 水能资源在全国能源资源中居重要地位

我国能源资源的开发利用,当前和可以预见的相当长时间内,主要是煤炭和水力,石油、天然气和核资源等资源的比重均相对较小。

水电能源是我国现有能源中唯一可以大规模开发的持续能源,经勘探证实,截至 2019 年底,全国地质勘查投资 993.4 亿元,其中,油气地质勘查投资 821.29 亿元,增长 29%;非油气地质勘查投资 172.11 亿元,下降 0.9%。石油新增探明地质储量 11.2 亿 t,其中,新增探明技术可采储量 1.6 亿 t。页岩气新增探明地质储量 7 644.2 亿 m^3,其中,新增探明技术可采储量 1 838.4 亿 m^3。

在目前的经济和技术条件下,水能资源是我国所有可再生能源中唯一可以大规模开发的清洁能源,是国家能源工业可持续发展的重要组成部分,水电是实现碳中和的最佳电源之一,因而在能源资源开发中,有着特殊重要的战略意义。

2. 水电参与全国能源平衡作用巨大

从能源资源分布条件考察,中国各地区的能源资源富集程度相差悬殊,能源资源的地域分布既普遍又很不均匀。总的情势是,各地区都有一定的资源蕴藏量,具有在全国范围内普遍建立中小型能源工业的潜力;但地域上的集中程度,又相对极高。在常规能源中,水能资源主要分布在西南部的三大区,占总量的 9/10,东部三大区仅占 1/10。已探明的煤炭、石油资源布局恰好相反,东部三大区占 3/4,西南部三大区仅占约 1/4。在平衡地区能源布局中,开发水能资源将起到十分重要的资源补偿作用,有力地减轻煤炭、石油生产与运输的压力,有效地缓解东部能源的供需矛盾。

3. 水电经济效益维系着电力网局的持续运行和发展

水电开发除在能源,特别是电源开发中,除具有与火电等其他电源极为重要的互补作用外,还在电力系统中很好发挥着调峰、调频、负荷跟踪、负荷备用、事故备用、设备完好率等动态功能效益,同时在水利系统中,还发挥防洪、灌溉、航运、供水、养殖、旅游等综合利用效益。水电的这种特有经济、社会效益和作用,远大于火电。我国东北、华东、华中三大电网的水电实际单位经济效益,分别为火电的 4~10 倍。如曾经华中电网的水电电量仅占全网的 20%,但其利润却为全网净利润总额的 119%。这种实况说明,水电的经济有利性维系着各个电力网局的持续运行和发展。随着国家经济改革的不断深化,对水电在电力工业发展中的支柱作用也日益被社会认同,从而将更大规模地加速开发水电能源。

4. 水电开发的环境社会效益显著

能源的环境问题,主要是能源开发和利用的污染物排放和生态影响,煤炭对大气环境的污染,以及废渣、废水等对生态的破坏。水电是清洁的一次和二次能源,在开发、转换为电能的过程中不发生化学变化,不排出有害物质,对环境没有污染。有水库的水电站建成后,还可以改善局地气候和生态环境。而且,水电开发促进地区经济大发展,其所产生的灌溉、防洪、航运、养殖、供水等水利社会效益巨大,同时也节约了大量能源。据全国有代表性的 21 座大中型水电站调研分析,黄河龙羊峡至青铜峡等 5 级电站相继建成投产,不仅形成了小川、古城和青铜峡市等 20 万~30 万人口的中型城市,同时使该地区的国民生产总值较建库前增长了 10 倍左右;丹江口水电站的建成,使丹江口由一个村贸小镇发展成为 10 余万人口的新型城市;东江水库虽然淹没资兴市 5.7 万亩耕地,但随着电站的建成和开发,全市 1994 年的工业总产值和地方财政收入即分别比建库前增长了 6.1 倍和 7.9 倍;新安江电站建成投产,相继创建了全新的淳安、建德等中型城市,连同周围的金华、衢县、桐庐、富阳等 6 县市的工业总产值,较建库前分别增加了 5.1~7.1 倍。

在 2020 年 4 月印度的水力发电试验中得到了最好的展示,这可能是世界上最大的电力试验。目前全球水电装机容量已超过 1 300 GW。据国际可再生能源机构(IRENA)所做的"2020 年全球可再生能源展望",到 2050 年,这一指标需要增长 60% 左右,才能有助于将全球气温升幅控制在较前工业化水平的 2 ℃ 以内。十年创造大约 60 万个技术岗位,估计需要投资 1.7 万亿美元。2019 年世界装机容量增加国家见表 9.1。

表 9.1　2019 年装机容量增加国家排行表

排名	国家	新增装机容量(MW)	排名	国家	新增装机容量(MW)
1	巴西	4 919	15	挪威	134
2	中国	4 170	16	意大利	95
3	老挝	1 892	17	哥伦比亚	81
4	不丹	720	18	马来西亚	80
5	塔吉克斯坦	600	19	越南	80
6	俄罗斯	463	20	玻利维亚	77
7	安哥拉	334	21	菲律宾	71
8	乌干达	260	22	危地马拉	58
9	埃塞俄比亚	254	23	格鲁吉亚	50
10	土耳其	219	24	塞尔维亚	49
11	尼泊尔	176	25	喀麦隆	45
12	印度	154	26	智利	38
13	伊朗	150	27	西班牙	38
14	印度尼西亚	144	28	秘鲁	33

注:装机容量资料来源:国际水电协会"2020IHA HYdropOWER REPORT"。

9.2.2　我国水能资源的分布及其开发利用

我国是一个利用水能资源最早和水能资源最富有的国家之一。广义的水能资源包括河流水能、潮汐水能、波浪能和海洋热能等资源;狭义的水能资源指河流水能资源。我国河流水能资源非常丰富,居世界第 1 位。

我国的水能资源在开发利用方面,还具有以下特征:

1. 资源总量丰富,但地区分布不均

我国常规水能资源位居世界第一,海洋能资源和抽水蓄能资源蕴藏量也极为丰富。在常规水能资源蕴藏量、技术和经济可开发量中,我国分别拥有全球总量的 14.6%、14.3% 和 13.7%。就世界七个水能资源大国而言,我国拥有的技术可开发量约为巴西的 1.8 倍,美国、印度和扎伊尔三国之和的 1.1 倍,是世界上唯一可以大规模开发的再生水能资源大国。

另一方面,我国水能资源地域分布极不均衡,82.9% 集中于西部地区,其中西南 4 省区即占全国总量的 73.6%;而东部 15 省区市仅占 7.0%。这种情况表明,占全球总量约 1/7 的我国常规水能资源的开发利用,很自然地将是富集度最高的西部资源区。

2. 大型水电站比重大,区域布局相对集中

截至 2020 年底,我国规模以上电力发电量达 74 170 亿 kW·h,同比增加 2.7%。水力发电量达 12 140 亿 kW·h,同比增加 5.3%。在全国规划的单站装机容量 1.0 万 kW 以上的 1 946 座水电站中,装机等于和大于 25.0 万 kW 以上的大型水电站共有 225 座,但其装机容量和年发电量却占全国总量的约 80%;装机 200.0 万 kW 以上的特大型电站有 33 座,相应装机容量和年发电量却占总数的 50% 左右。同时,近 75.0% 的大型电站和约 80% 的 100 万 kW 以上的特大型电站,均集中分布在西部地区,尤其是西南地区,其中云、贵、川、藏四省(区)占全国总数的 55%~65%。

3. 多数水库调节性能低,电站季节性能量较多

我国各地气候受季风影响很大,河川天然径流年内分配不均匀。各大区夏秋季 4~5 个月的径流量。一般占全年径流的 60%~70%,冬、春季节径流量很少。更为突出的是,一些河流的径流量还存在着连续多年丰沛或干旱的现象。如黄河在 70 年观测期内就出现过 1922—1932 年连续 11 年的枯水期,也有过连续 9 年的丰水期;松花江在以往出现过 1898—1908 年连续 11 年和 1916—1928 年连续 13 年少水期,其间年径流量较多年平均值低 40%;而当发生 1960—1966 年连续 7 年丰水期时,相应平均径流量比正常年份多 32%。为了有效利用水能资源和较好地满足用户要求,一般需修建水库以调节径流;但因受移民和环境等社会经济条件制约,修建水库大都调节性能较低,电站季节性能量相对较多。

4. 水电开发中的综合利用问题较复杂

我国大部分河流的开发利用,特别是其中、下游,往往同时有防洪、灌溉、航运、供水、养殖、防凌、旅游、生态等一方面或多方面要求,在用水或耗水的数量、时间与空间分配上,往往彼此呈现一定程度的矛盾现象。开发水电能源,大都需要遵循综合利用河流水资源的原则,同时应考虑市场经济是人类共同创造的资源配置的一种有效方式,依据市场经济的特征与运行机制采取积极评估决策,以取得各部门效益的较好协调。根据对全国已建 130 座大中型水电站的初步统计,其中同时具有上述一项或两项、三项和四项综合效益的水电站,分别占电站总座数的 51%、24%、13% 和 9%。

5. 山区水电开发的高坝工程较艰巨

我国地少人多,修建水电站往往受水库淹没影响的限制;而在深山峡谷河流中建筑水电站,虽可减少淹没损失,但需建设高坝,工程较艰巨。

6. 特大型电站远离用电市场,输变电工程较大

正由于全国水能资源的约 70% 和装机容量在 25 万 kW 以上大型水电站的约 80% 位于西部地区,而能源和电力消费的约 65% 在东部地区,所以各特大型水电工程"西电东送"的输电距离一般较长,输变电投资相对较多。几座大水电站的具体输电距离列于表 9.2。

表 9.2 中国部分大型水电站输电距离

水电站	装机容量(万 kW)	电力送达城市	输电距离(km)
三峡	1 820	华中、华东、南方和川渝地区	1 300
龙潭	540	广州	700
小湾	420	广州	1 500

水电站	装机容量(万 kW)	电力送达城市	输电距离(km)
溪洛渡	1 440	武汉/上海	1 300/1 900
白鹤滩	1 440	武汉/上海	1 500/2 100
乌东德	800	上海	2 200

9.3 挡水、取水和输水建筑物

水工建筑物按其功能可分为两大类:服务于多目标的通用性水工建筑物和服务于单一目标的专门性水工建筑物。在 1992 年国家技术监督局发布的学科分类中,前者称为一般水工建筑物,后者称为专门水工建筑物。

一般水工建筑物主要有以下五类:

(1)挡水建筑物。用以拦截水流、提高水位、调蓄水量等,如大坝和水闸;以及为抗御洪水或挡潮,沿江河海岸修建的堤防、海塘等。

(2)泄水建筑物。用以宣泄水库、湖泊、涝区、河道等的多余水量或排放泥沙和冰凌,以免漫顶危急水工建筑物和下游的安全;也可为人防、检修而放空水库、渠道等,以保证坝和其他建筑物的安全。水库枢纽中的泄水建筑物可以与坝体结合在一起。如各种溢流坝、坝身泄水孔,也可设在坝体以外。如各式岸边溢洪道和泄水隧洞等。

(3)输水建筑物。为灌溉、发电和供水的需要从上游向下游输水用的水工建筑物,如引水隧洞、引水涵管、渠道、渡槽等。

(4)取(进)水建筑物。是输水建筑物的首部结构,如引水隧洞的进口段(包括进水口、进水塔)、灌溉渠首、进水闸、扬水站等。

(5)整治建筑物。用来改善河流的水流条件,调整水流对河床及河岸的作用以及为防护水库、湖泊中的波浪和水流对岸坡的冲刷,如丁坝、顺坝、导流堤、护底、护岸等。

专门水工建筑物主要有以下四类:

(1)水电站建筑物。专门用于水力发电,主要有水电站厂房、压力前池、压力管道、调压室等。

(2)通航建筑物。专门用于航运,如船闸、升船机、码头等。

(3)给排水建筑物。专门用于城镇供水和排水,如沉淀池、污水处理厂等。

(4)其他过坝建筑物。如用于运输木材的过木道、用于过鱼的鱼道等。

9.3.1 坝

坝是指拦截江河水流,用以调蓄水量或壅高水位的挡水建筑物。按结构和力学特点可分为重力坝(包括实体重力坝、宽缝重力坝、空腹重力坝)、土石坝、拱坝(包括单曲拱坝、双曲拱坝、空腹拱坝)、支墩坝(包括平板坝、连拱坝、大头坝)、装配式坝、锚固坝(包括桩基锚固坝、预应力坝)等;按坝的高度可分为低坝、中坝和高坝(我国规定:坝高 30 m 以下为低坝,30~70 m 为中坝,70 m 以上为高坝);按泄水条件可分为溢流坝和非溢流坝。

1. 重力坝

重力坝是指用混凝土或块石修建的,主要依靠坝体自重维持稳定的坝。同时依靠坝体自重产生的压应力来减小水库水压力所引起的上游坝面拉应力以满足强度要求。重力坝的基本剖面呈三角形,上游坝面陡、下游坝面较缓。筑坝材料为混凝土或浆砌石。在平面上,坝轴线通常呈直线,有时为了适应地形、地质条件,或为了枢纽布置的要求也可布置成折线或曲率不大的拱向上游的拱形。为了适应地基变形、温度变化和混凝土的浇筑能力,沿坝轴线用横缝将坝体分隔成若干个独立工作的坝段(图 9.2)。

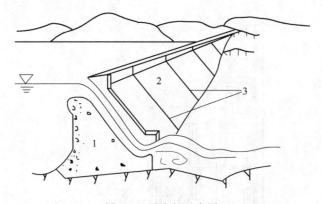

图 9.2 重力坝示意图
1—溢流坝段;2—非溢流坝段;3—横缝

重力坝主要的优点是:①安全可靠;②对地形、地质条件适应性强;③枢纽泄洪问题容易解决;④便于施工导流;⑤施工方便;⑥结构作用明确。

与此同时,重力坝也存在一些缺点:①混凝土重力坝水泥用量较多,需要较强的混凝土温度控制设备和措施;②浆砌石重力坝的坝体砌筑难以机械化,施工速度较慢。

重力坝设计包括以下主要内容:选定坝轴线、剖面设计、稳定分析、应力分析、构造设计、地基处理、溢流重力坝和泄水孔的设计和监测设计等。

根据史料记载,最早的重力坝是公元前 2900 年前在古埃及尼罗河上建造的一座高 15 m、顶长 240 m 的挡水坝。人类历史上修建的第一批堰、坝,都是利用结构自重来维持稳定的,一直到 19 世纪以前建造的重力坝,基本上都采用浆砌毛石,19 世纪后期才逐渐采用混凝土。坝工设计理论是在筑坝实践中不断发展起来的,从 1853 年到 1890 年,法国工程师先后发表了一些有关重力坝设计的论文,提出了坝体应力分析的材料力学方法和弹性理论方法,对坝工建设作出了重要贡献。19 世纪末期,通过对几座失事重力坝的分析研究,认为作用于坝体的扬压力对坝体有不利影响,此后便在靠近上游面的坝体内设置排水管幕。以消减扬压力。进入 20 世纪后,随着混凝土施工工艺水平的提高和施工机械的迅速发展,筑坝材料由浆砌毛石、块石发展到混凝土,为了控制温度裂缝,在坝内设置横缝和纵缝,并采取接缝灌浆和坝体温控措施,在地基内设置阻水的灌浆帷幕和排水系统等,逐步形成

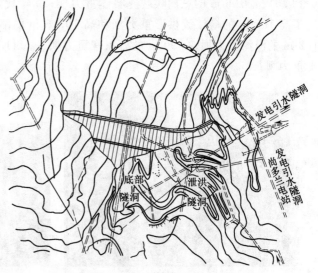

图 9.3 大狄克桑斯坝枢纽布置图

了现代的混凝土坝。随着筑坝技术的提高,高坝在不断增多,地质勘探、试验研究和坝基处理得到了重视和加强。1962年瑞士建成了世界上最高的大狄克桑斯重力坝,坝高达 285 m,工程主要建筑物包括混凝土重力坝、泄水建筑物、左岸发电引水系统和地下厂房,大狄克桑斯坝枢纽布置图(图 9.3)和大坝横剖面图(图 9.4)。

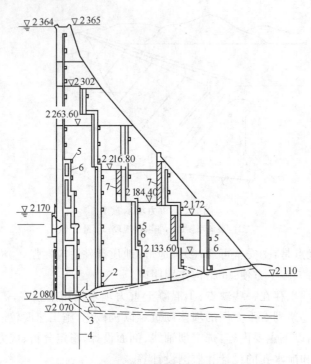

图 9.4　大狄克桑斯坝横剖面图(单位:m)
1—底部廊道;2—排水廊道;3—灌浆廊道;4—防渗帷幕;5—检查廊道;6—检查竖井;7—宽缝键槽

　　我国在 20 世纪 50 年代首先建成了高 105 m 的新安江宽缝重力坝(图 9.5)和高 71 m 的古田一级两座宽缝重力坝;60 年代建成了高 97 m 的丹江口宽缝重力坝和高 147 m 的刘家峡(图 9.6)、高 106 m 的三门峡两座实体重力坝;70 年代建成了黄龙滩、龚嘴重力坝;80 年代建成了高 165 m 的乌江渡拱形重力坝和高 107.5 m 的潘家口宽缝重力坝等;90 年代建成了高 132 m 的漫湾重力坝、高 90 m 的万家寨重力坝、高 111 m 的岩滩和高 128 m 的江垭碾压混凝土重力坝。

图 9.5　新安江水利枢纽　　　　　　　　　　图 9.6　刘家峡水电站

我国已建成的世界上最大的三峡水利枢纽,主要建筑物由大坝、水电站和通航建筑物三大部分组成,如图9.7所示。拦河大坝为混凝土重力坝,最大坝高181 m。我国正在建造的龙潭碾压混凝土重力坝,初期最大坝高192 m,第2期加高至216.5 m,将是世界上最高和体积最大的碾压混凝土重力坝。

25. 三峡水电站简介

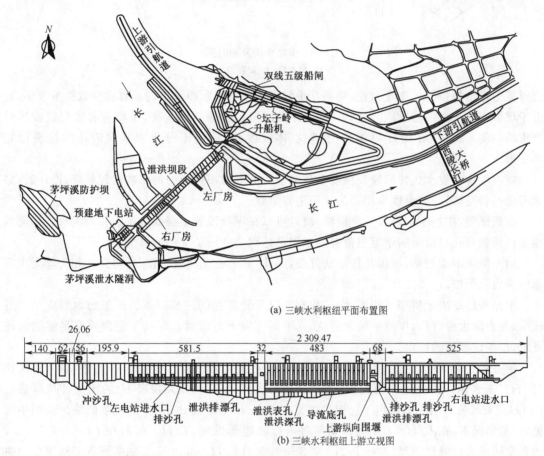

(a) 三峡水利枢纽平面布置图

(b) 三峡水利枢纽上游立视图

图9.7　三峡水利枢纽布置图(单位:m)

2. 拱坝

　　拱坝是固接于基岩的空间壳体结构,在平面上呈凸向上游的拱形,其拱冠剖面呈竖直的或向上游凸出的曲线形,坝体结构既有拱作用又有竖直悬臂梁作用,所承受的水平荷载一部分通过拱的作用压向两岸,另一部分通过竖直梁的作用传到坝底基岩,如图9.8所示。坝体的稳定主要依靠两岸岩基作用,并不全靠坝体自重来维持。由于拱主要承受轴向压力,拱内弯矩较小,应力分布较为均匀,有利于发挥材料的强度,从而坝体厚度可以减薄,节省工程量。拱坝的体积比同一高度的重力坝可节省20%～70%,从经济意义上讲,拱坝是一种很优越的坝型。

　　拱坝属于高次超静定整体结构,当外荷增大或坝的某一部位发生局部开裂时,变形量较大的拱或梁将把荷载部分转移至变形量较小的拱和梁,拱和梁作用将会自行调整,使坝体应力重新分配。根据国内外拱坝结构模型试验成果表明:只要坝基牢固,拱坝的超载能力可以达到设计荷载的5～11倍,远高于重力坝。拱坝坝体轻韧,地震惯性力比重力坝小,工程实践表明,其

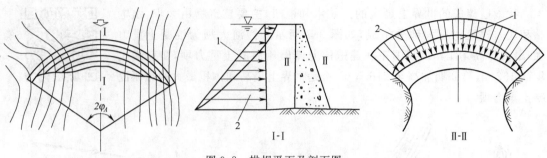

图 9.8　拱坝平面及剖面图
1—拱荷载;2—梁荷载

抗震能力也是很强的。迄今为止,拱坝几乎没有因坝身问题而失事的。有极少数拱坝失事,是由于坝肩岩体抗滑失稳所致。1959 年 12 月法国马尔巴塞拱坝溃决,是坝肩岩体失稳破坏最严重的一例。所以,在设计与施工中,除坝体强度外,还应十分重视坝肩岩体的抗滑稳定和变形。

拱坝坝身不设永久伸缩缝。温度变化和基岩变形对坝体应力的影响比较显著,设计时,必须考虑基岩变形,并将温度作用列为一项主要荷载。

实践证明,拱坝不仅可以安全溢流,而且可以在坝身设置单层或多层大孔口泄水。目前坝顶溢流或坝身孔口泄流的单宽泄量有的工程已达到 200 $m^3/(s \cdot m)$ 以上。

由于拱坝剖面较薄,坝体几何形状复杂,因此,对于施工质量、筑坝材料强度和防渗要求等都较重力坝严格。

地形条件是决定拱坝结构形式、工程布置以及经济性的主要因素。理想的地形应是河谷较窄、左右岸大致对称,岸坡平顺无突变,在平面上向下游收缩。坝端下游侧要有足够的岩体支承,以保证坝体的稳定。

河谷的形状特征常用坝顶高程处的河谷宽度 L 与最大坝高 H 的比值,即"宽高比(L/H)"来表示。拱坝的厚薄程度,常以坝底最大厚度 T 和最大坝高 H 的比值,即"厚高比(T/H)"来区分。图 9.9 给出了已建拱坝宽高比 L/H 与厚高比 T/H 的关系曲线。从图中可见,一般情况下,在 $L/H<1.5$ 的深切河谷可以修建薄拱坝,$T/H<0.2$;在 $L/H=1.5\sim3.0$ 的稍宽河谷可以修建中厚拱坝,$T/H=0.2\sim0.35$;在 $L/H=3.0\sim5.5$ 的宽河谷多修建重力拱坝,$T/H>0.35$;而在 $L/H>5.5$ 的宽浅河谷,由于拱的作用已经很小,梁的作用将成为主要的传力方式,以修建重力坝或拱形重力坝较为适合。随着近代拱坝建设技术的发展,已有一些成功的实例突破了这些界限,如:奥地利的希勒格尔斯双曲拱坝,高 130 m,$L/H=5.5$,$T/H=0.25$;美国的奥本山圆心拱坝,坝高 210 m,$L/H=6.0$,$T/H=0.29$。其实,T/H 不仅与 L/H 有关,还与施工工艺、坝体强度和坝基稳定等条件有关。

不同河谷即使具有同一宽高比,其断面形状可能相差很大。图 9.10 代表两种不同类型的河谷形状,在水压荷载作用下拱梁系统的荷载分配以及对坝体剖面的影响。左右对称的 V 形河谷适于发挥拱的作用,靠近底部水压强度最大,但拱跨短,底拱厚度仍可较薄;U 形河谷靠近底部拱的作用显著降低,大部分荷载由梁的作用来承担,故厚度较大;而梯形河谷的情况则介于这两者之间。

根据工程经验,拱坝最好修建在对称河谷中,在不对称河谷中也可修建,但坝体承受较大的扭矩,产生较大的平行于坝面的剪应力和主拉应力。可采用重力墩或将两岸开挖成对称的形状,以减小这种扭矩和应力。

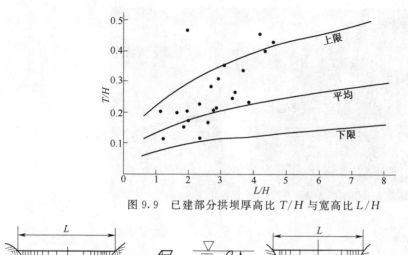

图 9.9 已建部分拱坝厚高比 T/H 与宽高比 L/H

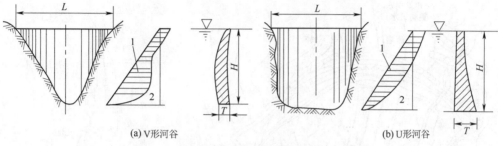

(a) V 形河谷   (b) U 形河谷

图 9.10 河谷形状对荷载分配和坝剖面的影响

1—拱荷载；2—梁荷载

地质条件也是拱坝建设中的一个重要问题。河谷两岸的基岩必须能承受由拱端传来的推力，要在任何情况下都能保持稳定，不致危害坝体的安全。理想的地质条件是，基岩比较均匀、坚固完整、有足够的强度、透水性小、能抵抗水的侵蚀、耐风化、岸坡稳定、没有大断裂等。实际上很难找到没有节理、裂隙、软弱夹层或局部断裂破碎带的天然坝址，但必须查明工程的地质条件，必要时，应采取妥善的地基处理措施。当地质条件复杂到难于处理，或在处理上工作量太大、费用过高时，则应另选其他坝型。

目前世界上已建成的拱坝中：厚高比最小的是法国的拖拉拱坝，坝高 $H=88$ m，坝底厚 $T=2$ m，$T/H=0.022\,7$；最高的拱坝是苏联于 1982 年建成的英古里坝（图 9.11），坝型为双曲拱坝，高 271.5 m，坝顶长 680 m。坝底厚度 86m，厚高比为 0.33。

我国已建最高的拱坝是二滩双曲拱坝（图 9.12），高 240 m。最高的重力拱坝是青海省的龙羊峡拱坝（图 9.13），坝高 178 m。我国已建成的小湾双曲拱坝于 2010 年 8 月 6 台机组全部投产，坝高 292 m。2013 年建成的锦屏一级水电站拱坝高 305 m，是世界第一高拱坝。

3. 土石坝

土石坝是由土、砂石料等当地材料建成的坝，是历史最悠久的一种坝型，是世界坝工建设中应用最为广泛和发展最快的一种坝型。土石坝按其施工方法可分为：碾压式土石坝、充填式土石坝、水中填土坝和定向爆破堆石坝等。其中，充填式土石坝是利用水力开采和运输的；水中填土坝则在坝址处修筑围梗灌水、填土，使土料在水中崩解压密。这两种坝型都是靠水的渗流带动颗粒向下运动而压密的，压实性能远不如机械碾压，而且排水固结很慢，孔隙水压力很大，只适用于坝坡较缓的低坝。定向爆破利用抛石冲击力的压实性能也不如振动碾压。土石坝的建筑实践表明，应用最广泛、质量最好的是碾压式土石坝。

(a) 英古里坝

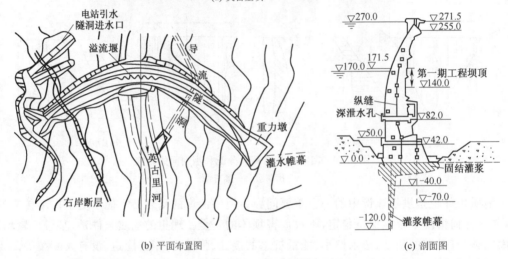

(b) 平面布置图　　　　　　(c) 剖面图

图 9.11　英古里坝平面布置和剖面图(单位:m)

图 9.12　二滩双曲拱坝

图 9.13　龙羊峡水电站

26. 龙羊峡水
电站简介

　　按照土料在坝身内的配置和防渗体所用的材料种类及其所在的位置,碾压式土石坝可分为以下几种主要类型(图 9.14)。

　　(1)均质坝。坝体的绝大部分由均一的土料填筑而成,土料起到防渗和稳定作用。

　　(2)土质心墙坝。由相对不透水或弱透水土料构成中央防渗体,其上下游两侧以透水砂砾土石料组成坝壳,对心墙起保护支承作用。

　　(3)土质斜墙坝。靠近坝体上游面设置倾斜的土质防渗体。土质斜墙坝由上游保护层、土

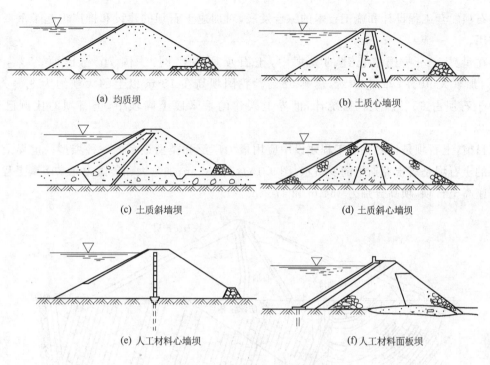

(a) 均质坝　　　　　　　　　　　　(b) 土质心墙坝

(c) 土质斜墙坝　　　　　　　　　　(d) 土质斜心墙坝

(e) 人工材料心墙坝　　　　　　　　(f) 人工材料面板坝

图 9.14　碾压式土石坝类型

质斜墙、反滤过渡层、透水料坝体及下游排水体等组成。

（4）土质斜心墙坝。由相对不透水或弱透水土料构成防渗体，其下部为斜墙、上部为心墙，在它们的上下游两侧以透水土石料组成坝壳，支撑和保护防渗体。

（5）人工材料心墙坝。中央防渗体由沥青混凝土或混凝土、钢筋混凝土等人工材料构成，坝壳由透水或半透水土石料组成。

（6）人工材料面板坝。上游防渗面板由钢筋混凝土、沥青混凝土、塑料薄膜或土工膜等材料构成。其支撑体由透水或半透水砂砾石料组成。

土石坝设计的基本要求：①坝体具有足够的断面，坝坡和坝基应有足够的稳定性；②应设置良好的防渗和排水设施以控制渗流量和渗流破坏；③根据现场条件选择好筑坝土石料的种类、坝的结构形式以及各种土石料在坝体内的配置，还应根据土石料的物理、力学性质选择好坝体各部分的填筑压实标准，达到技术和经济上的合理性；④泄洪建筑物具有足够的泄洪能力，坝顶在洪水位以上要有足够的安全超高，以防洪水漫顶，造成坝的失事；⑤采取适当的构造措施，使坝运用可靠和耐久。

近代的筑坝技术自 20 世纪 60 年代后得到很大的发展，例如：深覆盖层的垂直防渗处理，施工导流技术的发展，大型振动碾的出现并促成了一批面板堆石坝和高土石坝的建设。土石坝得以广泛应用和发展的主要原因有：①可以就地、就近取材，节省大量水泥、木材和钢材，减少工地的外线运输量；②能适应各种不同的地形、地质和气候条件；③大容量、多功能、高效率施工机械的发展，提高了土石坝的施工质量，加快了进度，降低了造价，促进了高土石坝建设的发展；④由于岩土力学理论、试验手段和计算技术的发展，提高了大坝分析计算的水平，加快了设计进度，进一步保障了大坝设计的安全可靠性；⑤高边坡、地下工程结构、高速水流消能防冲等土石坝配套工程设计和施工技术的综合发展,对加速土石坝的建设和推广也起了重要的促进作用。

在世界上一些国家已建的大坝中,土石坝所占比例:法国 70%,巴西 75%,美国 87%,加拿大 90%,韩国 95%,瑞典 98%。我国坝高在 15 m 以上的大坝约为 3.8 万座,其中土石坝占 95% 以上。据统计,世界上兴建的百米以上高坝中,土石坝的比例已达到 75% 以上。

目前,土石坝是世界大坝工程建设中应用最为广泛和类型最多的一种坝型。世界上目前最高的土石坝是塔吉克斯坦的罗贡坝(图 9.15),高 335 m;加拿大和美国为北水南调工程拟建的两座高土石坝,坝高分别为 464 m 和 476 m。

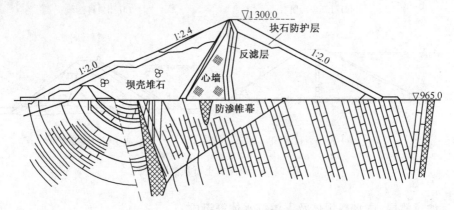

图 9.15　罗贡坝设计剖面图(单位:m)

我国已建的小浪底水利枢纽,枢纽大坝是中国已建成的体积最大、基础覆盖层最深的土质防渗体当地材料坝。考虑黄河多泥沙的特点,采用带内铺盖的黏土斜心墙堆石坝坝型,最大坝高 154 m。上游围堰是主坝的一部分,斜墙下设塑性混凝土防渗墙和旋喷灌浆相结合的防渗措施,坝体防渗由主坝斜心墙、上爬式内铺盖、上游围堰斜墙与坝前淤积体组成完整的防渗体系(图 9.16)。我国已建成的天生桥一级电站,坝高 178 m,大坝的剖面图如图 9.17 所示。已建成的水布垭面板堆石坝,坝高 233 m,是目前世界同类坝中最高的。

(a) 小浪底土石坝

图 9.16

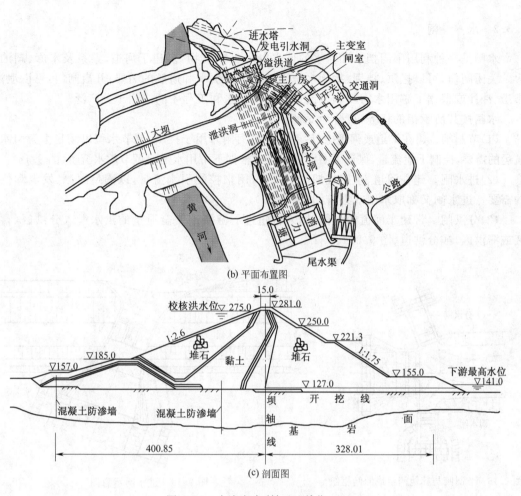

(b) 平面布置图

(c) 剖面图

图 9.16 小浪底水利枢纽(单位:m)

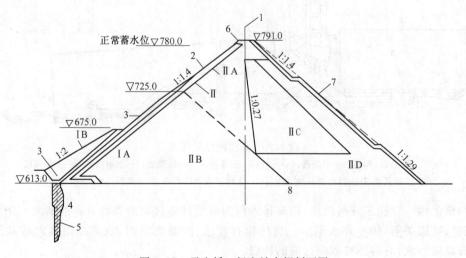

图 9.17 天生桥一级电站大坝剖面图

1—坝轴线;2—混凝土面板;3—趾板;4—固结灌浆;5—帷幕灌浆;6—防浪墙;7—块石护坡;8—坝基;
ⅠA—砂壤土;ⅠB—任意料;Ⅱ—垫层料;ⅡA—过滤料;ⅡB—主堆石料;ⅡC—软岩料;ⅡD—次堆石料

9.3.2　水　　闸

水闸是一种利用闸门挡水和泄水的低水头水工建筑物,多建于河道、渠系及水库、湖泊岸边。关闭闸门,可以拦洪、挡潮、抬高水位以满足上游引水和通航的需要;开启闸门,可以泄洪、排涝、冲沙或根据下游用水需要调节流量。水闸在水利工程中的应用十分广泛。

水闸按其所承担的任务,可分为 6 种。

(1)节制闸。建在渠道或河道上(后者又称拦河闸),用于拦洪、调节水位以满足上游引水或航运的需要,控制下泄流量,保证下游河道安全或根据下游用水需要调节放水流量(图 9.18)。

(2)进水闸。建在河道、水库或湖泊的岸边,用来控制引水流量,以满足灌溉、发电和供水的需要。进水闸又称取水闸或渠首闸(图 9.19)。

(3)分洪闸。常建于河道的一侧,用来将超过下游河道安全泄量的洪水泄入分洪区(蓄洪区或滞洪区)或分洪道(图 9.20)。

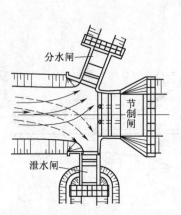

图 9.18　节制闸与其他闸组成的闸枢纽

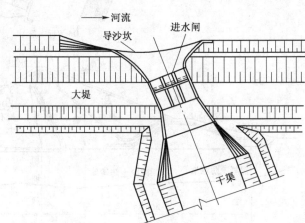

图 9.19　进水闸示意图

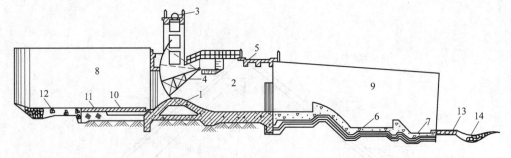

图 9.20　分洪闸纵剖面图

1—空心底板;2—闸墩;3—启闭机;4—闸门;5—交通桥;6—一级消能;7—二级消能;8—上游翼墙;
9—下游翼墙;10—阻滑板;11—铺盖;12—上游护底及防冲槽;13—海漫;14—下游防冲槽

(4)排水闸。常建于江河沿岸,用来排除内河或低洼地区对农作物有害的渍水。当外河水位上涨时,可以关闸,防止外水倒灌。当洼地有蓄水、灌溉要求时,也可关门蓄水或从江河引水,具有双向挡水,有时还有双向过流的特点。

(5)挡潮闸。建在入海河口附近,涨潮时关闸,防止海水倒灌,退潮时开闸泄水,具有双向挡水的特点。

(6)冲沙闸(排沙闸)。建在多泥沙河流上,用于排除进水闸、节制闸前或渠系中沉积的泥沙,减少引水水流的含沙量,防止渠道和闸前河道淤积。冲沙闸常建在进水闸一侧的河道上与节制闸并排布置或设在引水渠内的进水闸旁。

此外还有为排除冰块、漂浮物等而设置的排冰闸、排污闸等。

水闸按闸室结构形式可分为:①开敞式水闸(图9.21),亦称溢流式水闸,当在闸室内设置胸墙时,称为胸腔式水闸(图9.22);②涵洞式水闸等(图9.23)。按施工方法不同,可分为:①整体浇筑式水闸;②装配式水闸;③浮运闸,闸室采用整体或分孔预制、浮运现场,组装施工的水闸。对有泄洪、过木、排冰或其他漂浮物要求的水闸,如节制闸、分洪闸大都采用开敞式。胸墙式一般用于上游水位变幅较大、水闸净宽又为低水位过闸流量所控制、在高水位时尚需用闸门控制流量的水闸,如进水闸、排水闸、挡潮闸多用这种形式。涵洞式多用于穿堤取水或排水。另外,按闸室底板的形状可划分为平底式和低堰式;按设计水头高低划分为高水头水闸和低水头水闸;按过闸流量大小,将水闸划分为大、中和小型。根据《中国水利统计年鉴》(2020)统计,我国(按地区)水闸类型及数量及1980—2020年水闸变化见右侧二维码。

27. 中国水闸数量
情况统计

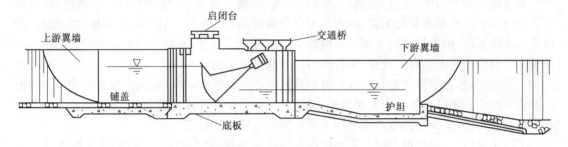

图 9.21　开敞式水闸示意图

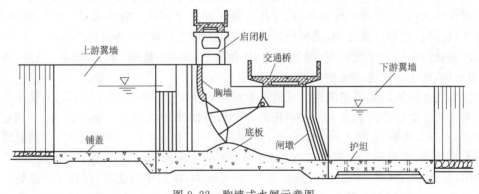

图 9.22　胸墙式水闸示意图

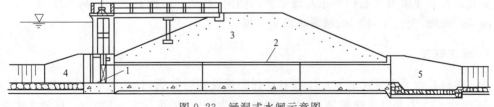

图 9.23　涵洞式水闸示意图

1—进口;2—洞身;3—土堤;4—上游翼墙;5—下游翼墙

水闸一般由闸室、上游连接段和下游连接段三部分组成,如图9.24所示。

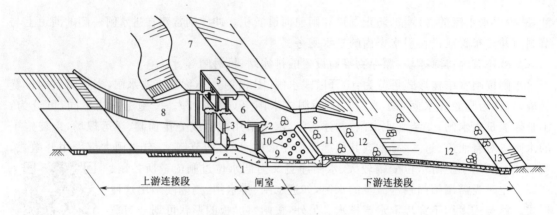

图 9.24 水闸立体示意图

1—水闸底板;2—闸墩;3—胸墙;4—闸门;5—工作桥;6—交通桥;7—堤顶;
8—翼墙;9—护坦;10—排水孔;11—消力槛;12—海漫;13—防冲槽

闸室是水闸的主体,它包括:闸门、闸墩、边墩(岸墙)、底板、胸墙、工作桥、交通桥、启闭机等。闸门用来挡水和控制过闸流量;闸墩用以分隔闸孔和支承闸门、胸墙、工作桥、交通桥。底板是闸室的基础,用以将闸室上部结构的重量及荷载传至地基,并兼有防渗和防冲的作用。工作桥和交通桥用来安装启闭设备、操作闸门以及联系两岸交通。

上游连接段,包括两岸的翼墙和护坡以及河床部分的铺盖,有时为保护河床免受冲刷加做防冲槽和护底。用以引导水流平顺地进入闸室,保护两岸及河床免遭冲刷,并与闸室等共同构成防渗地下轮廓,确保在渗透水流作用下两岸和闸基的抗渗稳定性。

下游连接段,包括护坦、海漫、防冲槽以及两岸的翼墙和护坡等。用以消除过闸水流的剩余能量,引导出闸水流均匀扩散,调整流速分布和减缓流速,防止水流出闸后对下游的冲刷。

水闸设计的内容,包括闸址选择,确定孔口形式和尺寸,防渗、排水设计,消能、防冲设计,稳定计算,沉降校核和地基处理,选择两岸连接建筑的型式和尺寸,结构设计等。

水闸设计所需的基本资料有:河流规划,运用要求,地形、地质、水文、气象、泥沙、地震烈度,建筑材料,施工及交通运输条件等。

我国修建水闸的历史可追溯到公元前 6 世纪的春秋时代,据《水经注》记载,在位于今安徽寿县城南的芍陂灌区中设置进水和供水用的 5 个水门(现称为水闸)。至 2020 年,全国已建成水闸 103 474 座,其中,大型水闸 914 余座,促进了我国工农业生产的不断发展,给国民经济带来了很大的效益,并积累了丰富的工程经验。1988 年建成的长江葛洲坝水利枢纽,其中的二江泄洪闸,共 27 孔,闸高 33 m,最大泄量达 83 900 m³/s,位居全国之首,运行情况良好。现代的水闸建设,正在向形式多样化、结构轻型化、施工装配化、操作自动化和遥控化方向发展。目前世界上最高和规模最大的荷兰东斯海尔德挡潮闸,共 63 孔,闸高 53 m,闸身净长 3 000 m,连同两端的海堤,全长 4 425 m,被誉为海上长城。

9.3.3 水工隧洞

水工隧洞是指为满足水利水电工程各项任务而设置的隧洞,其功用是:①配合溢洪道宣泄洪水,有时也作为主要泄洪建筑物;②引水发电,或为灌溉、供水和航运输水;③排放水库泥沙,延长使用年限,有利于水电站等的正常运行;④放空水库,用于人防或检修建筑物;⑤在水利枢纽施工期用来导流。

按上述功用,水工隧洞可分为泄洪隧洞、引水发电隧洞和尾水隧洞、灌溉和供水隧洞、放空和排沙隧洞、施工导流隧洞等。按隧洞内的水流状态，又可分为有压隧洞和无压隧洞(图9.25)。从水库引水发电的隧洞一般是有压的；灌溉渠道上的输水隧洞常是无压的，有的干渠及干渠上的隧洞还可兼用于通航；其余各类隧洞根据需要可以是有压的，也可以是无压的。在同一条隧洞中可以设计成前段是有压的而后段是无压的。但在同一洞段内，除了流速较低的临时性导流隧洞外，应避免出现时而有压时而无压的明满流交替流态，以防引起振动、空蚀和对泄流能力的不利影响。

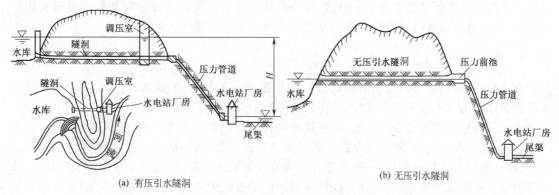

(a) 有压引水隧洞　　　　　　　　　　　　(b) 无压引水隧洞

图 9.25　发电引水隧洞示意图

　　在设计水工隧洞时，应该根据枢纽的规划任务，按照一洞多用的原则，尽量设计为多用途的隧洞，以降低工程造价。如导流洞在完成导流任务后可以改装成泄洪洞和排沙洞等(图9.26)。

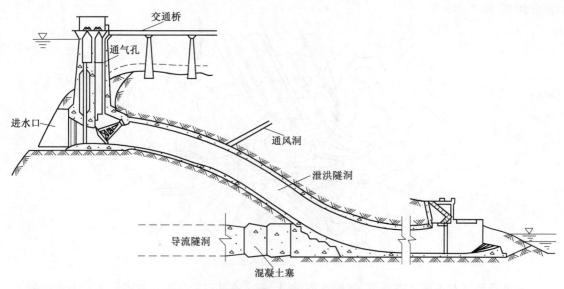

图 9.26　导流隧洞与泄洪隧洞结合的布置图

　　有压隧洞和无压隧洞在工程布置、水力计算、受力情况及运行条件等方面差别较大，对于一个具体工程，究竟采用有压隧洞还是无压隧洞，应根据工程的任务、地质、地形及水头大小等条件提出不同的方案，通过技术经济比较后选定。

　　水利枢纽中的泄水隧洞主要包括下列三个部分：①进口段，位于隧洞进口部位，包括拦污栅、闸门室及渐变段等，用以控制水流，进口段按其布置和结构形式可另为竖井式、塔式、岸塔式和斜塔式；②洞身段，用以输送水流，断面比较固定或变化不大；③出口段，用以连接消能设施。无压泄水隧洞因工作闸门布置在洞身段的上游，出口段一般不再设置闸门。压力泄水隧洞的出口一般设有渐变段及工作闸门室。

1949 年以来,我国修建了大量的水工隧洞,其中,甘肃"引大入秦"工程的盘道岭隧洞长 15 723 m,引水发电的渔子溪一级电站隧洞长 8 429 m,目前已建成的水工隧洞中,断面最大的是三峡水利枢纽地下厂房尾水洞,隧洞断面尺寸为 24 m×36 m。

随着我国水利水电建设事业的发展,水工隧洞将日趋增多,规模将不断加大。近年来,水工隧洞在设计理论、施工方法和建筑结构方面有了新的发展。但由于隧洞属地下结构,影响其工作状态的因素很多且复杂多变,一些作用力的计算及设计理论都还存在某些不尽符合实际的假定,所有这些均有待在实践经验的基础上进一步完善和提高。

9.3.4　溢洪道

在水利枢纽中,必须设置泄水建筑物。溢洪道是一种最常见的泄水建筑物,用于宣泄超过水库调蓄能力的洪水或降低库水位,防止洪水漫溢坝顶,保证工程安全。

溢洪道可以与坝体结合在一起,也可设在坝体以外。混凝土坝一般适于经坝体溢洪或泄洪,如各种溢流坝。此时,坝体既是挡水建筑物又是泄水建筑物,枢纽布置紧凑、管理集中。对土坝、堆石坝以及某些轻型坝,一般不容许从坝身溢流或大量溢流;当河谷狭窄而泄洪量大,难于经混凝土坝泄放全部洪水时,则需在坝体以外的岸边或天然哑口处建造溢洪道(通常称为岸边溢洪道)或开挖泄水隧洞。

溢洪道形式有正槽式溢洪道、侧槽式溢洪道、井式溢洪道和虹吸式溢洪道等,正槽式溢洪道主要由进水渠、控制段(包括溢流堰、闸门合闸墩等)、泄槽、消能防冲段(消能工)和泄水渠 5 部分组成(图 9.27)。

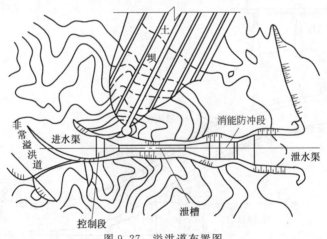

图 9.27　溢洪道布置图

溢洪道形式有正槽式溢洪道、侧槽式溢洪道、井式溢洪道和虹吸式溢洪道等。溢洪道除了应具备足够的泄流能力外,还要保证其在工作期间的自身安全和下泄水流与原河道水流得到妥善的衔接。若干大坝的失事,往往是由于溢洪道泄流能力不足或设计、运用不当而引起。所以安全泄洪是水利枢纽设计中的重要问题。

9.3.5　渡　　槽

渡槽属于渠系建筑物的一种,实际上就是一种过水桥梁,用来输送渠道水流跨越河渠、溪谷、洼地或道路等。渡槽常用砌石、混凝土或钢筋混凝土建造。

渡槽主要由进出口段、槽身、支承结构和基础等构成。槽身横断面形式以矩形和 U 形断面居多,如图 9.28 所示。支承结构的形式有梁式、拱式、斜拉式、桁架式、组合式等,如图 9.29 所示。

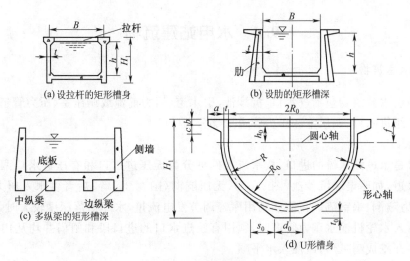

图 9.28　槽身横断面

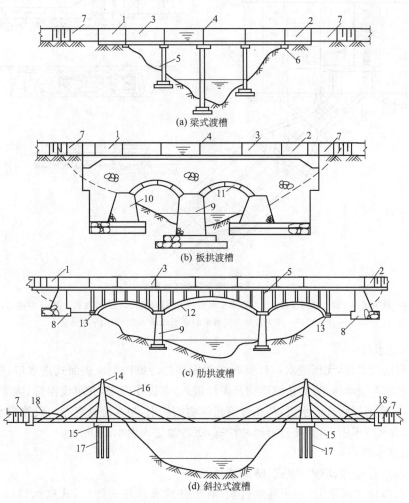

图 9.29　渡槽结构形式

1—进口端；2—出口端；3—槽深；4—收缩缝；5—排架；6—支墩；7—渠道；8—重力式槽台；9—槽墩；10—边墩；11—砌石板拱；12—肋拱；13—拱座；14—塔架；15—承台；16—斜拉索；17—井柱桩；18—填土

9.4 水电站建筑物

9.4.1 引水建筑物

水电站引水建筑物包括进水口、沉沙池、引水道、压力前池或调压室、压力管道、尾水道等。下面主要介绍进水口、调压室和压力管道三部分。

1. 进水口

进水口是水电站水流的进口,按水流条件可分为无压进水口和有压进水口两类。前者供水入无压水道,如明渠和沉沙池(图 9.30)、无压隧洞(图 9.31)等;后者供水入压力水道,如压力管道、压力隧洞、蜗室等。在需要利用库容调节发电流量,水库消落深度较大时,或者需要将水流直接引入水轮机输水压力管道时,须用有压进水口的进口段和闸门井均从山体中开凿而成。进口段开挖成喇叭形,以便入水平顺。

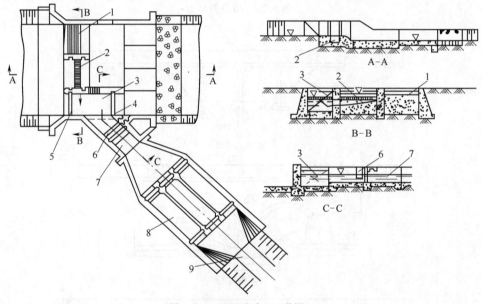

图 9.30 无压进水口(明渠)

1—溢洪坝;2—设有拦污栅覆盖的底部引水廊道;3—冲沙池;4、5—冲沙池的下游、上游闸门;
6—排冰道;7—用于从冲沙室引水的进水口;8—沉沙池;9—引水渠

(1)无压进水口

按布置和结构条件,无压进水口有表面式和底部拦污栅两类。表面式进水口,或称进水闸,引用河道或水库表层水流,为防止漂浮物及泥沙进入,常设于凹岸,并可设浮排、胸墙、冲沙闸、底部冲沙廊道等;底部拦污栅进水口,是在过流建筑物的坎中,与水流垂直方向设置引水廊道,其上覆盖拦污栅,水从廊道引入,必要时再经冲沙室、沉沙池进入引水道。

(2)有压进水口

有压进水口有墙式、塔式、坝式、隧洞式几种。

墙式进水口位于河岸上,用于连接隧洞,有竖井式和岸塔式等;塔式进水口以从一边或四周进水。岸坡地质条件差时用以连接隧洞,或在连接坝底埋管时采用;坝式进水口位于混凝土坝或河床式电站厂房的上游坝体内,成为统一整体;隧洞式进水口的进口段和闸门井均从山体中开凿而成。进口段开挖成喇叭形,以便入水平顺。

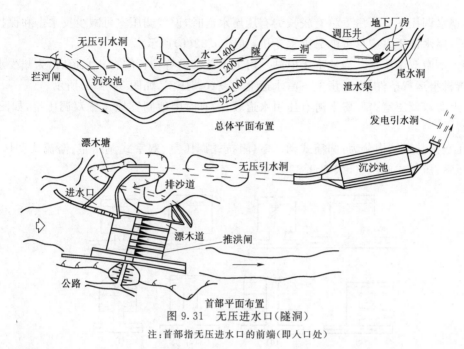

图 9.31　无压进水口（隧洞）

注：首部指无压进水口的前端（即入口处）

2. 调压室

调压室是指在较长的水电站压力引水（尾水）道中，用以降低压力管道中的水击压力，改善机组运行条件的水电站建筑物。调压室位于有压引水道和压力水管连接处，在地形、地质允许的条件下应尽量靠近厂房，它利用扩大了的断面和自由水面反射水击波的特点，将有压引水道分成两段：上游段为有压引水隧洞，下游段为压力水管。当调压室部分或全部设置在地面以上时称为调压塔，调压室大部分或全部建在地下的称调压井，也有井塔结合的形式。有时在具有较长有压引水道，而机组引用流量又较小的水电站上，也可采用调压阀（能自动启闭使压力水管的水流分流排出的一种机械设施）代替调压室。

根据调压室与厂房的相对位置，调压室有 4 种基本布置方式。

（1）上游调压室。调压室位于厂房上游的压力引水道末端，如图 9.32（a）所示，这种布置方式应用最广。

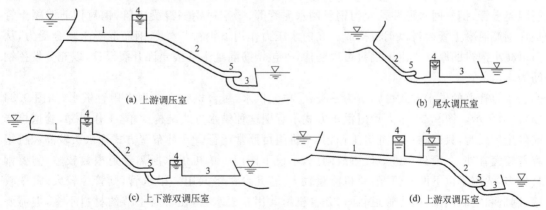

(a) 上游调压室　　　　(b) 尾水调压室

(c) 上下游双调压室　　　　(d) 上游双调压室

图 9.32　调压室与厂房的相对位置

1—压力引水道；2—压力管道；3—压力尾水道；4—调压室；5—厂房

(2)尾水调压室。厂房下游有较长的有压尾水道时,设置调压室可减少反水击和保护机组安全运行,尾水调压室应尽可能靠近水轮机,如图9.32(b)所示。

(3)上下游双调压室。当地下水电站厂房上下游都设有较长的有压水道时,为减少水击压力和改善机组运行条件,在厂房上下游水道上均设置调压室,如图9.32(c)所示。

(4)上游双调压室。厂房上游有压引水道较长,有时因地制宜地设置双调压室,如图9.32(d)所示。

调压室按基本结构分为:圆筒式调压室、阻抗式调压室、双室式调压室、溢流式调压室、差动式调压室、压气式调压室,如图9.33所示。

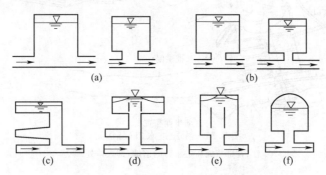

图9.33　调压室布置方式和结构示意图
(a)圆筒式调压室;(b)阻抗式调压室;(c)双室式调压室;
(d)溢流式调压室;(e)差动式调压室;(f)压气式调压室

调压室的发展趋势是方便施工、简化结构和降低造价。

3. 压力管道

压力管道是指从水库、前池或调压室向水轮机输送水量的管道,在自然条件允许的条件下,尽量减少其长度。水电站压力管道分为明管(图9.35)、地下埋管(图9.36)、回填管、坝内埋管(图9.37)和坝后背管等。

压力管道按材料可分为:①钢管,钢管具有强度高、防渗性能好等许多优点,常用于大中型水电站;②钢筋混凝土管,钢筋混凝土管具有造价低、可节约钢材、能承受较大外压和经久耐用等优点,通常用于内压不高的中小型水电站。除普通钢筋混凝土管外,尚有预应力和自应力钢筋混凝土管、钢丝网水泥和预应力钢丝网水泥管等;③钢衬钢筋混凝土管,钢衬钢筋混凝土管是在钢筋混凝土管内衬以钢板构成。在内水压力作用下钢衬与外包钢筋混凝土联合受力,从而可减小钢衬的厚度。由于钢衬可以防渗,外包钢筋混凝土可按允许开裂设计,以充分发挥钢筋的作用。

压力管道的供水方式可归纳为三类:①单元供水,每台机组由一根专用管供水,如图9.34(a)、(b)所示。图9.34压力管道供水方式示意图这种供水方式结构简单,工作可靠,管道检修或发生事故时,只影响一台机组工作,其余机组可照常运行。这种布置方式除水头较高和机组容量较大者外,一般只在进口设事故闸门,不设闸门。单机供水所需管道根数较多,需要钢材较多,适用于以下两种情况:单机流量较大,若几台机组共用一根水管,则管径较大,管壁较厚,制造和安装困难;压力管道较短,几台机组共用一根水管,在管身上节约材料不多,但需要增加岔管、弯管和阀门,并使运行的灵活性和安全性降低。坝内钢管一般较短,通常都采用单元供水。②集中供水,全部机组集中由一根管道供水,如图9.34(c)、(d)所示。用一根管道代替几根管道,管身材料较省,但需设置结构复杂的分岔管,并需在每台机组之前设置事故阀门,以保证任意一台机组检修或发生事故时不致影响其他机组运行。这种供水方式的灵活性和可靠性不如单元供水,一旦压力管道发生事故或进行检修,需全厂停机,对于跨流域开发的梯级电站,这同时会给下游梯级的供水带来困难。集中供水适用于单机流量不大,管道较长的情况下。对于地下埋管,由于运行可靠,同时又因不宜平挖几根距离不远的管井,较多地采用这种供水方式。③分组供水,采用数根管道,每根管道向几台机组供水,如图 9.34(e)、(f)所示。这种供水的特点介于单元供水和集中供水之间,适用于压力管道较长、机组台数较多和容量较大的情况。压力管道可以从正面进入厂房,如图 9.34(a)、(c)、(e)所示,也可以从侧面进入厂房,如图 9.34(b)、(d)、(f)所示。前者适用于水头不高、管道不长或地下埋管情况。对于明钢管,若水头较高,宜从侧面进入厂房:在这种情况下,万一管道爆破,可使高速水流从厂外排走,以防危及厂房和运行人员的安全。在集中供水和分组供水情况下,管道从侧面进入厂房也易于分岔。地下埋管爆破的可能性较小,即使爆破,由于围岩的限制亦不易突然扩大,管道进入厂房的方式常决定于管道及厂房布置的需要。

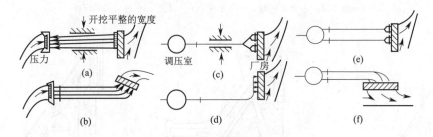

图 9.34 压力管道的供水方式

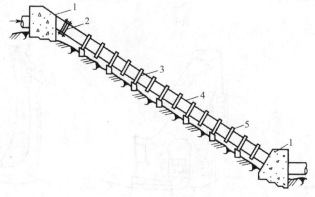

图 9.35 水电站明管敷设方式

1—镇墩;2—伸缩节;3—环式支墩;4—明管;5—加劲环

9.4.2 水电站厂房

1. 水电站厂房的任务

水电站厂房是水电站主要建筑物之一,是将水能转换为电能的综合工程设施。厂房中安装水轮机、水轮发电机和各种辅助设备。通过能量转换,水轮发电机发出的电能,经变压器、开关站等输入电网送往用户。水电站厂房是水(水工)、机(机械)、电(电气)的综合体,又是运行人员进行生产活动的场所。其任务是满足主、辅设备及其联络的线、缆和管道布置的要求与安装、运行、维修的需要,保证发电的质量;为运行人员创造良好的工作条件;以美观的建筑造型

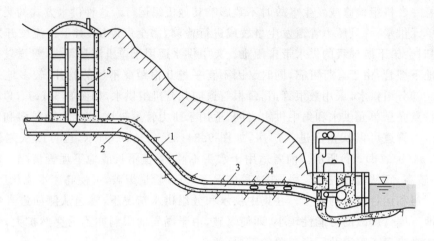

图 9.36　地下埋管布置图
1—斜井段；2—上水平段；3—下水平段；4—支管；5—差动式调压井

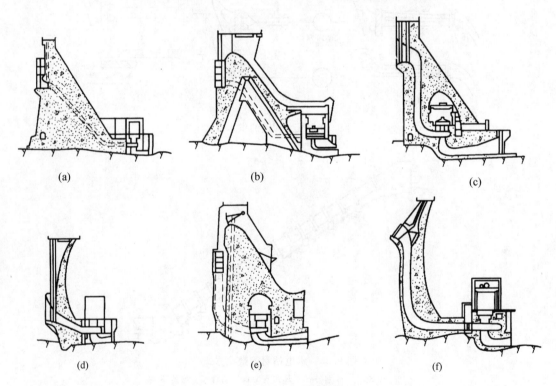

图 9.37　几种典型坝内埋管布置图
(a)、(b)斜式；(c)竖井式；(d)平斜式；(e)、(f)钢筋混凝土竖井式管道转平斜式

协调与美化自然环境。

2. 水电站厂房的类型

水电站厂房一般分为 4 类：①地面式厂房，厂房建于地面，如常见的坝后式厂房、河床式厂房和露天式厂房；②地下式厂房，厂房位于地下洞室中；③坝内式厂房，厂房位于坝体内部或坝体空腔中；④溢流式厂房，厂房位于溢流坝后，厂房顶是泄水建筑物的一部分。

水电站厂房由主厂房和副厂房组成。连同附近的主变压器场地、引水道、尾水渠、交通道路和水电站高压开关站等,统称为厂区枢纽。地面厂房的地理位置需根据地形、地质、水文、气象条件选择。安装在主厂房内的大中型反击式水轮发电机组一般为立轴。立轴混流式水轮发电机组安装在地面式厂房的典型布置如图 9.38 所示。

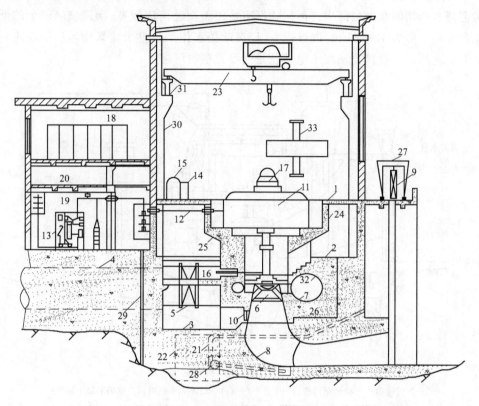

图 9.38　水电站厂房横剖面图

1—发电机层楼板;2—水轮机层地面;3—蝴蝶阀室地面;4—压力钢管;5—蝴蝶阀;6—混流式水轮机;

7—钢蜗壳;8—尾水管;9—尾水闸门;10—检修尾水管进入孔;11—水轮发电机;12—发电机引出线;

13—低压开关柜;14—调速器柜;15—油压装置;16—接力器;17—励磁机;18—中央控制室;

19—低压配电室;20—电缆层;21—排水管;22—集水井;23—桥式起重机;24—发电机风罩;

25—机墩;26—钢蜗壳外围混凝土;27—门式起重机;28—排水泵;29—厂坝分缝;

30—排架柱;31—吊车梁;32—弹性垫层;33—吊装转子时的空间位置

(1)坝后式厂房

水电站水头较高,建坝挡水,厂房紧靠坝下游布置,引水压力钢管通过坝体或采用坝后背管进入水电站厂房。常见的为混凝土重力坝坝后式厂房。

坝后式厂房与坝之间通常以伸缩沉陷缝分开,穿过结构缝的钢管设伸缩节,坝与厂房的受力互不影响。坝后式厂房与大坝之间的空间可以布置主变压器或水电站副厂房。当坝址两岸地形陡,不易布置水电站高压开关站时,高压开关站也可用高架形式布置在厂坝之间。混凝土坝坝后式厂房有时厂坝联结为整体。拱坝坝后式厂房的压力钢管一般穿过坝体下部呈平斜式。支墩坝坝后式厂房可穿过坝面,也可穿过支墩。对采用当地材料坝型的中小型坝后式水电站,压力钢管明设在直接穿过坝体的混凝土廊道中,以避免不均匀沉陷的影响,并便于检修。在狭窄河谷中布置坝后式厂房,水轮发电机组较多而排列不下时,可以采用上下游布置双排机组方式,称双列式机组厂房。双曲拱坝坝后式厂房采用坝后背管的电站有紧水滩水电站、东江水电站和李家峡水电站;混凝土重力坝坝后式厂房采用坝后背管的电站有五强溪水电站和三峡水电站。

(2)河床式厂房

能起挡水作用的水电站厂房。河床式厂房是用于坝址河床较宽、河道坡降较小的低水头水电站。水头一般为15～35 m,流量较大,厂房起挡水作用。整个建筑物与厂房联成一个整体,如图9.39所示。我国葛洲坝水电站就是这种类型的厂房。

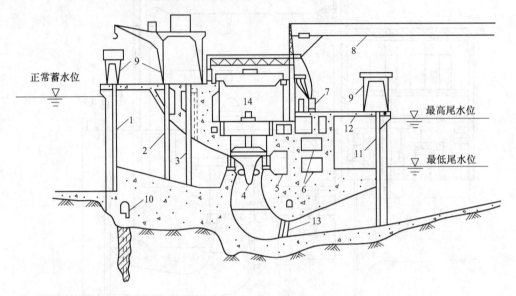

图 9.39　河床式厂房横剖面

1—拦污栅槽;2—检修闸门槽;3—工作闸门槽;4—轴流式水轮机;5—钢筋混凝土蜗壳;

6—水电站副厂房;7—主变压器;8—高压输电线;9—门式起重机;10—灌浆廊道;

11—尾水闸门槽;12—尾水平台;13—尾水管中间支墩;14—水电站主厂房

河床式水电站厂房的进水口、拦污栅和闸门尺寸一般较大,因此进水口需设中间支墩。蜗壳一般采用梯形过水断面的钢筋混凝土结构,适于安装立轴轴流式水轮机。这种水轮机的比转速比较高,气蚀系数大,水轮机安装高程低,因此厂房地基开挖量大。水头在 20 m 以下时,可采用贯流式水轮机,其厂房结构简单,长度小,地基开挖量较小,混凝土量也小,施工方便,运行时水流平顺,水轮机气蚀系数小、效率高,在相同流量下,比其他机型转轮直径和重量都小。由于立轴轴流式水轮机尾水管水平扩散段较长,尾水平台面积较大,其上部空间布置水轮机副厂房,也可布置主变压器。

(3)溢流式厂房

位于坝下,经厂房顶或挑越厂房顶溢流的水电站厂房。当坝址河床狭窄而机组台数多、洪水流量又大时,为解决厂房和溢流坝布置的矛盾,常采用溢流式厂房。溢流式坝后厂房分为溢流式和挑越式。前者厂房顶作为溢洪道的一部分,如我国新安江、修文和池谭水电站厂房。后者厂房顶低于大坝挑流鼻坎,正常泄洪时,高速水流挑越厂房顶,水舌直接落到下游河床,如乌江渡水电站厂房。

根据世界各国已建的溢流坝后式厂房实测资料分析证明,厂房顶溢流脉动压力幅值较小,厂房顶水流脉动频率低,不会与厂房结构产生共振。值得注意的是,厂房顶溢流表面的不平整会引起局部空蚀。为防止空蚀破坏,在设计、施工中对混凝土表面不平整度均有规定,并要求提高混凝土的抗蚀性,以及采用特种材料护面和通气减蚀等措施。厂房与坝体结构布置方式由厂坝分开发展到厂坝整体结构。如池谭水电站厂房下部结构与坝体组合,厂房顶溢流板与坝体固结,节省了工程量,又提高了厂房的抗震性能。

(4)地下式厂房

水轮发电机组等主要设备设置在地下洞室内的水电站厂房。地下式厂房一般适用于河流泄洪量大、坝址河床窄,或修建当地材料坝,两岸有较好地质条件的水电站枢纽。修建地下式厂房,对大坝施工干扰少;厂房施工不受气候影响,下游河道水位变化对厂房影响小,人防条件好。但开挖、支护、衬砌量大,人工照明、通风、防潮要求高。20 世纪 60 年代以来,随着地下岩石开挖技术和岩石力学的不断进步,地下厂房造价逐步降低。地下式厂房布置方式可分为3 种(图 9.40):①首部式;②尾部式;③中部式。

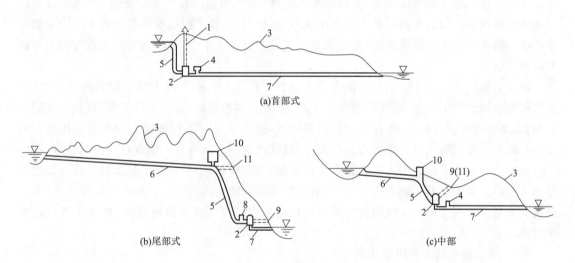

(a)首部式

(b)尾部式　　　　　　　　　　　　　　　　　(c)中部

图 9.40　地下式厂房布置方式示意图

1—交通竖井;2—地下厂房;3—地面线;4—尾水调压井;5—压力管道;6—压力引水隧洞;
7—尾水隧洞;8—闸门控制室;9—进厂交通洞;10—调压井;11—施工支洞

修建地下式厂房要求围岩稳定,随着岩石力学的发展,20 世纪 70 年代以来已将围岩作为洞室的主要承载结构来考虑。适时支护与围岩紧密结合,可以充分发挥围岩的自承能力。设计时一般将围岩自重、构造特性和开挖中产生的卸荷荷载考虑到计算模式里,采用弹塑性三维有限元应力分析,速度快,精度亦能满足设计要求。洞室群交叉处,应力比较复杂,需加强支护。当洞室围岩较好时,可以采用喷锚支护代替钢筋混凝土衬砌。

(5)坝内式厂房

主厂房布置在混凝土坝体内的电站厂房。将厂房布置在混凝土重力坝或重力拱坝空腔内,当坝址处河床狭窄且机组台数相对较多、洪水流量又较大时,采用溢流坝内式厂房,可解决厂房和溢流坝布置的矛盾。这种形式的厂房可以充分利用坝体的强度,省掉厂房的混凝土工程量;在施工时,坝内空腔对混凝土的散热和冷却有利;还可以利用空腔安排坝基排水,降低扬压力。

9.5 我国水利工程面临的主要任务和可持续发展

9.5.1 我国水利工程面临的主要任务

2022 年水利工程建设工作的总体思路是：以习近平新时代中国特色社会主义思想为指导，全面贯彻落实习近平总书记"十六字"治水思路和关于治水重要讲话指示批示精神，按照水利部党组关于推动新阶段水利高质量发展的安排部署，坚持目标导向和问题导向，强化底线思维，统筹发展和安全，加快推进水利工程建设，切实保障水利工程质量安全，持续加强水利建设市场监管，大力提升水利工程建设管理水平。主要从以下方面展开：

1. 加快推进重大水利工程建设

加强组织协调。进一步压实项目法人对工程建设的首要责任和主管部门的监督指导责任。逐个项目制定年度实施方案，实行清单式管理，加强动态监控和分析研判，明确重要工作节点和保障措施。加强重大水利工程施工准备、建设实施、投产验收等各阶段的统筹协调和有序推进。根据前期工作进展情况，加快新开工建设一批重大水利工程，为稳定宏观经济大盘做出积极贡献。

加快实施进度。以 172 项节水供水重大水利工程和 150 项重大水利工程为重点，加快实施江河湖泊治理骨干工程、重要蓄滞洪区工程、重大引调水工程、重点水源工程、新建大型灌区工程，确保完成年度目标任务，推动工程按期完成，提升水旱灾害防御能力和水资源优化配置能力。加大进度滞后项目的督促指导力度，对进度严重滞后的项目实施重点督导和挂牌督办。

加快工程验收。建立重大工程验收工作台账，制定验收计划，推进工程验收工作。以建成投产 2 年以上重大水利工程为重点，加快解决影响验收的突出问题，力争 2022 年完成 20 项以上重大水利工程竣工验收。组织大藤峡水利枢纽工程正常蓄水位阶段验收，推动工程效益全面发挥。

2. 有序实施水利薄弱环节建设

加快实施大中型水库除险加固。督促各地完善责任体系，压实地方政府主体责任和主管部门的监督责任。年底前全部完成 2020 年已鉴定的 256 座大中型水库除险加固项目初步设计审批工作。加强项目建设过程管控，按期完成大中型水库除险加固年度建设任务，及时组织竣工验收。督促各地同步实施新增大中型病险水库除险加固。

统筹推进中小河流治理。制定中小河流治理项目建设管理办法，按照"资金跟着项目走"的原则，规范工作程序，建立激励和约束机制。督促指导各地建立主要支流和中小河流治理年度实施项目台账，规范建设管理，按期完成年度建设任务。按照整河流治理、分阶段实施的要求，组织各地做好中小河流治理项目统筹安排。

加强中小型水库建设管理。建立中小型水库建设年度实施项目台账，督促各地加强建设管理，按期完成年度建设任务。组织各地对"十四五"时期拟建小型水库进行全面梳理，加强前期工作。

3. 扎实做好在建工程安全度汛工作

健全安全度汛工作体系。出台关于在建水利工程安全度汛工作指导意见，制订在建水利工程安全度汛监督检查重点问题清单及度汛方案、超标准洪水应急预案编制指南，健全在建水利工程安全度汛工作监管体系、责任体系、标准体系。

实施安全度汛清单管理。组织指导地方对在建水利工程进行全面梳理，根据工程年度建设实施方案分析研判,确定安全度汛重点措施,建立在建水利工程度汛风险隐患项目清单和责任主体清单。对穿(破)堤施工的在建水利工程逐级统计上报,实行重点监管。

开展度汛风险隐患排查整治。组织指导流域管理机构和各级水行政主管部门对在建水利工程开展全覆盖、拉网式度汛风险隐患排查,建立问题台账,明确整改责任单位和整改时限,对整改成效进行复查,实行闭环管理。实施风险隐患排查整治工作情况和整改情况重点抽查,确保整改工作取得实效,确保在建水利工程度汛安全。

4. 切实强化水利建设质量管理

坚决守住工程建设质量底线。督促指导工程建设各方全面落实工程质量主体责任,落实工程质量终身责任制,加强工程建设全过程质量管控,防范重特大质量事故发生。以建设管理薄弱、质量问题突出的地区和项目为重点,加大督促整改和监管力度,及时排查、消除质量安全隐患。强化工程质量投诉问题的调查处理,对严重影响工程安全的质量问题,严肃追责问责。

全面提升质量管理工作水平。出台贯彻落实质量强国建设纲要提升水利工程质量的实施意见。改进水利建设质量工作考核工作,优化考核方式和考核标准,更好发挥质量工作考核的指挥棒和助推器作用。大力推动质量创优,发挥示范引领作用,激励水利建设市场主体提高质量意识,争创优质工程。继续开展质量工作帮扶,鼓励质量管理先进地区对相对落后地区的业务帮扶,提高水利建设质量管理整体水平。

持续开展质量提升专项行动。以水利工程参建各方履行质量管理责任为主线,聚焦水利工程建设质量管理中的突出问题,认真开展问题排查和整改落实,进一步增强质量意识、落实质量责任。

5. 不断提高水利建设市场监管效能

规范实施行政许可。严格实行行政许可事项清单管理,科学制定并认真落实行政许可实施规范。全面实施造价工程师(水利工程)和监理工程师(水利工程)注册工作。深化"证照分离"改革,在自由贸易试验区研究试点对监理单位乙级资质认定实行告知承诺。

强化事前事中事后监管。推动"双随机、一公开"监管与信用监管融合,探索实行按风险分级分类管理模式,提升监管权威性公正性。加强招标投标活动监督管理,督促指导各地进一步落实项目法人的管理责任和水行政主管部门的行政监督责任,加大对围标投标、借用资质投标、转包和违法分包等违法违规行为的打击力度,切实维护水利建设市场秩序。深化水利建设领域根治欠薪工作,全面落实农民工工资支付保障制度,加强欠薪案件跟踪督办,加快健全长效机制。

深入推进信用体系建设。依托全国水利建设市场监管平台整合市场主体信用信息,研究推进信用信息核查工作,保障信用信息的真实性、准确性、完整性。指导信用评价机构完善信用评价标准和程序,加强对信用评价的全链条全流程监管,推动建立全国统一的信用评价体系。进一步加强"重点关注名单""黑名单"管理,依法依规开展失信惩戒。

6. 大力完善水利建设体制机制法治

强化流域管理机构水利建设管理职能。坚持流域系统观念,明确流域管理机构在水利工程建设协调指导、监督检查、质量考核等方面的工作职责,充分发挥流域管理机构在水利建设管理工作中的重要作用。

推动水利建设管理模式创新。结合实际,因地制宜推行代建、项目管理总承包、设计施工总承包等方式,研究制定政策措施。

健全水利建设规章制度体系。推动出台《水利工程质量管理规定》和《注册监理工程师(水利工程)管理办法》,加快制(修)订《水利工程造价管理规定》《水利工程建设监理单位资质管理办法》和水利工程质量检测员职业资格制度等规章制度体系。

完善水利建设技术标准体系。加快制(修)订《水利水电工程施工与验收通用规范》等强制性标准、《水利工程工程量清单计价规范》等国家标准和《水利水电建设工程验收规程》《水利水电工程单元工程施工质量验收评定标准》等行业标准,配合新出台的有关规章制度及时颁布实施。

7. 大力提升水利工程建设信息化水平

推动智慧化水利工程建设。加快推进建筑信息模型(BIM)等技术在水利工程建设全过程的集成应用,充分运用数字化、网络化和智能化手段,不断提高水利工程建设智慧化水平。推动大藤峡水利枢纽工程等具备条件的水利工程开展数字孪生工程建设。

完善水利工程建设信息化管理系统。建成重大水利工程建设信息化管理平台,通过信息化手段加强重大水利工程建设管理,初步实现建设进度、质量、投资的数字化集成、分析、共享,提升重大水利工程建设的智慧化管理水平。进一步完善大中型水库除险加固、中小型水库建设和中小河流治理信息管理系统。

提升水利建设市场监管信息化水平。升级全国水利建设市场监管平台,推动与国家"互联网+监管"系统、水利部政务服务平台、省级水利建设市场监管平台等的互联互通和数据共享。优化政务服务,加快推进行政许可事项"一网通办",大力推行资质资格证书电子化,强化电子证照归集运用。

8. 统筹做好水利援藏和乡村振兴水利建设工作

扎实做好水利援藏工作。深入学习贯彻新时代党的治藏方略,开展水利援藏工作和米林县定点帮扶工作,明确工作目标,细化各项任务,为促进西藏发展提供有力的水利支撑保障。

继续做好乡村振兴相关工作。继续支持脱贫地区重大水利工程、大中型水库除险加固、中小型水库、中小河流治理等项目建设,巩固拓展脱贫攻坚成果,有效衔接乡村振兴战略。

9.5.2　我国水利工程的可持续发展

我国早在两千多年前就已经与水结下了不解之缘,在防洪、灌溉、航运、城市给水排水等各方面都取得了巨大的成就。其中,我国在水利水电建设方面有两个繁荣时期:一是春秋战国时期,二是新中国成立以后。

(1)南水北调、解决北方干旱地区的供水和灌溉问题

我国幅员辽阔,水资源分布极不均衡,一般南方水多、北方水少,而各地水资源开发条件也不相同,我国西部,如西北和西南长江、黄河、珠江、澜沧江等大江大河开发条件较好,河系集中,源远流长,年径流量大,河床坡陡,水库调节水量大,对供水、发电都有利。

我国北方自古以来都是少雨干旱的地区,最近的 50 多年来人口增长了近两倍,在最近的 20 年来由于工业发展和城市人口增长得很快,再加上对森林的砍伐,近 10 年来北方地区降雨量明显地减少,黄河多次断流,工业和城市用水都很紧张,城市地下水位下降严重,引起地面下沉。北方降雨量少,即使在汛期也很少出现多余的洪水流到大海,再兴建一些水库仅仅增加梯级开发量,也根本不能解决缺水问题。最有效的办法是从南方江河调水到北方,即兴建南水北调工程。

长江流域面积 180 万 km^2,多年平均径流量 9 600 亿 m^3,仅次于亚马孙河与刚果河,居世界第三。长江之水相当丰富,即使在特枯年也有 7 600 多亿 m^3 流入大海。故从长江调水至北

方各省市,水量是充足的,但难度很大。南水北调研究工作始于 20 世纪 50 年代初,有关部门进行了大量的勘测、规划、设计和科研工作,最后趋向于采用三条路线(即东线、中线和西线)方案。东线工程从江都扬水,基本上沿京杭运河逐级低水北送,向山东、河北和天津供水。中线远景方案规划自长江三峡枢纽引水经汉口丹江口枢纽,沿伏牛山南麓北上自流至北京,以供京、津、冀、豫、鄂五省市的城市生活和工业用水为主,兼顾唐白河平原和黄淮海平原的西中部地区农业及其他用水。西线工程规划从西藏的雅鲁藏布江调水,顺着青藏铁路到青海省格尔木,再到河西走廊,最终到达新疆。同时实现引雅鲁藏布江水,穿怒江、澜沧江、金沙江、雅砻江、大渡河,过阿坝分水岭入黄河。解决我国西北地区严重干旱缺水的问题,还可增加黄河各梯级水电站的发电量,特殊情况下还可供北京、天津应急用水。通过这三条每年可向北方调水 500 亿～600 亿 m³。

　　南水北调工程是实现我国水资源优化配置的战略举措,是我国跨流域调水工程中最大的、最艰巨的、最紧迫的工程,也是我国在 21 世纪规模最大的水利工程之一。受地理位置、调水区水资源量、地形和地质等条件的限制,三条调水线路各有其合理的供水范围,相互不能替代。东线工程量、难度和投资都比其他两条小;西线工程量、难度和投资最大。国家根据工程的难易程度和国家的经济技术条件,依次分期兴建东线、中线和西线工程,先易后难,逐步实施。南水北调中线工程、东线工程(一期)已经完工并向北方地区调水。两线工程尚处于规划可研阶段,尚没有开工建设。

　　(2)建造大中型水电站,拦蓄洪水,开发水能资源,实现西电东送

　　我国西部水资源的开发利用程度还较低,潜力很大,应大力开发,通过西电东送以适应全国日益增长的需要。

　　根据最新可靠的勘测资料,我国大陆水电的理论蕴藏装机容量为 6.94 亿 kW,技术可开发的装机容量为 5.42 亿 kW,年发电量 24 740 亿 kW·h,都居世界第一位。至 2019 年底,我国大陆水电装机容量已达 4.17 亿 kW,我国已建 5 万 kW 及以上大中型水电站约 640 座、总装机约 2.7 亿 kW;中国企业参与已建在建海外水电工程约 320 座、总装机 8 100 多万 kW。这些水能资源主要集中在西南部地区,那里水量丰富,河流落差大,河谷窄,可建造许多大中型水电站。但是目前大部分还未开发,不仅白白扔掉了很多水和电能,而且在汛期还对长江中下游构成很大威胁。如果我们全部开发,将多余成灾的洪水拦蓄起来,即可起到防洪、灌溉、供水、航运和养殖等综合作用,还可多发电、向东部送电,每年可减少 12.5 亿 t 煤耗。

　　要多发电就要建高坝,因为落差大,同样的水量发出的电就越多。只要水量充沛、地质条件和淹没损失允许,一般建高坝比较合算,其防洪、发电、灌溉、供水和航运等效益就更大。但高坝的静、动应力很大,对坝体和基础的强度和稳定性要求很高,地下厂房周围岩体地应力一般也很大,还有高边坡稳定、渗透稳定、施工导流、施工速度、供气消能和高速水流的防蚀等问题,难度很大。世界高坝建设理论和经验也很少,这些都有待于我们去研究和解决。

思考题

9.1　水利工程区别于其他工程的特点是什么?

9.2　简述我国水资源特性。

9.3　水电开发在能源开发中的地位和作用如何?

9.4　为什么要在江河上兴建水利工程?

9.5　兴建水利工程对国民经济、自然环境有哪些影响?

28. 思考题答案(9)

9.6 列举几种主要的水工建筑物。

9.7 如何对水工建筑物分类?

9.8 重力坝的设计包括哪些主要内容?

9.9 结合重力坝的工作条件,分析其优缺点和适用条件。

9.10 简述拱坝的结构特点和工作特点。

9.11 拱坝对地形、地质条件有哪些要求?为什么有这些要求?

9.12 简述土石坝的工作特点。

9.13 从防渗材料的种类以及施工方法等方面看,土石坝各有哪些类型?

9.14 为什么土石坝是国内外建造最多、发展迅速的一种坝型?

9.15 水闸按其承担的任务可分为哪几类?

9.16 水闸闸室由哪几部分组成?各部分又包括哪些内容?

9.17 水工隧洞的作用是什么?

9.18 水利枢纽中的泄水隧洞主要包括哪几部分?

9.19 溢洪道的形式有哪些?

9.20 调压室的布置方式有哪些?

9.21 水电站厂房的类型主要有哪些?

9.22 今后我国水利工程面临的主要任务是什么?

9.23 请阐述三峡工程的意义和作用。

10 港口、机场及管道工程

10.1 港口工程

改革开放以来,我国海运事业取得了长足的进展,并跨入世界航运大国的行列。国家允许有能力从事海运业的公司成立航运公司,包括远洋运输公司。远洋运输和货运代理可以交叉经营,使我国国际海运发展拉开了崭新的序幕。随着我国经济、贸易的崛起,我国正成长为世界上最重要的海运大国之一:2007 年我国集装箱年吞吐量首次突破亿箱并已连续 5 年保持世界第一,船舶运力超过 1 亿载重吨,大陆港口占据世界港口 30 强中的 8 席,吞吐量约占 30 强港口的 1/3,亿吨大港达到 14 个。截至 2021 年底,我国大陆已有 7 个港口进入世界港口货物吞吐量排名前 10 位,其中,宁波—舟山港已成为全球港口货物吞吐量第一大港;7 个港口集装箱吞吐量进入世界排名前 10 位,我国沿海矿、煤、油、箱、粮五大运输系统基本建立,世界航运中心正经历着从美洲向亚洲与我国的转移过程。海运事业的发展是建立在港口工程发展的基础上的,港口工程的发展在很大程度上影响和促进着海运事业的发展和壮大。

港口是综合运输系统中水陆联运的重要枢纽。港口有一定面积的水域和陆域供船舶出入和停泊,是货物和旅客集散并变换运输方式的场地,是为船舶提供安全停靠、作业的设施,并为船舶提供补给、修理等技术服务和生活服务。

世界十大港口:上海港(图 10.1);新加坡港;深圳港;宁波—舟山港;香港;釜山港(韩国);广州港;青岛港;迪拜港;天津港。此外世界闻名港口还有荷兰的鹿特丹港(图 10.2),美国的纽约港、新奥尔良港和休斯敦港,日本的神户港和横滨港,比利时的安特卫普港,新加坡的新加坡港,法国的马赛港,英国的伦敦港等。

图 10.1　上海港

图 10.2　荷兰鹿特丹港口

我国的主要港口有:上海港、香港、大连港、秦皇岛港、天津港、青岛港、黄埔港、湛江港、连云港、烟台港、南通港、温州港、北海港、海口港等。

10.1.1　港口分类

港口可按多种方法分类:按所在位置可分为海岸港、河口港和内河港,海岸港和河口港统称为海港;按用途可分为商港、军港、渔港、工业港和避风港;按成因可分为天然港和人工港;按港口水域在寒冷季节是否冻结可分为冻港和不冻港;按潮汐关系、潮差大小,是否修建船闸控制进港,可分为闭口港和开口港;按对进口的外国货物是否办理报关手续可分为报关港和自由港。

1. 港湾

港湾是指具有天然掩护的自然港湾(有时也辅以人工措施),可供船只停泊或临时避风的地方。如广州湾、扬浦港、龙门港等。

2. 避风港

避风港是指供船舶在航行途中,或海上作业过程中躲避风浪的港口。一般是为小型船、渔船和各种海上作业的船设置的。

3. 海港

海港是指在自然地理条件和水文气象方面具有海洋性质的港口。又可分为:

(1)海岸港:位于有掩护的或平直的海岸上。属于前者大都位于海湾中或海岸前有沙洲掩护。如旅顺军港、湛江港和榆林港等,都有良好的天然掩护,不需要建筑防护建筑物。若天然掩护不够,则需加筑外堤防护,如烟台港。位于平直海岸上的港一般都需要筑外堤掩护,如塘沽新港。

(2)河口港:位于入海河流河口段,或河流下游潮区界内。历史悠久的著名大港多属此类。如我国的海港黄埔港,国外的鹿特丹港、纽约港(图 10.3)、伦敦港和汉堡港均属于河口港。

图 10.3　纽约港

由于海港受风浪、潮汐、沿岸输沙等的影响,一般利用海湾、岛屿、岬角等天然屏障,或建造防波堤等人工建筑物作为防护;港内有广阔的水域和深水航道,可供海船进出停泊,进行各种作业,补给燃料、淡水和其他物品,躲避风浪等。它是沿海运输和各种海上活动的基地。优良的海港,通常是沟通国内外贸易的枢纽。

4. 河港

河港是指位于河流沿岸,且有河流水文特征的港口。如我国的南京港、武汉港和重庆港均属于此类。它可供内河运输船舶编解队,装卸作业,旅客上下和补给燃料等。河港直接受河道径流的影响,天然河道的上游港口水位落差较大,装卸作业比较困难;中、下游港口一般有冲刷或淤积的问题，常需护岸或导治。

5. 水库港

水库港是指建于大型水库沿岸的港口。水库港受风浪影响较大，常建于有天然掩护的地区。水位受工农业用水和河道流量调节等的影响，变化较大。

6. 湖港

湖港是指位于湖泊沿岸或江河入湖口处的港口。一般水位落差不大，水面比较平稳，水域宽阔，水深较大，是内河、湖泊运输和湖上各种活动的基地。

7. 商港

商港是指以一般商船和客货运输为服务对象的港口。具有停靠船舶、上下客货、供应燃（物）料和修理船舶等所需要的各种设施和条件，是水陆运输的枢纽。如我国的上海港、大连港（图 10.4）、天津港、广州港和湛江港等均属此类。国外的鹿特丹港、安特卫普港、神户港、伦敦港、纽约港和汉堡港也是商港。商港的规模大小以吞吐量表示。按装卸货物的种类分，有综合性港口和专业性港口两类。综合性港口系指装卸多种货物的港口；专业性港口为装卸某单一货类的港口，如石油港、矿石港、煤港等。一般说来，由于专业性港口采用专门设备，其装卸效率和能力比综合性港口高，在货物流向稳定、数量大、货类不变的情况下，多考虑建设专业性港口。

8. 工业港

工业港是指为临近江、河、湖、海的大型工矿企业直接运输原材料及输出制成品而设置的港口（图 10.5）。如大连地区的甘井子大化码头，上海市的吴泾焦化厂煤码头及宝山钢铁总厂码头均属此类。日本也有许多这类港口。

图 10.4　大连港　　　　　　　　　　　　　　图 10.5　集装箱码头

9. 散货港

散货港是指专门装卸大宗矿石、煤炭、粮食和砂石料等散货的港口。专门装卸煤炭的专业港称煤港。这类港口一般都配置大型专门装卸设备，效率高，成本低。

10. 油港

油港是指专门装卸原油或成品油的港口。一般由以下几部分组成：①靠、系船设备；②水上或水下输油管线和输油臂；③油库、泵房和管线系统；④加温设备；⑤消防设备；⑥污水处理场地和设施等。为了防止污染和安全起见，油港距离城镇、一般港口和其他固定建筑物都要有一定的安全距离，通常以布置在其下游、下风向为宜。根据油港所在位置和油品燃点的不同，最小安全距离分别都有不同的规定，其范围从几十米到三千米不等。由于近代海上油轮愈建愈大，所以现代海上油港也随之向深水发展。

11. 渔港

渔港是指为渔船停泊、鱼货装卸、鱼货保鲜、冷藏加工、修补渔网和渔船生产及生活物资补给的港口(图 10.6),是渔船队的基地,具有天然或人工的防浪设施,有码头作业线、装卸机械、加工和储存渔产品的工厂(场)、冷藏库和渔船修理厂等。

图 10.6　象山石浦渔港

12. 军港

军港是指供舰艇停泊并取得补给的港口,是海军基地的组成部分。通常有停泊、补给等设备和各种防御设施。

10.1.2　港口规划与布置

1. 港口的组成

港口由水域和陆域两大部分组成(图 10.7)。水域包括进港航道、港池和锚地。天然掩护条件较差的海港须建造防波堤。港口陆域岸边建有码头,岸上设港口仓库、堆场、港区铁路和道路,并配有装卸和运输机械,以及其他各种辅助设施和生活设施。

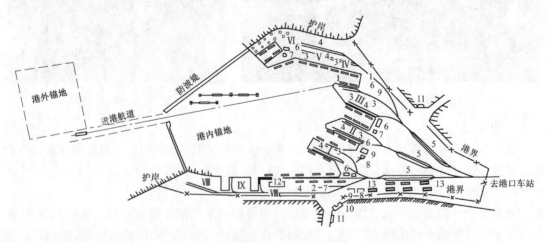

图 10.7　海港

Ⅰ—件杂货码头;Ⅱ—木材码头;Ⅲ—矿石码头;Ⅳ—煤炭码头;Ⅴ—矿物建筑材料码头;Ⅵ—石油码头;Ⅶ—客运码头;Ⅷ—工作船码头及航修站;Ⅸ—工程维修基地;

1—导航标志;2—港口仓库;3—露天货场;4—铁路装商线;5—铁路分区调车场;6—作业区办公室;7—作业区人休息室;8—工具库房;9—车库;10—港口管理局;11—警卫室;12—客运站;13—储存仓库

水域是供船舶航行、运转、锚泊和停泊装卸之用,要求有适当的深度和面积,水流平缓,水面稳静。陆域是供旅客上下船、货物装卸、货物堆存和转载之用,要求有适当的高程、岸线长度和纵深。

港口水域可分为港外水域和港内水域。

港外水域包括进港航道和港外锚地。有防波堤掩护的海港,在口门以外的航道称为港外航道。港外锚地供船舶抛锚停泊、等待检查及引水之用。

港内水域包括港内航道、转头水域、港内锚地和码头前水域或港池。

为了克服船舶航行惯性,要求港内航道有一个最低长度,一般不小于3~4倍船长。船舶由港内航道驶向码头或者由码头驶向航道,要求有能够进行回转的水域,称为转头水域。在内河港口,为便于控制,船舶逆流靠、离岸[图10.8(a)]。当船舶从上游驶向顺岸码头时,先调头,再靠岸;当船舶离开码头驶往下游时,要逆流离岸,然后再调头行驶[图10.8(b)]。为此,要求顺岸码头前水域有足够宽度。

供船舶停靠和装卸货物用的毗邻码头水域,称为码头前水域或港池。它必须有足够的深度和宽度,使船舶能方便地靠岸和离岸,并进行必要的水上装卸作业。有突堤码头间的港池和顺岸码头前的港池(图10.9),后者不应占用航道。

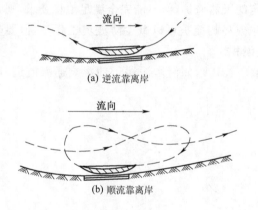

图 10.8 河港中船舶靠离码头的方法

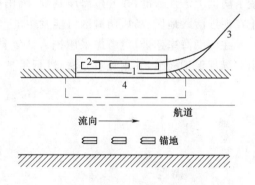

图 10.9 内河港口
1—码头;2—仓库;3—铁路;4—港池

海港港内锚地(图10.7)供船舶避风停泊,等候靠岸及离港,进行水上由船转船的货物装卸。河港锚地(图10.9)供船舶解队及编队,等候靠岸及离港,进行水上装卸。在河口港及内河港,水上装卸的货物常构成港口吞吐量的重要组成部分。

为了保证船舶安全停泊及装卸,港内水域要求稳、静。在天然掩护不足的地点修建海港,需建造防波堤(图10.7),以满足泊稳要求。

港口陆域则由码头、港口仓库及货场、铁路及道路、装卸及运输机械、港口辅助生产设备等组成。

2. 港口规划

规划是港口建设的重要前期工作。规划涉及面广,关系到城市建设、铁路公路等线路的布局。规划之前要对经济和自然条件进行全面的调查和必要的勘测。规划一般分为选址可行性研究和工程可行性研究两个阶段。

一个港口每年从水运转陆运和从陆运转水运的货物数量总和(以 t 计),称为该港的货物吞吐量,它是港口工作的基本指标。在港口锚地进行船舶转载的货物数量(以 t 计)应计入港口吞吐量。港口吞吐量的预估是港口规划的核心。港口的规模、泊位数目、库场面积、装卸设备数量以及集疏运设施等皆以吞吐量为依据进行规划设计。

远景货物吞吐量是远景规划年度进出港口货物可能达到的数量。因此，要调查研究港口腹地的经济和交通现状及未来发展，以及对外贸易的发展变化，从而确定规划年度内进出口货物的种类、包装形式、来源、流向、年运量、不平衡性、逐年增长情况以及运输方式等；有客运的港口，同时还要确定港口的旅客运量、来源、流向、不平衡性及逐年增长情况等。

船舶是港口最主要的直接服务对象，港口的规划与布置，港口水、陆域的面积与尺度以及港口建筑物的结构，皆与到港船舶密切相关。因此，船舶的性能、尺度及今后发展趋势也是港口规划设计的主要依据。

港址选择为一项复杂而重要的工作，一个优良港址无论从各个方面考虑都应有其自身的优势，例如：重要的地理位置、方便的交通、与城市环境发展相协调、有一定的发展空间、足够宽阔的水域以满足船舶的航行与停泊要求、足够的岸线长度和陆域面积以及考虑现有的建筑、良田、自然景观和战时安全等。

我国的湛江港，水深及泊稳条件好，泥沙来源少（避免港口淤积），是天然条件好的海湾良港，则可不建防波堤。大连湾内的大连港，有一定的天然掩护，但不能完全满足泊稳要求，则建造了防波堤。连云港，在开敞海岸建港，利用岬角或岛屿掩护可以减少防波堤工程量，但要防止在泥沙活跃地区、岛后荫避区可能发生的严重淤积。

在泻湖海岸建港，可考虑采用挖入式港池（图 10.10），如沿岸泥沙运动影响通海航道，可用双导堤保护航道，并用疏浚方法，进行维护。

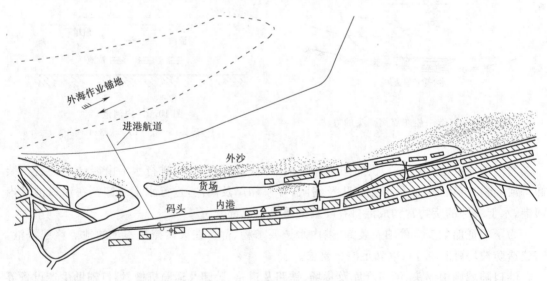

图 10.10　在泻湖海岸建港

由于挖泥及填筑机械的发展，还可以利用海湾天然地形，在深水填筑陆地，修建港口。近代散货船及油轮船型较大，选择有一定避风条件、离岸较近的深水区，修建岛港、外海码头或系泊设施，以引桥、引堤或水下管道与岸连接，是减少工程规模，节省投资的有效措施。我国的天津新港，长江中下游的安庆港、九江港等，都是港水深、水域宽阔、航道及岸坡稳定的港址实例。

工程可行性研究，从各个侧面研究规划实现的可能性，把港口的长期发展规划和近期实施方案联系起来。通过进一步的调查研究和必要的钻探、测量等工作，进行技术经济论证，分析判断建设项目的技术可行性和经济合理性,为确定拟建工程项目方案是否值得投资提供科学依据。

　　工程可行性研究是确定项目是否可行的最后研究阶段,是编制设计任务书的依据,因此工程投资估算的精确度应控制在±10%以内[一般初步可行性研究投资估算精度控制为±(20%～30%)]以后完成的设计概算若超出任务书投资的10%,则必须重新立项编报任务书。

　　可行性研究是确定工程项目是建设还是放弃(或暂缓)的重要科学依据,也是限定工程项目规模大小、建设周期、资金筹措等重要问题的主要依据,是工程项目前期工作的核心,因此必须以调查研究为基础,采用科学的方法,尊重客观实际,实事求是,使可行性研究确实起着"把关作用",使项目投产后能达到预期的效果,减少投资风险。应特别注意,可行性研究结果包括"可行"与"不可行"两种可能。有时得出"不可行"的结论,也是一次成功的可行性研究。

　　3. 港口布置

　　港口布置必须遵循统筹安排、合理布局、远近结合、分期建设等原则。图 10.11 为开敞海岸上的港口平面略图,其特点是水域广阔,具有两个口门,能使船舶适应更多的风浪方向而安全顺利地进入港内。

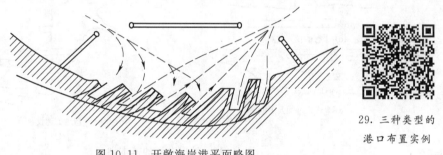

29. 三种类型的港口布置实例

图 10.11　开敞海岸港平面略图

　　港口布置方案在规划阶段是最重要的工作之一,不同的布置方案在许多方面会影响到国家或地区发展的整个进程。如图 10.12 所示的是一些港口布置的型式,这些型式可分为三种基本类型:自然地形的布置[图 10.12 中的(f)、(g)、(h)],也可称为天然港;挖入内陆的布置[图 10.12 中的(b)、(c)、(d)];填筑式的布置[图 10.12 中的(a)、(e)]。

　　挖入内陆的布置形式,一般说,为合理利用土地提供了可能性。在泥沙质海岸,当有大片不能耕种的土地时,宜采用这种建港型式。但这种布置[图 10.12(b)],狭长的航道可能使侵入港内的波高增加,因此必须进行模型研究。

　　如果港口岸线已充分利用,泊位长度已无法延伸,但仍未能满足增加泊位数的要求,这时,只要水域条件适宜,便可采用图 10.12(e)的解决方法,即在水域中填筑一个人工岛。近年来,日本常采用这种办法扩建深水码头和在海中填筑临港工业用地。

　　在天然港的情况下,如果疏浚费用不太高,则图 10.12(h)所示的河口港可能是单位造价最低而泊位数最多的一种型式。

10.1.3　码头建筑

　　码头是供船舶系靠、装卸货物或上下旅客的建筑物的总称,它是港口中主要水工建筑物之一。

　　1. 码头的布置形式

　　我们主要来介绍以下常见的三种布置形式:

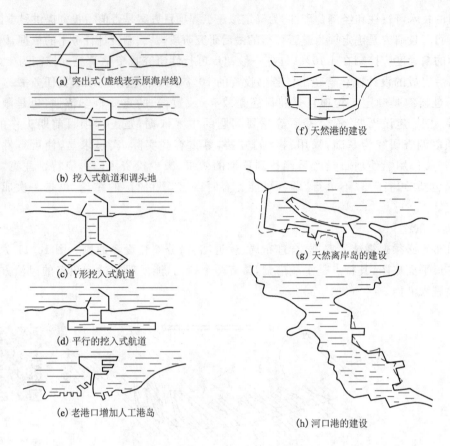

图 10.12　港口布置的基本类型

(1)顺岸式

码头的前沿线与自然岸线大体平行,在河港、河口港及部分中小型海港中较为常用。其优点是陆域宽阔、疏运交通布置方便,工程量较小。图 10.13 表示了顺岸码头几种常见的布置形式。

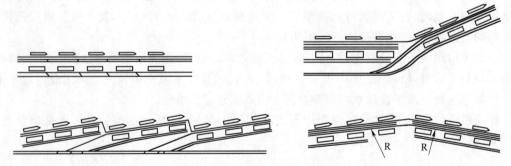

图 10.13　顺岸码头的布置形式

(2)突堤式

码头的前沿线布置成与自然岸线有较大的角度,如大连、天津、青岛等港口均采用了这种形式。其优点是在一定的水域范围内可以建设较多的泊位,缺点是突堤宽度往往有限,每泊位的平均库场面积较小,作业不方便。图 10.14 是突堤与顺岸结合部位的布置方式。

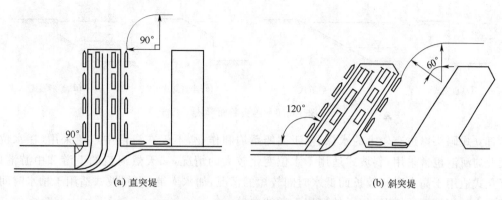

(a) 直突堤　　　　　　　　　　　　　　　　(b) 斜突堤

图 10.14　突堤与顺岸结合部位的布置

（3）挖入式

港池由人工开挖形成，在大型的河港及河口港中较为常见，如德国汉堡港、荷兰的鹿特丹港等。挖入式港池布置，也适用于潟湖及沿岸低洼地建港，利用挖方填筑陆域，有条件的码头可采用陆上施工。近年来日本建设的鹿岛港、中国的唐山港（图 10.15）均属这一类型。

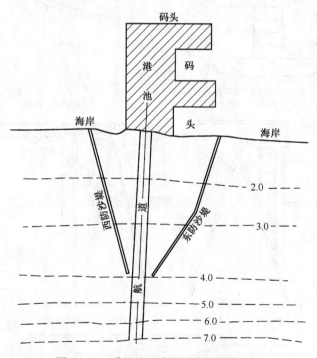

图 10.15　采用挖入式港池布置的唐山港

由于现代码头要求有较大陆域纵深（如集装箱码头纵深达 350～400 m）和库场面积，国内新建码头的陆域纵深有加宽的趋势，天津新港东突堤的平均宽度已达 650 m。

随着船舶大型化和高效率装卸设备的发展，外海开敞式码头已被逐步推广使用，并且已被应用于大型散货码头，我国石臼港煤码头和北仑港矿石码头均属这种类型。

2. 码头型式

码头按其前沿的横断面外形可分为直立式、斜坡式、半直立式和半斜坡式（图 10.16）。

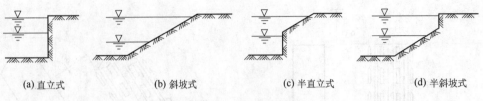

(a) 直立式　　(b) 斜坡式　　(c) 半直立式　　(d) 半斜坡式

图 10.16　码头断面形式

直立式码头岸边有较大的水深、便于大船系泊和作业,不仅在海港中广泛采用,在水位差不太大的河港也常采用;斜坡式适用于水位变化较大的情况,如天然河流的上游和中游港口;半直立式适用于高水时间较长而低水时间较短的情况,如水库港;半斜坡式适用于枯水时间较长而高水时间较短的情况,如天然河流上游的港口。

码头按结构形式可分为重力式、板桩式、高桩式和混合式(图 10.17)。

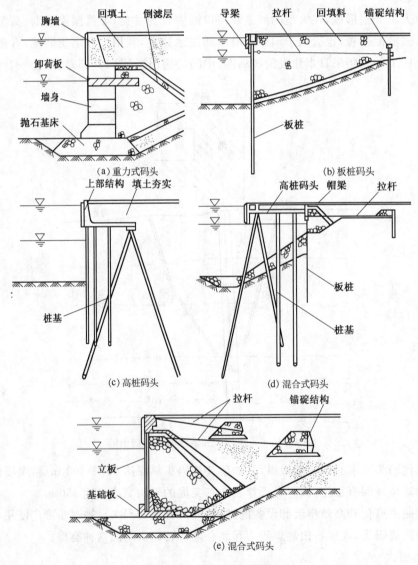

(a) 重力式码头　　　　　　　　(b) 板桩码头

(c) 高桩码头　　　　　　　　(d) 混合式码头

(e) 混合式码头

图 10.17　码头的结构形式

重力式码头[图 10.17(a)]是靠自重(包括结构重量和结构范围内的填料重量)来抵抗滑动和倾覆的。从这个角度说,自重越大越好,但地基将受到很大的压力,使地基可能丧失稳定性或产生过大的沉降。为此,需要设置基础,通过它将外力传到较大面积的地基上(减小地基应力)或下卧硬土层上。这种结构一般适用于较好的地基。

板桩式码头[图 10.17(b)]是靠打入土中的板桩来挡土的,它受到较大的土压力。为了减小板桩的上部位移和跨中弯矩,上部一般用拉杆拉住,拉杆力传给后面的锚碇结构。由于板桩是一较薄的构件,又承受较大的土压力,所以板桩式码头目前只用于墙高不大的情况,一般在10 m 以下。

高桩式码头[图 10.17(c)]主要由上部结构和桩基两部分组成。上部结构构成码头地面,并把桩基连成整体,直接承受作用在码头上的水平力和垂直力,并把它们传给桩基,桩基再把这些力传给地基。高桩式码头一般适用于软土地基。

除上述主要结构型式外,根据当地的地质、水文、材料、施工条件和码头使用要求等,也可采用混合式结构。例如,下部为重力墩,上部为梁板式结构的重力墩式码头,后面为板桩结构的高桩栈桥码头[图 10.17(d)],由基础板、立板和水平拉杆及锚碇结构组成的混合式码头[图 10.17(e)]。

码头又可分为岸壁式和透空式两大类。岸壁背面有回填土,受土压力作用,如顺岸重力式码头和板桩码头。透空式码头建筑在稳定的岸坡上,一般没有挡土部分,或有独立挡土结构,如高桩式码头(前板桩高桩码头除外)和墩式栈桥码头等。

10.1.4　防波堤

防波堤的主要功能是为港口提供掩护条件,阻止波浪和漂沙进入港内,保持港内水面的平稳和所需要的水深,同时,兼有防沙、防冰的作用。

1. 防波堤的平面布置

防波堤的平面布置,因地形、风浪等自然条件及建港规模要求等而异,一般可分为 4 大类型(图 10.18)。

(1)单突堤

单突堤系在海岸适当地点筑堤一条,伸入海中,使堤端达适当深水处。当波浪频率比较集中在某一方位,泥沙运动方向单一,或港区一侧已有天然屏障时可采用 A_1 或 A_2 式。但它所围成的水域有限,多半仅能形成小港。当强风浪变化范围较大时,此种布置形成只能阻一面风浪于一时,而不能挡住全年各方风浪,又不能有效地阻止漂沙进入港内,故在沿岸泥沙活跃地区,不宜采用。

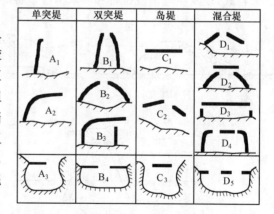

图 10.18　防波堤布置形式

A_3 式适用于海岸已有天然湾澳,其水域已足以满足港区使用的情况。此种天然湾澳,漂沙量一般不大(因若漂沙量大,即无法形成广阔的天然湾澳),最适合布置单突堤。

(2)双突堤

双突堤系自海岸两边适当地点,各筑突堤一道伸入海中,遥相对峙,而达深水线,两堤末端形成一突出深水的口门,以围成较大水域,保持港内航道水深。

B_1 式双突堤用于海底平坦的开敞海岸,形成狭长而突出的港内水域,可以阻拦两侧方向的波浪与漂沙进入港内,迎面而来的波浪亦因港口缩突而减小。在漂沙方面,亦因堤端已伸达深海水流,含沙量较小。但此种堤式只适用于中、小型海港。B_2 式用于海底坡度较陡,希望形成较宽港区的中型海港。两堤轴线向内弯曲环抱而成近似三角形或方形的港口水域,如一侧风浪特强,两堤可长短不一,下风一侧堤较短。B_3 式多建于迎面风浪特大,海底坡度较陡而水深的海岸。B_4 式为海岸已有天然湾澳,湾口中央为深水的情况,港内水面平衡,淤沙极少,筑堤费用亦较省。

(3)岛堤

岛堤系筑堤海中,形同海岛,专拦迎面袭来的波浪与漂沙。堤身轴线可以是直线、折线或曲线。

C_1 式岛堤堤身与岸平行,可形成窄长港区,适用于海岸平直、水深足够、风浪迎面而方向变化范围不大的情况。C_2 式适用于港址海岸稍具湾形而水深的情况。港内水域进深长度不够时,C_2 式堤比 C_1 式距岸较远,可以增加港内水域面积。C_3 式堤用于已有足够宽的水域之湾澳,两岸水较深而湾口有暗礁或沙洲。适应此情势,筑岛式堤于湾口外,形成两个港口口门,以供船舶进出,并阻挡迎面的风浪。

(4)组合堤

组合堤亦称混合堤系,由突堤与岛堤混合应用而成。大型海港多用此类堤式。D_1 式堤系因突堤端有回浪而必须再建岛堤以阻挡。D_2 式系岛堤建于双突堤口外,以阻挡强波侵入港内。D_3 式适合于岸边水深大,海底坡度甚陡的地形。若海岸曲折或海底等高线曲折,岛堤轴线也可因形而曲折,此式能建成大港。D_4 式适用于岸边水深不大,海底坡度平缓,须借防浪堤在海中围成大片港区的情况,D_5 式适用于已有良好掩护并足够开阔的天然湾澳,可建成大型海港。

2. 防波堤的类型

防波堤按其构造形式(或断面形状)及对波浪的影响可分为斜坡式、直立式、混合式、透空式和浮式,以及喷气消波设备和喷水消波设备等多种类型,如图 10.19 所示。

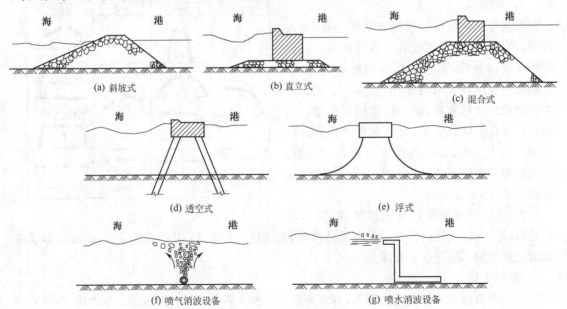

(a) 斜坡式　　　(b) 直立式　　　(c) 混合式
(d) 透空式　　　(e) 浮式
(f) 喷气消波设备　　　(g) 喷水消波设备

图 10.19　防波堤类型

（1）斜坡式防波堤

斜坡式防波堤在我国使用最广泛（图 10.20），它对地基沉降不甚敏感，易于修复，对地基承载力的要求较低，施工比较简单。但斜坡式防波堤需要的材料数量较大，在使用方面，堤的内侧不能用作靠船码头。

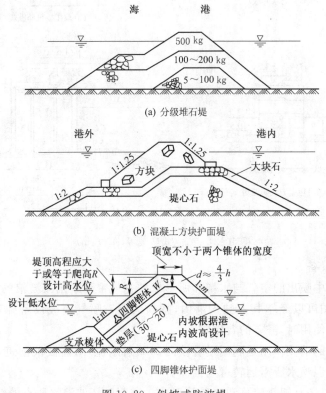

图 10.20　斜坡式防波堤

（2）直立式防波堤

直立式防波堤也称为直墙式（图 10.21），适用于海底土质坚实、地基承载能力较好和水深大于波浪破碎水深的情况。当水深较大时，它所需的材料比斜坡式堤节省，在使用上，其内侧可兼供靠船之用。但由于波浪在墙面反射，消波的效果较差；同时，直立式堤的地基应力较大，不均匀沉降可使堤墙产生裂缝，较难修复。

（3）混合式防波堤

混合式防波堤是直立式上部结构和斜坡式堤基的综合体。严格说来，在混合式和直立式之间并不存在明显界限。增加直立式堤的基床厚度，即形成混合式防波堤。混合式防波堤可减少直立墙高度和地基压力，斜坡式堤基断面不必过大，所以，比较经济合理。

（4）透空式防波堤

在材料使用上和经济上看来都较为合理，特别适用于水深较大、波浪较小的条件。但透空式堤不能阻止泥沙入港，也不能减小水流对港内水域的干扰。

（5）浮式防波堤

不受地基基础的影响，可随水位的变化而上下，浮式防波堤较适合于波浪较陡和水位变化幅度较大的场合，又由于它易于拆迁，因而可以用作临时工程的防浪措施。

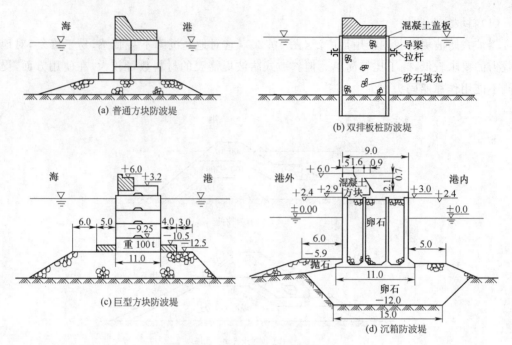

图 10.21 直立式防波堤(单位:m)

(6)喷气消波设备

是利用水下管中喷出的空气与水掺和所形成的空气帘幕来削减波浪的。当喷气管安设在足够的水深时,船舶可以经越其上驶入港内,畅航无阻。喷气消波设备施工简单,拆迁方便。但喷气消波设备在使用时,需要的费用较高。

喷水消波设备的消波作用是利用逆着波向的喷射水流,阻碍波浪前进,使波长缩短,波浪破碎,使波高减小,但喷水所需运转费用甚高。

新式防波设备,还有塑料帘幕和浮毯等形式。帘幕破坏波浪水质点的轨道运动,浮毯利用浮体运动和波浪运动的相位差以迫使波浪衰减,按其作用原理来说,与浮式防波堤类似。

防波堤型式的选用,应根据当地情况,如海底土质、水深大小、波浪状况、建筑材料、施工条件等,以及使用上的不同要求,经方案比较决定。

10.1.5 护岸建筑

天然河岸或海岸,因受波浪、潮汐、水流等自然力的破坏作用,会产生冲刷和侵蚀现象。这种现象可能是缓慢的,水流逐渐地把泥沙带走;但也可能在瞬间发生,较短时间内出现大量冲刷,因此,要修建护岸建筑物。护岸建筑物可用于防护海岸或河岸免遭波浪或水流的冲刷。而港口的护岸则是用来保护除了码头岸线以外的其他陆域边界。但是,当岸坡变化的范围内建有重要的建筑物;沿岸有铁路、公路路基或桥梁、涵洞等建筑物;遭受侵蚀的岸边地带附近有突堤、码头等,在这些情况下岸边是不允许被冲刷的。

护岸方法可分为两大类,一类是直接护岸,即利用护坡和护岸墙等加固天然岸边,抵抗侵蚀;另一类是间接护岸,即利用在沿岸建筑的丁坝或潜堤,促使岸滩前发生淤积,以形成稳定的新岸坡。

(1)直接护岸建筑

斜面式护坡和直立式护岸墙,是直接护岸方法所采用的两类建筑物。若波浪的经常作用方向与岸线正交或接近于正交,对于较坦的岸坡,应采用护坡,或下部采用护坡而上部加筑护岸墙;对于较陡的岸,则应采用护岸墙。

护坡一般是用于加固岸坡。护坡坡度常较天然岸坡为陡,以节省工程量,但也可接近于天然岸坡的坡度。图 10.22 所示的是干砌块石与浆砌块石护坡,护坡材料还可用混凝土板、钢筋混凝土板、混凝土方块或混凝土异形块体等。

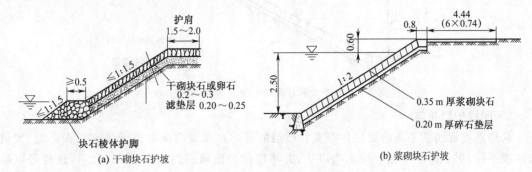

(a) 干砌块石护坡　　　　　　　　(b) 浆砌块石护坡

图 10.22　块石护坡(单位:m)

护岸墙多用于保护陡岸。以往常将墙面做成垂直或接近垂直的,当波浪冲击墙面时,激溅很高(图 10.23),下落水体对于墙后填土有很大的破坏力。而凹曲墙面(图 10.24),使波浪回卷,这对于墙后填土的保护和岸上的使用条件都较为有利。

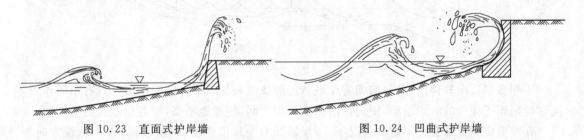

图 10.23　直面式护岸墙　　　　　　　图 10.24　凹曲式护岸墙

图 10.25 所示两个护岸墙的断面,图 10.25(a)用板桩和砌石覆盖作为护脚,墙面用石料镶砌作为保护层,免被波浪所夹带的砂石磨损;图 10.25(b)采用凹曲形墙面,墙脚深埋,并用抛石保护,墙后有排水设备。

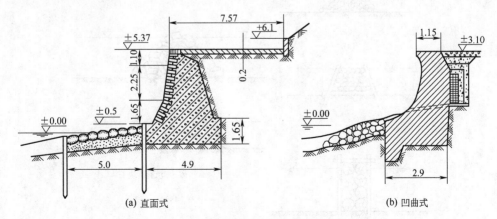

(a) 直面式　　　　　　　　　(b) 凹曲式

图 10.25　护岸墙的结构形式示意图(单位:m)

此外,护坡和护岸墙的混合式护岸也颇多采用,在坡岸的下部做护坡,在上部建成垂直的墙,这样可以缩减护坡的总面积,对墙脚也有保护,如图 10.26 所示。

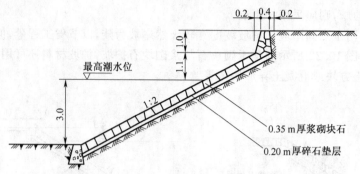

图 10.26　护坡和护岸墙的混合结构(单位:m)

(2)间接护岸建筑

利用潜堤促淤就是将潜堤位置布置在波浪的破碎水深以内而临近于破碎水深之处,大致与岸线平行,堤顶高程应在平均水位以下,并将堤的顶面做成斜坡状(图 10.27),这样可以减小波浪对堤的冲击和波浪反射,而越过堤顶的水量较多。波浪在堤前破碎后,一股水流越过潜堤,携带着被搅动起来的泥沙落淤在潜堤和岸线之间。滩地淤长,将形成新的岸线,有利于原岸线的巩固。所以,修筑潜堤的作用不仅是消减波浪,也是一种积极的护岸措施。

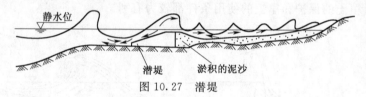

图 10.27　潜堤

丁坝自岸边向外伸出,对斜向朝着岸坡行进的波浪和与岸平行的沿岸流都具有阻碍作用,同时也阻碍了泥沙的沿岸运动,使泥沙落淤在丁坝之间,使滩地增高,原有岸地就更为稳固。

在波浪方向经常变化不定的情况下,丁坝轴线宜与岸线正交布置;否则,丁坝轴线方向应略偏向下游。丁坝的结构型式很多,有透水的,有不透水的;其横断面形式有直立式的,有斜坡式的,如图 10.28 所示。

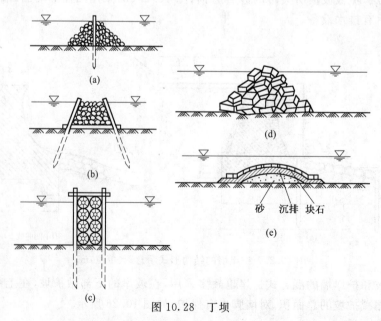

图 10.28　丁坝

10.1.6　港口仓库与货场

　　港口是货物的集散点,也是车船换装的地方。仓库、货场是港口的储存系统,其主要作用是加速车船周转,提高港口吞吐能力。出口的货物通常是分批陆续到港,需在港口聚集成批,等待装船;进口货物由于种类繁多,收货人及收发地点也各不相同,一般需在港口进行检查、分类,有时还需进行包装整理等,因此港口必须建有足够数量的仓库和货场并实现设计的要求。如:仓库和货场的容积与运输能力相配套;所处位置要考虑处于最佳物流方向;方便库内运输,便于货物的收发,并满足防火、防潮、防淹和通风的要求。

　　货场主要用来存放不怕雨淋、日晒和气温变化影响的货物,如煤、矿石、某些建筑材料等。仓库用来保管贵重的货物,不使它们受到降水和日晒的影响。根据需要,有的仓库还设有保温、通风设备。对一些价值较低,但怕日晒、雨淋的货物,也有采用货棚来存放的。

　　港口仓库可分为普通仓库和特种仓库(筒仓、油罐等)。普通仓库又可分为单层库和多层库。

　　水泥、粮食等多采用散装运输,由于不加包装,难于堆垛,故多利用筒仓储存。采用筒仓的优点:节省包装费用;增加单位长码头的吞吐能力;缩短船期及车辆装卸时间;用机械自动运输,所用人工不及件货的1/10,且易于管理;仓中全部封闭,潮湿空气无法进入,货物不致因潮湿而发霉;此外,尚可注入某种保持货质的气体,使货质不易发生变化;与同样贮存能力的普通仓库相比,筒仓建筑造价低、占地少等。

　　但采用筒仓也存在一些问题,如:筒仓某一仓格即使未装满,也不能将两种货物同存于一仓内;筒仓用的机械设备,用于进口与用于出口的不同,要分别配置;筒仓高度一般为20～40m,作用于地基上的荷载较大,对地基要求很高。

　　堆货场地从其使用特点和构造来看,有杂货堆场和散货堆场之分。由于件杂货的保管要求高,同时为便于装卸和运输机械的行驶,一般件杂货堆场的地面都需进行处理,做成承重、耐磨、抗震、排水的铺面。

　　集装箱码头的场地,由于堆货荷载较大,不允许地面变形,所以场地基础需要经过特别的加固处理,如打各种密集的短桩或加厚块石垫层,面层铺筑很厚的钢筋混凝土板。

　　散货堆场一般是将原地面平整压实而成,由于散货有自然坡角,为了增加堆货量,有时在货堆周围建造矮围墙。当地下水位较低时,也可挖成壕坑式(图10.29)。

　　港口货场上有轨起重运输机械的轨道基础结构,常用的有由钢轨及配件、轨枕及道砟组成的轨道道砟结构和轨道梁。当机械荷载较大时,为了避免局部沉陷,可采用沿轨道长度方向的钢筋混凝土梁作为轨道基础,在特别软弱地基上,轨道梁也可建在桩基上。

　　在港口货运量大的情况下,可设置专为港口服务的港口车站,以提高港口装卸效率和减轻路网车站负担。通常,港口车站由铁

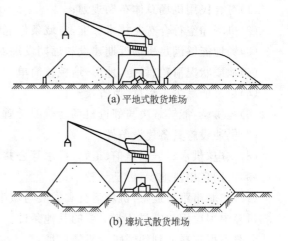

(a) 平地式散货堆场

(b) 壕坑式散货堆场

图10.29　散货堆场举例

路部门管理,它的功用是办理小运转列车的到发、交接、解体、选分车组,并向各分区车场或装卸线取送车辆。港口车站宜靠近港口各作业区,以便于取送车作业。

10.2　机 场 工 程

　　自古以来,人们就羡慕鸟类在天空自由飞翔的本领,人们也在一直努力地探索飞上蓝天的奥秘。中外历史上记载了许多关于人与物飞行的幻想与真实的故事。美国莱特兄弟制造双翼飞机,1903 年 12 月 17 日在北卡罗来纳州的基蒂霍克附近飞行了 36.38 m,这是人类首次的飞机飞行。我国飞行家冯如在美国自制飞机,1909 年 9 月 21 日试飞成功,这是中国人首次驾驶飞机上天。航空工业的发展是 20 世纪中重要的科技进步之一。随着我国经济的迅速发展,航空运输量迅猛增长,需要修建更多的机场。随之而来,机场规划、跑道设计方案、航站区规划、机场维护及机场的环境保护等已日益成为人们关注的问题。本章主要就以上涉及的若干问题进行简要阐述。

10.2.1　机场规划

1. 厂址选择

　　机场位置选择是整个机场规划设计中最重要的一环,对机场使用性能和造价有很大影响。如果位置选择不好,即使在设计和施工中尽了最大努力,通常也弥补不了由于位置选的不好而产生的缺点。例如,有的机场位置选的离城市太近,虽然设计和施工质量都很好,但是随着经济建设发展,由于机场净空和飞机噪声污染影响,使城市建设和机场运营的矛盾越来越突出,最后机场被迫搬迁。又如,有的机场选在地势起伏很大的地方,后来虽然地势设计很合理,但是土方工程量仍然很大,造成投资很大。由此可见,机场位置选择工作很重要,必须认真做好。

　　机场厂址选择的一般规定:

　　机场厂址选择应根据全国与地区机场网布局并结合当地城市规划要求,按照中国民航局令 68 号《民用航空运输机场选址规定》进行。

　　(1)符合民用机场总体布局规划;

　　(2)机场净空符合有关技术标准,空域条件能够满足机场安全运营要求;

　　(3)场地能够满足机场近期建设和远期发展的需要;

　　(4)地质状况清楚、稳定,地形,地貌较简单;

　　(5)尽可能减少工程量,节省投资;

　　(6)经协调,能够解决与邻近机场运行的矛盾;

　　(7)供油设施具备建设条件;

　　(8)供电、供水、供气、通信、道路、排水等公共设施具备建设条件,经济合理;

　　(9)占用良田耕地少,拆迁量较小;

　　(10)与城市距离适中,机场运行和发展与城市规划协调;

　　(11)中国民用航空局认为必要的其他条件。

　　一般不得选择下列地区作为机场厂址:

　　(1)与邻近机场的运行会产生严重矛盾且难以协调解决地区;

　　(2)影响重要工矿建设、水利电力建设、重要供水水源的保护区、国家规定的历史文物保护区、风景区及自然保护区等地区；

（3）地震断层和设防烈度高于九度的地震区；

（4）地质条件恶劣、处理困难或投资较大的地区；

（5）大坝、大堤一旦决溃后可能淹没地区；

（6）具有开采价值的重要矿藏区。

2. 民航运输机与机场

（1）民航运输机概况

干线运输机：是指载客量＞100 人，航程＞3 000 km 的大型运输机。以美国波音公司的 Boeing757（以后简称 B757）、B767、B747、B777、DC10（美国麦道公司制造，现麦道公司已并入波音公司）、MD11（DC10 的改进型）；欧洲空中客车公司的 A340/A330、俄罗斯的伊尔 81 等为代表。C919 飞机（全称 COMAC919）是中国首款完全按照国际先进适航标准研制的单通道大型干线客机，具有完全自主知识产权，于 2017 年 5 月 5 日成功首飞。

支线运输机：是指载客量＜100 人，航程为 200～400 km 的中心城市与小城市之间及小城市之间的运输机：以美国的 DC3、英国宇航公司的 SH330 和 BAE146、中国与美国联合制造的 MD82、MD90 等为代表。

各类民航机如图 10.30 所示。

（a）运10飞机

（b）Boeing 777

（c）Airbus 340及340—600

（d）C919飞机

图 10.30　各类民航飞机

（2）民航机场概况

早期建设民航机场的场地小且设备不很完善，客观原因是当时的飞机较少，且对净空要求不高、噪声不大，且机场距城市都较近。

一战以后、机场发生了很大的变化。尤其是 20 世纪 70 年代大型宽体客机的出现和运输量的增加，使机场向大型化和现代化迈进，其主要特点为：

①飞行区不断扩大和完善,可以保证运输机在各种气象条件下都能安全起飞、着陆。如:采用水泥混凝土或沥青混凝土跑道,以适应飞机喷出的高温高速气流;跑道距离增长,以满足大型客机由于质量增大对跑道长度的要求;跑道两侧设置了日益完善的助航灯光及无线电导航设备等。

②航站楼日益增大和现代化,可以保证大量旅客迅速出入。目前大型机场的航站楼面积为数万平方米,有的达数十万平方米。候机室设施相当完善。

③机场设施日益完善,机场内有宾馆、餐厅、邮局、银行、各种商店,旅客在机场内就像在城市一样方便。

④机场距城市有一定距离,有先进的客运手段与城市联系。因为先进的喷气式客机对机场的净空要求较严,且噪声也大。因此机场一般必须离开城市一定的距离。

2014 年 12 月 26 日,北京新机场项目开工建设;2018 年 9 月 14 日,北京新机场项目定名"北京大兴国际机场";2019 年 9 月 25 日,北京大兴国际机场正式通航,北京南苑机场正式关闭;2019 年 10 月 27 日,北京大兴国际机场航空口岸正式对外开放,实行外国人 144 h 过境免签、24 h 过境免办边检手续政策。

北京大兴国际机场(Beijing Daxing International Airport,IATA:PKX,ICAO:ZBAD),位于中国北京市大兴区榆垡镇、礼贤镇和河北省廊坊市广阳区之间,北距天安门 46 km、北距北京首都国际机场 67 km、南距雄安新区 55 km、西距北京南郊机场约 640 m(围场距离),为 4F 级国际机场、世界级航空枢纽、国家发展新动力源。

截至 2021 年 2 月,北京大兴国际机场航站楼面积为 78 万 m^2;民航站坪设 223 个机位,其中 76 个近机位、147 个远机位;有 4 条运行跑道,东一、北一和西一跑道宽 60 m,分别长 3 400 m、3 800 m 和 3 800 m,西二跑道长 3 800 m,宽 45 m,另有 3 800 m 长的第五跑道为军用跑道;可满足 2025 年旅客吞吐量 7 200 万人次、货邮吞吐量 200 万 t、飞机起降量 62 万架次的使用需求。

3. 民航机场分类

(1)机场分类

①国际机场

指供国际航线用、并设有海关、边防检查、卫生检疫、动植物检疫、商品检验等联检机构的机场。北京和巴黎的国际机场如图 10.31 所示。

②干线机场

指省会、自治区首府及重要旅游、开发城市的机场。

③支线机场

又称地方航线机场,指各省、自治区内地面交通不便的地方所建的机场,其规模通常较小。

图 10.31 北京国际机场

(2)飞行区分级

按照《民用机场飞行区技术标准》(MH 5001—2021)的规定,机场飞行区应根据拟使用该飞行区的飞机特性按指标Ⅰ和指标Ⅱ进行分级。指标Ⅰ按拟使用该飞行区跑道的各类飞机中最长的基准飞行场地长度,采用数字 1、2、3、4 进行划分;指标Ⅱ按拟使用该飞行区跑道的各类飞机中的最大翼展,采用字母 A、B、C、D、E、F 进行划分,具体见表 10.1。

表 10.1 飞行区基准代号

飞行区指标 I		飞行区指标 II	
代号	飞机基准飞行场地长度(m)	代号	翼展(m)
1	<800	A	≤15
2	800~1 200(不包含)	B	15~24(不包含)
3	1 200~1 800(不包含)	C	24~36(不包含)
4	≥1 800(不包含)	D	36~52(不包含)
		E	52~65(不包含)
		F	65~80(不包含)

（3）民航机场的组成

民航机场主要由飞行区、旅客航站区、货运区、机务维修设施、供油设施、空中交通管制设施、安全保卫设施、救援和消防设施、行政办公区、生活区、辅助设施、后勤保障设施、地面交通设施及机场空域等组成。

10.2.2 跑道方案

机场的跑道直接供飞机起飞滑跑和着陆滑跑之用。飞机在起飞时，必须先在跑道上进行起飞滑跑，边跑边加速，一直加速到机翼的上升力大于飞机的重量，飞机才能逐渐离开地面。飞机降落时速度很大，必须在跑道上边滑跑边减速才能逐渐停下来。所以飞机对跑道的依赖性非常强。如果没有跑道，地面上的飞机无法飞行，飞行的飞机无法落地。因此，跑道是机场上最重要的工程设施。

几种跑道方案如图 10.32 所示。

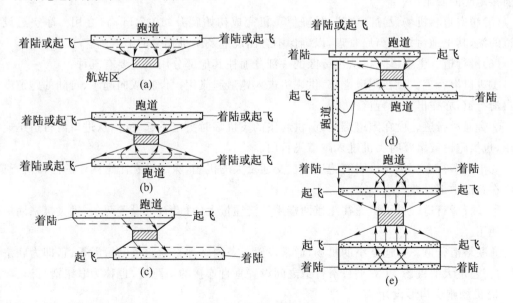

图 10.32 机场跑道方案

1. 跑道的作用与构成

我国民航机场的跑道通常用水泥混凝土筑成，也有的用沥青混凝土筑成。一般民航机场只设一条跑道，有的运输量大的机场设置两条或更多的跑道。

跑道按其作用可分为:主要跑道、辅助跑道、起飞跑道三种。

(1)主要跑道是指在条件许可时比其他跑道优先使用的跑道,按该机场最大机型的要求修建长度较大,承载力也较高。

(2)辅助跑道也称次要跑道,是指因受侧风影响,飞机不能在主跑道上起飞、着陆时,供辅助起降用的跑道,由于飞机在辅助跑道上起降都有逆风影响,所以其长度比主要跑道短一些。

(3)起飞跑道是指只供起飞用的跑道。

机场跑道又根据其配置的无线电导航设备情况分为非仪表跑道和仪表跑道。非仪表跑道是指只能供飞机用目视进近程序飞行的跑道。而仪表跑道是指可供飞机用仪表进近程序飞行的跑道,仪表跑道又可分为:非精密进近跑道和精密进近跑道,后者有Ⅰ、Ⅱ和Ⅲ类,共装有仪表着陆系统,能把飞机引导至跑道上着陆和滑行。

飞机场除跑道外,还有一些其他起辅助作用的道路设施:

(1)跑道道肩。是作为跑道和土质地面之间过渡用,以减少飞机一旦冲出或偏离跑道时有损坏的危险,也有减少雨水从邻近土质地面渗入路道下基础的作用,确保土基强度。道肩一般用水泥混凝土或沥青混凝土筑成,由于飞机一般不在道肩上滑行,所以道肩的厚度比跑道要薄一些。

(2)停止道。停止道设在跑道端部,飞机中断起飞时能在上面安全停止。设置停止道可以缩短跑道长度。

(3)机场升降带土质地区。跑道两侧的升降带土质地区,主要保障飞机在起飞、着陆滑跑过程中一旦偏出跑道时的安全,不允许有危及飞机安全的障碍物。

(4)跑道端的安全区。设置在升降区两端,用来减少起飞、着陆时飞机偶尔冲出跑道以及提前接地时的安全用。

(5)净空道。机场设置净空道,是确保飞机完成初始爬升(10.7 m高)之用。净空道设在跑道两端,其土地由机场当局管理,以确保不会出现危及飞机安全的障碍物。

(6)滑行道。主要供飞机从飞行区的一部分通往其他部分用。主要有五种:

①进口滑行道。设在跑道端部,供飞机进入跑道起飞用。设在双向起飞、着陆的跑道端的进口滑行道,亦作出口滑行道。

②旁通滑行道。设在跑道端附近,供起飞的飞机临时决定不起飞时,从进口滑行道迅速滑回用,也供跑道端堵塞时飞机进入跑道飞行用。

③出口滑行道。供飞机脱离跑道用。交通量大的机场,除了设在跑道两端的出口滑行道。还应在跑道中部设置。

④平行滑行道。供飞机通往跑道两端用。交通量大的机场,可设置两条,供飞机来回单向滑行使用。

⑤联络滑行道。交通量小的机场,通常设置一条内站坪直通跑道的短滑行道,即为联络滑行道;交通量大的机场,在双平行滑行道之间设置垂直连接的短跑道,也称为联络滑行道。

2. 机场跑道构形设计

跑道构形是指跑道的数量、位置、方向和使用方式,它取决于交通量需求,还受气象条件、地形、周围环境等的影响。一般跑道构形有如下五种:

(1)单条跑道。是大多数机场跑道构形的基本形式。

(2)两条平行跑道。两条跑道中心线间距根据所需保障的起降能力确定,如有条件,其间距不宜大于 1 525 m,以便较好地保障同时协调进近。

（3）两条不平行或交叉的跑道。下列情况时需要设置两条不平行或交叉的跑道:①需要设置两条跑道,但是地形条件或其他原因无法设置平行跑道;②当地风向较分散,单条跑道不能保障风力负荷＞95％时。

（4）多条平行跑道。

（5）多条平行及不平行或交叉跑道。

决定机场跑道长度的条件如图 10.33 所示。

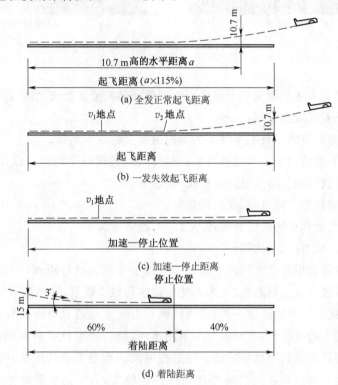

图 10.33　决定机场跑道长度的条件

3. 机坪与机场净空区

飞机场的机坪主要有客机坪、货机坪、停(维修)机坪、等待坪和掉头坪。其中等待机坪供飞机等待起飞或让路而临时停放用,通常设在跑道端附近的平行滑行道旁边。掉头坪则供飞机掉头用,当飞行区不设平行滑行道时,应在跑道端部设掉头坪。

机场净空区是指飞机起飞、着陆所涉及的范围,沿着机场周围要有一个没有影响飞行安全的障碍物的区域。对净空区的规定,受到飞机起落性能、气象条件、导航设备、飞行程序等因素的约束国际民航组织对机场的净空区有专门的要求。

10.2.3　航站区规划与设计

航站区是机场空侧与陆侧的交接面,是地面与空中两种不同交通运输方式进行转换的场所,在这里实现旅客及行李的出发、到达、中转、过境的汇集与疏散。航站区是机场和地面交通主要衔接地区,包括旅客和行李的集散系统、货物装卸、机场维护、运营、管理系统。航站楼的设计涉及位置、形式、建筑面积等要素(图 10.34)。

（a）航站楼外景　　　　　　　　　　　　　（b）到达大厅

图 10.34　上海浦东国际机场

1. 航站楼

航站楼供旅客完成从地面到空中或从空中到地面转换交通方式之用,是机场的主要建筑。通常航站楼由以下五项设施组成：

（1）接地面交通的设施。有上下汽车的车边道及公共汽车站等。

（2）办理各种手续的设施。有旅客办票、安排座位、托运行李的柜台以及安全检查和行李提取等设施。国际航线还设海关、边检(移民)柜台等。

（3）连接飞机的设施。候机室、登机设施等。

（4）航空公司营运和机场必要的管理办公室与设备等。

（5）服务设施。如餐厅、商店等。

航站楼的位置通常设置在飞行区中部。为了减少飞机的滑行距离,航站楼应尽量靠近平行滑行道。当飞行区只有一条跑道,又为了便于旅客与城市联系,航站楼应设在靠近城市的跑道一侧,不宜设在远离城市的跑道一侧；当飞行区只有一条跑道且风向又较集中时,航站楼宜适当靠近跑道主起飞的一端；当飞行区有两条跑道时,航站楼宜设在两条跳道之间,以便飞机来往于跑道和站坪且充分利用机场用地。航站楼要离开跑道足够的距离,给站坪和平行滑行道的发展留有余地。大型机场的航站楼和站坪都比较大,为了便于航站楼布局和站坪排水。航站楼应设置在既平坦又较高的地方。同时航站楼应离开其他建筑物足够的距离,为将来发展留有余地。

航站楼的形式一般有一层式、一层半式、二层式和三层式。一层式航站楼的离港和到港活动都在同一层平面内,适用于客运量较小的机场。一层半式的航站楼是两层,楼前车道是一层。通常第一层供到港旅客用,第二层供离港旅客用,适用于客运量中等的机场。二层式的航站楼与楼前车道部是二层。三层式航站楼的行李房与两层式不同,设置在地下室或者半地下室,旅客、行李流程与两层式基本相同。通常第一层供到港旅客用,第二层供离港旅客用,适用于客运量大的机场。

航站楼及站坪的平面型式有前列式、指廊式(上海浦东国际机场)、卫星式(原北京国际机场)、远机位式 4 种。

我国旅客航站楼建筑面积,可按其性质与作用,根据预测的年旅客吞吐量和典型高峰小时旅客数,参照表 10.2、表 10.3 进行计算。

表 10.2　按年旅客吞吐量估算旅客航站楼的面积

类　　　别	每百万旅客所需建筑面积(m²)
国际旅客航站楼	12 000~16 000
国内旅客航站楼	7 000~10 000

注:年旅客量大,采用较低值;反之,采用较高值。

表 10.3　按典型高峰小时估算旅客航站楼面积

旅客航站区指标	类别(m²/人)	
	国内航站楼	国际航站楼
1、2	41~20	24~28
3、4	20~26	28~35
5、6	26~30	35~40

2. 站坪、机场停车场与货运区

站坪或称客机坪,是设在航站楼前的机坪。供客机停放、上下旅客、完成起飞前的准备和到达后的各项作业用。

机场停车场设在机场的航站楼附近,停放车辆很多且土地紧张时宜用多层车库。停车场建筑面积主要根据高峰小时车流量、停车比例及平均每辆车所需的面积来确定。高峰小时车流量可根据高峰小时旅客人数、迎送者、出入机场的职工与办事人员数以及平均每辆车的载客量来确定。

机场货运区供货运办理手续、装上飞机以及飞机卸货、临时储存、交货等用途。主要由业务楼、货运库、装卸场及停车场组成。货运手段由客机带运和货机载运两种。客机带运通常在客机坪上进行。货机载运通常在货机坪上进行。

货运区应离开旅客航站区及其他建筑物适当距离,以便将来发展。

10.2.4　机场维护区及环境

1. 机场维护区

机场维护区是飞机维修、供油设施、空中交通管制设施、安全保卫设施、救援和消防设施、行政办公区等设置的地方。

飞机维修区承担航线飞机的维护工作,即对飞机在过站、过夜或飞行前时行例行检查、保养和排除简单故障等。一般设一些车间和车库,有些机场设停机坪以供停航时间较长的飞机停放,有时机场还设隔离坪,供专机或由于其他原因需要与正常活动场所相隔离的飞机停放之用。

少数机场承担飞机结构、发动机、设备及附件等的修理和翻修工作,其规模较大。设有飞机库、修机坪、各种车间、车库和航材库等。

供油设施供飞机加油,大型机场还有储油库及配套的各种设施。

空中交通管理设施有航管、通信、导航和气象设施等。

安全保卫设施主要有飞行区和站坪周边的围栏及巡逻道路。

救援与消防设施主要有消防站、消防供水设施、应急指挥中心及救援设施等。

行政办公区供机场当局、航空公司、联检等行政单位办公用,可能还设有区管理局或省市管理局等单位。

2. 机场环境问题

环境问题是当今世界上人类面临的重要问题之一。机场占地多，影响范围广，且运营时对周边环境要求很高。机场环境分为两个方面：一是机场周围环境的保护，使得机场建设和运营不至于对周围环境造成不良影响；二是做好机场运营环境的保护，使航空运输安全、舒适、高效进行。

(1)机场周围环境的保护

环境污染防治：主要包括声环境、空气环境和水环境的污染与防治，固体废弃物的处理，其中声环境防治最为主要。

①声环境污染防治

声环境中有机场噪声污染，主要来自飞机起降和进场的发动机所产生的噪声。防治办法有：用低噪声的飞机取代高噪声飞机，例如：B747 飞机，1970 年时噪声为 105.4 dB，而到 1989 年为 99.7 dB；夜间尽量不飞或少飞；提高飞机的上升率或减小油门，使飞机较高地飞越噪声敏感区等。噪声的防治办法有：利用地形作屏障、设置声屏障、建筑隔音、植树造林、加强管理等。

②空气环境污染防治

飞机主要在起飞滑跑和初始爬升阶段，排出氮氧化物而污染空气。进场汽车流量大，也造成空气污染。防治措施有：在邻近飞行区一侧植树。树的高度符合机场净空要求、树的种类应不会招引鸟类。

③水环境污染防治

防治措施有：机场飞行区雨水直接排入当地污水域，候机楼等的生活污水，经处理达标后，宜排入当地污水系统等等；固体废弃物主要来自飞机上清扫下来的垃圾、办公楼等的生活垃圾按照城市垃圾的处理办法进行处置。

(2)机场运营环境保护

①机场的净空环境保护

随着机场的通航，附近城市的发展，高层建筑会对机场的净空发生威胁。机场管理部门应该与当地政府或城建部门密切配合，按照标准的机场发展终端净空图，严格控制净空。

②电磁环境保护

机场附近的无线电设备、高压输电线、电气化铁路、通信设备等也会对机场的导航与通信造成有害影响。因此机场周边的电磁环境应该符合国家对机场周围环境的要求，严格控制各个无线电导航站周围的建设，使得机场的电磁环境不受破坏。

③预防鸟击飞机

飞机极易遭受鸟类的袭击，轻则受伤，重则机毁人亡。根据国际民航组织统计，1986—1990 年的鸟击飞机事件，在欧洲就达 9 980 次，在非洲也有 877 次。预防措施有：机场位置和飞机起降避开鸟类迁移路线和吸引鸟类的地方；机场安装驱鸟与监视的装置；严格管理场内环境，使鸟不宜生存等。

(3)机场内部环境保护

机场的内部环境保护重点是声环境。事实上飞机噪声对机场内部的危害也很大，因此机场建筑物要进行合理的声学设计，将其设置在符合声环境要求的地方，对航站楼进行必要的建筑隔音，合理安排飞行活动，植树造林等均是机场内部环境保护的有力措施。

10.3　管　道　工　程

管道工程是指建设输送油品、天然气和固体料浆的管道的工程。包括管道线路工程、站库工程和管道附属工程。管道工程在广义上还包括器材和设备供应。

10.3.1　管道工程分类

(1)管道本体工程

即由管子、管件组焊成整体的工程。

(2)管道防护结构工程

包括管道内、外壁防腐,管道保温层等工程。管道防腐的通用方法是涂层防腐加阴极保护。

(3)管道穿跨越工程

包括穿越铁路、公路的工程,穿跨越河流、峡谷的工程,穿山隧道工程,穿越不良地质地段的工程等。

(4)线路附属工程

包括支线、预留线的管道阀门设施、紧急截断阀门装置、管道排气或排液设施、管道线路检测仪表、线路保护和稳管构筑物、地面架设管道的支撑结构、线路标志等工程。管道线路工程的建设程序是先进行路径选择,即确定管道由起点至终点的基本走向,也就是确定管道的平面位置,然后进行地质、水文勘察和地形测量等工作,在此基础上进行线路设计,按设计进行施工。埋地管道的施工程序为线路开拓、管材预加工(通常包括将两根管子焊接成一根管子,管材除锈,涂敷防腐层)、挖沟、运管和布管、弯管和组装、焊接、质量检验、试压、下沟、回填、恢复地貌、设置标志(如里程桩、埋设位置标志、穿跨越标志、航空巡视标志等)。

10.3.2　管道工程的主要特点

(1)综合性强

管道工程是应用多种现代科学技术的综合性工程,既包括大量的一般性建筑和安装工程,也包括一些具有专业性的工程建筑、专业设备和施工技术。一条管道消耗钢材几十万吨以至上百万吨,投资有时需要几十亿美元,工程规模十分庞大,被世界各国视为大型的、综合的工业建设项目。

(2)复杂性高

大型的油、气管道往往长数千千米,沿途可能要翻越高山峻岭,穿越大河巨川,或是穿越极难通过的沼泽地带,有的还须穿过沙漠地区。尤其是 20 世纪 70 年代以来,管道工程逐步伸入北极地区和高原的永冻土地带,并向深海发展,工程条件尤其复杂。另外,管道工程与所经地区的城乡建设、水利规划、能源供应、综合运输、环境保护和生态平衡等问题密切相关,而且,在数千公里的施工线上组织施工,需要解决大量的临时性问题,如物资供应、交通车辆、筑路、供水、供电、通信、建设管道预制厂以及生活保障等,这些都使管道工程更加复杂。

(3)技术性强

管道工程是技术性较强的现代工程。管道本身和所用的设备,要保证能在较高的压力下,安全、连续地输送易燃易爆的油和气。陆上管道的工作压力有的高达 80 kgf/cm² (千克力/厘米²)以上,海洋管道的受压力的性能甚至高达 140 kgf/cm²。另外,各种油、气的性质不同,要使管道能满足不同的输送工艺要求。例如天然气和原油的输送管道要进行脱硫或脱水等预处理,输送易凝高粘原油的管道要进行加热或热处理等。管道敷施的环境千差万别,还要有针对性的处置措施,例如永冻土地区的隔热、沙漠地区的固沙、大型河流的穿越或跨越、深海水下的稳管等。这些技术问题都是十分复杂,需要多专业、多学科来综合解决。现代化的管道工程广泛应用电子技术,具有很高的自动化水平,在管理上,实行集中控制和高效、可靠的管理,其技术性更强。

(4)严格性高

管道工程质量必须严格达到设计和规范的要求。数千千米长的管道系统,在工况经常变化的条件下,要长期、高效、安全地连续运行,就要求管道随时处于最佳运行状态。

10.3.3 我国油气管道建设特点

(1)天然气管道成为建设重点

近些年,我国天然气行业蓬勃发展,2004 年西气东输管道投产,标志着天然气市场进入了快速发展时期。2004—2010 年我国天然气消费年均增速约为 18%,年均增量约 114 亿立方;2010—2019 年我国天然气消费年均增速约 12%,年均增量约 220 亿立方;2010—2019 年我国天然气产量年均增速约 7%,年均产增量约 89 亿立方。

虽然我国天然气产量逐年上升,但我国天然气消费量增速更快,我国天然气进口量不断增长。2010—2019 年我国天然气进口量年均增速约 26%,年均增量约 220 亿立方,2019 年对外依存度达到了 42.3%。截至 2020 年底,我国油气长输管线包括国内管线和国外管线,总里程达到 16.5 万 km,其中原油管线为 3.1 万 km,成品油管线 3.2 万 km,天然气管道 10.2 万 km,已基本形成管线网络。

(2)油气管道走廊带逐步形成

早在 20 世纪 70~80 年代,苏联就建成了乌连戈伊—中央区输气系统。该输气系统由 6 条直径 1420 mm 的管道组成,总长约 2 万 km,全线设有 171 座压气站,设计压力 7.5 MPa,输气量达到 650 亿 m^3/a,成功建成了巨型输气管道走廊带。

由于我国天然气主要产区集中在新疆塔里木气区,进口中亚天然气和西西伯利亚天然气、进口哈萨克斯坦原油也都从新疆入境,此外新疆还依托其丰富的煤炭资源,规划建设大规模煤制天然气项目,而我国天然气和油品主力消费区集中在东部和南部地区,因此连接资源和市场的长输管道的建设成为必然。受地形地貌、城市规划、环保区、文物古迹等限制,河西走廊成为西部战略通道的必经之路。目前,河西走廊已经敷设了原油、成品油管道各 1 条,天然气管道 2 条。预计今后河西走廊至少还将敷设 3 条以上的天然气管道,从而在河西走廊形成我国最大规模的油气管道走廊带。

此外,在东北地区,随着俄油、东部俄气的引进,沿原八三线也将形成油气管道走廊带,在中部地区,陕京二线与陕京三线在黄土地、太行吕梁山地并行敷设至永清枢纽站;在西南地区,中缅油气管道在崇山峻岭间并行敷设,兰成原油管道与中卫—贵阳天然气管道并行敷设。

建设油气管道走廊带,一方面有利于合理利用土地资源,节约用地,降低对沿线自然生态环境的影响;另一方面也有利于降低管道建设投资,方便运行维护,提高运行管理水平和效率。

(3)各地方政府加快天然气利用步伐,积极构建省内天然气管网

各地方政府加快天然气利用步伐,积极构建省内天然气管网,输配管网布局更加完善,市场覆盖面进一步扩大,县市气化率得到极大提高。

陕西省已经建成了靖西线、靖西复线、咸宝线、西安—渭南等输气管道,总长度达1 169 km,除了汉中、安康和商洛市外,其余地级市均已通管道天然气。2010 年,陕西省建成了宝鸡—汉中管道,开建了汉中—安康、西安—商州天然气管道。这些管道的建设将使该省各地级市全部用上管道天然气,省内管道总长度达 2 000 km。

新疆维吾尔自治区占有得天独厚的资源条件,在北疆地区已经形成了约 2 000 km 的环形输配气管网。南疆利民工程的实施,也将在南疆地区形成环形输配气管网,实现三地州 25 个县市全部通管道天然气,使新疆境内输气管线长度达 5 000 km(不含外输干线)。

甘肃省拥有独特的地理优势,河西走廊成为连接西北与中部地区的咽喉要道,众多油气干线管道都从此经过。河西 5 市供气支线、甘西南供气工程、甘南工程的实施将使管道天然气辐射范围扩大,使省内天然气管道总长度达到 850 km(不含全国骨干管道)。

(4)与煤制天然气项目配套的管道加紧设计和建设

我国煤炭资源丰富,因此煤制天然气将成为实现气源多元化的有力补充。目前,我国已建成煤制天然气管道规模不大,约 1 000 km,但即将建设或规划的管道已达 14 000 km;其中我国已建成的煤制天然气项目包括大唐国际克什克腾旗煤制天然气项目、大唐国际阜新煤制天然气项目、庆华集团伊宁煤制天然气项目一期工程、新汉集团伊宁煤制天然气一期工程,产气规模总计 155 亿 m^3/a,其中前两项煤制天然气项目的配套外输管道已在建设中,后两项的配套外输管道正在进行初步设计。

据国家统计局统计数据显示,2018 年我国煤制天然气产量达 30.1 亿 m^3,目前规划新建项目有 5 个,包括苏新能源和丰、北控鄂尔多斯、山西大同、新疆伊犁、安徽能源淮南等,分别承担相应示范任务。储备项目包括新疆准东、内蒙古西部(含天津渤化、国储能源)、内蒙古东部(兴安盟、伊敏)、陕西榆林、武安新峰、湖北能源、安徽京皖安庆等。

国家能源局在最新发布的《"十四五"现代能源体系规划》中明确指出"十四五"时期的现代能源体系建设目标是:"到 2025 年,国内能源年综合生产能力达到 46 亿 t 标准煤以上,原油年产量回升并稳定在 2 亿 t 水平,天然气年产量达到 2 300 亿 m^3 以上,发电装机总容量达到约 30 亿 kW,能源储备体系更加完善,能源自主供给能力进一步增强。重点城市、核心区域、重要用户电力应急安全保障能力明显提升。"

10.3.4   我国重点管道建设

(1)中亚—中国天然气管道及西气东输二线(图 10.35)

中亚—中国天然气管道分 A、B 双线并行敷设,总设计输气能力 300 亿 m^3/a,单线长 1 833 km,设计压力 10 MPa,管径 1 067 mm。A 线于 2009 年 12 月 15 日贯通,B 线天然气于 2010 年 8 月 23 日到达霍尔果斯计量站,与 A 线输入的天然气汇合计量后,由霍尔果斯首站进入西二线,正式实现中亚—中国天然气管道双线投产运营。

西气东输二线(西二线)干线起自新疆霍尔果斯,止于广州,干线长约 5 000 km,设计输气能力 300 亿 m^3/a,设计压力 10~12 MPa,管径 1 219 mm,材质为 X80。西二线西段干线(霍尔果斯—中卫段)及中卫—靖边支干线于 2009 年底正式实现商业供气;2010 年 12 月 5 日,西二线东段中卫—黄破段建成投产,该段干线长约 1 435 km,与之同时投产的还有西二线枣阳—十堰支干线、黄破联络线。这 3 段管道的建成投产,使湖北在中部地区率先用上来自中亚的进口天然气,并通过忠武线和淮武线供气范围辐射至湖南及川渝地区,极大地缓解了冬季川渝地区及两湖地区用气紧张的局面。于 2011 年底西二线干线全线建成投产。

（2）中缅油气管道（图 10.36）

中缅油气管道是我国四大油气战略通道之一，也是推动国家西部大开发战略实施的重点工程。项目建设后，为我国西南地区开辟了新的油气资源陆路进口通道，有利于促进我国能源进口多元化，增强国家能源供应保障能力；有利于促进西南地区基础设施建设，优化能源结构，促进和带动地方经济及社会发展，造福各族人民群众。

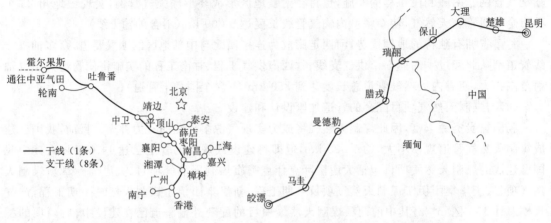

图 10.35　西气东输二线　　　　　　图 10.36　中缅油气管道

中缅天然气管道在缅甸境内段长 793 km，中缅原油管道在缅甸境内段长 771 km。两条管道从云南瑞丽进入我国境内后，原油管道经贵州到达重庆，干线长 1 631 km，设计能力为2 200万 t/a；天然气管道经贵州到达广西，干线长 1 727 km，设计输气能力为 120 亿 m³/a。

中缅油气管道中国境内段途经 3 个省、1 个直辖市、23 个地级市及 73 个县级市，穿越或跨越大中型河流 56 处，山体隧道 76 处。沿线地形地貌、地质条件复杂，地质灾害频发，是目前我国管道建设史上难度最大的工程之一。

2010 年 6 月 3 日，中缅油气管道境外段正式开工建设；2010 年 9 月 10 日，中国境内段在云南安宁市草铺镇开工。该工程于 2013 年建成投产。

（3）中哈天然气管道二期工程

2010 年 12 月 21 日，中哈能源合作又一重大项目——中哈天然气管道二期工程（别伊涅乌—奇姆肯特天然气管道）在位于哈萨克斯坦阿克纠宾州的巴卓伊压气站举行了隆重的开工仪式。

该管道起自哈国曼格斯套州的别伊涅乌，在南哈萨克斯坦州的奇姆肯特与中亚—中国天然气管道相连，全长 1 475 km，设计输气能力 100 亿～150 亿 m³。管道根据气源供应情况分两个阶段：第一阶段完成巴卓伊—奇姆肯特段 1 164 km 管道以及巴卓伊首站的建设任务，年输气能力达到 60 亿 m³；第二阶段完成别伊涅乌—巴卓伊段 311 km 管道及配套压气站建设任务，年输气能力达到 100 亿～150 亿 m³。

该管道在满足哈国南部经济发展和人民生活需要的同时，一部分天然气将通过中亚—中国天然气管道出口到中国，同时也将为中国石油集团阿克纠宾油田提供通畅的天然气外输通道，带动该油田扎纳诺尔、乌里赫套等区块气田的开发。中亚—中国天然气管道与哈国干线输气管网以及我国西部主要油气区连通，有效地提升中哈两国油气合作的战略层次。中哈天然气管道二期工程于 2012 年底建成投产。

（4）陕京三线（图 10.37）

陕京三线西起自陕西省榆林首站，东止于北京市昌平区西沙屯末站，途经陕西、山西、河北、北京 3 省 1 市,线路长约 1 026 km,设计输气能力 150 亿 m³/a,设计压力 10 MPa,管径1 016 mm。

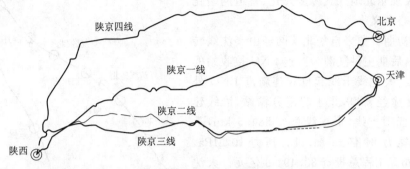

图 10.37　陕京三线

陕京三线是向北京及环渤海地区供应天然气的又一重要通道,对于进一步满足该区域迅速增长的用气需求和提高供气可靠性具有十分重要的意义。

该工程于 2009 年 5 月 15 日开工,其中榆林—良乡段已于 2010 年 12 月 31 日建成投产,良乡—西沙屯段于 2013 年 2 月建成投产,从而实现全线贯通。

(5)兰州—成都—重庆成品油管道工程

兰成渝成品油管道工程,连接西北资源地区和西南成品油市场的生命线工程。管线起于兰州,途经甘肃、陕西、四川,终点为重庆,全长 1 252 km。管道三公司承担 280 km 施工任务。2000 年开工建设,2001 年竣工。

(6)西部原油成品油管道工程

西部原油成品油管道工程,西起新疆独山子,东至甘肃兰州,途经新疆、甘肃 25 个县(市),线路全长 3 696 km。管道三公司承担 450 km 施工任务。2005 年开工建设,2006 年竣工。

(7)涩北—西宁—兰州天然气管道工程

涩宁兰天然气管道工程,国内海拔最高的输气管道,国家西部大开发的标志工程。管线西起涩北 1 号气田,东至西宁、兰州,全长 953 km,管道三公司承担 203 km 施工任务。2000 年开工建设,2001 年竣工。

(8)涩北—西宁—兰州天然气管道工程(复线)

涩宁兰复线工程,起自青海省柴达木盆地东部三湖地区涩北 1 号气田集气总站附近的涩宁兰一线涩北首站,东至甘肃省兰州市西固区柳泉乡兰州末站,线路呈西东走向,线路长度921 km。管道三公司承担了 196 km 施工任务。2008 年开工建设,2010 年竣工。

(9)兰州至成都成品油管道工程中卫至贵阳天然气管道工程

兰成中贵管道工程是我国完善西南地区油气管网的重要线路。兰州至成都原油管道工程全长 878 km,管道三公司承担 87 km 施工任务。中卫至贵阳联络线管道工程全长 1 613 km,管道三公司承担 86 km 施工任务。2010 年开工建设,2012 年竣工。

(10)大连—沈阳及秦皇岛—沈阳天然气管道(图 10.38)

大连—沈阳及秦皇岛—沈阳天然气管道是东北天然气管网的重要组成部分,是中国石油集团在辽宁省境内的骨干管网。大沈线及秦沈线的建设,拉开了东北大规模天然气管网建设的序幕,有效缓解整个东北地区天然气供应紧张的局面,促进东北老工业基地振兴。与此同时,大沈线和秦沈线都将通过支线与辽河储气库连通,在辽宁省内形成"A"型环形输气管网,极大地提高东北地区的供气安全可靠性。

此外,通过秦沈线,东北管网与华北管网互联互通,对于实现东北地区气源多元化、管道网络化具有重要战略意义。

大沈线初期气源来自华北管网经由秦沈线转输的天然气,后期主供气源为大连 LNG 接收站的外输天然气。大沈线干线起自大连新港 LNG 外输首站,向北途经营口,止于沈阳分输站,沿线建大连支线和抚顺支线,干支线总长 584.5 km,干线设计输气能力 84 亿 m³/a,设计压力 10 MPa,管径 711 mm。工程总投资 33.494 8 亿元。大沈线大连—营口段于 2010 年 6 月 20 日开工,营口—沈阳段于 2010 年 9 月 10 日开工,于 2011 年 6 月 30 日达到全线投产条件。

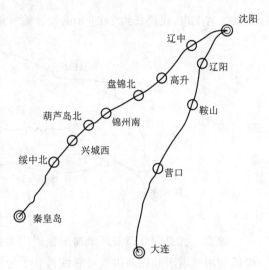

图 10.38　大连—沈阳及秦皇岛—沈阳天然气管道

秦沈线工程包括 1 条干线和 3 条支线。干线起自永唐秦管道秦皇岛分输站,途经秦皇岛、葫芦岛、锦州、鞍山、沈阳,止于沈阳分输站,线路长 426 km,干线设计输气能力 90 亿 m³/a,设计压力 10 MPa,管径 1 016 mm。3 条支线分别为葫芦岛支线、锦州支线和沈阳支线。秦沈线已于 2009 年 5 月 28 日开工,于 2011 年 6 月建成投产。

10.3.5　管道运输

管道运输是一种以管道输送流体货物的一种方式,而货物通常是液体和气体,是统一运输网中干线运输的特殊组成部分。有时候,气动管(Pneumatic Tube)也可以做到类似工作,以压缩气体输送固体舱,而内里装着货物。管道运输石油产品比水运费用高,但仍然比铁路运输便宜。大部分管道都是被其所有者用来运输自有产品。

就液体与气体而言,凡是在化学上稳定的物质都可以用管道运送。因此,废水、泥浆、水、甚至啤酒都可以用管道传送。另外,管道对于运送石油与天然气十分重要——有关公司多数会定期检查其管道,并用管道检测仪(Pipeline Inspection Gauge)做清洁工作。

10.3.6　管道运输的优点

(1) 运量大

一条输油管线可以源源不断地完成输送任务。根据其管径的大小不同,其每年的运输量可达数百万吨到几千万吨,甚至超过亿吨。

(2) 占地少

运输管道通常埋于地下,其占用的土地很少;运输系统的建设实践证明,运输管道埋藏于地下的部分占管道总长度的 95% 以上,因而对于土地的永久性占用很少,分别仅为公路的3%,铁路的 10% 左右,在交通运输规划系统中,优先考虑管道运输方案,对于节约土地资源,意义重大。

(3) 管道运输建设周期短、费用低

国内外交通运输系统建设的大量实践证明,管道运输系统的建设周期与相同运量的铁路建设周期相比,一般来说要短 1/3 以上。历史上,中国建设大庆至秦皇岛全长 1 152 km 的输油管道,仅用了 23 个月的时间,而若要建设一条同样运输量的铁路,至少需要 3 年时间,新疆至上海市的全长 4 200 km 天然气运输管道,预期建设周期不会超过 2 年,但是如果新建同样运量的铁路专线,建设周期在 3 年以上,特别是地质地貌条件和气候条件相对较差,大规模修建铁路难度将更大,周期将更长,统计资料表明,管道建设费用比铁路低 60% 左右。

天然气管道输送与其液化船运(LNG)的比较。以输送 300 亿 m³/a(立方米/年)的天然气为例,如建设 6 000 km 管道投资约 120 亿美元;而建设相同规模(2 000 万 t)LNG 厂的投资则需 200 亿美元以上;另外,需要容量为 12.5 万 m³ 的 LNG 船约 20 艘,一艘 12.5 万 m³ 的 LNG 船造价在 2 亿美元以上,总的造船费约 40 亿美元。仅在投资上,采用液化天然气就大大高于管道。

(4)管道运输安全可靠、连续性强

由于石油天然气易燃、易爆、易挥发、易泄露,采用管道运输方式,既安全,又可以大大减少挥发损耗,同时由于泄露导致的对空气、水和土壤污染也可大大减少,也就是说,管道运输能较好地满足运输工程的绿色化要求,此外,由于管道基本埋藏于地下,其运输过程恶劣多变的气候条件影响小,可以确保运输系统长期稳定地运行。

(5)管道运输耗能少、成本低、效益好

发达国家采用管道运输石油,吨每公里的能耗不足铁路的 1/7,在大量运输时的运输成本与水运接近,因此在无水条件下,采用管道运输是一种最为节能的运输方式。管道运输是一种连续工程,运输系统不存在空载行程,因而系统的运输效率高,理论分析和实践经验已证明,管道口径越大,运输距离越远,运输量越大,运输成本就越低,以运输石油为例,管道运输、水路运输、铁路运输的运输成本之比为 1∶1∶1.7。

截至 2020 年底,我国油气长输管线包括国内管线和国外管线,总里程达到 16.5 万 km,其中原油管线为 3.1 万 km,成品油管线 3.2 万 km,天然气管道 10.2 万 km,已基本形成管线网络。国内原油和成品油运输管网已实现西油东送、北油南下、海油上岸,天然气则实现了西气东输、川气出川、北气南下。至 2025 年,我国长输管道总里程预计将超 24 万 km。截至 2020 年底,我国已建成管道工程有中亚—中国及西气东输二线、中哈二期、中缅、陕京三线等天然气管道;漠大线及大庆—锦西、日照—仪征、日照—东明等原油管道;南绍金街、长委衡都、贵阳—桐梓、樟树—上饶等成品油管道。我国已形成横跨东西、纵贯南北、覆盖全国、连通海外的油气管网格局,正在逐步形成资源多元化、调配灵活化、管理自动化的产运销体系。天然气管道成为近年来我国油气管道建设的重点,河西走廊等油气管道走廊带正在形成。与此同时,各地方政府加快天然气利用步伐,积极构建省内天然气管网;与煤制天然气项目配套的管道正在加紧设计和建设。

思考题 ▌▌▌

10.1 港口的分类有哪几种?

10.2 防波堤的作用是什么?有哪些形式?

10.3 码头的作用是什么?

10.4 码头的平面布置有哪几种形式?

10.5 护岸建筑有哪些?

10.6 简述机场的构成。

10.7 简述航站楼的平面布局。

10.8 跑道的构形有哪些?

10.9 我国的管道工程有哪些特点?

10.10 什么是管道运输?

30. 思考题答案(10)

11 土木工程的建设

11.1 建设程序

土木工程建设涉及面广,内外协作配合环节多,关系错综复杂,这就要求我们建立和完建设法规,必须按照一定程序进行,科学统筹,严格管理,在国家宏观调控的前提下,形成市场化运营为主的机制。

下面主要以建筑工程的建设与使用情况进行讨论。建筑工程的建设程序是指建筑工程建设全过程中各项工作必须遵循的法定顺序,一般包括立项、报建、可行性研究、选择建设地点、编制设计任务书、编制勘察设计文件、建设施工、竣工验收和交付使用等环节(图 11.1)。

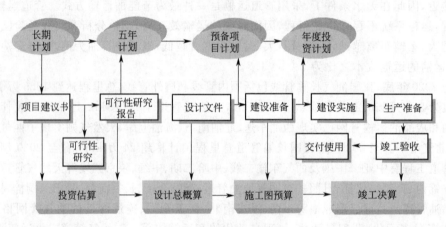

图 11.1 基本建设程序

1. 立项、报建

立项、报建是工程项目建设程序的第一步。其主要内容包括说明工程项目的目的、必要性和依据,拟建规模和建设的设想,建设条件及可能性的初步分析、投资估算和资金筹措,项目的进度安排,经济效益和社会效益估计等,将此内容写成书面报告报请上级主管部门批准兴建。

大中型及限额以上项目需经过行业归口主管部门和国家发改委两级批准才能立项;小型或限额以下的工程项目按照隶属关系由各主管部门或省一级发改委审批。

2. 可行性研究(图 11.2)

项目被批准后,要对项目建议书所列内容进行可行性研究。即是对下面的问题进行具体分析和论证:

(1)该项目提出的背景,建设的必要性。

(2)建设规模、生产工艺、人员配备和组织机构、主要设备、相应的技术经济指标。

(3)技术上的可能性和先进性,与国内外类似项目的比较,材料、能源来源、交通运输情况以及环境保护要求等。

（4）经济上合理性和有效性，资金来源，成本利润，投资回报，经济效益和社会效益等。

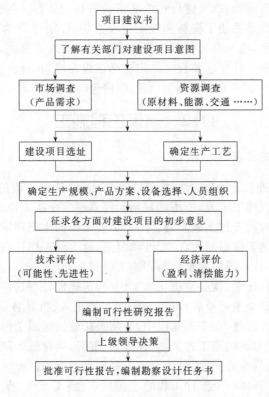

图 11.2 可行性研究图示

3. 编制设计文件

建设单位应用设计任务书通过招投标选择设计单位。由设计单位按照设计任务书的要求编制设计文件，对拟建工程进行技术和经济上的全面而详尽的安排，它是安排落实建设项目和组织该项目施工的主要依据，是整个工程的决定性环节。一般按两个阶段进行设计，即初步设计和施工图设计。对于技术复杂而又缺乏设计经验的项目可增加技术设计阶段，为解决总体开发方案和建设总体部署等重大问题进行总体规划或总体设计。

4. 工程招标和投标

建设工程招标投标，是建设单位对拟建的建设工程项目通过法定的程序和方式吸引承包单位进行公平竞争，并从中选择条件优越者来完成建设工程任务的行为。这是在市场经济条件下常用的一种建设工程项目交易方式。

建设工程开展招投标活动，有利于建设单位择优选用施工企业，有利于降低工程造价，有利于提高工程质量及保证按工期交付使用，还有利于与国际接轨。同时，建设项目开展招投标活动，可以深化建设体制的改革，规范建筑市场行为，完善工程建设管理体制，从根本上制止腐败行为发生。

5. 建筑工程施工

建筑工程施工阶段分为建设施工许可证领取和施工，组织施工是工程项目建设的实施阶段。施工单位应按照建筑安装承包合同规定的权利、义务进行，要确保工程质量、施工安全、文明施工；必须严格按图施工；建设单位、监理单位、工程质量监督单位要对施工过程及工程质量实行全过程监督管理，对不符合质量要求的要及时采取措施不留隐患。

6. 工程竣工验收

对工程进行竣工检查和验收,是建设单位法定的权利和义务。在建设工程完工后,承包单位应当向建设单位提供完整的竣工资料和竣工验收报告,提请建设单位组织竣工验收。建设单位收到竣工验收报告后,应及时组织有设计、施工、工程监理等有关单位参加竣工验收,检查整个工程项目是否已按照设计要求和合同约定全部建设完成,并符合竣工验收条件。

竣工验收的目的有:全面考察工程施工质量;明确合同责任;建设项目转入使用的必备程序。

11.2 建筑工程施工

11.2.1 建筑工程施工的特点

建筑工程施工是一项十分复杂的活动,其主要特点是:建筑工程的产品(房屋、构筑物)是固定的,而生产是流动的(施工工人、所用的材料和机具经常变换工作地点)。这就构成了在建筑施工中空间布置上与时间安排上的矛盾。加上工程施工的生产周期长,综合性强,技术间歇性强,露天作业多,受自然条件影响大,工程性质复杂,施工任务往往由不同专业的施工单位和不同工种的工人,使用各种不同的建筑材料和施工机械来共同完成,这就增加了建筑施工中矛盾的复杂性。要顺利进行施工,就必须优化施工组织,正确地处理这种空间上布置和时间上排列之间的矛盾。解决好这个主要矛盾,可以保证所有的工人、机具各司其职,各尽所能,快速、高质量地完成施工任务。因此,在工程建设中,必须强化施工组织工作,进行充分的施工准备,编号施工组织设计,拟定有效的施工方案,合理规划、部署,确保施工能正常连续进行。解决好这些问题,既涉及施工全局性的规律,也涉及施工局部性的规律。

施工局部性的规律,指每一个工种工程的工艺原理、施工方法、操作技术、机械选用、劳动组织、工作场地布置等方面的规律。

全局性施工规律,指凡是带有需要照顾施工的各个方面和各个阶段的联系配合问题,如全场性的施工部署、开工程序、进度安排、材料供应、生产和生活基地的规划等问题。所以在组织施工时,一定要针对建筑施工的特点,遵循施工局部和全局的规律,从系统观点出发,深入地进行分析、论证,才能作出正确的决策,有效地、科学地组织施工。

11.2.2 施工准备

施工准备工作是指施工前为了保证整个工程能够按计划顺利施工,在施工前必须做好的准备工作。它是施工程序中重要的一个环节。

施工准备工作的基本任务是:调查研究各种有关工程施工的原始资料,施工条件以及业主要求,全面合理地部署施工力量,从计划、技术、物质、资金、劳力、设备、组织、现场以及外部施工环境等方面建立必要的条件,并对施工中可能发生的各种变化做好应变准备。

施工准备工作主要内容有:

1. 技术准备

技术准备是施工准备的核心。任何技术的差错都可能引起人身安全和质量事故。技术准备包括:①熟悉、审查施工图纸和有关的设计资料;②做好工程所在地的自然条件、技术经济条件的调查分析;③编制施工图预算和施工预算,这是施工准备工作的主要组成部分;④编制施工组织设计。

2. 现场准备

施工现场准备是为了给拟建工程的施工创造有利的施工条件和物资保证。其主要内容有:①做好场地测量,做到施工现场路通、水通、电通、拆除障碍物,平整场地;②建造临时设施。即施工期间的生产、办公、储存等临时建筑物。

3. 人员、物资准备

组建工程项目经理部,组织施工劳务。准备保证开工和连续施工要求的建筑材料、施工机具、设备等。

4. 下达作业计划或施工任务书

在作业计划或施工任务书中要规定以下内容:①明确工程项目、工程数量、劳动定额、计划工日数、开工和完工日期,质量和安全要求;②印发小组记工单、班组考勤表;③分配限额领料卡。

以上准备工作就绪后,填写开工申请报告,经有关部门批准后即可开工。

11.2.3　施工组织设计

施工组织设计是用以指导施工组织与管理、施工准备与实践、施工控制与协调、资源的配置与使用等全面性的技术、经济文件;是对施工活动的全过程进行科学管理的重要手段,它具有战略部署和战术安排的双重作用。它体现了实现基本建设计划和设计的要求,提供了各阶段的施工准备工作内容,协调施工过程中各施工单位、各施工工种、各项资源之间的相互关系。通过施工组织设计,可以根据具体工程的特定条件,拟订施工方案、确定施工顺序、施工方法、技术组织措施,可以保证拟建工程按照预定的工期完成,可以在开工前了解到所需资源的数量及其使用的先后顺序,可以合理安排施工现场布置。因此施工组织设计应从施工全局出发,充分反映客观实际,符合国家或合同要求,统筹安排施工活动有关的各个方面,合理地布置施工现场,确保文明施工、安全施工。施工组织设计又分施工组织总设计(图11.3)、单位工程施工组织设计和分部或分项工程组织设计三类。三类施工组织设计的编制对象见表11.1。

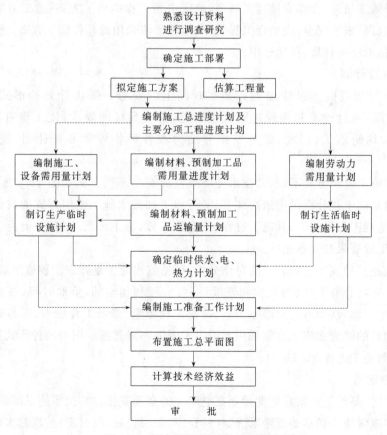

图 11.3　施工组织总设计编制程序

表 11.1　三类施工组织设计的编制对象

类　　别	编制对象
施工组织总设计 (指导全局性施工的技术和经济纲要)	整个建设工程项目
单位工程施工组织设计 (指导单位工程的施工)	单位工程
分部(分项)工程施工组织设计 [指导分部(分项)工程的施工]	重要的、技术复杂的、或采用新工艺、 新技术施工的分部(分项)工程

编制施工组织设计必须统筹规划,充分利用空间,争取时间,采用先进的施工技术,科学的组织施工,用最少的资源取得最佳的经济效果。施工组织设计的内容,要结合工程的特点、施工条件和技术水平进行综合考虑,做到切实可行、简明易懂。其主要内容如下:

1. 工程概况

工程概况中应概要地说明工程的性质、规模,建设地点,结构特点,建筑面积,施工期限,合同的要求;本地区地形、地质、水文和气象情况;施工力量,劳动力、机具、材料、构件等供应情况;施工环境及施工条件等。

2. 施工部署及施工方案

全面部署施工任务,合理安排施工顺序,确定主要工程的施工方案;施工方案的选择应技术可行,经济合理,施工安全;应结合工程实际,拟定可能采用的几种施工方案,进行定性、定量的分析,通过技术经济评价,择优选用。

3. 施工进度计划

施工进度计划反映了最佳施工方案在时间上的安排。采用计划的形式,使工期、成本、资源等方面,通过计算和调控达到优化配置,符合目标的要求;使工程有序地进行,做到连续施工和均衡施工;据此,即可安排劳动力和各种物资需要量计划,施工准备工作计划。

建筑工程施工组织方式不同,其技术经济效益亦有所不同。例如图 11.4 所示,即为四幢相同建筑物的基础工程分别采用依次施工、平行施工和流水施工组织方式的对比。从图中可知,四幢建筑基础工程量相等,其施工过程、工作队人数、施工天数均相同,但由于施工组织方式不同,所产生的效果却大不相同。

通过对上述三种施工组织方式的对比分析,可见流水施工是建筑工程施工最有效、最科学的组织方法。它具有节奏性、均衡性和连续性;可合理利用空间,争取时间;可实现专业化生产,有效地利用资源,从而可达到缩短工期、确保工程质量、降低工程成本、提高施工技术水平和管理水平的目的。流水施工通常采用水平指示图表和垂直指示图表两种形式来安排施工进度和跟踪、控制施工进度(图 11.5)。

4. 施工平面图

施工平面图,是施工方案及进度计划在空间上的全面安排。它按照施工部署、施工方案和施工进度的要求对施工场地的道路系统、材料仓库、附属设施、临时房屋、临时水电管线等做出合理规划布置,从而正确处理施工期间各项措施和拟建工程、周围永久性建筑之间的关系,使

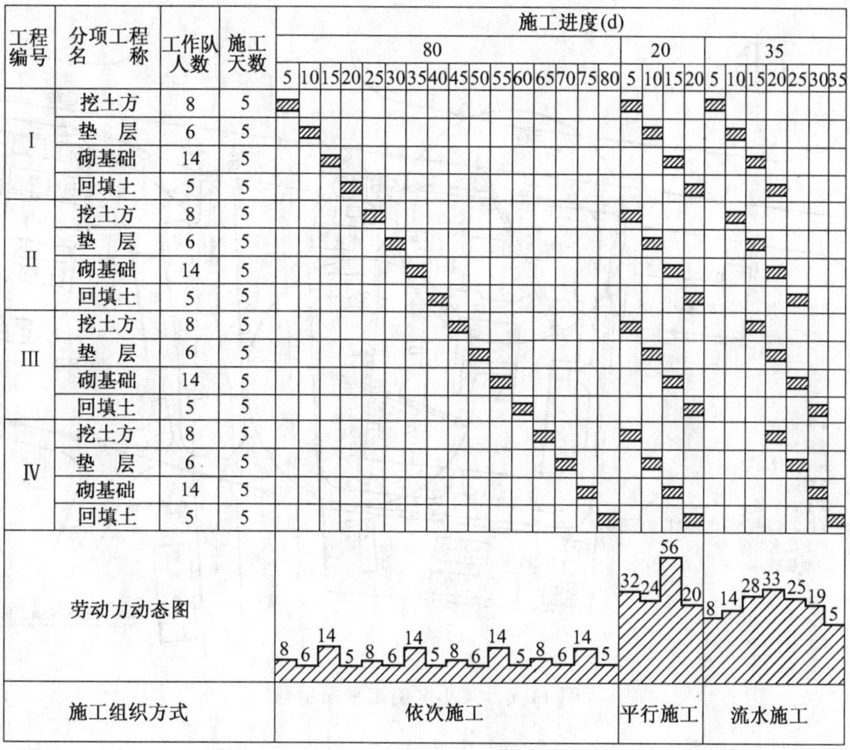

工程编号	分项工程名称	工作队人数	施工天数	施工进度(d)		
				80	20	35
I	挖土方	8	5			
	垫层	6	5			
	砌基础	14	5			
	回填土	5	5			
II	挖土方	8	5			
	垫层	6	5			
	砌基础	14	5			
	回填土	5	5			
III	挖土方	8	5			
	垫层	6	5			
	砌基础	14	5			
	回填土	5	5			
IV	挖土方	8	5			
	垫层	6	5			
	砌基础	14	5			
	回填土	5	5			
劳动力动态图				8 6 14 5 8 6 14 5 8 6 14 5 8 6 14 5	32 24 56 20	8 14 28 33 25 19 5
施工组织方式				依次施工	平行施工	流水施工

图 11.4 施工组织方式对比图

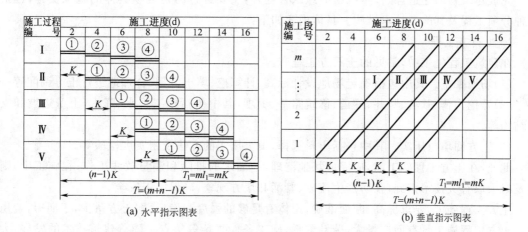

(a) 水平指示图表   (b) 垂直指示图表

图 11.5 流水施工指示图表

整个现场能有组织地进行文明施工。图 11.6 为某工程施工总平面图。

5. 主要技术经济指标

技术经济指标反映设计方案的技术水平和经济性。常用的指标有:施工工期,劳动生产率(含非生产人员比例、劳动力均衡性情况),机械化施工程度,节约材料百分比,降低成本指标,工程质量优良和合格指标、安全指标等。

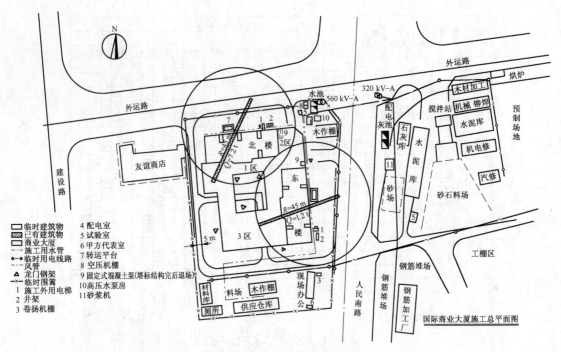

图 11.6　某小区施工平面示意

11.2.4　建筑工程施工

完成建筑物的建造,除科学严密的组织管理外,主要进行的是各项具体的施工实施,包括各种分项工程及其施工技术措施。具体内容如下:

1. 土石方工程

在建筑工程施工中,常见的土石方工程有:

(1)场地平整。其中包括确定场地设计标高,计算挖、填土方量,合理地进行土方调配等。

(2)开挖沟槽、基坑、竖井、隧道、修筑路基、堤坝,其中包括施工排水、降水,土壁边坡和支护结构等。

(3)土方回填与压实。其中包括土料选择,填土压实的方法及密实度检验等。

此外,在土方工程施工前,应完成场地清理,地面水的排除和测量放线工作;在施工中,则应及时采取有关技术措施,预防产生流砂、管涌和塌方现象,确保施工安全。

土方工程施工,要求标高、断面准确,土体有足够的强度和稳定性,土方量少,工期短,费用省。土方工程施工具有面广量大,劳动繁重,施工条件复杂等特点。随着建筑技术的发展,大中型土石方工程一般采用机械化施工。土石方施工的要点,主要应解决土壁稳定、施工排水、流砂防治和填土压实等四个问题。

2. 基础工程

基础形式有砖石或混凝土独立和条形基础、钢筋混凝土梁基础、筏片基础、箱形基础等。当软土层较厚,建筑物荷载大或对变形要求高时,则可以采用桩基、地下连续墙、墩式基础、沉井等深基础。

桩基础由桩和承台组成。桩的作用是将上部建筑物的荷载传递到深处承载力较大的土层上。桩可以是预制的,也可以是现场灌注的;可以做成摩擦桩,也可以做成端承桩。预制桩沉桩的施工方法有:捶击打入法、静压法、振动法、水冲法等。

灌注桩是先在桩位成孔,然后放钢筋笼,最后浇筑混凝土的桩。成孔的施工方法有:人工挖孔、机械钻孔、沉管(振动、冲击)开孔等。

近年来,高层建筑、地铁及各种大型地下设施日益增多,其基础埋置深度大,再加上周围环境和施工场地的限制,无法采用传统的施工方法,地下连续墙便成为深基础施工的有效手段。

地下连续墙的施工过程,是利用专用的挖槽机械在泥浆护壁下开挖一定长度(一个单元槽段),挖至设计深度并清除沉渣后,插入接头管,再将在地面上加工好的钢筋笼用起重机吊入充满泥浆的沟槽内,最后用导管浇筑混凝土,待混凝土初凝后拔出接头管,一个单元槽段即施工结束(图 11.7),如此逐段施工,即形成地下连续的钢筋混凝土墙。

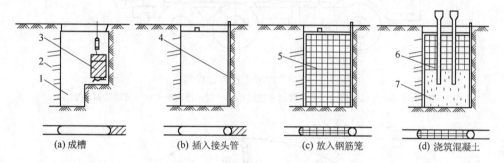

图 11.7　地下连续墙施工过程示意

1—已完成的单元槽段;2—泥浆;3—成槽机;4—接头管;5—钢筋笼;6—导管;7—浇筑的混凝土

地下连续墙有截水、防渗、承重、挡土等功能。多用于地下深坑的侧墙、高层建筑的基础及水工建筑结构或临时维护结构工程中。地下连续墙具有刚度大,整体性好,施工时无振动,噪声低的特点,可用于任何土质,还可用于逆作法施工,也可利用土层锚杆与地下连续墙组成地下挡土结构,形成锚杆地下连续墙,对深基础施工创造更有利的条件。

3. 砌筑工程

砌筑工程是指用砂浆和普通黏土实心砖、空心砖、硅酸盐类砖、石材和各类砌块组成砌体的工程。砌筑工程是一个综合的施工过程,它包括砂浆制备、材料运输、脚手架搭设和墙体砌筑等。砖石砌体工程的特点是:取材方便、施工简单、造价较低,但是它的施工以手工操作为主,劳动强度大,生产效率低,而且烧制黏土砖占用大量农田,能源消耗高,难以适用建筑工业化的要求,因此采用新型墙体材料,改善砌体施工工艺是轻体改革的重点。各类硅酸盐砖、中小型硅酸盐砌块和混凝土空心砌块具有诸多优点,是当前墙体改革推广的砌体材料。

4. 钢筋混凝土工程

钢筋混凝土工程包括钢筋工程、模板工程和混凝土工程。

钢筋工程涉及钢筋的冷加工(指钢筋的调直、弯折、成型、绑扎)和钢筋的连接。钢筋的连接可以采用搭接方法,现在用得较多是建设部推广焊接和机械连接的新技术,如对焊、电弧焊、挤压套管连接等。

模板是混凝土成型的模具,要求它能保证准确的结构构件形状和尺寸,具有在浇筑流态混凝土时有足够的强度、刚度抵御流态混凝土的侧压力,而且拆装方便,能多次周转使用,接缝严密不漏浆;模板系统包括模板、支撑和紧固件。模板可用木材、钢材、塑料模壳、玻璃钢模壳制成。

混凝土工程包括混凝土配料、运输、浇筑振捣成型、养护等过程。随着施工技术的发展,混凝土的制备、运输和浇筑已有许多新机械和新工艺。城市中建筑工地常常很狭小,要求混凝土在工厂集中制备,运到现场。我国目前已生产性能良好的混凝土搅拌运输车(图 11.8)和汽车式混凝土泵,后者带有可伸缩或曲折的布料杆,可将混凝土直接泵送到浇筑地点,也可以利用随车的布料杆在其回转范围内进行浇筑(图 11.9)。

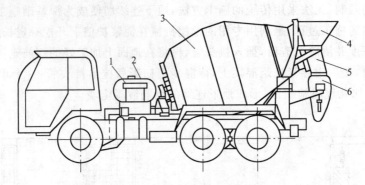

图 11.8　混凝土搅拌运输车

1—水箱;2—外加剂箱;3—搅拌筒;4—进料斗;5—固定卸料溜槽;6—活动卸料溜槽

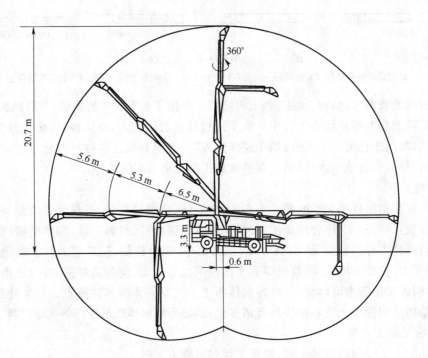

图 11.9　带布料杆混凝土泵车浇筑范围

5. 预应力混凝土结构

预应力混凝土是在外荷载作用前,预先建立起有内应力的混凝土。内应力的大小和分布应能抵消或减少给定外荷载所产生的应力。混凝土的预压应力一般是通过对结构构件受拉区的钢筋在弹性范围内的拉伸,利用钢筋的弹性回缩,对受拉区的混凝土预先施加预压应力来实现的。

预应力混凝土按预应力的大小可分为:全预应力混凝土和部分预应力混凝土。按施加预应力的方式不同可分为:先张法预应力混凝土、后张法预应力混凝土和自应力混凝土。

预应力混凝土与普通钢筋混凝土相比较,可有效地利用高强钢材,提高使用荷载下结构的抗裂性和刚度,减小结构构件的截面尺寸,材料省,耐久性好;但要增加预应力工序与增添专用设备,技术含量高,操作要求严,相应的费用高。下面介绍先张法预应力和后张法预应力的基本知识。

先张法是在浇筑混凝土前张拉预应力筋,并将张拉的预应力筋临时锚固在台座或钢模上,然后浇筑混凝土,待混凝土养护达到不低于混凝土设计强度值的 75%,保证预应力筋与混凝土有足够的粘结时,放松预应力筋,借助于混凝土与预应力筋的粘结,对混凝土施加预应力。

后张法是指在制作构件或块体时,在放置预应力筋的部位留设孔道,待混凝土达到设计规定的强度后,将预应力筋穿入预留孔道内,用张拉机具将预应力筋张拉到规定的控制应力,然后借助锚具把预应力筋锚固在构件端部,最后进行孔道灌浆(也有不灌浆的)。

6. 防水工程

防水技术根据所用材料不同,可分为柔性防水和刚性防水两大类。柔性防水用的是柔性材料,包括各类卷材和沥青胶结材料;刚性防水采用的主要是砂浆和混凝土类的刚性材料。防水技术按工程部位和用途,又可分为屋面工程防水和地下工程防水两大类。屋面防水工程的目的是防雨、雪等从屋面渗入室内。

地下工程防水是采取措施防止建筑物受来自地下的水或潮气的影响,保证室内干燥。一般有三种方案:①采用防水混凝土结构,它是利用提高混凝土结构本身的密实性来达到防水要求的,防水结构既能承重又能防水,应用较广泛;②排水方案,即利用盲沟、渗排水层等措施,把地下水排走,以达到防水要求,此法多用于重要的、面积较大的地下防水工程;③在地下结构表面设防水层,如抹水泥砂浆防水层或贴卷材防水层等来增强防水效果。

7. 装饰工程

装饰工程包括抹灰、饰面、涂料、刷浆、隔断、吊顶、门窗、玻璃、罩面板和花饰安装等内容。它不仅能增加建筑物的美观和艺术形象,而且能改善清洁卫生条件,美化城市和居住环境,有隔热、隔音、防腐、防潮的功能;还可保护结构构件免受外界条件的侵蚀,提高维护结构的耐久性。装饰工程项目繁多,涉及面广,工程量大,施工工期长,耗用的劳动量多。装饰材料的更新和装饰新工艺的发展十分迅速,如抹灰工程的品种就很多,抹灰工程分类如图 11.10 所示。

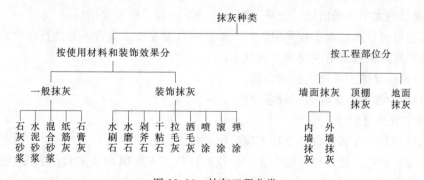

图 11.10 抹灰工程分类

11.2.5 竣工验收

竣工验收指建设工程项目竣工后开发建设单位会同设计、施工、设备供应单位及工程质量监督部门,对该项目是否符合规划设计要求以及建筑施工和设备安装质量进行全面检验,取得竣工合格资料、数据和凭证。竣工验收,是工程项目建设程序的最后环节,也是全面考核工程项目建设成果,检验设计和施工质量的重要环节,对促进建设项目(工程)及时投产,发挥投资效果,总结建设经验有重要作用。所有建设项目,在按批准的设计文件所规定的内容建成后,都必须组织竣工验收。交付验收的工程,必须符合规定的建筑工程质量标准。验收时,施工单位应向建设单位提交竣工图,隐蔽工程记录以及其他有关技术文件,要提出竣工后在一定时期内保修的保证,此外还要提交竣工决算。

竣工验收应以建设单位为主,组织使用单位、施工单位、设计和勘察单位、监理和质检单位共同进行。在验收时要评定工程质量等级,验收后要办理移交手续。

交付使用是工程项目实现建设目的的过程。在使用过程的法定保修期限内,若发生质量问题,应及时通知承包商告知施工单位和安装单位进行修理,由质量问题造成的经济损失由承包商负责。

施工过程的质量验收包括以下验收环节,通过验收后留下完整的质量验收记录和资料,为工程项目竣工质量验收提供依据:

1. 检验批质量验收

所谓检验批是指按同一生产条件或按规定的方式汇总起来供检验用的,由一定数量样本组成的检验体。检验批是工程验收的最小单位,是分项工程乃至整个建筑工程质量验收的基础。

检验批应由专业监理工程师组织施工单位项目专业质量检查员、专业工等进行验收。

检验批质量验收合格应符合下列规定:

(1)主控项目的质量经抽样检验均应合格。

(2)一般项目的质量经抽样检验合格。

(3)具有完整的施工操作依据、质量验收记录。

主控项目是指建筑工程中的对安全、节能、环境保护和主要使用功能起决定性作用的检查项目。主控项目的验收必须从严要求,不允许有不符合要求的检验结果,主控项目的检查具有否决权。除主控项目以外的检验项目称为一般项目。

2. 分项工程质量验收

分项工程的质量验收在检验批验收的基础上进行。一般情况下,两者具有相同或相近的性质,只是批量的大小不同而已。分项工程可由一个或若干检验批组成。

分项工程应由专业监理工程师组织施工单位项目专业技术负责人等进行验收。

分项工程质量验收合格应符合下列规定:

(1)所含检验批的质量均应验收合格。

(2)所含检验批的质量验收记录应完整。

3. 分部工程质量验收

分部工程的验收在其所含各分项工程验收的基础上进行。

分部工程应由总监理工程师组织施工单位项目负责人和项目技术负责人等进行验收;勘察、设计单位项目负责人和施工单位技术、质量部门负责人应参加地基与基础分部工程验收;设计单位项目负责人和施工单位技术、质量部门负责人应参加主体结构、节能分部工程验收。

分部工程质量验收合格应符合下列规定:

(1)所含分项工程的质量均应验收合格。

(2)质量控制资料应完整。

(3)有关安全、节能、环境保护和主要使用功能的抽样检验结果应符合相应规定。

（4）观感质量应符合要求。

必须注意的是，由于分部工程所含的各分项工程性质不同，因此他并不是在所含分项验收基础上的简单相加，即所含分项验收合格且质量控制资料完整，只是分部工程质量验收的基本条件，还必须在此基础上对涉及安全、节能、环境保护和主要使用功能的地基基础、主体结构和设备安装分部工程进行见证取样试验或抽样检测；而且还需要对其观感质量进行验收，并综合给出质量评价，对于评价为"差"的检查点应通过返修处理等进行补救。

11.3　建　设　法　规

11.3.1　建设法规概述

1. 建设法规

我国的建设法规，是我国国家权力机关或其授权的行政机关制定的，旨在治理国家及其有关机构、企事业单位、公民之间在建设活动中发生的各种社会关系的建设法律和行政法规的总称。也应该包括各种技术方面的国家标准及其相应的技术规范、规程。建设法规的调整对象，是在建设活动中所发生的各种社会关系。它包括建设活动中所发生的行政管理关系、经济协作关系及其相关的民事关系。建设法规的作用是：①规范指导建设行为；②保护合法建设行为；③处罚违法建设行为。

建设法规大体有以下几种类型：

（1）法律。由全国人民代表大会及其常委会依照法律程序制定，由国家强制力保证执行的行为规范。如《建筑法》（其目的是加强建设工程的质量管理，维护建筑市场秩序，保证建筑工程质量）。

（2）条例。由国务院依法制定或批准的，规定国家在某领域或某事项中的行为准则，也称行政法规。如《建设工程质量管理条例》（其目的是加强建设工程的质量管理，保证建设工程质量和安全，维护公众和参与工程建设各方的合法权益）。

（3）规定。由国务院或各部委对某一事项规定的规章制度。如建设部制定的《工程建设重大事故报告和调查程序规定》和《工程建设标准化管理规定》等。

（4）标准。由国务院或各部委授权主管机构制定或批准的对重复性事物和概念所作的统一规定；其中技术标准主要对技术原则、指标或限界进行规定，是一种衡量准则，属国家标准范畴。如建设部制定的《土的分类标准》《房屋建筑制图标准》等。

（5）规范。由各部委授权主管机构制定的对技术要求、方法所作的系列规定；它涉及的范围较广泛、较系统、通用性强，它是标准的一种形式，也属于国家标准范畴。如《钢结构设计规范》。

以上是全国性的建设法规，此外，还有地方性建设法规和地方性建设规章。

2. 建设法规体系

建设法规体系，是指把已经制定和需要制定的建设法律、建设行政法规、建设部门规章、地方性建设法规和规章衔接起来，形成一个相互联系、相互补充、相互协调的完整统一的法规框架。

建设法规体系是国家法律体系的组成部分。它必须与国家的宪法和相关法律保持一致，但又相对独立，自成体系。不得产生与其他法规之间的重复、矛盾和抵触的现象，并能够覆盖建设活动的各个行业、各个领域，使建设活动的各个方面都有法可依。

　　建设法规体系是由很多不同层次的法规组成的,组成形式一般有宝塔形和梯形两种。宝塔形结构形式,是先制定一部基本法律,将领域内业务可能涉及的所有问题都在该法中做出规定,然后再分别制定不同层次的专项法律、行政法规、部门规章,对一些具体问题进行细化和补充。梯形结构则不设立基本法律,而以若干并列的专项法律组成法规体系的顶层,然后对每部专项法律再配置相应的不同层次的行政法规和部门规章作补充,形成若干相互联系而又相对独立的专项体系。

　　目前,根据《中华人民共和国立法法》有关立法权限的规定,我国建设法规体系由五个层次组成,分别是:建设法律、建设行政法规、建设行政部门规章、地方性建设法规、地方建设规章。其中,建设法律的法律效力最高,越往下法律效力越低。法律效力低的建设法规不得与比其法律效力高的建设法规相抵触,否则,其相应规定将视为无效。

　　我国建设法规和行政法规的体系采用如图 11.11 所示的梯形结构。

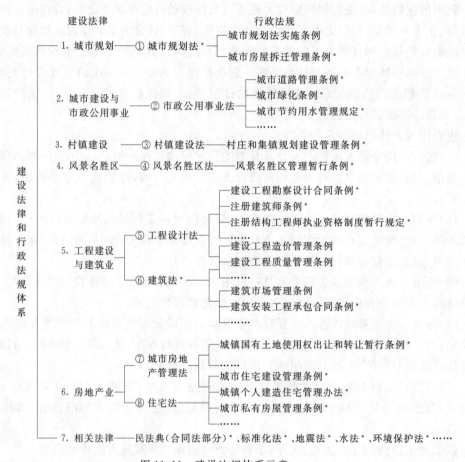

图 11.11　建设法规体系示意

注:加 * 号者,为已发布的法律、行政法规

11.3.2　工程建设程序法规

　　工程建设程序是在认识工程建设客观规律基础上总结提出的,工程建设全过程中各项工作都必须遵守的先后次序。它也是工程建设各个环节相互衔接的顺序。

　　工程建设是社会化生产,它有着产品体积庞大,建造场所固定、建设周期长、占用资源多的特点。在建设过程中,工作量很大,牵涉面很广,内外协作关系复杂,且存在着活动空间有限和后续工作无法提前进行的矛盾。因此,工程建设就必然存在着一个分阶段、按步骤,各项工作按序进行的客观规律。这种规律是不可违反的,如人为将工程建设的顺序颠倒,就会造成严重的资源浪费和经济损失。所以,世界各国对这一规律都十分重视,都对之进行了认真探索研究,不少国家还将研究成果以法律的形式固定下来,强迫人们在从事工程建设活动时遵守,我国也制定颁行了不少有关工程建设程序方面的法规。当然,随着社会的发展和对工程建设认识的不断加深,我们又会总结出更加科学、合理的工程建设程序。

11.3.3　工程建设执业资格制度

工程建设执业资格制度是指事先依法取得相应资质或资格的单位和个人,才允许其在法律所规定的范围内从事一定建筑活动的制度。

工程建设对社会生活和经济建设的重要性是不言而喻的,而随着技术的进步和生活质量的提高,社会对建设工程的技术水准和质量要求越来越高,使得工程建设过程日趋复杂,只能由掌握一定的工程建设专业知识和具有一定工程建设实践经验的技术人员及其所组建的单位来承担。正因为如此,世界上绝大多数国家都对从事建设活动的主体的资格作了严格的限定。我国也很早就实行了严格的单位执业资格认证制度,对各种建筑企事业单位的资质等级标准和允许执业范围作出了明确的规定。在现阶段,我国工程建设职业资格制度是单位执业资质和个人执业资质并存的模式。

11.3.4　建设工程发包与承包法规

建设工程发包与承包是指发包方通过合同委托承包方为其完成某一工程的全部或其中一部分工作的交易行为。建设工程发包方一般为建设单位或工程总承包单位,工程承包方则一般为工程勘察设计单位、施工单位、工程设备供应或制造单位等。发包方与承包方的权利、义务都由双方签订的合同来加以规定。建设工程发包与承包制度,能够鼓励竞争,防止垄断,有效提高

31.　建设工程必须招标的范围

工程质量,严格控制工程造价和工期,对市场经济的建设与发展起到了良好的促进作用。

1. 建设工程发包与承包的方式

依据《中华人民共和国建筑法》的规定,建筑工程发包与承包有两种方式:招标投标和直接发包。

建设工程招投标较直接发包要更有利于公平竞争,更符合市场经济规律的要求。所以,我国相关法规都提倡招投标方式(图11.12),对直接发包则加以限制。2017年12月修订后颁布的《中华人民共和国招标投标法》规定:只有涉及国家安全、国家秘密、抢险救灾或者属于利用扶贫资金实行以工代赈、需要使用农民工等特殊情况及规模太小的工程,才可不进行招投标而采用直接发包的方式,而对使用国际组织或者外国政府贷款、援助资金的项目,全部或部分使用国有资金投资或国家融资的项目;以及所有大型基础设施、公用事业等关系社会公共利益、公众安全的项目,则实行强制招投标制,这些项目必须采用招标投标方式来发包工程,否则将不批准其开工建设,有关单位和直接责任人还将受到法律的惩罚。《中华人民共和国招标投标法》规定,依法必须进行招标的项目,其招标投标活动不受地区或者部门的限制。任何单位和个人不得违法限制或者排斥本地区、本系统以外的法人或者其他组织参加投标,不得以任何方式非法干涉招标投标活动。

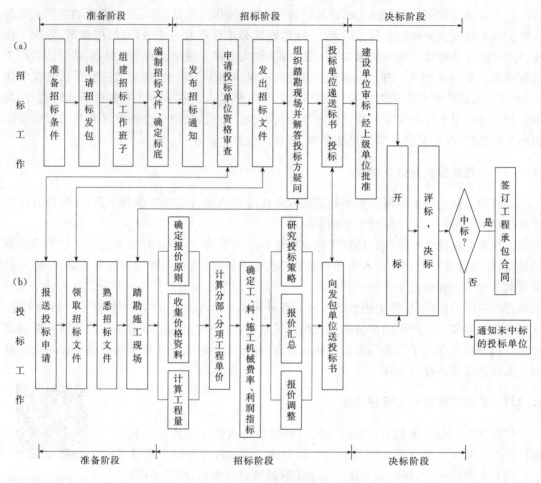

图 11.12 招投标程序

(a)招标程序框图;(b)投标程序框图

2. 建设工程发包与承包法规的立法概况

自 1982 自年推行建设工程发包与承包制度以来,这一制度对创造公平竞争环境,提高工程建设质量和效益起到了积极作用,但也陆续暴露出不少问题:程序不规范,做法不统一,地方与部门保护主义严重,行政干预不断,假招标,钱权交易的问题突出,严重干扰了正常经济秩序和社会安定。为此,国家十分重视建设工程承发包的立法工作,尤其是近几年来,更是加大了立法力度,提高了立法层次。目前,我国现行的与建设工程承、发包有关的主要法规有:《中华人民共和国建筑法》(以下简称《建筑法》)、《中华人民共和国招标

32. 属于违法
发包的情形

投标法》(以下简称《招标投标法》)两部法律及《建设工程设计招标投标管理办法》(2017 年)、《工程建设项目招标范围和规模标准的规定》(2013 年)、《工程建设项目自行招标试行办法》(2013 年)、《工程建设项目施工招标投标办法》(2013 年)等部门规章和规范性文件。

11.3.5 工程项目管理制

工程项目,指在一定约束条件下(限定资源、质量和时间),具有完整的组织机构和特定目标的一次性事业,如房屋建筑、桥梁工程、道路工程等。

工程项目的最终目标,一般指增加或提供一定的生产能力,形成具有一定使用价值的固定资产,如一幢大楼、一个住宅区、一座桥梁、一条道路等。

工程项目管理,指以工程项目为对象,以项目经理负责制为基础,以承包合同为纽带,对工程项目进行计划、组织、协调、控制的过程。

工程项目管理制包括以下 6 种管理:

(1)项目的组织管理。项目经理在项目管理活动中是最高的决策者、组织协调者和责任者,还要以适当的组织形式组建项目管理机构,明确其责任、权利和义务。

(2)项目的合同管理。项目管理以建设单位和承包企业双方共同签署的合同为依据,在合同管理中要高度重视政策法规和合同文本、合同条件;要严格履行合同条款规定的一切事宜;遇到特殊情况要用变更或解除合同的办法解决;遇到纠纷要通过当事人协商调解解决、调解不成的要依据合同中的仲裁条款或申请仲裁解决;违反合同要承担相应的责任。

(3)项目的计划管理。指对项目计划的制订、检查、控制和调整。要建立一个以综合经济效益为目标,以控制总体进度的计划为核心、以配套的施工组织设计、材料设备供应计划和劳动力配备计划为支柱,以科学管理和有效技术措施为保证的动态计划控制系统。

(4)项目的协调管理。指除工程项目内部组织上、管理上、技术上的协调以外,对外部各系统的相互协调,包括与母公司、政府、建设单位、设计单位、勘察单位以及监理单位、质检部门协调关系。

(5)项目的控制管理。指工程项目实施过程中对工程质量、工程费用、工程进度的控制。通过各种报表和检查、审计手段保证工程项目按规定的目标和计划进行,使偏差减低到最低程度。

(6)项目的信息管理。指工程项目的技术、经济、工程质量、生产过程、人事等信息的管理。要用先进的手段使信息处理及时、准确,缩短管理周期。

11.3.6　工程建设监理制

建设监理是指监理执行者对工程建设行为的监督和管理。所谓监督是对预定行为从旁进行观察检查,督促其不得逾越行为准则。这是一种约束,所谓管理是对一些相互协作和相互交错的行为进行协调,避免抵触。故建设监理制也是一种协调约束制,目的是促使各方密切协作,对建设的质量、进度和费用目标进行有效的控制,使得能顺利地按规定要求完成工程项目,实现合同的要求。

3. 监理的相关规定

建设监理的实施,是指由专业的社会监理单位,受建设单位或投资者的委托,根据依法监理,科学、公正,参照国际惯例等原则对工程建设项目的全过程或工程建设项目的某一阶段所进行的监理活动。其内容大体有 5 个方面:

(1)建设前期监理。含投资决策咨询、编制项目建议书和项目可行性研究报告等。

(2)设计阶段监理。含选择勘察、设计单位、审查勘察报告与设计图纸、核查设计概(预)算等。

(3)施工招标监理。含准备招标文件、协助组织招投标活动、协助签订承包合同等。

(4)施工阶段监理。含协助承包单位写开工报告、选择分包单位、审查施工组织设计和施工技术方案、检查工程使用材料和设备的质量、检查工程质量、检查工程进度、签署工程付款凭证、检查安全措施、调解建设单位与施工单位间的争议、组织工程竣工的初步验收、提出竣工验收报告、审查工程结算等。

(5)保修阶段监理。含检查工程情况、鉴定质量问题、督促责任单位保修等。

建设监理主要通过三方面的控制,即工程质量控制、工程进度控制和工程投资控制,以协助管理的方式实施的,即所谓"三控一协调"。在实施过程中,建设单位与社会监理单位是平等主体之间的关系,是委托与被委托、授权与被授权的关系。社会监理单位与承包单位都用于企业性质,它们之间不存在经济和法律关系;社会监理单位一方面要严格监督承包单位全面履行合同的规定,另一方面还要积极维护承包单位的合法权益,协助其解决工作中出现的问题。

建设监理制是在政府管理监督下进行的。政府建设主管部门(如建设部、各省市自治区建设厅等)要制定有关监理的法规,如建设监理单位资质管理法规、工程质量检验与评定法规等。各级政府的工程质量监督站也必须对建设项目按设计与施工规范和质量评定标准进行质量的监督和检查。

11.3.7 建设工程质量管理法规

建设工程质量有广义和狭义之分。从狭义上说,建设工程质量仅指工程实体质量,它是指在国家现行的有关法律、法规、技术标准、设计文件和合同中,对工程的安全、适用、经济、美观等特性的综合要求。广义上的建设工程质量还包括工程建设参与者的服务质量和工作质量。它反映在他们的服务是否及时、主动,态度是否诚恳、守信,管理水平是否先进,工作效率是否很高等方面。工程实体质量的好坏是决策、计划、勘察、设计、施工等单位各方面、各环节工作质量的综合反映。现在,国内外都趋向于从广义上来理解建设工程质量。

影响建设工程质量的因素很多,如决策、设计、材料、机械、地形、地质、水文、气象、施工工艺、操作方法、技术措施、人员素质、管理制度等,在工程建设中控制好这些因素,是保证建设工程质量的关键。

1. 建设工程质量的管理体系

建设工程质量的优劣直接关系到国民经济的发展和人民生命的安全,因此,加强建设工程质量的管理,是一个十分重要的问题。根据有关法规规定,我国建立起了对建设工程质量进行管理的体系,它包括纵向管理和横向管理两个方面。纵向管理是国家对建设工程质量所进行的监督管理,它具体由建设行政主管部门及其授权机构实施,这种管理贯穿于工程建设的全过程和各个环节之中,它既对工程建设从计划、规划、土地管理、环保、消防等方面进行监督管理,又对工程建设的主体从资质认定和审查,成果质量检测、验证和奖惩等方面进行监督管理,还对工程建设中各种活动如工程建设招投标、工程施工、验收、维修等进行监督管理。横向管理包括两个方面,一是工程承包单位,如勘察单位、设计单位、施工单位自己对所承担工作的质量管理。它们要按要求建立专门质检机构,配备相应的质检人员,建立相应的质量保证制度,如审核校对制、培训上岗制、质量抽检制、各级质量责任制和部门领导质量责任制等等。二是建设单位对所建工程的管理。它可成立相应的机构和人员,对所建工程的质量进行监督管理,也可委托社会监理单位对工程建设的质量进行监理。2017 年 10 月国务院经修改后发布的《建设工程质量管理条例》进一步规定,建设单位不得明示或者暗示设计单位或者施工单位违反工程建设强制性标准,降低建设工程质量。建筑设计单位和建筑施工单位对建设单位违反规定提出的降低工程质量的要求,应当予以拒绝。

2. 建设工程质量法规立法现状

工程建设质量管理一直是国家工程建设管理的重要内容,有关工程建设质量的立法工作也一直为工程建设法规的立法重点。现行的主要法律有《中华人民共和国建筑法》,其中第六章即为"建设工程质量管理"。《建设工程质量管理条例》是《建筑法》的配套法规之一,它对建设行为主体的有关责任和义务作出了十分明确的规定。除此以外,有国务院建设行政主管部门及相关部门颁发的建设行政规章及一般规范性文件,主要有《建设工程安全生产管理条例》《建设工程勘察设计管理条例》《招标投标法实施条例》等。

思考题

11.1　什么是建设程序?它由哪些部分组成?

11.2　土木工程在建设中有哪些特点?

11.3　一个工程项目在实施施工以前要做哪些准备工作?

11.4　施工组织设计主要包括哪些内容?

11.5　试述土木工程中确保工程质量的重要性。如果工程质量和工程进度发生矛盾,首先应保证哪一方?

11.6　建筑法规有哪些类型?

11.7　为什么在土木工程建设中要实行招标投标制?

11.8　工程项目管理制主要包括哪些内容?

11.9　何谓建设法规?简述我国建设法规体系的构成。

34. 思考题答案(11)

12 土木工程灾害

人们在土木工程建设和使用过程中也应了解和预防土木工程可能受到的自然灾害和社会（人为）灾难。自然灾害如地震灾害、风灾害、洪水灾害、泥石流灾害、虫灾（我国南方有些地区白蚁成灾，对木结构房屋、桥梁损害极大）等。社会灾难有火灾、燃气爆炸灾难、地陷（人为地大量抽地下水所造成）以及工程质量低劣造成工程事故的灾难等。下面就火灾、地震灾害、风灾、工程事故灾难等现象做一些简述。

12.1 火   灾

火灾对土木工程的影响是对所用工程材料和工程结构承载能力的影响。世界多种灾害中发生最频繁、影响面最广的首属火灾。表 12.1 和表 12.2 分别统计了 21 世纪初期世界各国年均火灾次数以及世界各国火灾年均死亡人数。图 12.1 为 2007—2012 年我国火灾起火原因分析图。

表 12.1　世界各国年均火灾次数（21 世纪初）

组别	年均火灾次数（次）	国家数（个）	国　　名
1	150 万～160 万	1	美国
2	10 万～60 万	11	美国、法国、阿根廷、俄罗斯、波兰、中国、印度、巴西、意大利、墨西哥、澳大利亚
3	2 万～10 万	25	日本、印尼、土耳其、加拿大、南非、马来西亚、荷兰、乌克兰、西班牙、伊朗及其他
4	1 万～2 万	20	泰国、阿尔及利亚、乌兹别克斯坦、罗马尼亚、哈萨克斯坦、古巴、捷克、比利时、塞尔维亚、丹麦、芬兰及其他
5	0.5 万～1 万	15	伊拉克、斯里兰卡、叙利亚、突尼斯、斯洛伐克、格鲁吉亚、新加坡、克罗地亚、菲律宾及其他
共　　计		72	其余 150 个国家年均火灾次数一般不超过 5 000 次

表 12.2　世界各国年均火灾死亡人数（21 世纪初）

组别	年均火灾死亡数（人）	国家数（个）	国　　名
1	≥20 000	1	印度
2	10 000～20 000	1	俄罗斯
3	1 000～10 000	6	美国、中国、白俄罗斯、乌克兰、南非、日本
4	200～1 000	20	英国、德国、印尼、巴西、墨西哥、土耳其、伊朗、阿根廷、韩国、西班牙、波兰、加拿大、乌兹别克斯坦、罗马尼亚、哈萨克斯坦、立陶宛、拉脱维亚、菲律宾及其他

续上表

组别	年均火灾死亡数（人）	国家数（个）	国　　名
5	100～200	13	朝鲜、澳大利亚、斯里兰卡、捷克、匈牙利、瑞典、保加利亚、摩尔多瓦及其他
共　计		41	其余 180 个国家年均死亡人数一般不超过 100 人（数十人，甚至更少）

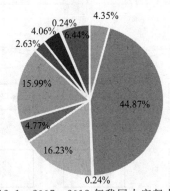

图 12.1　2007—2012 年我国火灾起火原因

■ 玩火 ■ 电气 ■ 雷击 ■ 生活用火不慎 ■ 生产作业 ■ 放火 ■ 吸烟 ■ 不明原因 ■ 自燃 ■ 其他

（图中的百分比指直接损失百分比）

举例：

（1）2008 年 9 月 20 日，深圳龙岗区一歌舞厅发生火灾。此次火灾造成 43 人死亡，88 人受伤，惨剧震惊全国。警方调查结果显示，火灾为舞台表演节目燃放烟火所致。在该起事故中，除了多人被火烧、浓烟窒息伤亡外，还有多人因为逃生现场混乱而被踩踏受伤。2010 年 11 月 15 日 14 时，上海市胶州路 718 号正在进行外立面墙壁施工的胶州教师公寓忽然起火，事故造成 58 人遇难，70 余人受伤。事故原因为：大楼外包保暖材料违规施工，使用易燃材料。

（2）2010 年 11 月 15 日 14 时，上海余姚路胶州路一栋高层公寓起火。公寓内住着不少退休教师，起火点位于 10～12 层之间，整栋楼都被大火包围着，楼内还有不少居民没有撤离。至 11 月 19 日 10 时 20 分，大火已导致 58 人遇难，另有 70 余人正在接受治疗。事故原因，是由无证电焊工违章操作引起的，四名犯罪嫌疑人已经被公安机关依法刑事拘留，还因装修工程违法违规、层层多次分包；施工作业现场管理混乱，存在明显抢工行为；事故现场违规使用大量尼龙网、聚氨酯泡沫等易燃材料，以及有关部门安全监管不力等问题。

（3）据美国媒体 2010 年 9 月 9 日报道，美国科罗拉多州博尔德县西部山区 6 日发生森林大火，到 9 日山火仍继续蔓延。截至当地时间 9 日已有至少 135 栋房屋、2 600 公顷林地被焚毁，3 500 多人紧急疏散。

（4）2013 年 11 月 22 日凌晨 3 点，位于黄岛区秦皇岛路与斋堂岛路交会处，中石化输油储运公司潍坊分公司输油管线破裂，事故发现后，约 3 点 15 分关闭输油，斋堂岛街约 1 000 m² 路面被原油污染，部分原油沿着雨水管线进入胶州湾，海面过油面积约 3 000 m²。黄岛区立即组织在海面布设两道围油栏。处置过程中，当日上午 10 点 30 分许，黄岛区沿海河路和斋堂岛路交会处发生爆燃，同时在入海口被油污染海面上发生爆燃。

（5）2015 年 8 月 20 日，美国华盛顿州 Twisp 镇附近发生森林火灾，灭火中造成 3 名消防员丧生，4 人受伤。

（6）2015 年 1 月 2 日，黑龙江省哈尔滨市北方南勋大市场仓库因电气故障引发火灾，过火面积约 1.1 万 m²，1 幢 11 层建筑物坍塌，扑救中 5 名消防员牺牲，13 名消防员受伤。起火建筑违章建设,消防安全管理混乱。

　　火灾是一个燃烧过程,要经过"发生、蔓延和充分燃烧"几个阶段。火灾的严重程度主要取决于持续时间和温度。这两者又受到工程材料、燃烧空间、灭火能力等多因素的影响,如图 12.2 所示。

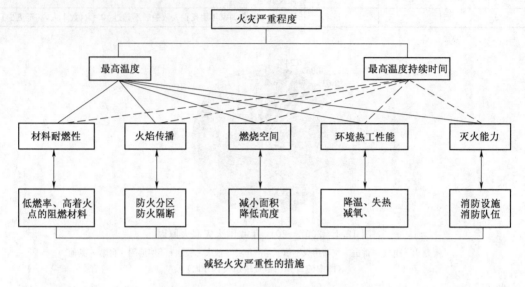

图 12.2　火灾的严重程度的多因素影响

　　不同工程材料有着不同的耐火性能见表 12.3。

表 12.3　不同工程材料的耐火性能

材　料	耐火温度及表征	材　料	耐火温度及表征
岩石	600～900 ℃,热裂	钢材	300～400 ℃,强度下降
黏土砖	800～900 ℃,遇水剥落		600 ℃,丧失承载力
混凝土	550～700 ℃,热裂	木材	240～270℃,可点着火
钢筋混凝土	300～400 ℃,钢筋与混凝土黏着力破坏		400 ℃,自燃

　　防火,是防止火灾发生和蔓延所采取的措施,可用图 12.3 表示它的主要内容。

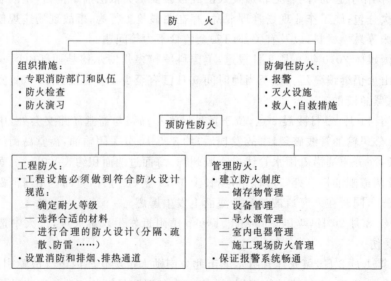

图 12.3　防火的主要内容

12.2　地　震　灾　害

关于地震、震级、烈度和地震荷载的概念,已在 2.2.1 节中讨论。本节概述地震发生的概貌和震后的灾害。

据统计,世界上每年要发生数百万次地震。人们对许多小地震并无感觉,只有仪器才能记录到。3 级左右的有感地震(3 级以上的地震称有感地震,5 级以上的地震称破坏性地震)每年发生约 5 万次,它对人的生命和工程建设并无危害。而能造成严重破坏的地震,每年平均仅约发生 18 次。即使如此,地震并不遍及全世界,它主要集中在两个地带上:①环太平洋地带,包括南北美洲太平洋沿岸和阿留申群岛、堪察加半岛,经日本列岛南下至我国台湾、再经菲律宾群岛直到新西兰;②喜马拉雅—地中海地带,从印尼西部经缅甸至我国横断山脉、喜马拉雅山区、越帕米尔高原,经中亚细亚到地中海及其附近一带。世界上绝大多数地震发生于前一地带、约占全球所有地震释放能量的 76%;后一地带释放能量约占 22%。我国正好介于两大地层带之间,所以是一个多地震的国家(图 12.4)。我国台湾地区大地震最多,新疆、西藏次之,西南、西北、华北和东南沿海地区也是破坏性地震较多的地区。有些地方历史上虽无大地震,近年来也有所活动。表 12.4 为世界各地发生的几次大地震。

表 12.4　世界各地几次大地震

序号	国家	地震发生地区	地震发生时间	震级	死亡人数	波及范围及损失
1	美国	旧金山	1906 年 4 月 18 日晨 5 时 13 分	8.3 级	700 余人	旧金山市无数的房屋被震倒,城市生命线——水管、煤气管道被毁
2	意大利	墨西拿	1908 年 12 月 28 日晨 5 时 25 分	7.5 级	11 万人	洗劫了墨西拿海峡两岸的城市,地缝开合喷水,海峡峭壁坍塌入海,城市在瞬间夷为平地
3	日本	关东	1923 年 9 月 1 日上午 11 时 58 分	7.9 级	14.3 万人	城市陷入火海,热气流引发狂风,120 条火龙卷、烟龙卷冲天而起,将房屋、汽车、尸体吸到半空中;海啸扑向海岸地区
4	土耳其	埃尔津詹	1939 年 12 月 37 日凌晨 2 时到 5 时	8 级	5 万人	埃尔津詹、锡瓦斯和萨姆松三省;几十个城镇和 80 多个村庄被彻底毁灭
5	智利	智利	1960 年 5 月 21 日下午 3 时	8.9 级	1 万人死亡	6 座死火山重新喷发,3 座新火山出现;造成了 20 世纪最大的一次海啸,平均高达 10 m、最高 25 m 的巨浪猛烈冲击智利沿岸
6	秘鲁	钦博特	1970 年 5 月 31 日	7.6 级	6 万多人	钦博特遭受地震和海啸的双重袭击;容加依市,被地震引发的冰川泥石流埋没
7	墨西哥	墨西哥	1985 年 9 月 19 日晨 7 时 19 分	8.1 级	3.5 万人	墨西哥城遭到严重破坏,700 多幢楼房倒塌,8 000 多幢楼房受损,200 多所学校夷为平地
8	苏联	亚美尼亚	1988 年 12 月 7 日上午 11 时 41 分	6.9 级/10 度	2.4 万人	直接经济损失 100 亿卢布,超过切尔诺贝利核电站事故的损失

序号	国家	地震发生地区	地震发生时间	震级	死亡人数	波及范围及损失
9	伊朗	西北部的里海沿岸地区	1990年6月21日0时30分	7.3级	5万人	首都德黑兰西北200 km的吉兰省罗乌德巴尔镇完全毁灭,9万幢房屋和4 000栋商业大楼夷为平地
10	日本	神户	1995年1月17日晨5时46分	7.2级	5 400多人	19万多幢房屋倒塌和损坏,直接经济损失达1 000亿美元
11	日本	新潟	2004年10月23日17时56分	6.8级	31人	共有约2 700栋住宅和约1 200栋办公楼及公共设施遭受完全破坏或部分损毁
12	印度尼西亚	苏门答腊岛	2004年12月26日上午8点	8.9级	近30万	印度尼西亚苏门答腊岛西北近海发生里氏8.9级地震,并引发巨大海啸,波及东南亚和南亚诸多国家
13	南亚	南亚次大陆	2005年10月8日8点50分	7.6级	8.6万人	印度、巴基斯坦、阿富汗等国家都有强烈震感
14	苏门答腊	苏门答腊群岛	2005年3月28日23时9分	8.7级	近2 000人	印尼
15	印尼	中爪哇省	2006年5月27日晨06时53分	6.2级	5 782人	
16	中国	台湾	2006年12月26日	7.2级	1死3伤	
17	中国	汶川	2008年5月12日	8.0级	69 227人	地震波及大半个中国及亚洲多个国家和地区。北至辽宁,东至上海,南至香港、澳门、泰国、越南,西至巴基斯坦均有震感,造成直接经济损失8 452亿元人民币
18	中国	青海玉树	2010年4月14日7时49分	7.1级	2 689人	玉树地震波及的范围约3万 km²,主要造成玉树县和称多县部分地区共12个乡镇受灾,人口约10万人,极重灾区约900 km²,主要集中在玉树州府所在地的结古镇,最大烈度达到9度。重灾区面积约4 000 km²
19	海地	海地首都太子港	当地时间2010年1月12日16时53分	7.3级	22.25万	海地当地时间2010年1月12日下午发生里氏7.3级强烈大地震,首都太子港及全国大部分地区受灾情况严重,截至2010年1月26日,海地地震进入第15天,世界卫生组织确认,此次海地地震已造成22.25万人死亡,19.6万人受伤。此次地震中遇难者有联合国驻海地维和部队人员,其中包括8名中国维和人员遇难

续上表

序号	国家	地震发生地区	地震发生时间	震级	死亡人数	波及范围及损失
20	日本	福岛	2011 年 4 月 11 日 17 点 16 分	7.0 级	无	日本东北部的福岛和茨城地区发生里氏 7.0 级强烈地震(震中北纬 36.9 度、东经 140.7 度,即福岛西南 30 km 左右的地方,震源深度 10 km,属于浅层地震)。远在 200 多 km 外的首都东京有震感。该次地震造成福岛第一核电站注水系统失灵 45 分钟,未造成人员伤亡
21	中国	芦山	2013 年 4 月 20 日	7.0 级	196 人	成都、重庆及陕西的宝鸡、汉中、安康等地均有较强震感。地震造成房屋倒塌 1.7 万余户、5.6 万余间,严重损房 4.5 万余户、14.7 万余间,一般损房 15 万余户、71.8 万余间
22	意大利	拉齐奥大区列蒂省	2016 年 8 月 24 日 3 时 36 分	6.0 级	250 人	地震震源深度 10 km,震中距离拉奎拉市 48 km,距离罗马 113 km
23	中国	四川九寨沟	2017 年 8 月 8 日 21 时 19 分 46 秒	7.0 级	25 人	造成四川省、甘肃省 8 个县受灾,包括四川省阿坝藏族羌族自治州九寨沟县、若尔盖县、红原县、松潘县、绵阳市平武县;甘肃省陇南市文县、甘南藏族自治州舟曲县、迭部县

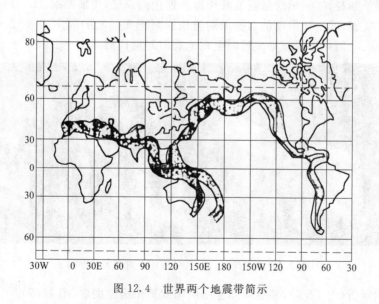

图 12.4 世界两个地震带简示

　　地震对土木工程设施所起的破坏作用是复杂的。地震的地面运动使工程结构受到多次反复的地震荷载,其结果就好像在高低不平路上的汽车,在行驶过程中和紧急刹车时都会使乘客不停地上下跳动和水平晃动一样。如果房屋、桥梁、铁路经受不住这种地震荷载,轻者会震裂,重者会倒塌(如房屋或桥梁)或扭曲(如铁路)。

　　地震还会造成地裂、地陷、山崩、滑坡,以及因土体受震后液化而使地面冒水、喷沙的现象。

前者会使工程结构随之断裂,甚至倒塌;后者使地基丧失承载能力,甚至失效;它们都会使位于其上的工程设施倾斜、开裂或倾倒。

地震发生前会有预兆。我国唐山大地震发生在 1976 年 7 月 28 日凌晨 3 时 46 分,震级 7.8 级。震前数月,该地区地下水位猛降 35 m,震前 5 d 水位又突然上升。震前半月,唐山开滦煤矿井下 635 m 采煤工作面支架横梁不断脱落,井壁剥落,且有响声。震前下午 3 时唐山东南郊有两条长线上百余株玉米从根部折断,震后这两条线形成宽大的地裂缝。如果这些震兆能引起警惕,采取紧急防震和疏散措施,震后的损失就会大大减轻,至少不会有如此众多震惊全球的伤亡人数(死亡人数 24 余万,伤亡总人数 40 余万)。

2011 年 3 月 11 日 13 时 46 分(北京时间 13 时 46 分)发生在西太平洋国际海域的里氏 9.0 级地震,震中位于北纬 38.1 度,东经 142.6 度,震源深度约 10 km。日本气象厅随即发布了海啸警报称地震将引发约 6 m 高海啸,后修正为 10 m。根据后续研究表明海啸最高达到 23 m。

北京小部分区域有震感,但对中国大陆不会有明显影响。不过,此次地震可能引发的海啸将影响太平洋大部分地区,由于此次地震发生在西太平洋,距离中国大陆比较远,且中国大陆架性质决定了在这段距离中有一片相对较浅的海域,所以对大陆不会有明显影响。但应该注意环太平洋地区由此引发的海啸。

此次地震震级的测定,日本气象厅最初定级为 7.9 级,随后立即更正为 8.8 级、8.9 级,又回调到 8.8 级,最后定级为 9.0 级;中国地震局网一开始发布的是里氏 8.6 级地震;美国地质勘探局发布的是 8.8 级,当天不久随后修正为里氏 8.9 级,3 月 14 日最后定级为 9.0 级。

地震给土木工程设施造成灾害的一般现象描述如下:

(1)房屋的轮廓、体型、结构体系往往是它遭受震害的主要因素(图 12.5),其中①一幢房屋的长轴与地震荷载作用方向相垂直时,更易遭受震害;②一幢房屋两个不同部分连在一起时,可能在连接处断裂,③一幢房屋高低悬殊部分连接的部位,可能断裂;④一幢房屋的底部支承"软"时,易受震害;⑤一幢房屋的自振周期与地震时地面运动的周期相近时,会使房屋发生很大晃动而破坏;⑥两幢房屋靠得太近时会在地震时互撞而破坏。

图 12.5　房屋轮廓、体型、结构体系对震害的影响

(2)砖柱的断折(图 12.6),甚至局部房屋倒塌或整个房屋倒塌(图 12.7)。

(3)钢筋混凝土构架结构的震害往往表现为填充墙四周开裂或出现墙体的交叉裂缝,立柱断裂和倾斜(图 12.8)等。

(4)地基液化失效的震害往往引起房屋倾斜和开裂(图 12.9)。

图 12.6　砖柱断折

图 12.7　砖房局部或整体倒塌

图 12.8　钢筋混凝土构架破坏

(a) 房屋开裂

(b) 房屋倾斜

图 12.9　地基液化引起的震害

　　(5)桥梁结构的震害往往表现为桥墩、桥台毁损(图 12.10),主梁坠落,拱圈开裂及拱上结构塌落(图 12.11)等。

　　(6)烟囱、水塔的震害虽因所用材料有异而不同,但一般都表现为水平、交叉裂缝,顶部脱落或筒身扭转(图 12.12)。

(7)地震时一旦水坝、供电、供燃气系统破坏,还会引起水灾、火灾、空气污染等次生灾害。如 2011 年 3 月 11 日日本东北太平洋地区发生里氏 9.0 级地震,继发生海啸,该地震导致福岛第一核电站、福岛第二核电站受到严重的影响,2011 年 3 月 12 日,日本经济产业省原子能安全和保安院宣布,受地震影响,福岛第一核电厂的放射性物质泄漏到外部;福岛县在核事故后以县内所有儿童约 38 万人为对象实施了甲状腺检查。截至 2018 年 2 月,已诊断 159 人患癌,34 人疑似患癌。其中被诊断为甲状腺癌并接受手术的 84 名福岛县内患者中,约一成的 8 人癌症复发,再次接受了手术。

图 12.10　桥墩斜向断裂

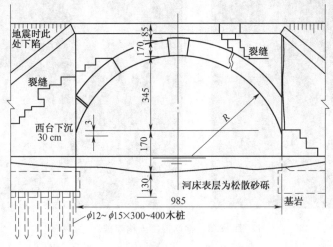

图 12.11　拱桥拱圈开裂、桥台开裂(单位:cm)

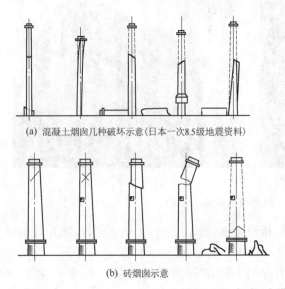

(a) 混凝土烟囱几种破坏示意(日本一次8.5级地震资料)

(b) 砖烟囱示意

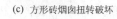

(c) 方形砖烟囱扭转破坏

图 12.12　烟囱、水塔震害

土木工程防震、抗震的方针是"预防为主"。预防地震灾害的主要措施包括两大方面：①加强地震的观测和强震预报工作；②对土木工程设施进行抗震设防。后者的工作大体有以下内容：

(1)确定每个国家的地震烈度区划图，规定各地区的基本烈度(即可能遭遇超越概率为10%的设防烈度)、作为工程设计和各项建设工作的依据。

(2)国家建设主管部门颁布工程抗震设防标准，各建设项目主管部门应在建设的过程(包括地址选择、可行性研究、编制计划任务书等)中遵照执行。

(3)国家建设主管部门颁布抗震设计规范。

(4)设计单位在对抗震设防区的土木工程设施进行设计时，应严格遵守抗震设计规范，并尽可能地采取隔震、消能等地震减灾措施。

(5)施工单位和质量监督部门应严格保证建设项目的抗震施工质量。

(6)位于抗震设防区内的未按抗震要求设计的土木工程项目，要按抗震设防标准的要求补充进行抗震加固。

土木工程考虑抗震设防后必然会增加建设资金。由于各个地区的抗震设防要求不可能与实际发生的地震烈度相同；实际发生的地震又有小震(可能遭遇的概率较大)、中震和大震(可能遭遇的概率极小)之分，故抗震设计的原则是"小震不坏，中震可修，大震不倒"。根据这个原则所设计的土木工程，不但能减轻地震灾害，而且能合理使用建设资金。

地震是可怕的，但满足抗震设防要求所设计和施工的土木工程又应该是可靠的，至少是可以"裂而不倒"，不会引起生命伤亡。我国唐山大地震后，市内高8层的新华旅馆因在砖墙内加设构造柱和圈梁，虽经烈度为10度的强震、却能够裂而不倒，周围同时建造的3~4层旅馆却因未设构造柱，且圈梁设置方法不妥而一塌到底。美国旧金山海湾地区最高的钢筋混凝土建筑——太平洋公园大厦，因被设计成可以抗震的延性框架，经受了1987年的一次强烈地震却未受损伤，邻近其他建筑都发生某些震害。这两个实例充分说明抗震设防的重要性。

12.3 风 灾

风灾大多来自台风(也称飓风)和龙卷风的动力作用。这些风对工程结构施加的荷载比结构设计中通常假设的风荷载大许多倍，会对人类生命及财产造成巨大危险。

较大风力等级见表12.5。

表 12.5 较大风力等级

风力等级	陆地地面征象	自由海面浪高(m)	距地10m高处风速(m/s)
7	全树摇动，迎风步行感觉不便	4.0(5.5)	13.9~17.1(50~61 km/h)
8	微枝折毁，人向前行感觉阻力甚大	5.5(7.5)	17.2~20.7(62~74 km/h)
9	建筑物有小损(烟囱顶部及平屋顶摇动)	7.0(10.0)	20.8~24.4(75~88km/h)
10	陆上少见，见时可将树木拔起或使房屋损坏较重	9.0(12.5)	24.5~28.4(89~102 km/h)
11	陆上很少见，有则必有广泛损坏	11.5(16.0)	28.5~32.6(103~117 km/h)
12	陆上绝少见，摧毁力极大	14.0(—)	32.7~36.9(118~133 km/h)

注：自由海面浪高一栏中所列值为一般浪高，括弧内值为最高浪高。

台风是大气的剧烈扰动。它的形成有两个基本条件——热和湿；因而仅起源于热带(也称热带气旋),起源后几乎总是首先向西方移动,然后由赤道移开,或登陆进行毁坏性袭击,或越过洋面遇冷的水表面而自然消亡。由于它是海洋面上局部积聚的湿热空气大规模上升至高空,使周围低层空气向中心流动所形成的,因而呈大漩涡状,其直径 200~1 000 km,巨型台风可达 1 000 km 以上,中心"台风眼"半径多为 5~30 km。台风形成时的风速虽为 10~20 km/h,但我国规定台风中心附近地面最大风力为 8~11 级时才称台风或热带风暴,12 级以上时为强台风或强热带风暴。袭击我国的台风常发生在 5~10 月,以 7~9 月最为频繁。

(1)2000 年 8 月的第 10 号台风给我国东南沿海极大损失:福建 1 100 多栋房屋被毁、铁路中断、山体滑坡,浙江乐清市毁坏近 700 栋房屋,台湾全岛经济损失新台币 40 多亿元。美国历史上最有毁坏性的台风发生在 1972 年 6 月。它袭击了大西洋沿岸,至少使 122 人丧生,损失超过 30 亿美元。

(2)2006 年 8 月 10 号,台风"桑美"以其 17 级的威力横扫福建、浙江、江西和湖南四省,带来经济损失高达 49.7 亿元,超强台风"桑美"(Saomai)造成温州 81 人死 11 人失踪,被称为温州台风王。温州台风王——"桑美"超强台风 16 时 15 分到达福鼎市台山岛时,中心瞬间最大风力达 19 级。8 月 10 日 17 时 25 分,温州台风王在浙江省温州市苍南县马站镇登陆,登陆时风速达 60 m/s。超强台风"桑美"造成了特别重大的灾害和人员伤亡而声名狼藉,为了防止它与其他的台风同名,"桑美"的名称从命名表中删去,"桑美"永远命名给这次灾难台风。

(3)2013 年 11 月 8 日 10 时台风"海燕"肆虐菲律宾中部米沙鄢群岛上的多个省份,造成6 201 人死亡,1 785 人失踪,28 626 人受伤,直接经济损失超过 10 亿美元。所到之处一片狼藉,当地最大城市塔克洛班被横扫,犹如龙卷风过境一般,现场凌乱不堪。据中央气象台专家介绍,台风"海燕"是 1990 年以来的西北太平洋诞生的最强台风,比 2010 年影响中国的台风"鲇鱼"强度还要惊人,与 1990 年的台风 Mike(音译名麦克)的强度相同,中心附近最大风力都达到了 75 m/s。同时台风"海燕"影响到中国内地、中国台湾和泰国。

(4)台风"彩虹"于 2015 年 10 月 1 日 2 时形成于西北太平洋菲律宾群岛,随后强度不断加强,于 10 月 4 日下午 2 时 10 分在广东省湛江市坡头区沿海登陆,登陆强度为 15 级,速度50 m/s(年鉴修改为 16 级,52 m/s),成为自 1949 年以来 10 月份登陆中国最强台风。2015 年10 月 5 日,广西民政部门 5 日 13 时统计,台风"彩虹"过境,已造成广西 144 万多人受灾。广西玉林、北海、防城港、钦州、南宁等 7 市 22 个县(市、区)自 4 日以来遭遇暴雨、大风等灾害,共造成 144.22 万人受灾,南宁市宾阳县 1 人因台风吹倒大树砸压致死。全区共紧急转移安置6.63 万人;农作物受灾面积 47.39 千公顷;倒塌房屋 123 户 297 间,严重损坏房屋 391 户 748间,一般损坏房屋 3 464 户 4 950 间;直接经济损失大。10 月 5 日 8 时,广西电网 10 kV 及以上线路跳闸 579 条次,故障停运变电站 9 座,停电影响居民户数 105.8 万户。停电的区域主要集中在玉林的博白、陆川,北海的铁山港、合浦山口、公馆、白沙镇,钦州的郊区和浦北、灵山县,以及南宁的武鸣、横县等地。

龙卷风由猛烈的大雷雨发展而成,它有着转动的气柱,并通常伴有调斗状向下伸展的重云。它的旋涡直径一般有 60~250 m,以高达 134 m/s(480 km/h)的速度旋转,移动速度每小时数十千米,所经路程,短的只有几十米,长的可超过 100 km,持续时间自几分钟至几小时;它是所有风力中最具毁坏性的风。它达到地面时的破坏力极大,人、畜、器物常被卷至空中带往他处。美国每年因龙卷风导致的损失超过 1 亿美元。

要将土木工程设计成能直接抵御台风和龙卷风是不可能的。但将可能发生区的房屋屋面板、屋盖、幕墙等加以特殊锚固则是必要的,尤其对重要设施(如核能设施)更应加强重点防范。

所幸科学家们正在研究各种方法降低风速,如播撒碘化银榴弹以释放云中潜热,以降低气压差使风速减小;又如通过"播云"法将水汽和能量从台风核心区抽走等。希望在未来人类能够制服这种灾害。

大风对房屋和桥梁也能引起灾害,如大风可以将房屋吹倒;可以使高烟囱、高电视塔以及高层建筑发生大幅度摇晃而无法使用,甚至倾倒;柔性结构(如悬索桥)还可能因风振引起共振而毁坏。

美国旧金山金门大桥(主跨 1 280 m)于 1937 年建成,它的桥面加劲钢桁架的宽跨比为1∶47,而高跨比在当时为最小,仅为 1∶168。它有时在风力作用下左右摆动的幅度竟达 4 m(13 ft),使得该桥有时不得不停止使用,以免发生行车事故。1940 年,美国西海岸华盛顿州又建成一座塔科马峡谷桥,主跨长 853 m,宽跨比为 1∶79,高跨比为 1∶350,比金门大桥的柔性更大。该桥通车后即显露柔度太大,最初在风中行车时的振荡还是竖向的,使用几个月后,风中行车时的振荡突然改变为扭转运动,甚至使四分点处的桥面倾斜成 ＋45°～－45°[图 12.13(a)]。最后,竟在风速不大(56～67 km/h)时因振荡幅度过大而塌落[图 12.13(b)],这是因共振发生塌桥事故的典型实例。

(a) (b)

图 12.13 美国塔科马峡谷桥

12.4 山 洪 灾 害

常见的山洪灾害种类:

(1)滑坡是指土体、岩块或残坡积物在重力作用下沿软弱贯通的滑动面发生滑动破坏的现象。

(2)泥石流是山区沟谷中,由暴雨、冰雪融化等水源激发的、含有大量泥沙石块的特殊洪流,其特征往往突然暴发,浑浊的流体沿着陡峻的山沟前推后拥、奔腾咆哮而下,地面为之震动,山谷犹如雷鸣,在很短时间内将大量泥沙石块冲出沟外,在宽阔的堆积区横冲直撞、浸流堆积,常常给人类生命财产造成很大危害。

(3)河洪水也称山溪性洪水,是一种最为常见的山洪,是山区溪河由暴雨引起的突发性暴涨暴落洪水。溪河性河流因其流域面积和河网调蓄能力都比较小,坡降较陡,洪水暴涨暴落,一次洪水过程短则几十分钟,长也不过几小时到十几小时,因此溪河洪水来得快,去得也快,持续时间短,但涨幅大,洪峰高,洪水过程线多呈多峰尖瘦峰型。

山洪灾害常发地区:

(1)我国滑坡的地域分布以大兴安岭—张家口—榆林—兰州—昌都为界,东南密集,西北稀少。滑坡主要发生在山区，从太行山到秦岭，经鄂西、四川、云南到藏东一带滑坡发育密度极大；青藏高原以东的第二级阶梯，特别是西南地区为我国泥石流、滑坡灾害的重灾区。黄土高原、四川盆地和云贵高原是滑坡的多发区，主要原因如下：

①地形条件：这里是我国平原向山地的过渡区，斜坡较多；

②气候条件：又是东南季风和西南季风交互作用的地区，降水较多，且多暴雨；

③物质条件：还是黄土、喀斯特等可蚀性物质集中分布地区；

④人类活动：人类活动广泛且程度大为泥石流和滑坡提供有力生成条件。

(2)泥石流一般发生在半干旱山区或高原冰川区。这里的地形十分陡峭，泥沙、石块等堆积物较多，树木很少。一旦暴雨来临或冰川解冻，大大小小的石块有了足够的水分，便会顺着斜坡滑动起来，形成泥石流。我国有泥石流沟1万多条，其中的大多数分布在西藏、四川、云南、甘肃多是雨水泥石流，青藏高原则多是冰雪泥石流。中国有70多座县城受到泥石流的潜在威胁(图12.14)。

图12.14 泥石流冲垮房屋

(3)洪涝灾害

我国的洪涝主要是雨涝，分布在大兴安岭—太行山—武陵山以东。

根据历史雨涝统计资料，雨涝最严重的地区主要为东南沿海地区、湘赣地区、淮河流域，次多雨涝区有长江中下游地区、南岭、武夷山地区、海河和黄河下游地区、四川盆地、辽河、松花江地区。

全国雨涝最少的地区是西北、内蒙古和青藏高原，次为黄土高原、云贵高原和东北地区。概括而言，雨涝分布总的特点是东部多，西部少；沿海多，内陆少；平原湖区多，高原山地少；山脉东、南坡多，西、北坡少。

常见造成的影响：

①山洪冲塌房屋，造成城镇受淹，使人们财产遭到严重损失。

②山洪破坏基础设施，造成交通、电力、通信线路等中断。

③超标准的特大山洪灾害往往冲毁渠道、桥梁、涵闸等水利工程，有时甚至造成大坝、堤防溃决，造成更大的破坏。

表12.6，统计了我国2015—2020年的地质灾害的发生情况，可以看出各类型的地质灾害发生频繁且造成损失严重。

表 12.6　2015—2020 年地质灾害统计

年份	滑坡	崩塌	泥石流	地面塌陷	造成经济损失
2015	5 526 起	1 356 起	387 起	296 起	359 477 万元
2016	8 194 起	1 905 起	652 起	225 起	354 290 万元
2017	5 668 起	1 870 起	483 起	292 起	250 528 万元
2018	1 631 起	858 起	339 起	122 起	147 128 万元
2019	4 220 起	1 238 起	599 起	121 起	276 868 万元
2020	4 810 起	1 797 起	899 起	183 起	502 027 万元

我国城区建筑主要遭受的气象灾害以暴雨洪涝灾害为主;我国暴雨洪涝灾害主要形成原因有:

(1)印度洋和西太平洋的夏季风。

(2)西太平洋的副热带高压,它的位置决定了中国主要雨季的移动,而雨季正是暴雨洪涝灾害形成的多发原因。西太平洋副热带偏南,则长江流域易洪涝,偏北则华北易洪涝。

(3)阻塞高压和长坡槽脊的位置是决定暴雨形成的关键环流系统。

洪水对构筑物的破坏形式:

(1)冲击破坏(图 12.15)

洪水在水位差的影响下,产生水压形成水流直接冲击建筑和构筑物,破坏极大,一般来说,距离溃口越近,洪水的流速越大,对建筑的危害越大。

(2)浸泡破坏(图 12.16)

洪水淹没后,一直保持在某一水位,经过一段时间才会退去。由于洪水浸泡,造成对房屋主体建筑材料力学性能的弱化,地基承载力的扰动与不均匀沉降。

图 12.15　洪水冲垮桥梁

图 12.16　洪水浸泡房屋

(3)波浪破坏

在气候恶劣的地区,处于洪水中的建筑物在大风天气下会受到洪水波浪荷载的作用力,据计算表明在 6～9 级风的情况下,作用在建筑物墙面上波浪动水压力将达到 2～10 MPa,这种情况下,一般非抗洪设计的建筑的窗间墙,窗下墙将会损坏。

近年城市洪涝灾害时有发生,举例如下:

(1)2009 年台风强降水重创我国台湾地区

受强台风"莫拉克"影响,我国台湾地区阿里山过程降水量为 3 139 mm,南部地区发生 50 年来最严重水灾,造成重大人员伤亡和财产损失。

(2)2010 年海南出现 1961 年以来罕见强降水

10 月 1 至 19 日,海南平均降水量达 1 060.1 mm,平均暴雨日数为 6.6 天,为 1961 年以来同期最多。部分江河水库水位超过警戒水位,多个县市出现严重内涝,海口、三亚等地中小学停课。

(3)2011 年泰国水灾

2011 年泰国水灾是 2011 年 7 月底在泰国南部地区因持续暴雨而引发的洪灾,某些地区的降雨量达 120 cm(47 英寸),造成 900 万人受灾,近 600 多人死亡,两百万人受洪水影响。首都曼谷变成水城,近 20%面积被洪水浸泡;洪水预计将对年产值 1 000 亿泰铢的泰国虾出口带来冲击。

(4)2012 年俄罗斯远东地区水灾

7 月 8 日至 9 日,俄罗斯南部遭暴雨袭击并引发洪水,造成 3.4 万人受灾,171 人死亡,5 000 多栋房屋被洪水淹没,电力、天然气、供水和交通系统被毁坏。

(5)2012 年百年一遇特大暴雨袭击华北

7 月 21 日至 22 日,北京、天津及河北出现区域性大暴雨到特大暴雨,并引发城市内涝,北京、河北、天津等市均出现重大人员伤亡。

(6)2013 年中欧遭遇"世纪洪水"

5 月下旬至 6 月上旬,中欧地区出现连续性暴雨天气,平均降水量达 77.6 mm,为近 34 年历史同期最多。多瑙河水位成为 1954 年以来历史最高。

(7)2013 年台风增雨致余姚成"一片汪洋"

10 月 7 日,台风"菲特"在福建省福鼎登陆,时逢天文大潮,浙江沿海出现 50～100 cm 的风暴增水。余姚平均降雨量达 499.9 mm,为百年一遇,城市几乎成为"孤岛"。

(8)2014 年巴尔干半岛出现百年不遇洪灾

五月中旬,欧洲巴尔干半岛 3 天之内下了常年 3 个月的暴雨,引发 120 年来最严重的洪水。其中,波黑成为受洪水影响最严重的国家,短短四天内,发生 2 100 起山体滑坡事故。

(9)2015 年非洲南部多地遭暴雨袭击

1 月,非洲东南部多地遭遇持续暴雨袭击,引发洪涝灾害。马拉维至少有 176 人死亡,约 20 万人流离失所;莫桑比克中部和北部洪涝灾害共造成至少 159 人死亡。

(10)2021 年 7 月河南水灾

7 月 19 日,河南地区受台风"烟花"的影响,全省范围内遭遇了极端强降雨天气,20 日郑州市防汛抗旱指挥部将防汛应急响应由Ⅱ级提升至Ⅰ级。本次洪涝灾害共造成河南省 150 个县(市、区)1 478.6 万人受灾,因灾死亡失踪 398 人,直接经济损失 1 200.6 亿元。

12.5　工程事故灾难

工程事故灾难是由于勘察、设计、施工和使用过程中存在重大失误造成工程倒塌(或失效)引起的人为灾害。它往往带来人员的伤亡和经济上的巨大损失。例如,我国建设部规定建筑工程中的工程事故就有以下几个级别(表 12.7)。

表 12.7 建筑工程事故级别

重大事故级别	伤 亡 人 数		直接经济损失
一级	死亡 30 人以上	或	300 万元以上
二级	死亡 10～29 人	或	100 万元以上,不满 300 万元
三级	死亡 3～9 人,重伤 20 人以上	或	30 万元以上,不满 100 万元
四级	死亡 2 人以下,重伤 3～19 人	或	10 万元以上,不满 30 万元
一般质量事故	重伤 2 人以下	或	5 000 元以上,不满 10 万元

2017 年建设部向全国通报的违法违规建筑工程有 22 例,它们的结局以倒塌和报废拆除为主。对这 22 例质量安全违法违规工程的统计见表 12.8。

表 12.8 2017 年住建部通报 22 例质量安全违法违规案例

序号	违规单位名称	项目名称	违规事实
1	山西银座建筑工程安装有限公司	山西省阳泉市平定县文翠苑棚户区改造工程 4 号楼	1. 砌筑砂浆未采用重量比进行原材料配比; 2. 施工现场混凝土养护环境不符合规范要求; 3. 施工单位未对塔式起重机司机和信号司索工进行安全技术交底; 4. 正在使用的框架支撑结构大量构配件被拆除
2	河北省冀州区建筑公司	河北省衡水市深州市都市祥苑 19 号楼工程	1. 局部剪力墙混凝土回弹强度推定值不满足设计要求; 2. 未进行基础结构工程验收即进行上部施工; 3. 塔式起重机底架撑杆螺栓松动,且采用焊接工艺处理; 4. 扣件式支撑结构大量水平杆件被提前拆除
3	福建省惠东建筑工程有限公司	陕西省西安市华洲城 DK-4-2 号楼工程	1. 重大结构设计变更未报原施工图审查机构审查; 2. 模板支架剪刀撑缺失,部分设备临时用电保护接地与保护接零不符合规范要求; 3. 塔式起重机变幅钢丝绳防脱装置与滑轮之间的间隙过大
4	四川金鼎建设工程有限公司	四川省成都市光华美地佳苑 1 号楼工程	1. 钢筋焊接未按规范要求进行工艺试验; 2. 模板支架剪刀撑缺失; 3. 塔式起重机与架空输电线的安全距离不符合规范要求
5	重庆华硕建设有限公司	四川省成都市天府逸家三期 B 区 26 号楼工程	1. 钢筋未进行进场复验; 2. 部分模板支架固定在外脚手架上; 3. 起重机紧急开关失效,安全装置存在缺陷
6	福建省闽南建筑工程有限公司	云南省昆明市万辉星城蓝山郡(A 区)一标段 A12 幢工程	1. 局部竖向钢筋未按设计要求施工; 2. 人工挖孔桩未按规范要求; 3. 钢筋加工区用电未按规范
7	安顺市第三建筑工程总公司	贵州省安顺市凯旋城二区 HK 栋商住楼工程	1. 人工挖孔桩未按规范; 2. 总配电柜内无漏电保护器,不符合规范; 3. 塔式起重机吊钩保险失效,不符合规范
8	江苏顺通建设集团有限公司	南京市西花岗保障房项目三标段 6 号楼工程	1. 模板之间设置不规范; 2. 作业面临边处未设防护措施; 3. 起重机卷扬机钢丝绳安装错误

续上表

序号	违规单位名称	项目名称	违规事实
9	中铁四局集团有限公司	上海市悦鹏半岛公寓C地块4号楼工程	1. 模板支架未设扫地杆； 2. 临边位置未设防护措施； 3. 钢筋加工区用电不规范
10	中国建筑一局(集团)有限公司	北京市丰台区南苑乡石榴庄村0517-659等地块661-3-1号楼工程	1. 项目经理未在岗,资料由他人代签； 2. 塔式起重机附着装置未按规定验收； 3. 临边位置未设防护措施
11	湖南朝晖建设开发有限公司	乌兰察布市察右前旗达尔登住宅小区2号楼工程	1. 梁配筋不符合设计要求； 2. 未按规定配备专职安全员； 3. 塔式起重机紧急开关无效,不符合规范
12	黑龙江省建筑安装集团有限公司	黑龙江省铁力市人民医院综合楼工程	1. 梁模板支架搭设不符合规范； 2. 框架受力筋连接不符合要求； 3. 起重机检修平台存在安全隐患
13	长春建设集团股份有限公司	长春市伟业富强天玺二期2号楼工程	剪力墙箍筋型号不符合设计要求,部分钢筋为进行进场复验
14	吉林嘉阳建筑工程有限公司	吉林省长春市联合创意中心写字楼工程	脚手架拉结点设置不足,拉结方式不符合规范要求
15	青海祥盛建设工程有限公司	青海省海南州贵德县2013年藏区干部职工周转宿舍(卫生系统)工程	1. 地基压实系数不满足设计要求； 2. 脚手架设置未按规范要求； 3. 钢筋加工区用电未按规范要求； 4. 起重机存在安全隐患
16	甘肃第一建设集团有限责任公司	甘肃省兰州市榆中县政府家属院片区棚户区改造项目二标段4号楼工程	1. 地下防水材料、墙体箍筋设置不符合规范要求； 2. 脚手架搭设方式与施工方案不符； 3. 临边位置未设防护措施； 4. 起重机多处连接螺栓松动,不符合规范要求
17	中天建设集团有限公司施工	福建省漳州市万益学府花园二期1号、4号楼工程	1. 核心区柱箍筋未按设计要求加密； 2. 预制桩基础未按设计要求进行试桩及静载检测
18	浙江宏兴建设有限公司	浙江省杭州市桐庐县安厨大厦工程	1. 局部梁配筋不符合设计要求； 2. 桩基静载检测不符合规范要求； 3. 塔式起重机爬梯主要受力构件及连接件锈蚀严重,不符合规范要求
19	江西太平洋建设集团有限公司	湖北省荆门市京山县中等职业技术学校项目普通教学楼工程	1. 部分钢筋未进行进场复验,房心回填土未按设计要求施工； 2. 脚手架基础未平整夯实,局部基础被破坏,无加固措施,不符合规范要求； 3. 塔机起重机起重臂杆件变形、开裂,不符合规范要求
20	湖南省第六工程有限公司	湖南省岳阳市湘阴县金龙新区再建安置基地建设项目二期工程(二标)11号楼	1. 砌体结构多处构造柱未设置,飘窗侧边墙体采用砌体砌筑,不符合设计要求； 2. 塔式起重机回转支承多条连接螺栓松动,不符合规范要求

序号	违规单位名称	项目名称	违规事实
21	江苏苏兴建设工程有限公司	海南省三亚市君和君泰二期A区9号楼工程	1. 钢筋焊接连接所用焊剂等产品无合格证,不符合规范要求; 2. 洞口临边位置未设置防护措施
22	海力控股集团有限公司	江西省南昌市南昌县东新乡力高澜湖御景1号楼工程	1. 框架梁纵向受力钢筋弯折后长度不满足设计要求; 2. 采光井内脚手架作业面未满铺脚手板,不符合规范要求; 3. 塔式起重机附着杆缺少螺栓,不符合规范要求

注:据《2017年房屋市政工程生产事故情况通报》中显示:2017年,全国共发生房屋市政工程事故589起,死亡693人,比去年同期事故起数增加34起、死亡人数增加50人。

由表12.8可见,从工程事故灾难的宏观原因分析,六无(无报建程序、无设计图纸、无勘察资料、无招标、无执照施工、无质量监督)现象往往是祸害之源。设计、施工、使用三方面都有可能成为事故灾难的主因。但"设计错误"和"施工质量低劣"往往占重大事故宏观原因中的多数。此外,近年来的历史也说明,建筑主管部门在管理上的失控,更会造成大面积的工程事故灾难。

一般说来,造成工程事故灾难的原因有两大方面:

(1)从技术方面来看,大体有:

①地质资料的勘察严重失误,或根本没有进行勘察;

②地基过于软弱,同时基础设计又严重失误;

③结构方案、结构计算或结构施工图有重大错误,或凭"经验""想象"设计,无图施工;

④材料和半成品的质量严重低劣,甚至采用假冒伪劣的产品和半成品;

⑤施工和安装过程中偷工减料,粗制滥造;

⑥施工的技术方案和措施中有重大失误;

⑦使用中盲目增加使用荷载,随意变更使用环境和使用状态;

⑧任意对已建成工程打洞、拆墙、移柱、改扩建、加层等。

(2)从管理方面来看,大体有:

①由非相应资质的设计、施工单位(甚至无营业执照的设计、施工单位)进行设计、施工;

②建筑市场混乱无序,出现前述的"六无"工程项目;

③"层层分包"现象普遍,使设计、施工的管理处于严重失控状态;

④企业经营思想不正,片面追求利润、产值,没有建立可靠的质量保证制度;

⑤无固定技工队伍,技术工人和管理人员素质太低。

下面列举例子,说明工程事故灾难的严重性:

(1)1997年3月25日晚7时30分,某市开发区一港商独资企业的一幢4层职工宿舍楼突然整体倒塌,110人被砸,死亡31人。

该宿舍楼为钢筋混凝土框架结构,是在原单层食堂上加建3层而成的。两次建造均严重违反建设程序,无报建、无招投标、无证设计、无勘察、无证施工、无质监。此楼投入使用后即出现预兆:1996年雨季后,西排柱下沉130 mm,西北墙下沉且墙体开裂、窗户变形;1997年3月8日,底层地面出现裂缝,且多在柱子周围。建设单位两次请包工头(也是设计负责人)看了后,认为"没有问题",未做任何处理。3月25日裂缝急剧发展,当日下午再次请包工头看,仍未做处理。当晚 7 时 30 分房屋整体倒塌。倒塌后的现场如图 12.17 所示。清查倒塌原因是加建时该楼没有设计,仅将原来的单层柱、梁、楼板,同截面同配筋地改为 4 层柱、梁和楼板,基础也未做任何改动;显然是由于原单层结构无法承受 4 层荷载而倒塌的,倒塌后发现柱的承载力仅能承受所施加荷载的 20%~50%、梁的承载力仅能承受所施加荷载的 20%~80%,柱底冲破基础底板伸入地基上层内有 400 mm 之多,说明基础尺寸严重不足。奇怪的是,那位包工头在结构出现如此众多的破坏征兆前,竟称"没有问题,不必处理",而建设单位却听之任之。可见,当前某些建设管理人员和技术人员素质之差,已达到十分惊人的地步。

(a) 现场概貌　　　　　　　　　　　　　(b) 倒塌后柱冲到基础下面

图 12.17　某宿舍倒塌后的现场

　　(2)2009 年 6 月 27 日清晨 5 时 30 分左右,上海闵行区莲花南路、罗阳路口西侧"莲花河畔景苑"小区,一栋在建的 13 层住宅楼全部倒塌,造成一名工人死亡,直接经济损失为 9.4 亿人民币。庆幸的是,由于倒塌的高楼尚未竣工交付使用,所以,事故并没有酿成居民伤亡事故。图 12.18 为倒塌后的楼房。

图 12.18　上海"莲花河畔景苑"小区倒塌楼房

　　(3)2016 年 11 月 24 日 7 点左右,江西省宜春市丰城电厂三期在建项目冷却塔施工平桥吊倒塌,造成横版混凝土通道倒塌事故,造成现场 74 人死亡,2 人受伤。事故的直接原因为混凝土强度未达标造成冷却塔坍塌。

　　(4)2019 年 5 月 20 日凌晨 1 时许,百色市右江区东州大道旁百龙万象城一家名为"0776"酒吧发生钢架结构屋顶坍塌事故,造成 6 人死亡,多人受伤。

(5)2019 年 5 月 16 日 11 时 30 分左右,上海长宁区昭化路 148 号正在改建的东驰奔驰汽车 4S 店顶部坍塌,造成 10 人死亡 15 人受伤。

(6)2020 年 3 月 7 日 19 时 14 分,福建省泉州市鲤城区欣佳酒店所在建筑物发生坍塌事故,造成 29 人死亡、42 人受伤,直接经济损失 5 794 万元。发生原因是,事故单位将欣佳酒店建筑物由原四层违法增加夹层改建成七层,达到极限承载能力并处于坍塌临界状态,加之事发前对底层支承钢柱违规加固焊接作业引发钢柱失稳破坏,导致建筑物整体坍塌。

(7)2020 年 8 月 29 日 9 时 40 分许,山西省临汾市襄汾县陶寺乡陈庄村聚仙饭店发生坍塌事故,造成 29 人死亡、28 人受伤,直接经济损失 1 164.35 万元。发生原因是,聚仙饭店建筑结构整体性差,经多次加建后,宴会厅东北角承重砖柱长期处于高应力状态;北楼二层部分屋面预制板长期处于超荷载状态,在其上部高炉水渣保温层的持续压力下,发生脆性断裂,形成对宴会厅顶板的猛烈冲击,导致东北角承重砖柱崩塌,最终造成北楼二层南半部分和宴会厅整体坍塌。图 12.19 为饭店倒塌后图片。

图 12.19　临汾市陶寺乡陈庄村聚仙饭店倒塌

思考题 ▌▌▌▌

12.1　土木工程灾害有哪些?

12.2　火灾如何预防?

12.3　土木工程防震、抗震的方针是什么?预防地震的主要措施是什么?

12.4　请列举因风受灾的案例,并简单分析致灾原因,尝试对建筑施工提出合理建议。

12.5　山洪灾害主要有哪几种?发生地区有哪些?

12.6　工程事故灾害如何防治?

35. 思考题答案(12)

13 土木工程展望

13.1 我国重大工程项目

13.1.1 西气东输工程

"西气东输"是我国距离最长、口径最大的输气管道,西起塔里木盆地的轮南,东至上海。全线采用自动化控制,供气范围覆盖中原、华东、长江三角洲地区。自新疆塔里木轮南油气田,向东经过库尔勒、吐鲁番、鄯善、哈密、柳园、酒泉、张掖、武威、兰州、定西、宝鸡、西安、洛阳、信阳、合肥、南京、常州等地区。东西横贯新疆、甘肃、宁夏、陕西、山西、河南、安徽、江西、福建、广东、江苏、上海等 10 多个省(自治区、直辖市)(图 13.1)。

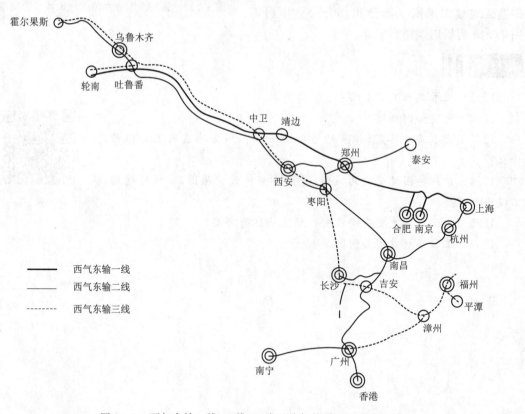

图 13.1 西气东输一线、二线、三线天然气管道工程走向示意

西气东输工程从 1998 年开始酝酿。2000 年 2 月 14 日,朱镕基同志亲自主持召开总理办公会,听取国家计委和中国石油天然气股份有限公司关于西气东输工程资源、市场及技术、经济可行性等论证汇报。会议明确,启动西气东输工程是把新疆天然气资源变成造福广大新疆各族人民经济优势的大好事,也是促进沿线 10 省区市产业结构和能源结构调整、经济效益提

高的重要举措。2000 年 3 月 25 日,国家计委在北京召开西气东输工程工作会议。会议宣布,经国务院批准成立西气东输工程建设领导小组,国家计委副主任张国宝任领导小组组长。2000 年 8 月 23 日,国务院召开第 76 次总理办公会,批准西气东输工程项目立项。

我国西部地区的塔里木盆地、柴达木盆地、陕甘宁和四川盆地蕴藏着 26 万亿 m^3 的天然气资源和丰富的石油资源,约占全国陆上天然气资源的 87%。特别是新疆塔里木盆地,天然气资源量有 8 万多亿 m^3,占全国天然气资源总量的 22%。塔里木北部的库车地区的天然气资源量有 2 万多亿 m^3,是塔里木盆地中天然气资源最富集的地区,具有形成世界级大气区的开发潜力。塔里木盆地天然气的发现,使我国成为继俄罗斯、卡塔尔、沙特阿拉伯等国之后的天然气大国。

2000 年 2 月国务院第一次会议批准启动"西气东输"工程,这是仅次于长江三峡工程的又一重大投资项目,是拉开西部大开发序幕的标志性建设工程。

2002 年 7 月 4 日,西气东输工程试验段正式开工建设。2003 年 10 月 1 日,靖边至上海段试运投产成功,2004 年 1 月 1 日正式向上海供气,2004 年 10 月 1 日全线建成投产,2004 年 12 月 30 日实现全线商业运营。西气东输管道工程穿越戈壁、荒漠、高原、山区、平原、水网等各种地形地貌和多种气候环境,还要抵御高寒缺氧,施工难度世界少有。一线工程开工于 2002 年,竣工于 2004 年。二线工程开工于 2009 年,2012 年年底修到香港,实现全线竣工。

西气东输三线是继西气东输二线之后,我国第二条引进境外天然气资源的陆上通道,主供气源为来自中亚国家的天然气,补充气源为疆内煤制天然气。工程包括 1 条干线、8 条支线,配套建设 3 座储气库和 1 座液化天然气(LNG)站。干线、支线总长度为 7 378 km,西起新疆霍尔果斯,终于福建福州,途经新疆、甘肃、宁夏、陕西、河南、湖北、湖南、江西、福建和广东等 10 个省区,设计压力为 10 MPa 至 12 MPa,输送量为每年 300 亿 m^3,于 2014 年 8 月 25 日全线贯通。

13.1.2 南水北调

南水北调是缓解中国北方水资源严重短缺局面的重大战略性工程。我国南涝北旱,南水北调工程通过跨流域的水资源合理配置,大大缓解我国北方水资源严重短缺问题,促进南北方经济、社会与人口、资源、环境的协调发展,分东线、中线、西线三条调水线。

南水北调应合理控制,保证在不影响南方生态的情况下滋补北方。2014 年 1 月 15 日,南水北调工程建设工作会议明确 2014 年建设目标:中线如期通水、东线运行平稳。

自 1952 年 10 月 30 日毛泽东主席提出"南方水多,北方水少,如有可能,借点水来也是可以的"设想以来,在党中央、国务院的领导和关怀下,广大科技工作者做了大量的野外勘查和测量,在分析比较 50 多种方案的基础上,形成了南水北调东线、中线和西线调水的基本方案,并获得了一大批富有价值的成果。

南水北调工程主要解决我国北方地区,尤其是黄淮海流域的水资源短缺问题,规划区人口 4.38 亿人。调水规模 448 亿 m^3。截至 2021 年底,南水北调东、中线一期工程累计调水约 494 亿 m^3。其中,东线向山东调水 52.88 亿 m^3,中线向豫冀津京调水超过 441 亿 m^3。通水 7 年来,已累计向北方调水近 500 亿 m^3,受益人口达 1.4 亿人,40 多座大中型城市的经济发展格局因调水得到优化。南水北调中线工程、南水北调东线工程(一期)已经完工并向北方地区调水。西线工程尚处于规划阶段,没有开工建设。三条线路具体走向如下:

东线工程:利用江苏省已有的江水北调工程,逐步扩大调水规模并延长输水线路。东线工程从长江下游扬州抽引长江水,利用京杭大运河及与其平行的河道逐级提水北送,并连接起调蓄作用的洪泽湖、骆马湖、南四湖、东平湖。出东平湖后分两路输水:一路向北,在位山附近经隧洞穿过黄河;另一路向东,通过胶东地区输水干线经济南输水到烟台、威海。东线工程开工最早,并且有现成输水道。

中线工程:水源70%从陕西的汉中、安康、商洛地区,汇聚至汉江流向丹江口水库,从丹江口大坝加高后扩容的汉江丹江口水库调水,经陶岔渠首闸(河南淅川县),沿豫西南唐白河流域西侧过长江流域与淮河流域的分水岭方城垭口后,经黄淮海平原西部边缘,在郑州以西孤柏嘴处穿过黄河,继续沿京广铁路西侧北上,可基本自流到终点北京(图13.2)。

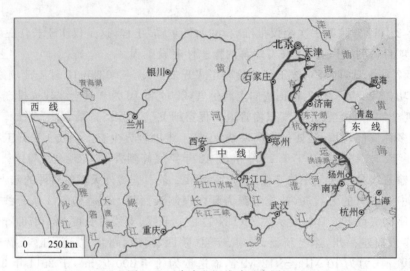

图13.2　南水北调线路示意图

中线工程主要向河南、河北、天津、北京4个省市沿线的20余座大中城市供水。中线工程于2003年12月30日开工,2013年年底已完成主体工程,2014年12月12日下午,长1 432 km、历时11年建设的南水北调中线正式通水,长江水正式进京。

西线工程:在长江上游通天河、支流雅砻江和大渡河上游筑坝建库,开凿穿过长江与黄河的分水岭巴颜喀拉山的输水隧洞,调长江水入黄河上游。西线工程的供水目标主要是解决涉及青、甘、宁、内蒙古、陕、晋等6省(自治区)黄河上中游地区和渭河关中平原的缺水问题。结合兴建黄河干流上的骨干水利枢纽工程,还可以向邻近黄河流域的甘肃河西走廊地区供水,必要时也可及时向黄河下游补水。截至目前,还没有开工建设。另有专家提议从西藏的雅鲁藏布江调水,顺着青藏铁路到青海省格尔木,再到河西走廊,最终到达新疆。同时实现引雅鲁藏布江水,穿怒江、澜沧江、金沙江、雅砻江、大渡河,过阿坝分水岭入黄河。计划年引水2 006亿 m³,相当于4条黄河的总流量。

南水北调中线工程、南水北调东线工程(一期)已经完工并向北方地区调水。整个工程将根据实际情况分期实施。通过三条调水线路与长江、黄河、淮河和海河四大江河的联系,构成以"四横三纵"为主体的总体布局,以利于实现中国水资源南北调配、东西互济的合理配置格局。

13.1.3　兰新二线

兰新二线包括既有兰新铁路双线和在建兰新铁路第二双线。兰新铁路1 903 km,1962年建成,2006 年 8 月 23 日实现全线复线运营,2012 年 12 月 31 日 11 时 26 分,兰新电气化铁路全线通车运营,新疆铁路由此跨入电气化时代。兰新铁路第二双线或称兰新客运专线(图 13.3)为国家《"十二五"综合交通体系规划》中的区际交通网络重点工程,全长 1 776 km,2009 年 8 月由国家发改委批复,并于 2009 年 11 月正式开工建设,设计时速 200 km 以上。

图 13.3 兰新客运专线

新建兰新铁路第二双线(客运专线)自兰州枢纽兰州西站引出,溯湟水河至西宁,穿越达坂山、祁连山后进入甘肃河西走廊,经过张掖、酒泉、嘉峪关后,进入新疆的哈密、吐鲁番市,引入乌鲁木齐站,如图 13.4 所示。线路正线全长 1 776 km,共设 22 个车站,是我国首条在高原高海拔地区修建的高速铁路,被誉为高铁"新丝路"。建设工期 5 年,于 2014 年 12 月 26 日实现全线运营,项目投资估算总额为 1 435 亿元。该工程是中国《中长期铁路网规划》的重点项目,为西部大开发计划新开工 18 项重点工程之一。

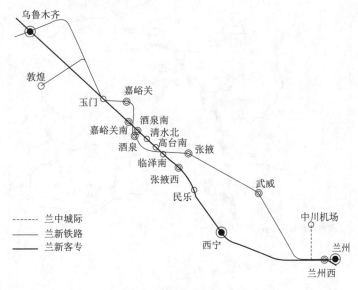

图 13.4 兰新客运线路示意图

该铁路建成后,将增加一条大运力出疆通道,运能大大提高,新疆和内陆省区联系的主构架完全形成,客运与货运能力都将大幅提升。高速铁路的客运运能与运行速度相对于当前的普速列车有明显提升。同时,兰新第二双线的建成以及既有兰新铁路的扩能改造,将使兰新铁路货运能力得到释放,新疆煤炭外运能力将从从近期的2亿t提升到远期3亿t。兰新高速铁路与既有兰新铁路及陇海、包兰等铁路紧密衔接,相辅相成,既能满足人们出行需要,又可拓宽沿线三省区及中亚等地煤炭、棉花、瓜果等优势资源的运输通道,使资源优势尽快转化为经济优势,形成辐射范围更广、服务人口更多的西部铁路运输网络。

兰新高速铁路的建成运营将会改善新疆和内地的人员交往、经济交流环境,大大提升中国与中亚、欧洲等地的铁路运输能力,有利于完善中国向西开放格局,为增进民族团结,构建丝绸之路经济带大通道奠定坚实基础。兰新高速铁路还将有助于人才、物流和资本的集聚,推动铁路沿线城市的发展;同时,兰新高速铁路也为新疆的旅游注入强劲动力。

13.1.4 青藏铁路

青藏铁路由青海省西宁市至西藏自治区拉萨市,全长1 956 km,其中,西宁至格尔木段814 km,1984年建成运营。新开工修建的格尔木至拉萨段,自青海省格尔木市起,沿青藏公路南行,经纳赤台、五道梁、沱沱河、雁石坪、翻越唐古拉山,再经西藏自治区安多、那曲、当雄、羊八井,进入拉萨市,全长1 142 km(新建1 110 km,格尔木至南山口既有线改造32 km)。建设工期为6年。设计年输送能力为客车8对,货流密度500万t。新线于2001年6月29日开工,2002年开始从南山口向南铺轨,2004年在安多同时向南北两个方向铺轨,2005年铺轨通过唐古拉山,并提前实现全线铺通。2006年7月1日正式通车。青藏铁路线路示意图如图13.5所示。

图13.5 青藏铁路线路示意图

青藏铁路是世界上海拔最高、线路最长的高原铁路。翻越唐古拉山的铁路最高点海拔5 072 m,经过海拔4 000 m以上地段960 km,连续多年冻土区550 km以上。沿线地质复杂、滑坡、泥石流、地震、雷击等灾害严重,多年冻土、高寒缺氧、生态脆弱是青藏铁路建设的"三大难题"。

青藏铁路被列为"十五"四大标志性工程之一,名列西部大开发12项重点工程之首。国外媒体评价青藏铁路"是有史以来最困难的铁路工程项目","它将成为世界上最壮观的铁路之一"。

随着这条1 142 km长的"天路"从格尔木成功铺轨至拉萨,世界铁路建设史、中国作为统一多民族国家的发展史以及青海西藏两省区人民的生活史都掀开了新的一页。

国际社会称青藏铁路是"可与长城媲美的伟大工程"。短短4年多时间,跨越世界屋脊的青藏铁路就宣告全线贯通,包括藏族同胞在内的全体中国人的百年梦想终于实现。这是经过近40多年改革开放,中国综合国力显著提升的表现;是人类千百年来对青藏高原不断认识、探索以及与之亲近、融合的一次升华;是中国人以"挑战极限、勇创一流"的新时期民族精神在"世界屋脊"创造的世界奇迹。

西藏人民是青藏铁路的最大受益者。青藏铁路带来的进出藏交通便利,物流、人流的增长以及运费的下降,不仅能拉动西藏三、二、一产业快速发展,为西藏增强"自我造血"功能以及老百姓迈向小康生活提供持续动力,而且必将进一步密切西藏与国内各省区市的血肉联系,增进藏族与各兄弟民族间的相互了解和团结,为高原自然风光和古老雪域文明在现代社会的展示、保护、弘扬和发展架起一座"金桥"。

青藏铁路是中国西部大开发的标志性工程,是结束西藏不通火车漫长历史的民心工程,建设伊始,中央领导高瞻远瞩,明确提出要在青藏高原开辟一条经济、快速、大能力、全天候的运输通道,而且要以人为本,建成世界一流的高原铁路。

青藏铁路是世界铁路建设史上的奇迹,是中国人引以为骄傲的伟大成就。面临着"多年冻土、高寒缺氧、生态脆弱"等世界性难题的挑战,广大铁路建设者不辱使命、顽强拼搏、求是创新,克服了一个个难以想象的艰难险阻,忍受着"生命禁区"一次次难以忍受的生命透支,不仅以奇迹般的高速度将铁路铺向拉萨,科学妥善地处理了重大工程与高原环境保护的关系难题,在冻土工程技术领域走在了世界前列,创造了数十万人次施工人员高原病"零死亡"的纪录,而且培育了以"挑战极限、勇创一流"为内涵的青藏铁路精神,为青藏两省区乃至整个中国在21世纪实现经济腾飞,为新时期中华民族精神的重塑与弘扬输送了新的动力。

13.1.5 三峡工程

长江从世界屋脊——青藏高原的沱沱河起步,至上海入东海,全长6 300余km,年入海水量近10 000亿m³,总落差5 800多m,水能资源蕴藏量达2.68亿kW。新中国成立以来,为全面地综合治理与开发长江,展开了大规模的勘测、规划、科研和论证工作。通过全面规划和反复论证认为:三峡水利枢纽是综合治理与开发长江的关键性工程。长江自奉节至宜昌近200 km的江段,穿越瞿塘峡、巫峡、西陵峡等三段大峡谷,长江三峡为该三段大峡谷的总

36. 三峡工程的
建设意义

称。位于西陵峡中段的湖北省宜昌市境内的三斗坪(距下游的葛洲坝水利枢纽38 km),江谷开阔,花岗岩岩基坚硬、完整,并可控制上游流域面积100万km²,多年平均径流量近5 000亿m³。经过数十年的艰辛勘测、规划、论证、审定后,举世瞩目的长江三峡工程特选址于该地—三斗坪。

长江三峡水利枢纽工程（三峡大坝坝址）——中堡岛。

三峡工程分三期，总工期 18 年。一期 5 年（1991—1997 年），除准备工程外，主要实现一期围堰填筑，导流明渠开挖。修筑混凝土纵向围堰，以及修建左岸临时船闸（120 m 高），并完成了左岸永久船闸、升爬机及左岸部分石坝段的施工。二期工程 6 年（1998—2003 年），工程主要实现修筑二期围堰，左岸大坝的电站设施建设及机组安装，同时完成永久特级船闸，升船机的施工。三期工程 6 年（2003—2009 年），本期实现右岸大坝和电站的施工，并完成全部机组安装。三峡水库将是一座长约 600 km，最宽处达 2 000 m，面积达 1 000 km²，水面平静的峡谷型水库。

三峡工程全称为长江三峡水利枢纽工程（图 13.6）。整个工程包括一座混凝土重力式大坝，泄水闸，一座堤后式水电站，一座永久性通航船闸和一架升船机。三峡工程建筑由大坝、水电站厂房和通航建筑物三大部分组成。大坝长 2 335 m，底部宽 115 m，顶部宽 40 m，高程 185 m，正常蓄水位 175 m。大坝坝体可抵御百年一遇的特大洪水，最大下泄流量可达每秒钟 10 万 m³。三峡水电站的机组布置在大坝的后侧，共安装 32 台 70 万千瓦水轮发电机组，其中，左岸设 14 台，右岸 12 台，共装机 26 台，前排容量为 70 万 kW 的小轮发电机组，总装机容量为 1 820 万 kW·s，年发电量 847 亿 kW·s。通航建筑物位于左岸，永久通航建筑物为双线五包连续级船闸及早线一级垂直升船机。

图 13.6 三峡工程效果图

举世瞩目的三峡工程，是迄今世界上最大的水利水电枢纽工程，具有防洪、发电、航运、供水等综合效益，2006 年已全面完成了大坝的施工建设。截至 2009 年 8 月底，三峡工程已累计完成投资约 1 514.68 亿元。自 2003 年实现 135 m 水位运行之后，三峡工程已累计发电 3 500 多亿 kW·s，三峡船闸累计通过货运量已突破 3 亿 t，超过三峡蓄水前葛洲坝船闸运行 22 年的总和。2010 年 10 月 26 日，三峡水库水位涨至 175 m，首次达到工程设计的最高蓄水位，标志着这一世界最大水利枢纽工程的各项功能都可达到设计要求。三峡工程于 2009 年基本完工，后续增加的地下电站和升船机两个项目也在"十二五"期间完成，举世瞩目的三峡工程将全面竣工。

13.1.6 白鹤滩水电站

白鹤滩水电站位于四川省凉山州宁南县和云南省昭通市巧家县境内，是金沙江下游干流河段梯级开发的第二个梯级电站，具有以发电为主，兼有防洪、拦沙、改善下游航运条件和发展库区通航等综合效益。水库正常蓄水位 825 m，相应库容 206 亿 m³，地下厂房装有 16 台机组，初拟装机容量 1 600 万 kW，多年平均发电量 602.4 亿 kW·h。电站计划 2013 年主体工程正式开工,2021 年 7 月前首批机组发电,2022 年工程完工。电站建成后,将仅次于三峡水电站成为中国第二大水电站(图 13.7)。

图 13.7 白鹤滩水电站

白鹤滩水电站为Ⅰ等大(1)型工程,枢纽工程由拦河坝、泄洪消能设施、引水发电系统等主要建筑物组成,拦河坝为混凝土双曲拱坝,坝顶高程 834 m,最大坝高 289 m,拱顶厚度14.0 m,最大拱端厚度 83.91 m,含扩大基础最大厚度 95 m,混凝土浇筑方量约 803 万 m³。大坝坝顶弧长约 209.0 m,分 30 条横缝,共 31 个坝段,高程 750.0 m 以上设混凝土垫座,4~25号坝段底部设扩大基础,大坝不设纵缝。坝下设水垫塘和二道坝,泄洪设施包括大坝的 6 个表孔、7 个深孔和左岸的 3 条泄洪隧洞。地下厂房对称布置在左、右两岸,尾水系统为 2 台机组共用一条尾水隧洞的方式,左、右岸各布置 4 条尾水隧洞,其中左岸有 3 条与导流洞相结合,右岸有 2 条与导流洞相结合。

2019 年 1 月 12 日,全球在建最大水电站白鹤滩电站使用的首个百万千瓦级水轮机组转轮,在东方电机白鹤滩转轮加工厂完工。这个高 3.92 m、直径 8.62 m、重达 350 t 的世界水电"巨无霸"的诞生,标志着我国发电设备企业率先掌握了百万千瓦等级巨型水轮机组的核心技术。白鹤滩水电站装机总容量 1 600 万 kW,年平均发电量 624.43 亿 kW·h,基本相当于2018 年成都全社会用电的总量(637.41 亿 kW·h)。按照设计,电站左右两岸分别装有 8 台100 万 kW 水电机组,首次全部采用我国国产的百万千瓦级水轮发电机组。

白鹤滩水电站的建设,开发将给库区社会经济发展带来良好的契机,库区交通、基础设施建设等都将得到极大的改善,带动相关产业的发展,对地区社会经济发展必将起到积极的带动作用,同时,工程的建设对促进西部开发,实现"西电东送",促进西部资源和东部、中部经济的优势互补和西部地区经济发展都具有深远的意义。

13.1.7 港珠澳大桥

港珠澳大桥是国家工程、国之重器,是"中国名片",是"世界桥梁建设史上的巅峰之作""中国实力的集中展示",更是贯通粤港澳大湾区的"脊梁",是中国打造超级湾区计划的战略一环。它拉近了港澳与内地的距离,让港澳"背靠祖国"的优势进一步凸显,可以更快更好地共享国家发展红利,搭上国家发展快车。

20 世纪 80 年代以来,香港、澳门与内地之间的运输通道,特别是香港与广东省珠江三角洲东岸地区的陆路运输通道建设取得了明显进展,有力地保障和推进了香港与珠江三角洲地区经济的互动发展,但是香港与珠江西岸的交通联系却一直比较薄弱。1997年亚洲金融危机后,香港特区政府为振兴香港经济,寻找新的经济增长点,认为有必要尽快建设连接香港、澳门和珠海的跨海陆路通道,以充分发挥香港、澳门的优势,并于2002年向中央政府提出了修建港珠澳大桥的建议。在"一国两制"框架下,粤港澳三地首次合作共建的超大型跨海通道,大桥于2003年8月启动前期工作,2009年12月开工建设,筹备和建设前后历时达十五年,于2018年10月开通营运。

港珠澳大桥分别由三座通航桥、一条海底隧道、四座人工岛及连接桥隧、深浅水区非通航孔连续梁式桥和港珠澳三地陆路联络线组成(图13.8)。其中,三座通航桥从东向西依次为寓意三地同心的"中国结"青州航道桥、寓意人与自然和谐相处的"海豚塔"江海直达船航道桥以及寓意扬帆起航的"风帆塔"九洲航道桥(图13.9)。海底隧道位于香港大屿山岛与青州航道桥之间,通过东西人工岛接其他桥段;深浅水区非通航孔连续梁式桥分别位于近香港水域与近珠海水域之中;三地口岸及其人工岛位于两端引桥附近,通过连接线接驳周边主要公路。

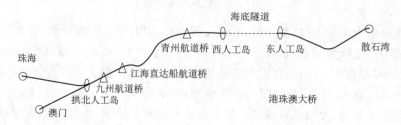

图 13.8 港珠澳大桥走向示意图

(a) 青州航道桥   (b) 江海直达船航道桥   (c) 九洲航道桥

图 13.9 港珠澳大桥三座主桥

港珠澳大桥全长55 km,其中包含22.9 km的桥梁工程和6.7 km的海底隧道,隧道由东、西两个人工岛连接;桥墩224座,桥塔7座;桥梁宽度33.1 m,沉管隧道长度5 664 m、宽度28.5 m,净高5.1 m;桥面最大纵坡3%,桥面横坡2.5%内、隧道路面横坡1.5%内;桥面按双向六车道高速公路标准建设,设计速度100 km/h,全线桥涵设计汽车荷载等级为公路Ⅰ级,桥面总铺装面积70万 m²;通航桥隧满足近期10万 t、远期30万 t油轮通行;大桥设计使用寿命120年,可抵御8级地震、16级台风、30万 t撞击以及珠江口300年一遇的洪潮;总投资约1 200亿元人民币,是我国建设史上里程最长、投资最多、施工难度最大的跨海桥梁。

粤港澳大湾区是国家重要发展战略,两个特区和九个城市要协同发展,需要配备完善的交通硬件设施。港珠澳大桥所跨越的珠江口水域是我国水上运输最繁忙、船舶密度最大的水域之一,桥区水域日均船舶流量达4 000艘次,每天穿梭于粤、港、澳及多个岛屿之间的高速客船达500航班,通航密度、港口密度、旅客总量、船舶种类、货物吞吐量冠绝全国。未来随着粤港澳大湾区的全面发展,港珠澳大桥的效益必将随之逐步显现。

13.1.8　上海中心大厦

　　上海中心大厦位于中国上海浦东陆家嘴金融贸易区核心区,是一幢集商务、办公、酒店、商业、娱乐、观光等功能的超高层建筑。上海中心大厦由上海城投(集团)有限公司、上海陆家嘴金融贸易区开发股份有限公司和上海建工集团股份有限公司共同投资开发,其建筑设计方案由美国 Gensler 建筑设计事务所完成,是目前已建成项目中中国第一、世界第二高楼,并与420.5 m 的金茂大厦、492 m 的环球金融中心共同构成浦东陆家嘴金融城的金三角,勾勒出上海的摩天大楼天际线,如图 13.10(a)所示。

　　上海中心大厦项目于 2008 年 11 月 29 日进行主楼桩基开工建设;2014 年底土建工程竣工;2016 年 3 月 12 日,上海中心大厦建筑总体正式全部完工;2017 年 1 月投入试运营。建筑总高度 632 m,主楼结构高度 580 m,由主楼(地上 127 层)、裙房(地上 5 层)及地下室(地下5 层)组成,总建筑面积 57.8 万 m^2,其中地上 41 万 m^2,地下 16.8 万 m^2,基地面积 30 368 m^2,绿化率达到 31.1%。竖向分为 9 个功能区,1 区为大堂、商业、会议、餐饮区,2～6 区为办公区,7～8 区为酒店和精品办公区,9 区为观光区,9 区以上为屋顶皇冠。其中 1～8 区顶部为设备避难层。

　　从顶部看,上海中心大厦的外形好似一个吉他拨片,随着高度的升高,每层扭曲近 1°[图 13.10(b)]。该造型不仅象征了中国全球性金融力量冉冉升起,也极大程度地满足了节能的需要。它摆脱了高层建筑传统的外部结构框架,以旋转、不对称的外部立面使风载降低24%,减少大楼结构的风力负荷,节省了工程造价。同时,与传统的直线型建筑相比,"上海中心"的内部圆形立面和外部三角立面幕墙结构使其眩光度降低了 14%,且双层幕墙之间的空腔成为一个温度缓冲区,就像热水瓶胆一样,避免室内直接和外界进行热交换,相比于单层幕墙减少了 50%左右的能源消耗。

（a）外立面图　　　　　　　　　　　　　　（b）鸟瞰图

图 13.10　上海中心大厦

　　上海中心依靠 3 个相互连接的系统保持直立。第一个系统是约 27 m×27 m 的钢筋混凝土芯柱,提供垂直支撑力。第二个是钢材料"超级柱"构成的环,围绕钢筋混凝土芯柱,通过钢承力支架与之相连,负责支撑大楼,抵御侧力。最后一个是每 14 层采用一个 2 层高的带状桁架,环抱整座大楼,每一个桁架带标志着一个新区域的开始。

上海中心大厦是一项国际级"超级工程",其基础大底板浇筑施工的难点在于,主楼深基坑是全球少见的超深、超大、无横梁支撑的单体建筑基坑,其大底板是一块直径 121 m、厚 6 m 的圆形钢筋混凝土平台,11 200 m² 的面积相当于 1.6 个标准足球场大小,厚度则达到两层楼高,是世界民用建筑底板体积之最。其施工难度之大,对混凝土的供应和浇筑工艺都是极大的挑战。作为 632 m 高的摩天大楼的底板,它将和其下方的 955 根主楼桩基一起承载上海中心 121 层主楼的负载,被施工人员形象地称为"定海神座"。

2020 年 1 月 6 日,上海中心大厦入选上海新十大地标建筑,成为国内首获双认证的绿色超高层建筑,谱写了中国"绿色节能建筑"的新篇章。

13.1.9 北京大兴国际机场

北京大兴国际机场位于中国北京市大兴区与河北省廊坊市广阳区交界处,距离北京天安门 46 km,距离廊坊市 26 km,距离雄安新区 55 km,距离首都机场 67 km,为 4F 级民用机场。北京大兴国际机场建成之后,开创了世界上多个之最,其中包含:总占地 4.1 万亩,是世界上最大的单体机场航站楼;全球最大的无结构缝一体化航站楼;首个高铁从地下穿行的机场;全球首座"双进双出"的航站楼;世界最大空港及亚洲最大机库,被英国《卫报》等媒体评为"新世界七大奇迹"榜首。

2014 年 7 月 24 日,国务院常务会议通过北京新机场可行性研究报告;9 月 4 日,习近平总书记主持中共中央政治局常委会议审议通过北京新机场可行性研究报告;12 月 15 日,中国国家发改委批复同意建设北京新机场项目,总投资 799.8 亿元,机场场址确定为北京市大兴区与河北省廊坊市广阳区交界处,涵盖大兴区榆垡镇和礼贤镇以及廊坊市广阳区团城村东;12 月 26 日,北京新机场正式开工建设。

2018 年 5 月 25 日,高架桥全线通车;9 月 12 日,北京新机场飞行区场道工程首条下穿通道通车;9 月 14 日,北京新机场名称确定为"北京大兴国际机场";9 月 19 日,北京大兴国际机场西一西二跑道成功贯通;9 月 29 日,北京大兴国际机场中国东方航空基地机库正式封顶;11 月 11 日,北京大兴国际机场东跑道顺利贯通;11 月 13 日,北京大兴国际机场轨道线路轨共构段主体结构完工;12 月 26 日,北京大兴国际机场跑道道面全面贯通。2019 年 9 月 25 日,北京大兴国际机场正式通航。

北京大兴国际机场工程建设难度世界少有,其航站楼是世界最大的减隔震建筑,建设了世界最大单块混凝土板。初步统计,大兴机场已经创造了 40 余项国际、国内第一,技术专利 103 项,新工法 65 项,国产化率达 98% 以上。上千家施工单位,施工高峰期间 5 万余人同时作业,全过程保持了"安全生产零事故",全面实现廉洁工程目标。

北京大兴国际机场航站楼形如展翅的凤凰,是五指廊的造型,分为东北、东南、中南、西南和西北五个方向,如图 13.11 所示,整个航站楼有 79 个登机口,旅客从航站楼中心步行到达任何一个登机口,所需的时间不超过 8 min。五指廊的端头分别建成五座"空中花园",主题包括丝园、茶园、田园、瓷园和中国园,它们以中国传统文化意象设计构造,可供旅客在候机或转机过程中休息放松。机场外部交通由新建机场高速路、机场北部横向联络线及由其引入的既有京台和京开等 4 条高速公路,与南北走向的新机场快线和京雄城际线、东西走向的廊涿城际线等 3 条轨道线共同组成"五纵两横"的交通网络,集中汇聚于航站楼前,具备了强大的民航运输能力和通达的外部交通条件。大兴机场已经成为新的大型国际航空枢纽和支撑雄安新区建设的京津冀区域综合交通枢纽,发挥服务北京、辐射周边、带动区域协同发展的综合功能,是国家发展一个新的动力源。

图 13.11　北京大兴国际机场鸟瞰图

13.2　土木工程将向地下、高空、海洋、荒漠地开拓

13.2.1　向地下发展

　　城市发展与土地资源紧张的矛盾,是持续城市化面临的最大挑战,出路在于集约城市土地资源,开发利用地下空间。1991 年在东京召开的城市地下空间国际学术会议通过了《东京宣言》,提出了"21 世纪是人类开发利用地下空间的世纪"。瑞典、挪威、加拿大、芬兰、日本、美国和苏联等过在城市地下空间利用领域已达到相当的水平和规模。发展中国家,如印度、埃及、墨西哥等国也于 20 世纪 80 年代先后开始了城市地下空间的开发利用。向地下要土地、要空间已成为城市历史发展的必然和世界性的发展趋势,并以此作为衡量城市现代化的重要标志。

　　建造地下建筑将有着改善城市拥挤、节能和减少噪声污染等优点。地下空间利用的功能类型有地下交通、综合管廊、地下停车场、地下商场、地下数据中心、地下储油库等。为缓解城市交通拥堵、环境污染、洪水期内涝、热岛效应等"城市病",我国很多城市大力发展地下空间,现已呈现出东中西、大中小城市全面开发的态势。截至 2018 年底,我国共有 35 个城市开通了轨道交通,运营线路总长度 5 766.6 km,城市地铁累计长度 4 544.3 km,占线路总长的 78.23%。根据住房城乡建设部公布数据,截至 2017 年底,中国综合管廊的在建里程达 6 575 km,城市地下空间与同期地面建筑竣工面积的比例从 10% 上升至 15%,成为全球地下空间开发面积最大的国家。可以预见,到 2035 年,我国城市人口总数将超过 10 亿,城镇化率将达到 70%,全国城市轨道交通运营里程有望达到或者超过 15 000 km。我国城市化建设进程的逐步推进和提高城市生活水平的诉求将进一步推动城市地下空间的开发利用。

　　日本于 1993 年 9 月在东京都江东区修建新丰洲地下变电所,是世界第一座地下式 550 kV 变电所,为圆形混凝土结构,其直径为 146.5 m,地下深达 70 m,上部(GL-44 m)壁厚 2.4 m,下部(GL-44～70 m)厚 1.2 m,于 2000 年 11 月正式开始运营。我国也建有水电站地下厂房,如龚咀水电站地下水电厂,长 106 m,宽 24.5 m。该水电站共 7 台机组,单机容量为 10 万 kW,总装机容量为 70 万 kW,地下 3 台,装机容量为 30 万 kW。广西龙滩水电站地下厂房长 388.5 m,高 76.4 m,宽 28.5 m,厂房内设计安装 7 台单机容量 70 万 kW 的水轮发电机组,电站于 2001 年 7 月 1 日开工建设,2007 年 5 月 21 日首台机组投产发电,2008 年 12 月 23 日 7 台机组全部投入发电运行。白鹤滩水电站是全球在建最大的水电工程,装机总容量 1 600 万 kW,左右岸地下厂房内分别布置 8 台具有完全自主知识产权的单机容量 100 万 kW 水轮发电机组,单机容量位居世界第一。

13.2.2 向高空延展

现在最高的人工建筑物为哈利法塔,原名迪拜塔,高度为 828 m,楼层总数 169 层,造价达 15 亿美元。于 2004 年 9 月 21 日开始动工,在 2007 年初开始安装玻璃帷幕,金属外墙于同年 6 月施装,最后于 2010 年 1 月 4 日正式完工启用,总共用了 5 年的时间建成。哈利法塔总共使用 33 万 m³ 混凝土、6.2 万 t 强化钢筋,14.2 万 m² 玻璃。为了修建哈利法塔,共调用了大约 4 000 名工人和 100 台起重机,把混凝土垂直泵上逾 606 m 的地方,打破上海环球金融中心大厦建造时的 492 m 纪录。大厦内设有 56 部升降机,速度最高达 17.4 m/s,另外还有双层的观光升降机,每次最多可载 42 人。

上海中心大厦建筑总高度 632 m,是一项国际级"超级工程",主楼深基坑是全球少见的超深、超大、无横梁支撑的单体建筑基坑,其大底板是一块直径 121 m,厚 6 m 的圆形钢筋混凝土平台,11 200 m² 的面积相当于 1.6 个标准足球场大小,厚度则达到两层楼高,是世界民用建筑底板体积之最。其施工难度之大,对混凝土的供应和浇筑工艺都是极大的挑战。作为 632 m 高的摩天大楼的底板,它将和其下方的 955 根主楼桩基一起承载上海中心 121 层主楼的负载,被施工人员形象地称为"定海神座"。2020 年 1 月 6 日,上海中心大厦入选上海新十大地标建筑,成为国内首获双认证的绿色超高层建筑,谱写了中国"绿色节能建筑"的新篇章。

迪拜云溪塔是迪拜一座正在兴建的高层建筑,目标是超过迪拜塔成为世界第一高楼。项目造价约 10 亿美金,预计 2022 年完工。在首次公布这座塔的平面图时,其高度定为 928 m,之后更估计高达 1 000~1 350 m,最终高度待塔楼落成后公布。云溪塔建成后将会成为全球最高建筑物与人工构造物(但由于设计上配备犹如纱裙的缆索,所以该塔是支撑建筑结构塔,并非独立式建筑结构)。

世界第一高楼并不是迪拜大楼创造的唯一世界纪录;其他新纪录还包括拥有最多楼层及世界最高居住楼层。如天气晴朗,远在 100 km 以外皆可看到这座超高摩天大楼的尖顶。这个直入云霄达半英里的摩天大楼的高度比伦敦的肯纳立码头大厦(Canary Wharf towers)的三倍还高。日本早些年还提出建造 X-SEED4000 超整体都市结构,高 4 000 m,它后面为在云海中的富士山,可见其高度超过富士山(海拔 3 776 m),实为"空中城市"(Sky City)。城市活动安排在 2 000 m 以下,其上部一半将为自然和空间观察中心、能源厂和空中全景眺望处等场所,有效面积(5 000~7 000)×10⁴ m²,可容 500 000~700 000 人次。它们称之为"一个工程师之梦"。美国"Arconic"设想,到 2062 年可利用 3D 打印造出能抗霾、净化空气的超级摩天大楼,如图 13.12 所示,材料全是正在开发或已经问世的,外面涂有特殊涂层,能够起到自我清洁和净化周围空气的作用。

图 13.12　美国"抗霾楼"设想

13.2.3　向海洋拓宽

　　地球上海洋的面积约 36 200 万 km²,约占地球表面积的 71%,是全球生命支持系统的一个重要组成部分,也是人类社会可持续发展的宝贵财富。随着陆地资源短缺、人口不断增长、环境持续恶化等问题的日益严峻,各沿海国家纷纷把目光投向海洋。随着人们对海洋资源的需求不断增加,围海造地、建造人工岛等成为目前的热点。

　　荷兰人民是以筑坎排水、围海造田和与海水搏斗闻名于世的。荷兰是一个地势低凹的国家,荷兰一词在荷兰语中就是"低地"的意思。这个国家有 27% 的土地在海平面以下,1/3 的国土海拔高度仅为 1 m 上下,其中首都阿姆斯特丹就建设在一个低于海平面 5 m 的大湖之上。地势低凹,使荷兰经常遭受海潮、风暴的袭击,使人民生命财产蒙受巨大损失,因此荷兰人民经常加固海堤,以防大海的侵袭。同时荷兰又是一个人多地少的国家,人均耕地仅 0.08 km²,因此荷兰人千方百计地向大海索要新的生存空间。从公元 13 世纪起,荷兰围海造田的总面积达 7 000 多 km²,大约相当于全部国土面积的 1/5。须得海围海造田工程始于 1927 年,这项工程气势磅礴,举世无双,所花费的人力、物力、财力都是巨大的。为了把须得海与北海水域割开,荷兰人首先在出海口筑起了一条长 30 km、高 7 m、底宽 90 m、顶宽 50 m 的拦海大堤,把须得海围成了一个内陆湖,改善了围海造田的恶劣环境。为了把沧海变桑田,勤劳、智慧的荷兰人集中力量,采用化整为零,分而治之的办法。他们把海水用堤坎围割成一片片,然后用大功率的抽水机把围起来的海水排出,同时不断地淡化湖内海水的盐分,尽量做到围一片、垦一片。经过 5 年的努力,须得海大约 2 600 km² 的海域变成了可耕田。同时在须得海还形成了一个 12 万 km² 的爱瑟湖,为须得海沿岸地区提供了可贵的淡水资源。

　　人工岛或是人造岛屿,是指人工建造而非自然形成的岛屿。人工岛被认为是围海造陆的一种方式,其主要功能包括:工业生产用地,如在海上建造能源基地、海洋油气田开采平台;交通运输场所,如建造海上机场、港口、桥梁、隧道等;仓储场地,如建造海上石油储备基地、危险品仓库等;娱乐场所,如建造临海公园、绿地、游艇基地、垂钓场、人工海滨等;废弃物处理场,工业垃圾料用来填海造地;农业用地;综合利用,如建造海上城市,为人们提供新的生活空间。人工岛的建造从靠近海岸向远离大陆发展,其功能也从单一的工业、交通、运输向多功能的城市发展。

　　人工岛的建设是中国港珠澳大桥项目中一大亮点,东、西人工岛作为港珠澳大桥项目海上桥隧的连接枢纽,不仅具有项目管理和养护救援功能,同时还具有旅游观光,如图 13.13 所示。环保安保和基础设施用房等其他功能。东人工岛岛面呈贝壳状,长度约 625 m,岛面最宽处尺寸约 230 m,岛面面积约为 10.2 万 m^2,其中建构筑物占地面积约为 1.8 万 m^2,道路广场面积约为 8.4 万 m^2。西人工岛岛面长度约 625 m,岛面最宽处尺寸约 190 m,岛面面积约为 9.8 万 m^2,其中建构筑物占地面积约为 1.6 万 m^2,道路广场面积约为 8.2 万 m^2。岛上建(构)筑物主要包含主体建筑、减光罩、4 个越浪泵房、消防水池、挡浪墙、排水明渠及污水处理池等,各建(构)筑物。东、西人工岛及岛上建筑的外观、造型以及材质,规划设计均十分慎重的考虑互相呼应、匹配,力求从远眺到近观都给人以气势磅礴感,宛如珠江口的两颗海上明珠。两岛接连蜿蜒的大桥,犹如一对盘踞于汪洋的麒麟,守望着伶仃洋的百年沧桑,展望三地辉煌的明天。因此安全,经济,美观,节能和环保的规划岛面布局成为港珠澳人工岛岛面设计研究的关键。

图 13.13　港珠澳大桥人工岛

上海是我国人口最密集的城市,根据 1992 年底的统计,在这块 6 340.5 km^2 的土地上,居住着 1 289.3 万人口,每 1 km^2 人口平均密度达 2 034 人,是全国人口平均密度的 20 倍,而市区则高达每 1 km^2 为 1.03 万人。在"上海海上人工岛的可行性研究"中表明上海应向海要地,建设人工岛。人工岛建于近海,建成后,即可得到深水泊位,且四周水域全可利用。至于建岛的建材问题,可利用经处理的城市民用垃圾、钢渣、煤灰等,而长江每年 4.72 亿 t 泥砂也有相当一部分可以利用。尽管建造这种人工岛费用很大,但从人工岛所能解决的问题来看,其投入产生的效益也是十分吸引人的,如海上机场、海上垃圾场、港口等都适合建在离城市不远的近海。从 20 世纪 60 年代至 2000 年,我国已经建成了鸡骨礁人工岛和张巨河人工岛。至于利用滩涂围垦,在我国也已取得可喜的成绩。例如上海南汇滩涂围垦和崇明东滩围垦成功的例子,后来又有黄浦江外滩的拓岸工程。围垦、拓岸工程和建造人工岛有异曲同工之处,因此认为上海建造人工岛方面已有了足够的科技力量。

向海洋进军,目前看来,除了向海洋要地,建设人工岛,另一方面是对海底的探查和开发。现在全世界大约有 25% 的石油来自海底,近 10~20 年中可望达到 50%。已探明海中有大量的多种金属矿产,如太平洋含锰 4 000 亿 t,镍 164 亿 t,钢 88 亿 t 等,它们相当于陆地相应矿产储量的几十倍至几千倍。人工岛同时也可用于近海油气及矿产开发。通过在海洋上建设人工岛的方式,人工岛与后面利用进海路的连接方式,在其上安装钻井平台、采油工艺设备及其所配套的一些设施,通过管道将处理后的原油输送到目的处理站处理,实现浅滩区的"海油陆采"。人工岛具有成本低廉、维护方便、可实现全天作业、生产效率高等优点,综合效益高,"海油陆采"平台在安全性、经济性方面实用性优良,并且可以建立在生产时管理便利开发的一种模式。这种模式给油田带来了很大的生机:井组平台沿道路两侧布置,电力线路和通信线路可以自然的形成、各种管线沿道路呈带状布局,大大方便了生产的运行和管理。我国的石油和锰、铜等金属资源长期供应不足,海洋开发将是我国 21 世纪中的新兴海洋产业,它的兴起必将推动我国深海勘探、海底采矿、海上运输和材料等高新土木工程技术的发展。

13.2.4　向荒漠进军

全世界约有 1/3 陆地为沙漠,而且以 600 万 hm^2 耕地/年被侵吞的速度增加。沙漠的自然特征是:①地表为沙丘覆盖,风沙频繁,②气候干燥、雨量稀少,蒸发旺盛,地表水十分缺乏;③气温变化剧烈,日较差可达 50 ℃以上,夏季白天最高温度 60～70 ℃,夜间骤降,有时尚有霜冻;④植被稀疏低矮。不但如此,由沙漠引起的沙尘易可从农田上带走肥沃的表层土,从而使农田失去使用价值,危及人类亿万人的生活。

全球荒漠化土地面积约 4 600 万 km^2,占土地总面积的 35%,我国 2015 年调查结果显示,荒漠化土地总面积共计 260 万 km^2,占全国土地总面积的 27.2%。沙漠地区具有广阔的空间,以及丰富的风和太阳能等清洁能源。如今丝绸之路经济带穿过我国西北沙漠地区,经济和能源的发展必然需要道路等基础设施建设的快速发展。

塔克拉玛干大沙漠是我国第一大沙漠,世界第二大流动沙漠,世界第十大沙漠,位于新疆南疆的塔里木盆地中心。整个沙漠东西长约 1 000 km,南北宽约 400 km,面积达 33 万 km^2。塔克拉玛干在维吾尔语意思为"走得进,出不来",同样也被世人称为"生命禁区"。然而我国已经在其表面上建成了多条沙漠公路。轮台—民丰沙漠公路是从轮台县到民丰县,和支线从塔中到且末县,其实这是一条线路,呈倒 Y 字形。1995 年 9 月,建成通车,它是世界上在流动沙漠中修建的最长等级公路,北起轮南,南到塔克拉玛干沙漠南缘的民丰县,公路全长 522 km。阿拉尔至和田沙漠公路是阿拉尔至和田,全长 424 km,公路等级为二级,估算总投资 7.9 亿元,于 2005 年 6 月开工建设,这条公路运用了我国沙漠筑路的许多技术研究成果,2007 年10 月建好,新疆第二条沙漠公路的建成,使从阿拉尔至和田所需时间比原有路途缩短一半,对于加快南北疆的沟通与交流,促进南疆地区资源优势向经济优势转换有重要意义。阿拉尔至塔中沙漠公路是第一师阿拉尔市十四团至且末县塔中沙漠公路。2015 年阿拉尔到塔中 45 号井的公路获批。2019 年由新疆生产建设兵团承建的首个沙漠公路——第一师阿拉尔市十四团至且末县塔中沙漠公路全线通车。第一师阿拉尔市十四团至且末县塔中沙漠公路项目投资5.85 亿元,全长 136 km。尉犁—且末沙漠公路全长 333 km,穿越塔克拉玛干沙漠腹地,是国家重点公路建设项目高速公路 G0711 乌尉段组成部分。公路建成后,将成为新疆第三条沙漠公路,且末到库尔勒的距离缩短 280 km。行车时间由原来的 12 h 缩短为 6 h。

沙漠需要治理,需要变沙漠为绿洲,我国在沙漠地区建设新绿洲的经验是"全面规划,兴修水利,平整土地,植树造林,防止风砂,改良土壤"。世界上最大的沙漠地区在非洲和西亚。世界未来学会对 21 世纪世界十大工程设想之一是将西亚和非洲的沙漠改造成绿洲。改造沙漠首先必须有水,然后才能绿化和改造砂土。在缺乏地下水的沙漠地区,国际上正在研究开发使用太阳能淡化海水的方案。一旦该方案付诸实施,将会导致毗邻海洋地区的沙漠进行大规模的改造工程。

塔克拉玛干沙漠年平均降雨量仅为 25 mm,年平均蒸发量却是其 150 倍。沙漠公路绿化工程于 2003 年开工建设,全长 436 km,宽 72～78 m。绿化带全线采用滴水灌溉技术,每约 2 km设立一个浇灌增压站,长年有护林员管理,年耗水总量不超过 600 万 m³,苗木栽植总量达到 1 800 余万株,它被誉为世界上第一条"沙漠绿色走廊"。

我国长达 436 km 的塔里木沙漠公路防护林生态工程目前已经完工并通过验收。这是世界上穿越流动沙漠最长的防护林工程。这一工程为纵穿世界第二大流动沙漠的塔里木沙漠公路提供了保护。同时,工程的完工标志着中国科研人员初步解决了沙漠公路保护的世界性难题,并为类似问题提供了成功范例。

目前,这一项目所揭示的沙漠公路风沙危害规律,形成的绿色走廊建设的植物选择技术、沙漠公路沿线取水技术、沙漠公路沿线高矿化度水灌溉和种植技术等研究成果,已经得到了广泛推广应用,并在塔克拉玛干沙漠腹地进行了实施。

我国沙漠输水工程试验成功。我国自行修建的第一条长途沙漠输水工程甘肃民勤调水工程已全线建成试水,顺利地将黄河水引入河西走廊的民勤县红崖山水库。民勤县地处河西走廊石羊河下游,三面被沙漠包围。近年来,由于石羊河上游用水量不断增加,民勤县来水量不断减少,地下水从过去的 3 m 左右下降到 100 多 m,全县许多地区水资源枯竭,土地沙化,生态环境急剧恶化,当地生活和经济发展受到严重影响。该工程从景泰县景电工程末端开始,到民勤县红崖山水库为止,全长 260 多 km,其中有 99.4 km 从腾格里沙漠穿过。民勤调水工程历时 5 年建成,工程设计流量为 6 m³/s,年可调水 6 100 万 m²。这一工程可使民勤县新增灌溉面积 13.2 万亩,现有的 66.77 万亩灌溉面积得以维持,并缓解民勤绿洲生态环境恶化趋势。

13.3　工程材料向轻质、高强、多功能发展

13.3.1　传统材料既要改善其性能,又要增加其品种

1. 墙体材料

传统的做法是用黏土砖墙,由于它与农业争地,所以要限制使用。于是,要大力发展多孔砖、空心砖、混凝土砌块、加气混凝土砌块和各类用地方材料做成的块材如石材、火山灰制品、工业废料(如烟灰)制品、沥青土坯以及木竹树加筋制品等。它们的发展方向是努力改善传统性能。力求因地制宜地合理使用,如增加强度、增加延性、改进形状和模数尺寸、改善孔型、增加孔洞串、减轻自重。此外,改进砂浆成分和性能也是发展趋势,如采用以矿渣作细骨料的轻质砂浆,以掺聚合物拌和水泥形成的高黏结砂浆等。

2. 混凝土材料

传统的做法是采用 C20～C40 的普通混凝土,由于它尚存在强度和耐久性不够高、工作性(也即流动性或和易性)与水灰比密切相关、抗裂性和脆性较大、抗掺和抗蚀能力较弱、水化热偏高易产生裂缝等弱点。几十年来经历了许多重大变革,如 20 世纪 30 年代末美国发明引气剂、减水剂等外加剂以提高混凝土的流动性;40 年代德国首创聚合物混凝土(将聚氯乙烯掺入混凝土)以改善其脆性、提高其抗渗抗蚀能力;60 年代美国发明浸渍混凝土(用甲基丙烯酸甲酯等浸渍)可提高混凝土的耐久性、抗蚀性,苏联开发了钢丝网水泥;我国用玻璃纤维增强水泥等。1980 年美国首先提出水泥基复合材料(Cement－based Composite Materials)的名词,突出了复合化的地位,现已成为以水泥为基材的各种材料的总称,如轻质混凝土、加气混凝土、聚合物混凝土、树脂混凝土、浸渍混凝土、纤维混凝土以及根据性能要求发展的高强度混凝土、高流动性混凝土、耐热混凝土、耐火混凝土、膨胀混凝土等。80 年代末 90 年代初出现了高性能

混凝土(High Performance Concrete,HPC),它是在大幅度提高普通混凝土性能的基础上采用现代混凝土技术制作的混凝土,它对混凝土的耐久性、工作性、强度、适用性、体积稳定性、经济性有重点地予以保证。未来发展的方向应是绿色高性能混凝土(Green HPC)和超高性能混凝土(Ultra HPC)。前者用工业废渣(如水泥矿渣、优质粉煤灰、复合细掺料)为主的细掺料代替大量水泥熟料,以至有效地减少环境污染;后者如活性细粒混凝土、注浆纤维混凝土、压密配筋混凝土,其特点是高强度、高密实性、以大量纤维增强来克服混凝土材料的脆性。现在,我国常用混凝土可达到C50~C60,特殊工程可用C80~C100;而美国常用混凝土则可达C80~C135、特殊工程可用C400。

3. 金属材料

钢材的发展也是采用低合金、热处理方法以提高其屈服点和综合(包括防锈和防火)性能。德国用于建筑结构的钢材的屈服强度可达 690 MPa。印度近年使用了一种肋形扭曲钢筋,它是由屈服强度为 240 MPa 的普通肋形钢筋扭曲后形成的,屈服强度可提高到 415 MPa,而且其塑性、冷弯性、粘结力、高温反应、可焊性、冲击和爆炸反应都有较大提高。将它用于高层框架混凝土结构,总用钢量可降低 40%。此外,在预应力混凝土构件中采用的高强钢筋也有较大发展。如16 mm 直径的调质钢筋强度可达 1 350/1 500~1 450/1 600 MPa(屈服强度/抗拉强度),用高频感应炉热处理生产的直径为 9~32 mm 的含碳量不很高的预应力钢筋强度可达 800/950~1 350/1 450 MPa(屈服强度/抗拉强度),并向更高强度、低松弛、耐腐蚀、具有较高延性的方向发展。有人预计,未来混凝土(Future Concrete)中特采用的钢筋强度可能会超过 13 500 MPa。

13.3.2 组合材料要大力加以开发

随着各种复杂的建筑被设计出来,对材料的要求也越来越高,用两种或两种以上材料组合,利用各自的优越性开发出高性能的便于使用的建筑制品应成为 21 世纪土木工程的一个重要特征。比如钢管混凝土、波形钢板混凝土等两组材料相组合在一起的材料。目前,用钢材和混凝土做成的压型钢板楼盖、组合梁、组合柱已在高层建筑和大跨桥梁中广泛应用。这些材料的各项性能,比如惯性矩、强屈比、承载力和抗震能力等性能,都有着大大的提高。这些材料为建筑结构的新颖性的提高、美观性的提高做出了重大的贡献,可以使建筑物体量钢架庞大,但是外观更加轻盈。并且组合材料的诞生,对施工的方法也有极大的改善,是施工进度更加的快速,也对环境的污染大大减少。今后,利用层压技术把传统材料组合起来形成各种具有建筑装饰、受力、热工、隔音、绝缘、防火等方面新性能的复合材料,用于屋面、墙体乃至结构构件,是建筑业发展的新天地。

13.3.3 化学合成材料用于抗力结构是材料发展的崭新领域

目前将化学合成材料用于管材、门窗、装饰配件、黏结剂、外加剂等已非常普通;今后的方向一是扩展用于建筑的外围部件,如用之代替钢、铜、木和陶瓷等传统材料;二是改善建筑制品的性能,包括保温、隔热、隔声、耐高温、耐高压、耐磨、耐火等新的需求;三是在深入研究,开发其受力和变形的性能后广泛用于抗力结构,国外已有经聚合物处理的碳纤维钢筋和碳纤维钢绞线,可用于混凝土结构。

纤维增强复合材料(Fiber Reinforced Polymer,FRP)是近 20 年来在土木工程中发展起来的一类新型结构材料,由碳纤维、玻璃纤维、芳纶、玄武岩纤维等高性能纤维与树脂基体混合,经过一定的加工工艺复合而成,并由此形成了一系列的新型结构技术。FRP 具有轻质、高强、施工成型方便、耐腐蚀等优点,使其逐渐在土木工程中成为混凝土、钢材等传统结构材料的重要补充,合理地将 FRP 应用于各类结构物中已经成为土木工程发展的一个重要方向。

13.4 智能化与计算机在土木工程中的应用

13.4.1 智能建筑物的发展

世界上第一座智能大厦在美国哈袍德市(city Flace),它是一座 38 层(地下 2 层)的建筑,1984 年完工。日本第一栋智能化大厦(H 本青山)是一座 17 层(地下 3 层)的建筑。日本于 1985 年设立智能建筑专业委员会。对智能建筑的概念、功能、规划、设计、施工、试验、检查、管理、使用、维护等进行研究。据预测,日本近年新建的高层楼宇中有 60% 将是智能型的,美国将有数以万计的智能型大楼建成。随着社会计算机技术和信息技术的发展,智能建筑物已成为现代化建筑的新趋势。

我国从 1980 年开始对建筑物智能化现代技术进行开发和应用,近几十年来,上海、北京、广州相继建成一些有相当水平的智能化建筑,如上海的上海商城、花园饭店;广州的国际大厦;北京的中国国际贸易中心等。

智能大厦内涵如何,具备什么条件才算是智能大厦,国内外的有关说法不下十种之多。美国智能型办公楼学会最近给出其定义为"将四个基本要素——结构、系统、服务、运营以及相互间的联系达成最佳组合,确保生产性、效率性及适应性的大楼。"日本智能型大楼专家黑沼清先生则定义为:"可自由高效地利用最新发展的各种信息通信设备,具备更自动化的高度综合性管理功能的大楼。"国内近年来也出现了所谓"3A 大厦""5A 大厦"的说法,所谓"3A 大厦"是指一座楼宇建筑具有楼宇自动化(BA)、通信自动化(CA)和办公自动化(OA)系统功能者。所谓"5A 大厦"则是除具有上述 3A 功能外,一些部门或地区出于对建筑管理的不同要求,而将火灾报警及自动灭火系统独立出来,形成消防自动化系统(FA),同时又将面向整个楼宇的管理自动化系统独立出来称之为信息管理自动化系统(MA),合称为"5A"。对于后加的两"A",又有人认为是指防火自动化(FA)和保安自动化(SA)。且不管这样那样的说法,综合观之,对智能大厦的一般概念通常为:"为提高楼宇的使用合理性与效率,配置有合适的建筑环境系统与楼宇自动化系统、办公自动化与管理信息系统以及先进的通信系统,并通过结构化综合布线系统集成为智能化系统的大楼"。

关于智能大厦,有一种通俗说法:即将大楼内各种各样的控制设备、通信设备、管理系统、消防系统、给排水系统等装置的信息,用同一种线缆接入中央控制室,大楼的住户可根据需要在所在办公地点添置各种各样的设备并连接于所在场所预先设置的接线装置,这些设备可随意摆放或变换位置,一旦位置确定后,大楼管理人员只需在中央控制室进行相应点及相应设备之间的简单跳线即可使这些设备进入大楼的布线系统,实施控制和管理功能,这就是所谓的智能大厦概念。实际上这种概念并不完全,只是形象地勾画出智能大厦结构化综合布线系统的概貌。一般讲智能大厦除具有传统大厦建筑功能外,通常要具备以下基本构成要素:

(1)舒适的工作环境;

(2)高效率的管理信息系统和办公自动化系统;

(3)先进的计算机网络和远距离通信网络;

(4)具有多种监控功能的楼宇自动化系统。

综上所述,可以把智能大厦的基本概念定义为:"在现代建筑物内综合利用目前国际上最先进的 4C 技术,建立一个由计算机系统管理的一元化集成系统,即智能建筑物管理系统"。

13.4.2 绿色建筑的发展

如果智能建筑后面是信息和科技的需求,那么推动智能建筑发展的应该是社会和道德动力。20 世纪 70 年代,随着人类行为对当地和全球生态系统的影响日益被关注,人们掀起了有组织的绿色建筑运动。绿色建筑的早期倡导者强烈地受到诸如 Schumacher 的思想家们的影响,这些思想家号召简单、低消费的生活方式。

这些关注正在日益全球化。1987 年世界环境与发展委员会发表了《我们共同的未来》,即 Brundtland 的报告;1992 年联合国可持续性发展大会通过了一项政治议程和行动框架,即里约会议。

它们强调的事实是为了保证人类和地球生态系统的可持续性未来,采取必要的行动解决诸如全球气候变暖和气候改变等问题是十分迫切的。建筑及建筑环境对环境具有十分巨大的影响,在大多数国家建筑物制造大约 50% 的 CO_2,以实际行动提高建筑物的设计和性能的需求是鉴定行为的重要因素之一。

在一个相对缓慢的开始之后,绿色建筑运动在世界许多地方有了一个较好的势头,出现了一系列衡量和比较绿色建筑性能的标准,包括 BRE 的 BREEAM 和 Eco-homes 标准,以及美国绿色建筑协会的 LEED 标准。重要的是,许多国家把这些标准并入建筑规范和设计标准,这是建筑设计和性能标准上的一次重大飞跃。

我国绿色建筑虽然起步晚,但发展迅速,已基本形成了目标清晰、政策配套、标准完善、管理到位的体系。截至 2020 年底,全国城镇建设绿色建筑面积累计超过 60 亿 m^2,绿色建筑占城镇新建民用建筑比例超过 40%,获得绿色建筑评价标识的项目达到 10 139 个。我国绿色建筑的发展情况见表 13.1。

表 13.1 绿色建筑在中国的发展情况

年份	2015	2016	2017	2018	2019	2020
新建绿色建筑面积(亿 m^2)	4.6	8	10	25	52	66.45

绿色建筑由于其强调建筑结构因素,并试图通过对这些因素的"积极智能性"的应用提高建筑性能,广泛受到建筑师和设计师的欢迎。这种方法使许多建筑设计师回避了靠"动态智能"的建筑设备增强建筑管理和控制的做法。

绿色建筑意在把绿色生命赋予建筑,以生态系统的良性循环为基本原则。下列几种建筑在不同方面体现了绿色思想:

(1)节能建筑。它的含义是有效地利用能源,并能用新型能源取代传统能源的建筑。如利用太阳能技术,提高围护结构的保温性能,使用双层、三层玻璃窗,采用有效的密封和通风技术,种植树木遮掩建筑物降低空调要求,自然光和自然通风的利用,取暖炉和高效照明灯具等节能设备的使用、地壳深处地热的利用等,就是节能建筑的重要措施。香港汇丰银行大楼就是利用风道狭窄出现的持续强风来发电的。瑞典、加拿大、美国已修建了近万幢超级绝热房,节能效率比传统建筑提高了 75%。

(2)生态建筑。它是同周围环境协同发展的,具有可持续性的,利用可再生资源的,减少不可再生资源消耗的建筑。通常将生态建筑分为两类:一类是利用高新技术精心设计以提高对能源和资源的利用效率,保持生态环境的建筑;另一类是利用较低技术含量的措施,侧重于传统地方技术的改进以达到保护原有生态环境的目标,我国的窑洞、夯土墙和土坯墙房屋就是低技术生态建筑的典型。这种以生土为原材料的生土建筑,可就地取材,造价低廉,易于制作,冬暖夏凉,是节能较理想的材料和维持生态平衡较好的建筑类型。

(3)节地建筑。指最大限度地少占地表面积,并使绿化面积少损失或不损失的建筑。适度地建造高层建筑是节地的一个途径,开发地下空洞建造地下建筑是节地的另一途径。

自 1992 年第一次比较明确地提出"绿色建筑"概念后经过 30 年的发展,建筑性能提高的焦点已经超越了其定义中的"绿色",绿色建筑充分吸纳了节能、生态、低碳、可持续发展、以人为本等理念,内涵日趋丰富成熟。目前普遍使用的可持续性包括"三个要点",即包含环境、经济和社会的可持续性。

因此,绿色建筑的目标包含以下表 13.2 列举的项目。

表 13.2　绿色建筑的各方面收益

环境收益	增强和保护生态系统和生物多样性	社会收益	提高员工劳动生产率和工作满意度
	提高空气和水质量		优化生命周期经济效益
	减少固体污染		提高空气、热环境和声音环境
	保护自然资源		增强居住者舒适度和健康水平
经济收益	降低运行成本		最大降低对当地基础设施的影响
	增加资产价值和收益		提高整体生活质量

由此,我们可以很清楚地看到,智能建筑的倡导者(最好地使用可用信息资源)与绿色建筑倡导者(最好地使用可用资源)之间不存在根本性矛盾。然而实际上,两者很难在世界上许多地方进行合作。由于他们在出发点、历史和需要上不同(信息与技术对社会与道德),他们表现出对彼此的不尊重和不信任,这两个阵营中的极端主义者的一个共同反响是——生态卫士和技术高手不能很好地融合。我们的目标是兼顾绿色与智能,弘扬绿色与智能的最大优点。

13.4.3　4C 技术

智能建筑是信息时代的必然产物,建筑物智能化程度随科学技术的发展而逐步提高。当今世界科学技术发展的主要标志是 4C 技术(即 Computer 计算机技术、Control 控制技术、Communication 通信技术、CRT 图形显示技术)。将 4C 技术综合应用于建筑物之中,在建筑物内建立一个计算机综合网络,使建筑物智能化。4C 技术仅仅是智能建筑的结构化和系统化。智能建筑应当是通过对建筑物的 4 个基本要素,即结构、系统、服务和管理,以及它们之间的内在联系,以最优化的设计,提供一个投资合理又拥有高效率的幽雅舒适、便利快捷、高度安全的环境空间。智能建筑物能够帮助大厦的主人、财产的管理者和拥有者等意识到,他们在诸如费用开支、生活舒适、商务活动和人身安全等方面得到最大利益的回报。建筑智能化的目的是:应用现代 4C 技术构成智能建筑结构与系统,结合现代化的服务与管理方式给人们提供一个安全、舒适的生活、学习与工作环境空间。

1. 现代计算机技术

当代最先进的计算机技术应该采用的是：并行处理、分布式计算机网络技术。该技术是计算机多机系统联网的一种形式，是计算机网络的高级发展阶段，在目前国际上计算机科学领域中备受青睐，是计算机迅速发展的一个方向。该技术的主要特点是，采用统一的分布式操作系统，把多个数据处理系统的通用部件合并为一个具有整体功能的系统，各软硬件资源管理没有明显的主从管理关系。分布计算机系统更强调分布式计算和并行处理，不但要做到整个网络系统硬件和软件资源的共享，同时也要做到任务和负载的共享。因此对于多机合作和系统重构、冗余性的容储能力都有很大的改善和提高。因而系统可以做到更快的响应，更高的输入与输出的能力和高可靠性，同时系统的造价也是最经济的。

2. 现代控制技术

目前国际上最先进的控制系统应为集散型监控系统（DLL），采用实时多任务多用户分布式的操作系统，其实时操作系统采用微内核技术，切实做到抢先任务调度算法的快速响应。组成集散型监控系统的硬件和软件采用标准化、模块化、系统化的设计。系统的配置应具有通用性强，系统组态灵活，控制功能完善，数据处理方便，显示操作集中，人机界面较好，系统安装、调试、维修简单化，系统运行互为热备份，容储可靠等性能。

3. 现代通信技术

现代通信技术主要体现在 IIDN（综合业务数字网）功能的通信网络，同时在一个通信网上实现语音、计算机数据及文本通信。在一个建筑物内采用语音、数据、图像一体化的结构化布线系统。

4. 现代图形显示技术

采用动态图形和图形符号来代替静态的文字显示，并采用多媒体技术，实现语音和影像一体化的操作和显示。

13.4.4　智能与绿色相结合

1996 年 5 月在伦敦举行了一次有关智能与绿色建筑的研讨会。研讨会的目的是调查是否有可能和值得把智能建筑和绿色建筑的倡导者结成工作联盟。

以全局的目光看待建筑的设计、建造和使用全过程，设法用广泛和有机的途径应用智能与绿色原则。然后他们把这些想法付诸实践，把工业和社区各方股东聚集在一起，从而能在各方面证明智能与绿色创新的广泛意义。图 13.14 有机模型显示了在过程（Process）、产品（Product）、性能（Performance）、收益（Profit）、人类（People）、地球（Planet）和伙伴关系（Partnership）水平的同时如何得到这种创新及其意义。

从 20 个世纪 50 年代开始，我国都以"实用、美观、经济"为建设目标，在将近 70 年里这一建设目标得以发展贯彻。2016

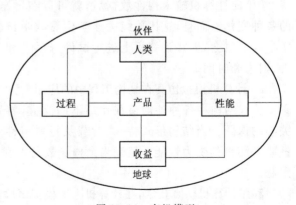

图 13.14　有机模型

年2月,中央国务院正式发布"进一步加强城市规划建设若干意见",提出了生态环保的建设态度。绿色生态建筑的根本思想是使建设与自然和谐相处。同时,绿色生态建筑也积极响应国家的"生态文明"号召,实现着人与自然与建设的永续发展。此外它注重环境保护,将生命周期的概念反映在资源节约最大化上,并且覆盖了整个生命周期相对宽阔的范围,对于建设环境影响产生着深远的影响。

绿色生态型建筑强调的是节能环保,反映出可持续发展的战略思维。在节省自然能源需求的前提下,绿色建筑的智能化不仅可以采用新型绿色建筑技术,还可以利用智能系统将建筑能耗降至最低的数值。建筑能耗通常是指建筑物使用过程中的能耗,包括电梯、烹饪、污水、供热、供暖、照明、制冷、清洁能源消耗等。绿色建筑的智能化是将绿色基本要素和不同功能的建筑智能化子系统,通过统一的平台形成集成化,使之形成具有能耗监控、信息聚集和资源优化管理等综合功能的系统。具体主要体现在建筑的照明、空调、通风、制冷控制系统和加热智能系统等。绿色建筑的智能化从楼宇控制系统着手,在相对减少能耗的生态建筑基础上加入智能自动化系统优势,轻松解决现代社会生态环境保护上的难题。生态环保绿色型建筑将是以后国家发展的重中之重。

13.4.5　计算机在土木工程中的应用

计算机模拟仿真技术是随着计算机硬件的发展而得到迅建发展的。计算机仿真足利用计算机对自然现象、系统功能、运动规律以及人脑思维等客观世界进行逼真的模拟。这种模拟仿真是数值模拟的进一步发展。真正的模拟仿真将涉及较多的计算机软件知识。在土木工程中已开始应用计算机仿真技术,解决了工程中的许多疑难问题。这里仅就土木工程专业教学中涉及的模拟仿真作一简单介绍使读者能有一些初步的了解。

37. BIM技术在土木工程中的应用

1. 计算机模拟仿真在土木工程教学中的应用

众所周知,结构试验是土建类专业学生的必修课程。但是利用计算机模拟仿真,同样可以获得试验的效果。在土木工程专业的"钢筋混凝土"课程的教学中,钢筋混凝土构件实验是一个很重要的环节。它帮助学生更好地理解钢筋混凝土构件的性能,增加感性认识。但是,真实的构件破坏试验不仅需要庞大的实验室,还要花费很大的人力、物力、财力和准备时间。如果能够采用计算机模拟的方法,利用计算机图形系统构成一个模拟的试验环境,学生向计算机输入构件数据后,就可以在屏幕上观察到构件破坏的全过程及其内外部的各种变化。而且,这比单纯去让学生看教学试验更能调动学生的积极性,使学生能有动手参与的机会,能在计算机上进行试件"破坏"和"修复"。这样做可以节省大量的人力、物力、财力和时间。

2. 计算机模拟仿真在结构工程中的应用

工程结构在各种外加荷载作用下的反应,特别是破坏过程和极限承载力,是工程师们关心的课题。当结构形式特殊、荷载及材料特性十分复杂时,人们常常借助于结构的模型试验来测得其受力性能。但是当结构参数发生变化时,这种试验有时就受到场地和设备的限制。

利用计算机仿真技术,在计算机上做模拟试验就方便多了。

结构工程计算机仿真分析的基本思路如图13.15所示。

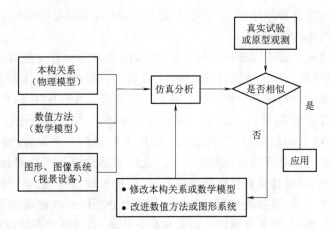

图 13.15 计算机仿真基本思路

由图 13.15 可知,结构仿真分析需有 3 个条件:

(1)有关材料的本构关系,或物理模型,此可由小尺寸试件的性能试验得到;

(2)有效的数值方法,如差分法、有限元法、直接积分法等;

(3)丰富的图形软件及各种视景系统。

按照上述基本思路,则可在计算机上做实验。如地震作用下构筑物的倒塌分析等。

结构工程的计算机还用于事故的反演(反分析),寻找事故的原因,如核电站、海洋平台、高坝等大型结构,一旦发生事故,损失巨大,又不可能做真实试验来重演事故。计算机仿真则可用于反演,从而确切地分析事故原因。

3. 计算机模拟仿真在防灾工程中的应用

人类与自然灾害或人为灾害作了长期的斗争,因而计算机仿真在这一领域的应用就更有意义了。目前,已有不少关于抗灾防灾的模拟仿真软件被研制成功。例如,洪水灾害方面,已有洪水泛滥淹没区发展过程的显示软件。该软件预先存储了洪水泛滥区域的地形、地貌和地物,并有高程数据,确定了等高线。这样只要输入洪水标准(如 50 年一遇还是 100 年一遇),计算机就可以根据水量、流速及区域面积和高程数据,计算出不同时刻淹没的区域及高程,并在图上显示出来。人们可以在计算机屏幕上看到洪水的涌入,并从地势低处向高处逐渐淹没的全过程,这样可为防灾措施提供生动而可靠的资料。

4. 在岩土工程中的应用

岩土工程处于地下,往往难以直接观察,而计算机仿真则可把内部过程展示出来,有很大的实用价值,例如,地下工程开挖常会遇到塌方冒顶,根据地质勘察,我们可以知道断层、裂隙和节理的走向与密度,通过小型试验,可以确定岩体本身的力学性能及岩体夹层和界面的力学特性、强度条件,并存入计算机中,在数值模型中,除了有限元方法外,还可采用分夹层单元,分离散单元在平衡状态下的性能与有限元相仿,而当它失去平衡时,则在外力和重力作用下产生运动直到获得新的平衡为止。分析地下空间的围岩结构、边坡稳定等问题时,可以沿节理、断层划分为许多离散单元,模拟洞室开挖过程时,洞顶及边部有些单元会失去平衡而破坏,这一过程将在屏幕上显示出来,最终可以看到塌方的区域及范围,这为支护设计提供了可靠依据!

地下水的渗流、河道泥沙的沉积、地基沉降也都开始应用计算机仿真技术,例如美国斯坦福大学研制了一个河口三角洲沙沉积的模拟软件,在给定河口地区条件后,可以显示不同粒径的泥沙颗粒的沉积速度及堆积厚度,这对港口设计和河道疏通均有指导作用。

5. 在建筑系统工程中的应用

系统仿真在计算机仿真中发展最早也最成熟,目前已有不少直接面向系统仿真的计算机高级语言,如 ANSYS 软件是融结构、流体、电场、磁场、声场分析于一体的大型通用有限元分析软件。由世界上最大的有限元分析软件公司之一的美国 ANSYS 开发,它能与多数 CAD 软件接口,实现数据的共享和交换,如 Pro/Engineer、NASTRAN、Alogor、I-DEAS、AutoCAD 等,是现代产品设计中的高级 CAD 工具之一。软件主要包括三个部分:前处理模块、分析计算模块和后处理模块。前处理模块提供了一个强大的实体建模及网格划分工具,用户可以方便地构造有限元模型;分析计算模块包括结构分析(可进行线性分析、非线性分析和高度非线性分析)、流体动力学分析、电磁场分析、声场分析、压电分析以及多物理场的耦合分析,可模拟多种物理介质的相互作用,具有灵敏度分析及优化分析能力;后处理模块可将计算结果以彩色的等值线显示、梯度显示、矢量显示、粒子流迹显示、立体切片显示、透明及半透明显示(可看到结构内部)等图形方式显示出来,也可将计算结果以图表、曲线形式显示或输出。软件提供了100 种以上的单元类型,用来模拟工程中的各种结构和材料。该软件有多种不同版本,可以运行在从个人机到大型机的多种计算机设备上,如 PC、SGI、HP、SUN、DEC、IBM、CRAY 等。系统仿真已广泛应用于企业管理系统、交通运输系统、经济计划系统、工程施工系统、投资决策系统、指挥调度系统等方面。

系统仿真首先要建立系统的数学模型,然后将数学模型放到计算机上进行"实验"。因此,系统仿真一般要经过建模阶段、模型变换阶段和模型试验阶段。建模阶段主要任务是依据研究目的、系统特点和已有的实验数据建立数学模型。常用的数学模型有微分方程、优化模型和网络模型等。模型变换阶段的主要任务是把所建立的数学模型变换为适用于计算机处理的形式,这常称为仿真算法。目前,对连接变量及离散变量的模型已有了多种仿真算法可供选用。最后为模型试验阶段,可输入各种必要的原始数据,根据计算机运算结果输出仿真试验报告。在土建系统工程中,如项目管理系统,可输入各种必要的原始数据,根据计算机运算结果输出仿真试验报告。在土建系统工程中,如项目管理系统、投标决策系统等,在数学上常可归纳为在一定约束条件下的优化模型、优化的目标函数是多种多样的,常用的有:最高的利润、最短的工期、最低的成本、最少占用流动资金、最大的投资效益等。

约束条件则有资金、物资供应条件、劳动力素质,甚至竞争对于可能采用的决策干扰等。这种系统往往十分巨大,以至于靠人工难以求解,运用高速计算机则可快速给出各种可行方案,在复杂的系统中,有许多环节是有随机性的,我们可以在统计的基础上将随机事件概率引入仿真系统中,这样可以从仿真结果中得出相应的风险评价。

计算机仿真技术在土建工程中应用成功的例子越来越多,甚至出现了许多专门的名词术语,如数值风洞、数值波浪、数值混凝土等,在此不再一一列举,但从以上列举的几个方面即可看出,计算机仿真在很广阔的范围中得到越来越广泛的应用。

13.4.6　低碳建筑

低碳建筑是指在建筑材料与设备制造、施工建造和建筑物使用的整个生命周期内,减少化石能源的使用,提高能效,降低二氧化碳排放量。低碳建筑已逐渐成为国际建筑界的主流趋势。低碳建筑主要分为两方面:一方面是低碳材料,另一方面是低碳建筑技术。

碳达峰、碳中和，是当今国际社会普遍关注的问题之一。联合国气候变化政府间专门委员会(IPCC)将碳达峰定义为："某个国家(地区)或行业的年度CO_2排放量达到了历史最高值,然后由这个历史最高值开始持续下降,也即CO_2排放量由增转降的历史拐点。"随着世界气候大会、《联合国气候变化框架公约》、《京都议定书》、《巴黎协定》等一系列国际气候公约的诞生,2020年第七十五届联合国大会上,中国向世界郑重承诺,力争在2030年前实现碳达峰,努力争取在2060年前实现碳中和。

建筑业,是碳排放的主要领域之一。从全球来看,根据《2020全球建筑现状报告》,2019年源自建筑运营的二氧化碳排放约达100亿t,占全球与能源相关的二氧化碳排放总量的28%。加上建筑建造行业的排放,这一比例占到全球与能源相关的二氧化碳排放总量的38%。从国内来看,我国正处于快速城镇化建设过程中,也推高了建筑业的碳排放比例。据《中国建筑能耗研究报告(2020)》统计,以建筑的全过程来看,2018年中国建筑全过程的碳排放总量为49.3亿t标准煤,占全国碳排放量的51.3%。根据《中国建筑能耗与碳排放研究报告(2021)》,2019年全国建筑全过程碳排放总量为49.97亿t二氧化碳,占全国碳排放的比重为49.97%。

"十四五"以来,为推动建筑领域做好碳达峰、碳中和工作,结合3060、"十四五"规划目标,推出一系列相关政策。住房和城乡建设部在2020年7月25日会同国家发改委等多部门共同印发了《绿色建筑创建行动方案》,以推动新建建筑全面实施绿色设计,提升建筑能效水平,提高住宅的健康性能,推广装配化的建造方式,推动绿色建材的应用,加强技术研发的推广。2021年3月16日,住建部发布了《绿色建造技术导则(试行)》,10月13日,住建部发布国家标准《建筑节能与可再生能源利用通用规范》的公告。10月21日,国务院办公厅印发《关于推动城乡建设绿色发展的意见》,推动城乡建设绿色发展、大力发展节能低碳建筑、加快优化建筑用能结构成为实现绿色低碳发展与双碳目标的重要一环。

13.5　土木工程的可持续发展

人口、资源与环境是21世纪中国面临的主要问题。自从1987年世界环境与发展委员会提交的《我们共同未来》的报告中明确提出"可持续发展"的概念后,业已得到世界各个国家的积极响应。"可持续发展"已经成为中国的重要发展战略之一。1992年6月,在巴西里约热内卢联合国召开了举世瞩目的"世界环境与发展大会",通过了《21世纪议程》文件。可持续发展被提到十分重要的地位和高度。我国政府积极响应国际这一重大举措,制定了中国的21世纪议程。目前,可持续发展已经从理念上升到如何指导地方、区域乃至国家尺度的长期社会经济发展规划和环境保护决策的层次,同时面临许多需要研究的基本科学问题。

从广义上讲,可持续发展是指人类在社会经济发展和资源开发中,以确保它满足目前的需要并不破坏未来需求的能力的发展。它要求发展与环境保护协调。在发展中国家,发展是主,但是它有要求与限制。例如,开发过程中不允许破坏地球上基本的生命支撑系统,即空气、水、土资源和生态系统;发展要求经济上是可持续的,以期从地球自然资源中不断地获得食物和生态安全必要的条件保障;此外,可持续发展的社会系统需要有可持续生命支持系统的合理配置机制,共同享受人类发展与文明,减少贫富差别。

土木工程的可持续性(Sustainability)有以下几个概念:

(1)它是一种在环境和生态上自觉的绿色建筑(Green Architecture)——具有能源意识,

能促进自然资源保护的建筑。

(2)它是一种具有自然环境、人工环境和社会环境整体概念的城市和社区设计——指在综合考虑资源和能源效率,能在建筑使用、材料选择、生态平衡、自然景色、社会发展问题上整体考虑,并能在改善生活质量、谋取经济福利同时大大减少对自然环境有害冲击的规划。

(3)应用高科技手段解决能源保护与环境问题——指适应高科技的发展从可再生的能源中获益,如利用风力水力(潮汐)发电,贮存太阳能、地热能供热等。

(4)使土木工程设计中尽量少地使用可耗尽资源,尽量多地采用可更新资源,更有效地利用能源,更大循环地启用合成材料的工程——这是可持续发展的主要方向。

(5)另外,使现存的土木工程得到新生,如为新功能而改建,使老建筑物现代化,也是创造可持续性的另一类做法。

发展可持续的土木工程要做到建筑师、工程师、规划师、开发商、环境工作者、社会工作者、社区集体和市政机构的管理人员共同致力于建设可持续的建筑和其他土木工程项目,发展可持续的社区。同时还要大力纠正无节制的技术激增对环境和生态的负面后果。

绿色建筑意在把绿色生命赋予建筑。以生态系统的良性循环为基本原则。下列几种建筑在不同方面体现了绿色思想:

(1)节能建筑。它的含义是有效地利用能源,并能用新型能源取代传统能源的建筑。如利用太阳能技术,提高围护结构的保温性能,使用双层、三层玻璃窗,采用有效的密封和通风技术,种植树木遮掩建筑物降低空调要求,自然光和自然通风的利用,取暖炉和高效照明灯具等节能设备的使用、地壳深处地热的利用等。就是节能建筑的重要措施。香港汇丰银行大楼就是利用风道狭窄出现的持续强风来发电的。瑞典、加拿大、美国已修建了近万幢超级绝热房,节能效率比传统建筑提高了75%。

(2)生态建筑。它是同周围环境协同发展的,具有可持续性的,利用可再生资源的,减少不可再生资源消耗的建筑。通常将生态建筑分为两类:一类是利用高新技术精心设计以提高对能源和资源的利用效率,保持生态环境的建筑;另一类是利用较低技术含量的措施,侧重于传统地方技术的改进以达到保护原有生态环境的目标,我国的窑洞、夯土墙和土坯墙房屋就是低技术生态建筑的典型。这种以生土为原材料的生土建筑,可就地取材,造价低廉,易于制作,冬暖夏凉,是节能较理想的材料和维持生态平衡较好的建筑类型。

(3)节地建筑。指最大限度地少占地表面积,并使绿化面积少损失或不损失的建筑。适度地建造高层建筑是节地的一个途径,开发地下空洞建造地下建筑是节地的另一途径。

土木工程行业在推进可持续发展进程中承担的责任是在改善和提高人居环境的功能质量的同时,在建筑规划设计、施工、建成后的运行与维护以及拆除与循环利用的全寿命过程中考虑外部因素和环境影响,促进资源和材料的有效利用,减少污染,保护资源和生态环境。以下分别从5个方面阐述实现可持续发展的对策和发展方向。

(1)土木工程设计设计在技术上是否可行、工艺是否先进、经济是否合理、设备是否配套、结构是否安全可靠等,都将决定工程项目建成后的功能和使用价值,同时,其设计方案对环境的关注程度直接影响到工程实体在施工、运行与最终拆除和循环利用的各阶段对环境的影响。因此,研究土木工程设计阶段的可持续发展,对今后的设计工作具有极大的指导作用。以建筑工程为例,可持续发展的绿色建筑在设计上更加追求与自然和谐,提倡使用可促进生态系统良性循环,不污染环境,高效、节能、节水的建筑技术和建筑材料。可持续发展的绿色建筑是节能环保型的,注意对垃圾、污水和油烟的无害化处理或再回收,充分考虑对周边环境的保护。

（2）施工阶段同样是我们可持续发展应重视的一个环节。在施工过程中，不可避免地会给生态系统带来破坏，对人居环境带来污染和不利影响。例如，施工中挖掘地面土壤，转运砂、石、水泥等建造材料时产生的扬灰和粉尘，造成大气粉尘污染；设备的安装、运行及转运造成的噪声污染；施工过程中的建造和拆除所产生的废弃物占填埋废弃物总量的较大比重；施工运输会与工地附近或经过工地的交通发生冲突等。而具有可持续发展思想的施工过程，将采取积极有效的措施，避免、缓解或减小施工过程中对生态环境的各种影响。在土木工程施工中落实可持续发展思想是可持续的土木工程业的重要体现，对可持续发展的实现具有重要意义。

（3）材料是土木工程建造施工的物质基础，在土木工程技术的快速发展中具有极其重要的作用，对可持续利用具有重大的意义。传统的土木材料有木材、钢材、砌体材料、气硬性无机胶凝材料、水泥、砂浆、混凝土、高分子材料、沥青与沥青混合料等，给人类带来了物质文明并推动了人类文明的进步，但其生产、使用和回收过程，不仅消耗了大量的资源和能源，并且带来环境污染等负面影响。时代的发展对建筑材料提出了更高要求。高性能混凝土、绿色高性能混凝土和智能型混凝土的出现，为创造新的结构和构件开辟了新的途径。

（4）运行和维护环节，可以积极地采取对土木工程建筑物的监测、保养与维护，在经费允许的情况下可对建筑进行长期的结构监测，定期（如 5～10 年）对外界人为损坏、地震、火灾等各种因素造成的建筑和结构的破坏进行修缮和维护。同时，提高能源利用效率，积极开发和利用可再生能源，尽量采用自然通风和天然采光，节约和循环用水，利用风能发电等。以上两种措施，在提升建筑使用寿命的同时，达到改善生态和人居环境的目的，实现此环节的可持续发展。

（5）建筑物寿命终结时，将会变成废弃物。这些建筑垃圾和废弃物完全可转化为再生资源和再生产品。以"5·12汶川地震"的重建为例，重建过程中混凝土的建筑用量是最大的，混凝土的几种原材料中骨料用量居首位。因此，将废弃混凝土作为再生骨料生产再生骨料混凝土是处理建筑废弃物过程中一个十分重要的环节。利用废弃建筑混凝土和废弃砖块生产粗细骨料，可用于生产相应强度等级的混凝土、砂浆或制备诸如砌块、墙板、地砖等建材制品。粗细骨料添加固化类材料后，也可用于公路路面基层。废旧的砖瓦可制成免烧砌筑水泥、再生免烧砖瓦等。

思考题 ▮▮▮

13.1 南水北调解决了什么问题？请阐述南水北调三条线路的概况。

13.2 请阐述港珠澳大桥对中国的战略意义。

13.3 列举你最感兴趣的在建土木工程项目。

13.4 建筑材料的改变对土木工程领域的影响有哪些？

13.5 计算机仿真技术在土木工程中可以应用到哪些方面？常用的软件有哪些？

13.6 什么是 BIM 技术？BIM 如何具体应用于工程？

13.7 列举计算机技术对土木工程的影响。

13.8 查阅资料，论述节能技术的发展。

13.9 何为土木工程的可持续性？

38. 思考题答案（13）

14 土木工程科技论文的写作

土木工程是一个古老的科学,在漫长的演变和发展过程中,不断注入了新的内涵。它与社会、经济、科学技术的发展密切相关,因此,对土木工程学科理论不断地开展学术讨论和研究有着十分重要的现实意义。科技论文是科技经济发展和社会进步的重要信息源,是记录人类发展的历史性文件。土木工程科技论文是科技工作者的脑力劳动成果,是以文字材料为表现形式的科研产品,也是推动科学发展、社会进步和经济繁荣的信息源。为使科技信息迅速、有效地交流和传播,必须规范科技论文的写作和编排格式。本章主要根据国家有关标准规范,讲述适于刊登在各类科技期刊上的科技论文的书写和编排格式。

14.1 科技论文的基本特征

科学技术论文简称科技论文。它一般包括:报刊科技论文、学年论文、毕业论文、学位论文(又分学士、硕士、博士论文)。科技论文是在科学研究、科学实验的基础上,对自然科学和专业技术领域里的某些现象或问题进行专题研究、分析和阐述,揭示出这些现象和问题的本质及其规律性而撰写成的文章。也就是说,凡是运用概念、判断、推理、论证和反驳等逻辑思维手段,来分析和阐明自然科学原理、定律和各种问题的文章,均属科技论文的范畴。科技论文主要用于科学技术研究及其成果的描述,是研究成果的体现。运用它们进行成果推广、信息交流、促进科学技术的发展。它们的发表标志着研究工作的水平为社会所公认,载入人类知识宝库,成为人们共享的精神财富。科技论文还是考核科技人员业绩的重要标准。

因此,完备的科技论文应该具有科学性、首创性、逻辑性和有效性。

14.1.1 科 学 性

科学性是科技论文在方法论上的特征,使它与一切文学的、美学的、神学的文章区别开来,它不仅仅描述的是涉及科学和技术领域的命题,而且更重要的是论述的内容具有科学性,论文形式具有科学性,作者在研究过程中也要树立正确的科学态度和科学精神。它不能凭主观臆断或个人好恶随意地取舍足够的和可靠的实验数据或观察结果作为立论基础。所谓"可靠的"是指整个实验过程是可以复核验证的。

14.1.2 首 创 性

创新性是科技论文灵魂和价值的根本所在,是衡量论文学术水平的重要标志,是有别于其他文献的特征所在。首创性是创新性的一种特殊形态,它要求文章所提示事物的现象、性质、特点及事物运动时所遵循的规律,或者这些规律的运用必须是前所未见的、首创的或部分首创的,必须有所发现、有所发明、有所创造而不是对前人工作的复述、模仿或解释。

14.1.3 逻 辑 性

逻辑性是科技论文的结构特点。它要求论文脉络清晰、结构严谨、前提完备、演算正确、符号规范、文字通顺、图表精制、推断合理、前呼后应、自成系统。不论文章所涉及的专题大小如何,都应有自己的前提或假设、论证素材和推断结论。通过推理、分析、论证素材和推断结论。通过推理、分析、提高到学术理论的高度,不应该出现的结论或一堆堆无序数据、一串串原始材料的堆砌,而要巧妙、科学地揭示论点和论据间的内在逻辑关系,达到论据充分、论据有力。

14.1.4 有 效 性

有效性是指科技论文的发表方式。当今,只有经过相关专家的审阅,并在一定规格的学术评议会上,答辩通过、存档归案;或在正式的科技刊物上发表的科技论文才被承认是完备的和有效的。这时,不管论文采用何种文字发表,它发表论文所提示的事实及其文字已能方便地为他人所应用,成为人类知识宝库中的一个组成部分。

14.2 科技论文的分类

严格且科学地对科技论文进行分类,也并不容易。因为从不同角度去分析,就会有不同的分类结果。例如可以从文章的科学内容分,从文章的发表形式分,从文章的叙述目的分……对于科技出版物的撰稿者和编者来说,更为重要的是在论文撰写、修改和编辑加工时,如何抓住文章的要害和不同类型文章的特点。为此,暂可将科技论文做如下分类。

14.2.1 论 证 型

这类科技论文是对基础性科学命题的论述与证明的文件。如对数学、物理、化学、天文、地理、生物等基础学科及其他众多的应用型学科的公理、定理、原理、原则或假设的建立、论证及其适用范围,使用条件的讨论。

14.2.2 科技报告型

《科技报告编写规则》(GB/T 77133—2014)中所解释的科技报告,是指进行科研活动的组织或个人描述其从事的研究、设计、工程、试验和鉴定等活动的进展或结果,或描述一个科学或技术问题的现状和发展的文献。

论述型文章是它的一种特例(如医学领域的许多临床报告即属于此)。

许多专业技术、工程方案和研究计划的可行性论证文章,亦可列入该类。

此类文章一般应提供所研究项目的充分信息。原始资料的准确与齐备,包括正反两方面的结果和经验,往往使它成为进一步研究的依据与基础。科技报告型论文占现代科技文献的多数。

14.2.3 发现、发明型

前者是记述被发现事物或事件的背景、现象、本质及其运动变化规律和人类使用这种发现前景的文件。

后者是阐述被发明的装备、系统、工具、材料、工艺、配方形式或方法的功效、性能、特点、原理及使用条件等的文件。

14.2.4 计 算 型

此类科技论文是提出或讨论不同类型(包括不同的边界和初始条件)数学物理方程的数值计算方法,其他数列或数字运算,计算机辅助设计及计算机在不同领域的应用原理、数字结构、操作方法和收敛性、稳定性、精确性的分析等。

14.2.5 综 述 型

这是一种比较特殊的科技论文,与一般科技论文的主要区别在于它不要求在研究内容上具有首创性,尽管一篇好的综述文章也常常包括有某些先前未曾发表过的新资料和新思想,但是它是要求撰稿人在综合分析和评价已有资料的基础上,提出在特定时期有关专业课题的发展演变规律和趋势。

综述文章的题目一般较笼统,篇幅允许稍长。它的写法通常有两类:一类以汇集文献资料为主,辅以注释,客观而少评述。某些发展较活跃的年度综述即属此类;另一类则着重评述,通过回顾、观察和展望,提出合乎逻辑的、具有启迪性的看法和建设。这类文章的撰写要求较高,具有权威性,往往能对所讨论学科的进一步发展起到引导作用。

14.2.6 其 他 型

科技论文的类型较多,为节约篇幅,这里不再赘述。

14.3 题 名

14.3.1 题名的意义

题名是一篇论文的总标题,也称篇名或文题。题名相当于论文的"标签",是简明、确切地反映论文最重要特定内容、研究范围和深度的最恰当的多个词语的逻辑组合,通常是读者最先浏览的内容,也是检索系统首先收录的部分,是体现论文水平与范围的第一重要信息。科技论文题名的选定是作者对研究成果的命题,科研成果是产生科技论文的基本条件、即有了研究成果,才能写出论文。论文题名的作用:(1)作为一篇论文的总名称,应能展现论文的中心内容和重要论点,使读者能从题名中了解到该文所要研究的核心内容和主要观点,读者看了题名,才能决定是否需要阅读摘要或全文;(2)现在科技期刊中大部论文都提供给二次文献检索机构和数据库检索系统,而检索系统多以选取题名中的主题词作检索词。因此可以说,命题的优劣在很大程度上体现了作者和编辑的"功力",决定论文价值的发挥,科技期刊的编撰双方都应给予高度的重视。

14.3.2 题名的要求

对题名的基本要求有内容和文字两个方面。题名的基本内容应包括论文的主题:方法、试验和结论,并应准确得体,简短精练,便于检索等。

1. 准确性

准确性是指题名要恰如其分地反映研究项目的范围和深度,用词要反映实质,不能用笼统的、泛指性很强的题名或词语,如:"一个值得研究的问题""关于×××的若干问题""控制系统的研究"等,就太笼统。

2. 简洁性

简洁性是指在把内容表达清楚的前提下,中文题名一般不宜超过 20 个汉字,如何使题名做到简洁呢? 一是尽可能删去多余的词语,即经过反复推敲,删去某些词语之后,题名仍能反映论文的特定内容,那么这些词语就应删去;二是避免将同义词或近义词连用,同义词或近义词用其中之一就可以了,如"问题的分析计算","分析"与"计算"在该处是近义的,不分析又如何计算呢? 所以二者保留其一即可。又如"分析与探讨",二者取一即可。

3. 鲜明性

鲜明性是指使人一看便知其意,不费解,无歧义,有的题名含混不清和空泛无物,使人读后不知所云,分不清它属于哪个学科范畴,给分类索引造成了困难,也给读者检索带来麻烦。

4. 便于检索

网络技术已给科技论文的传播插上了翅膀。现在的读者索取资料不再像过去那样亲临图书馆,逐一查阅,只需就地轻点鼠标,在网上搜索便能"一网打尽"所需之文。为此题名应将文章中的关键词、技术术语、标准词汇等尽最大可能地列入其中,并严谨规范。不得使用非公知公用、同行不熟悉的外来语、缩写词、符号、代号和商品名称。为便于数据库收录,尽可能不出现数学式和化学式。

14.4　作者署名

论文的作者应在发表的作品上署名。署名可以是个人作者、合作作者或团体作者。

14.4.1　署名的意义和作用

1. 署名的意义

(1)作为拥有版权或发明权的一个声明,作品受法律保护,劳动成果及作者本人得到了社会认可和尊重。

(2)表示文责自负的承诺。所谓文责自负,即论文一经发表,署名者对作品负有责任,包括政治上、科学上和法律上的责任。

(3)便于与读者联系,读者若需向作者询问、质疑或请教以求帮助,可以直接与作者联系。署名即表明作者有与读者联系的意愿。

(4)便于图书情报机构从事检索和读者进行著者的计算机检索。

2. 署名的作用

(1)表明文责自负。

(2)记录劳动者成果。

(3)辅助文献检索和科技评价系统统计分析。

(4)便于读者、编辑与作者联系。

(5)对作者著作权及其所属单位权益的保护和尊重。

14.4.2　署名的原则和要求

(1)本人应是直接参加课题研究的全部或主要部分的工作,并做出主要贡献者。

(2)本人应为作品创造者,即论文撰写者。

(3)本人对作品具有答辩能力,并是作品的直接责任者。

（4）不够署名条件但对研究成果有所贡献者可作为鸣谢中的感谢对象。

（5）实事求是，不署虚名。

14.4.3 署名格式规范表达

署名分为单作者和多作者两种情形，多作者按署名顺序列内为第一作者、第二作者……署名要实事求是，对于多作者情形，需要把对研究工作与论文撰写实际贡献最大的列为第一作者，贡献次之的列为第二作者，以此类推，所有作者的姓名均应依次列出，并置于题名下方。作者的姓名列出后，还要列出其单位。因作者单位不一定相同，有的作者还可能有几个单位，因此署名会有不同的格式。

（1）所有作者单位相同时，在题名下方依次列出作者的姓名（通讯作者的右上角还要加上标识如星号"＊"），然后另起行，再列出其单位。作者姓名间是否加标点、加什么标点，以及其他有关表达细节，取决于具体出版物的要求。例如：

陈某某　陈某　袁某某 ＊　谢某某

中国空气动力研究与发展中心　计算空气动力研究所，绵阳　621000

（2）作者单位不相同时，所有作者依次并列书写，并在各作者姓名的右上角加上序号（若是通讯作者，右上角还要加上标识如星号"＊"）；各单位在题名下方依次并列书写，并在各单位的前面加上与作者序号相对应的序号，序号后面是否加小圆点取决于具体出版物的要求。一位作者有几个单位时，在其姓名的右上角标注多个序号，序号间用逗号分隔。（序号用数字或字母均可，可与单位名称平排，也可为上标形式。）例如：

李某某[1]　陈某[1,2]　王某某[1]　陈某某[1,＊]

（[1]河南农业大学农学院，河南郑州 450002；[2]河南省农业科学院园艺研究所，河南郑州 450002）

注意：有的出版物对论文署名要求把作者单位放在论文首页的脚注处。

（3）如果论文出版前作者已调到一个新单位（不同于作者投稿时的署名单位）而又准备变更投稿时的署名单位，则应在来得及修改的情况下及时进行变更，或在论文首页的脚注中给出这个新单位。这对读者了解作者的工作单位以及检索系统统计研究出版机构的论文产出十分有用。

（4）如果一位作者同时为其他单位的兼职或客座研究人员，而且需要体现兼职或客座单位的研究成果归属，则可以在论文中同时标注其实际所在单位和兼职单位，而且一定要将第一作者或通讯作者的有效通信地址表达清楚。

（5）对同一论文中，中、英文署名在内容上必须完全一致，不要出现中、英文作者数量不一致、姓名不对应，中、英文单位数量不一致、名称不对应等严重问题。例如：同一作者的中文姓名是"张三"，而其英文姓名的中译名是"李四"；同一作者的中文单位名称是"北京……大学"，而其英文名称的中译名是"内蒙古……研究所"。这类问题已经超出了规范的范畴，一旦出现了，就表明作者写作极不认真、负责，如果论文已经发表，则还表明编辑工作不到位。

14.4.4 作者简介

作者简介是科技论文的重要信息之一，是科技期刊沟通读者和作者的桥梁，同时也对情报学和编辑学的研究具有重要参考价值。因此作者简介的书写应统一标识，规范内容，固定位置等。科学期刊中的作者简介中应包含第一作者的姓名（出生年），性别，籍贯，职称，学位，研究方向。例：

作者简介:张某某(1972 年生),男,甘肃会宁人,副教授,博士,主要对水利工程,土石坝的安全性及可靠性进行研究。

14.5 摘　　要

摘要是科技论文的重要组成部分。摘要是以提供论文内容梗概为目的,不加评论和补充解释,简明、确切地记述文献重要内容的短文。其基本要素包括研究的目的、方法、结果和结论,摘要应具有独立性和明确性,并拥有与文献同等量的主要信息,即不阅读全文,就能获得必要的信息。

14.5.1 摘要的类型

(1)报道性摘要,这种摘要也称资料性摘要或情报性摘要,一般在 200～300 字,适应于表达试验及专题研究类的科技论文。多为学术类别较高的刊物所采用。如《中国高等学校自然科学学报编排规范》就建议高校学报采取用报道文摘体裁。

(2)指示性摘要,又称叙述性、概述性或简介性摘要,只指示介绍论文的主要内容,解决了什么问题,不给具体数字或不给具体论点,其字数一般不超过 50～100 字。

(3)报道——指示性摘要,这种摘要介于上述两者之间,以报道性摘要的形式表述论文中价值最高的那部分内容,其余部分则以指示性摘要的形式表达,篇幅以 200 字左有为宜。

14.5.2 摘要的基本结构及内容

摘要本质上是一篇高度浓缩的论文,其基本结构与论文的 IMRAD 结构(图 14.1)是对应的。摘要主要包括以下内容的梗概:

(1)目的——研究工作的前提、目的、任务及所涉及的主题范围。

(2)方法——所用的理论、技术、材料、手段、设备、算法、程序等。

(3)结果——观测、实验的结果和数据,得到的效果、性能和结论。

(4)讨论——结果的分析、比较、评价和应用,提出的问题、观点、理论等。假设、启发、建议、预测及今后的课题等内容也应列入此部分。

(5)其他——创新点,或不属于研究、研制和调查的主要目的却具有重要信息价值的其他内容。

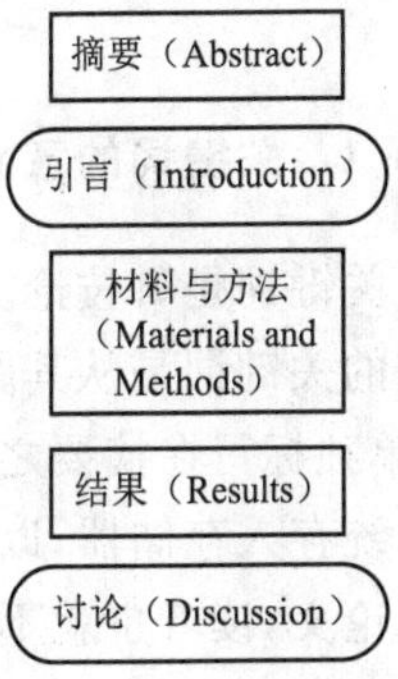

摘要（Abstract）

引言（Introduction）

材料与方法（Materials and Methods）

结果（Results）

讨论（Discussion）

图 14.1 科技论文 IMRAD 结构

对不同的摘要类型,以上要素的内容各有侧重,一般地说,报道性摘要中以上要素相对详细,而指示性摘要中以上要素相对简单,有的甚至不用写进来,或根本没有。

14.5.3 摘要的写作原则

(1)客观性和针对性原则。摘要要客观,如实地反映论文的研究内容,保持论文的基本信息,以旁观者的角度,用第三人称来写,切忌主观见解,也不需要解释或评论。摘要应着重反映论文的新内容、新观点,反映读者需要的有用信息。

39. 摘要各部分写作规范

(2)独立性和自主性原则。摘要是结构完整、独立成篇的短文,读者不阅读全文就能获得必要的信息,作者在写论文摘要时,应抓住摘要写作的四要素,即科技论文的目的、方法及主要结果与结论,将论文进行分析、归纳,将分析综合结果再写成语言简练、语义连贯、逻辑性强的摘要。

(3)简明、概括、规范。摘要应以最简洁的文字表达出最丰富的内容,连续写成,不分段落;格式规范化,采用专业术语,不用图表、化学结构式和非公知公用的符号、代号或术语,也不宜引用正文中图、表、公式和参考文献的序号、不能引用参考文献,摘要的内容要尽可能避免与标题、前言、结论在用词上明显的重复。

综上所述,编写摘要是一项科学性、文学性、逻辑性强的工作,编写过程有其规律可循,这要求作者在写作实践中逐步掌握其正确的方法,不断探索出更为科学与有效的写作方法。

14.5.4 英文摘要的撰写

40. 英文摘要的
规范表达

为了方便国际学术交流,国内发行的科技期刊除了有中文摘要外,也应有英文摘要。英文摘要应与中文摘要相对应,其篇幅,字数以 150～200 个词为宜,内容也应包括正文的要点,研究的目的、方法、结果和结论,中文摘要编写原则都适用于英文摘要,但英语有其自己的表达方式、语言习惯,在撰写和编辑加工英文摘要时应特别注意。

好的英文摘要是构成一篇高质量论文的重要组成部分,科技论文的写作者应对此给予足够的重视。只要认真地了解英文简要的构成要素,熟悉其写作规范,掌握一定的技巧,是可以写出符合规范的英文简要的。如果能在此基础上套用已有的写作模式和一些常用的句型,则更能大大提高写作效率。

14.6 关键词和中图分类号

14.6.1 关键词的意义

关键词是科技论文的文献标引与检索标识。是表达文献主题概念的自然语言词汇,科技论文的关键词是从其题名、层次标题、摘要和正文中选出来的,能反映论文主题概念的词和词组,单独标写在摘要之后,正文之前,其作用是表示某一信息数目,便于文献资料和情报信息检索系统存入存储器,以供检索。发表的论文若不标注关键词,文献检索数据库一般就不会收录此类论文,读者也就不会检索到。一篇论文的关键词选用恰当与否关系到论文能否被检索以及成果利用率的高低。选取和组成科技论文的关键词,应注意以下几个问题:

(1)从论文原稿中精心挑选,同撰写摘要结合起来进行。几个关键词构成一个信息集合体,从不同角度标出论文的主要特征,犹如一件展品的标签,告诉人们该展品的各种主要属性。

(2)要用规范化的词语,主要是名词或名词性短语。虚词和不表示概念、信息的词语不能独立充当关键词,不规范的生造词、同义词的并列结构、化学分子式等也不能作为关键词,动词一般也不宜作为关键词。

(3)一篇科技论文用关键词的数量为 3～8 个,以计算机存储分项和编制程序够用为限度。

(4)几个关键词之间,不存在某种语法关系,也不表达一个完整的逻辑判断和推理,而是各自独立陈列。

(5)几个关键词排列顺序不完全是随意的,一般采取表达同一范畴的概念的关键词相对集中,意义联系紧密的关键词位置靠拢。反映论文研究目的、对象、范围、方法、过程等内容的关键词在前,揭示研究结果、意义、价值的关键词在后。这些安排都是为了服务于电子计算机的存储和检索。

14.6.2　关键词的标引

所谓标引,是指对论文和某些具有检索意义的特征(研究对象、处理方法和实验设备等)进行主题分析,并利用主题词表等检索工具给出主题检索标识的过程。对文献进行主题分析,是为了从内容复杂的文献或提问中分析出构成文献主要的基本要素,以便准确地标引出所需要的叙词(一种规范化的名词术语)。标引是检索的前提,没有正确的标引,也就不可能有正确的检索。

科技论文应按照叙词的标引方法标引关键词,并尽可能将自由词(词表未收,可随需要增补)规范化为叙词。叙词是指收入《汉语主题词表》(叙词表)中可用于标引文献主题概念的即经过规范化的词或词组;自由词是直接从论文题名、摘要、层次标题或正文其他内容中抽出来的,能反映该文主题概念的自然语言(词或词组),即《汉语主题词表》中的上位词(S项)、下位词(F项)、替代词等非正式主题词和词表中找不到的自由词。

14.6.3　关键词的选项原则

(1)专指性原则。一个词只能表达一个主题概念,即为专指性。只要能在叙词表中找到与该文主题概念直接相对应的专指必叙词,就不允许用词表中的上位词(S项)或下位词(F项);若找不到与主题概念直接对应的叙词,而上位词确实与主题概念相符,即可选用。限制不加组配的泛指词的选用,以免出现概念含糊。

如一篇主题内容为"工程结构设计"的论文,从词表中可查到:"工程结构"、"结构"、"设计"和"结构设计"几个叙词。作者选用"工程结构"和"设计",经分析编者认为,"设计"一词是泛指词,该文的主题概念不是"工程设计"或其他的"设计",所以应选用与该主题概念直接对应的"工程结构"和"结构设计"为关键词。

(2)组配原则。叙词组配应是概念组配。概念组配包括两种类型,即交叉组配和方面组配。在组配标引时,优先考虑交叉组配,然后考虑方面组配,参与组配的叙词必须是与文献主题概念关系最密切,最邻近的叙词,以避免越级组配,组配结果要求所表达的概念清楚、确切,只能表达一个单一的概念,如果无法用组配方法表达主题概念时,可选用最直接的上位词或相关叙词标引。

(3)采用自由词标引。在下列情况下可采用自由词标引:主题词表中明显漏选的主题概念词;表达新学科、新理论、新技术、新材料等新出现的概念;词表中未收录的地区、人物、文献、产品等名称及重要数据名称;某些概念采用组配,其结果出现多义时,被标引概念也可用自由词标引。要强调的一点是,一定不要为了强调反映文献主题的全面性,而把关键词写成一句句内容全面的短语。

关键词作为论文的一个组成部分,列于摘要段之后,并要求书写与中文相对应的英文关键词。

14.6.4　中图分类号

中图分类号是以分类表作为分类语言的《中国图书资料分类法》或《中国图书馆图书分类法》的简称。为了便于文献的检索、存储和编制索引,发表的论文应尽可能按照《中国图书资料分类法》(第 3 版)或《中国图书馆图书分类法》(第 5 版)查录分类号。

《中国高等学校自然科学学报编排规范》建议按《中国图书资料分类法》给每篇论文编印分类号,《中国学术期刊(光盘版)期刊检索与评价数据规范》则将分类号明确为"中图法分类号",即《中国图书馆图书分类法》(第 5 版)对科技论文进行分类和标注。一篇涉及多学科的论文,可以给出几个分类号,其中主分类号排在首位。分类号排印在"关键词"的下方。

14.7 引　　言

引言是科技论文的重要组成部分,位于正文的开头,起开宗明义的作用,提出文中要研究的问题,引导读者阅读和理解全文。

14.7.1　引言的内容

引言作为论文的开端,主要是作者交代研究成果的来龙去脉,即回答为什么要研究相关的课题,目的就是要引出作者研究成果的创新论点,使读者对论文要表达的问题有一个总体的了解,引起读者阅读论文的兴趣,在引言中要写的内容大致有三方面。

(1)学术背景,现代科学发展到今天,无论研究主题是什么,与这一主题相关的问题都已为其他人研究过,这些研究成果最初主要是以论文的形式发表在学术期刊或学术会议汇编的论文集中。因此,作者需将自己研究成果的报道,和该领域国内外同行已经取得的成就联系起来,并融入其中。所以,对该领域的国内外同行对与作者论文报道的相关研究问题,已取得进展、存在问题,进行评述,就构成所谓论文的学术背景。

(2)应用背景,技术类、工程类研究成果的创新点主要表现在新颖性和实用性方面。这方面的成果一般以解决生产实践的具体技术问题为前提,这类成果往往通过专利的形式表达出来,当然一些成果也可以以论文的形式发表,这类论文一定要把成果的实用价值明确表述出来,这就是所谓的应用背景。

(3)创新性,就是作者研究获得的理论的创新论点,或者是方法上的创新,也可以是结果的创新。这三者必备其一,这是作者表达的核心问题,也是审稿人和读者重点关注的方面。学术论文报道的内容,依其字面理解,包含着从毫无应用价值的、完全是基础研究的学问,到全部为实用的技术或技巧这样宽泛的联系,引言内容的表述,也有很大的不同,像基础科学论文的引言,可能就会没有具体实用价值,引言的内容中可不必罗列所谓的应用背景的内容。反之,工程开发一类的技术文章,则不必将学术背景展开论述。但是,创新性则是任何学术论文不可缺少的。

14.7.2　引言的写作要求

(1)开门见山,抓住中心,言简意赅。

(2)尊重科学,实事求是,客观评价。

(3)引言的内容不应与摘要雷同,也不应是摘要的注释。引言一般应与结论相对应,引言中提出的问题,在结论中应有解答,但也应避免引言与结论雷同。

(4)引言不必交代开题过程和成果鉴定程序,不写方法与结果。

(5)简短的引言,最好不要分段论述,不要插图列表和数学公式的推导说明。

14.7.3 引言的写作技巧

要用短短的几百字把学术背景、应用背景和创新点论述到位是一件很困难的事情。实际上,在科研课题起步,文献调研和科研立项的不同阶段,就把课题研究的背景和可预见的成果表述在不同的文件中,只不过大部分研究人员没有把这件事和以后论文的编写联系起来。研究课题的来源就目前来讲,主要有 3 方面:

41. 引言写作
示例分析

(1)自己工作的延伸,一项研究工作很少有全部完成的时候,经常是在完成了已经提出问题的同时又出现了新的问题,工作的延伸包括工作中出现的值得进一步深入研究的问题,及与原来工作有关的新问题,许多重要问题出于自己工作的延伸,出于对已取得成果的进一步深入。

(2)在通过阅读文献及参加学术会议,追踪当前科研的重要方向时,对当前科学发展重大问题提出自己的看法及解决具体问题的方案。

(3)发现前人理论上和具体结果上的不足之处,或尚未解决的重要问题。

第(2)、(3)方面研究课题往往是通过文献调研和文献评述获得的。对第(1)部分作者可以自己以前发表的论文为起点,论述问题;(2)、(3)部分的内容就需要作者把调研、阅读文献中获取的论点浓缩为学术背景。

在引言写作中,学术背景通常通过标引参考文献的形式给出。因此在阅读、记录评述文献观点的同时要注意保存好所阅读文献的辅助信息,如:全部作者的署名、题名、出版项、出版年、起止页码等,以便于编写论文的参考文献等。

14.8 正 文

正文是科技论文的核心部分,占全文的主要篇幅。如果说引言是提出问题,正文则是分析问题和解决问题。这部分是作者研究成果的学术性和创造性的集中表现,它决定着论文写作的成果和学术、技术水平的高低。要写好一篇科技论文,完美地表达出一项研究结果,作者需要从论文的准确性、创新性和简洁性 3 方面着手。

(1)准确性,一般正文部分都应包括研究的对象、方法、结果和讨论这几个部分。试验与观察、数据处理与分析、实验研究结果的得出是正文的主要部分,应该给予重点的详细论述。要尊重事实,对事物及其特征的描述和分析不作任何渲染和过分的修饰,不做有意的夸张或缩小。应确保论文的真实性,不能只报喜不报忧。写作中文字叙述要思路清晰、合乎逻辑,遣词造句既要符合语法,又要注意词汇的精确性、单义性,以免产生歧义。

(2)创新性,论文的内容务求客观、科学、完备,贵在创新。就是说,在研究的题目范围内,前人或者没有接触过,或者有接触,但未研究透彻,可在其基础上进一步加以研究,提出新的看法,论据确凿,言之有理。这就是创新性。

在论文写作中应对实验材料、实验方法、实验结果的正确性、合理性进行分析和论证,使之上升到理论高度,着重讨论自己的研究工作与他人的不同之处,实事求是评价优缺点,提出今后改进设想和研究方向。

(3)简洁性,科技论文语言文字表述要非常严格,即言简意赅。首先,要求用尽可能少的文字恰当地表达作者的思想、客观地描述事物的存在、运动和变化的性质及特征,使得内容丰富而清晰;其次,强调文字表述单一和数学、物理、化学等相关学科的科技论文中常用符号的专一性,排斥多义,尤其在数学、物理、化学及其应用学科论文中能用公式、图表说明的,尽可能运用其特有直白的表述方式以表达,坚决反对啰唆、重复和歧义;第三,语言表达的句法要求大量使用陈述句。用语简洁准确、明快流畅。

正文撰写中应注意如下问题:

(1)涉及量和单位、插图、表格、数学式、化学式、标点符号和参考文献等,都应符合有关国家标准的要求。

(2)在讨论或结论部分中应指出研究结果所揭示的原理、普遍性及其理论和实用价值,而不是简单地重复各段落的结果,避免与摘要的语句重复。

(3)插图、表格和文字应遵循哪一种最能简捷地表达清楚就采用哪一种的原则。

(4)避免教科书式写法,例如对已有知识重新阐述,甚至进行不必要的论证。

(5)引用足够数量的具有代表性的参考文献,并给予标注。

(6)所用的数学方法和式子,必要的细节推演可采用附录的形式。

(7)语言表达规范,语句通顺、简洁,术语规范、准确,语句或段落前后不连贯,标点符号使用恰当。

14.9　参　考　文　献

所谓的参考文献是为撰写或编组论著而引用的有关文献资料,即文后参考文献。按规定,在各类出版物中,凡他人的观点、数据、方法等都应当在文中引用的位置标明,并列表置于文后,组成论文的一个重要部分。

14.9.1　参考文献的功能和作用

参考文献是评价文章的学术水平的重要参考,论文明确标示出引用他人的理论、观点、方法和数据等,可以反映论文的真实科学依据,充分体现科学的继承性和对他人劳动成果的尊重,也为编辑部、审稿专家和读者提供了鉴别论文价值水平的重要信息。引用参考文献可以精练文字,节约篇幅。

参考文献的主要作用有以下几个方面:

(1)倡导学术诚信,培育伦理道德,保留完整记录,避免抄袭剽窃行为。

(2)不仅作为作者论点的有力论据,而且增加了论文的信息量,为读者提供了有关的文献题录,便于检索,实现资源共享。

(3)有助于科技信息人员进行信息研究和文献计量学研究,体现科学的继承性、发展性。

(4)作者因录著参考文献可以省去在文中不必要阐述的与已有研究成果相重复的内容,有利于精简文字、缩短篇幅和叙述方法。

(5)可作为出版物质量、水平评价的重要依据,通过引文分析可对出版物做出客观评价。

14.9.2　参考文献著录的一般原则

参考文献的著录原则首要的是能够使读者快捷方便地检索、查找和利用文献,有利于进入文献的检索系统。应遵循以下一般原则:

(1)只著录最必要、最新的参考文献。著录的文献要精选,仅限于著录作者在论文中直接引用的文献。

(2)只著录公开发表的文献。一般不宜著录未公开发表的资料。

(3)采用规范化的著录格式。每条文献著录项目内容应齐全,符合著录顺序与格式。

14.9.3　参考文献的标注方法——顺序编码制

文内参考文献的标注,是按他们在论文中出现的先后用阿拉伯数字连续排序,将序号置于方括弧内,并视具体情况将方括弧排为上标或为语句的组成部分。

示例:

(1)国内外的研究者对此进行长期研究。

(2)根据文献[4]提供的数据……

在文后参考文献表中,各条文献按序号排列。

14.9.4　参考文献的著录格式

在文后参考文献著录中,将各条文献按其在论文中出现的先后顺序排列,序号与文中的序号一致,项目齐全,内容准确、符合规范。参考文献著录的条目以小于正文的字号编排在文末。其格式为:

(1)专著、论文集、学位论文、报告

[序号]主要责任者.文献题名[文献类型标志].其他责任者.版本项.出版地:出版者,出版年,起止页码(任选).

示例:

[1]周振甫.周易译注[M].北京:中华书局,1991.

[2]陈崧.五四前后东方西文化问题论战文选[C].北京:中国社会科学出版社,1985.

[3]陈桐生.中国史官文化与《史记》[D].西安:陕西师范大学文学研究所,1992.

[4]白永秀,刘敢,任保平.西安金融、人才、技术三大要素市场培育与发展研究[R].西安:陕西师范大学西北经济发展研究中心,1998.

其中其他责任者与版本项示例如下:

[5]昂温 G,昂温 PS.外国出版史[M].陈生铮,译.2 版.北京:中国书籍出版社,1998.

(2)期刊文章(连续出版物)

[序号]主要责任者.文献题名[J].刊名,年,卷(期):起止页码.

示例:

[6]陶仁骥.密码学与数学[J].自然杂志,1984,7(7):527.

(3)论文集中的析出文献

[序号]析出文献主要责任者.析出文献题名文献类型标志//原文献主要责任者.原文献题名.版本项.出版地:出版者,出版年:析出文献起止页码.

示例:

[7]瞿秋白.现代文明的问题与社会主义[M]//罗荣渠.从西化到现代化.北京:北京大学出版社,1990:121-133.

(4)报纸文章(连续出版物)

[序号]主要责任者.文献题名[N].报纸名,出版日期(版面).

示例:

[8]谢希德.创造学习的新思路[N].人民日报,1998-12-25(10).

(5)国际标准、国家标准

[序号]主要责任者.标准编号 标准名称[S].版本项.出版地:出版者,出版年:起止页码.

示例:

[9]中华人民共和国建设部.GB/T 50314—2000 智能建筑设计标准.北京:中国计划出版社,2000.

(6)电子文献

[序号]主要责任者.电子文献题名[电子文献类型标识/文献载体类型标志].出版地:出版者,出版年(更新或修改日期)[引用日期].获取和访问路径.

示例:

[10]王明亮.关于中国学术期刊标准化数据库系统工程的进展[EB/OL].(1998-08-16)[1998-10-04].http://www.cajcd.cn/pub/wml.txt/980810-2.html.

[11]万锦坤.中国大学学报论文文摘(1983-1993).英文版[DB/CD].北京:中国大百科全书出版社,1996.

14.9.5 参考文献著录中应注意的几个问题

(1)个人作者(包括评、编著)著录时一律姓在前名在后,外国人的外文名可以缩写,但不能加缩写点".".

(2)作者为3人或不多于3人应全部写出,之间用","号相隔;3人以上只列前3人,后加"等"或相应的文字如"et al"."等"或"et al"之前加","号.

(3)版本项中第1版不著录,其他版本说明需著录.版本用阿拉伯数字、序数缩写形式或其他标志表示.如:2版,即表示第2版或第二版.

(4)最后,应检查核对文内引文标注,避免发生遗漏或差错.

14.9.6 文献类型标志代码(表14.1)和电子文献载体标志代码(表14.2)

表14.1 文献类型和标志代码

文献类型	标志代码	文献类型	标志代码
普通图书	M	报告	R
会议录	C	标准	S
汇编	G	专利	P
报纸	N	数据库	DB
期刊	J	计算机程序	CP
学位论文	D	电子公告	EB

表14.2 电子文献载体和标志代码

载体类型	标志代码	载体类型	标志代码
磁带(magnetic tape)	MT	光盘(CD-ROM)	CD
磁盘(disk)	DK	联机网络(online)	OL

14.10　结论和致谢

　　结论(或讨论)是整篇文章的最后总结。尽管多数科技论文的作者都采用结论的方式作结束,并通过他传达自己欲向读者表述的主要意向,但他并不是论文的必要组成部分。如果在文中不可能明显导出应有的结论,也可以没有结论而进行必要的讨论。

　　致谢一般单独成段放在"结论"段之后,它是对曾经给予本研究的选题、构思或论文撰写以指导或建议,对考察和实验做出某种贡献的人员,或给予过技术、资料、信息、物资或经费帮助的团体或个人致以谢意。

14.11　学术不端行为

　　学术研究是由人来做的,像人类的其他行为一样,学术研究也会出现种种错误。这些错误大体上可以分为三类:一类是限于客观条件而发生的错误。这类错误难以避免,也难以觉察,随着科学的进步才被揭示出来的,犯错误的科研人员没有责任,不该受到谴责。一类是由于马虎、疏忽而发生的失误。这类错误本来可以避免,是不应该发生的,但是犯错者并无恶意,是无心造成的,属于"诚实的失误"。犯错者应该为其失误受到批评、承担责任,但是是属于工作态度问题,并没有违背学术道德。还有一类是学术不端行为。这类错误本来也可以避免,但是肇事者有意让它发生,存在主观恶意,违背学术道德,应该受到舆论谴责和行政处罚,乃至被追究法律责任。

14.11.1　学术不端行为的定义

　　学术不端行为是指违反学术规范、学术道德的行为,国际上一般用来指捏造数据(Fabrication)、窜改数据(Falsification)和剽窃(Plagiarism)三种行为。一稿多投、侵占学术成果、伪造学术履历等行为也可包括进学术不端行为中。我国对于学术不端的定义是指,学术界的一些弄虚作假、行为不良或失范的风气,或指某些人在学术方面剽窃他人研究成果,败坏学术风气,阻碍学术进步,违背科学精神和道德,抛弃科学实验数据的真实诚信原则,给科学和教育事业带来严重的负面影响,极大损害学术形象的丑恶现象。这不仅表现在违反者众多、发生频繁,各个科研机构都时有发现,而且表现在涉及了从院士、教授、副教授、讲师到研究生、本科生的各个层面。由于中国高校缺乏学术规范、学术道德方面的教育,学生在学习、研究过程中发生不端行为,经常是由于对学术规范、学术道德缺乏了解,认识不足造成的。因此,对学生,特别是研究生,进行学术规范、学术道德教育,防患于未然,是遏制学术不端、保证中国学术研究能够健康发展的一个重要措施。

　　中国科协科技工作者道德与权益工作委员会的工作汇报对通过调查归纳的七大学术不端行为进行了具体阐述:

　　——抄袭剽窃他人成果。在论文、研究报告、著作等科研成果中抄袭剽窃他人的实验数据、图表分析甚至大段的文字描述。这种现象存在于少数科技人员特别是少数硕士生、博士生和刚参加工作的青年学者中。

　　——伪造篡改实验数据。在实验数据、图表分析中,随意编造数据或有选择性地采用数据证明自己的论点,这比抄袭剽窃他人成果造成的影响和后果更恶劣。

——随意侵占他人科研成果。利用职权在自己并无贡献的论文或成果上署名,把他人科研成果据为己有;将通过会议、评审等过程获得的特殊信息和思想随意传播;在论文被录用或成果获奖后任意修改作者排序和著作权单位;为论文顺利发表或成果获奖私自署上知名科学家名字;为完成科研任务或求得职称晋升,无关的同事、同学、亲友间相互挂名。

——重复发表论文。论文一稿两投甚至一稿多投;将某一刊物已发表的文章原封不动或改头换面后重新投到另一刊物;将国外刊物以外文形式发表的论文以中文作为原创性论文在国内发表而不注明。

——学术论文质量降低和育人不负责任。部分学者为提高论文数量,将可用一篇完整论文发表的科研成果分为多篇投稿,降低了论文质量并破坏了研究工作的系统性、完整性;论文发表中引用文献注释不明确;部分教授为完成科研任务招收十几名甚至几十名研究生为自己工作、挂名发表大量论文,而无法全面有效教育培养研究生,使研究生素质大面积滑坡。这些情况造成科研资源包括生产资料资源、智力资源的极大浪费。

——学术评审和项目申报中突出个人利益。在专业技术职称评聘、科研成果评审等过程中,因人情关系、利益驱动等原因,不能正确评价他人成果,利用职务权力和学术地位,走关系、拉选票,导致结论失去客观性、准确性和公正性;与自己无利益冲突情况下,尽量抬高对他人的评价,滥用"国际先进、国际领先、国际一流水平"等词语;与自己有利益冲突情况下,贬低前人或他人成果,自我夸大宣传。

——过分追求名利,助长浮躁之风。部分科技工作者特别是一些有一定学术成就、在学术界有一定地位的人员,兼任太多社会和学术职务,整天忙于参加各种各样的会议,重复获取各类资源,真正用于科研时间很少。

14.11.2 学术不端行为的特点

不同研究领域的学术规范、学术道德有共同的特点,但是在某些细节上也存在差异。

1. 数据的处理

研究结果应该建立在确凿的实验、试验、观察或调查数据的基础上,因此论文中的数据必须是真实可靠的,不能有丝毫的虚假。研究人员应该忠实地记录和保存原始数据,不能捏造和窜改。虽然在论文中由于篇幅限制、写作格式等原因,而无法全面展示原始数据,但是一旦有其他研究人员对论文中的数据提出疑问,或希望做进一步了解,论文作者应该能够向质疑者、询问者提供原始数据。因此,在论文发表之后,有关的实验记录、原始数据仍然必须继续保留一段时间,一般至少要保存5年,而如果论文结果受到了质疑,就应该无限期地保存原始数据以便接受审核。

如果研究人员没有做过某个实验、试验、观察或调查,却谎称做过,无中生有地编造数据,这就构成了最严重的学术不端行为之一——捏造数据。如果确实做过某个实验、试验、观察或调查,也获得了一些数据,但是对数据进行了窜改或故意误报,这虽然不像捏造数据那么严重,但是同样是一种不可接受的不端行为。常见的窜改数据行为包括:去掉不利的数据,只保留有利的数据;添加有利的数据;夸大实验重复次数(例如只做过一次实验,却声称是3次重复实验的结果);夸大实验动物或试验患者的数量;对照片记录进行修饰。

近年来人们已习惯用图像软件对图像数据进行处理绘制论文插图,因此又出现了窜改数据的新形式。例如,由于原图的阳性结果不清晰,就用图像软件添加结果。如果没有窜改原始数据,只是通过调节对比度等方式让图像更清晰,这是可以的,但是如果添加或删减像素,则是不可以的。

2. 论文的撰写

在撰写论文时，首先要避免剽窃（或抄袭，在本文中，我们对剽窃和抄袭两词的使用不做区分）。剽窃是指在使用他人的观点或语句时没有做恰当的说明。

许多人对剽窃的认识存在两个误区。第一个误区是，认为只有剽窃他人的观点（包括实验数据、结果）才算剽窃，而照抄别人的语句则不算剽窃。例如，有些人认为，只要实验数据是自己做的，那么套用别人论文中的句子来描述实验结果就不算剽窃；也有人认为，只有照抄他人论文的结果、讨论部分才算剽窃，而照抄他人论文的引言部分则不算剽窃，这些认识都是错误的。即使是自己的实验数据，在描述实验结果时也必须用自己的语言描述，而不能套用他人的语句。引言部分在介绍前人的成果时，也不能直接照抄他人的语句。

第二个误区是，只要注明了文献出处，就可以直接照抄他人的语句。在论文的引言或综述文章中介绍他人的成果时，不能照抄他人论文或综述中的表述，而必须用自己的语言进行复述。如果是照抄他人的表述，则必须用引号把照抄的部分引起来，以表示是直接引用。否则的话，即使注明了出处，也会被认为构成文字上的剽窃。虽然对科研论文来说，剽窃文字的严重性比不上剽窃实验数据和结果，但是同样是一种剽窃行为。

在看待剽窃的问题上，也要防止采用过分严格的标准。这需要注意3种情形：①必须对别人的观点注明出处的一般是指那些比较新颖、比较前沿的观点，如果不做说明就有可能被误会为是论文作者的原创。对于已经成为学术界的常识、即使不做说明也不会对提出者的归属产生误会的观点，则可以不注明出处，例如在提及自然选择学说时，没有必要特地注明出自达尔文《物种起源》，在提及DNA双螺旋结构模型时，没有必要特地注明出自沃森、克里克的论文。②有可能构成语句方面的剽窃的是那些有特异性、有一定的长度的语句，由不同的人来书写会有不同的表述，不可能独立地碰巧写出雷同的句子。如果语句太短、太常见（例如只有一两句日常用语），或者表述非常格式化，例如对实验材料和方法的描述，不同的人书写的结果都差不多，那么就不存在剽窃的问题。③科普文章和学术论文的标准不完全相同。因为科普文章一般是在介绍他人的成果，即使未做明确说明也不会被读者误会为是作者自己的成果，因此没有必要一一注明观点的出处。科普文章必须着重防止的是表述方面的剽窃，必须用自己的语言进行介绍。

在论文中引用他人已经正式发表的成果，无须获得原作者的同意。但是如果要引用他人未正式发表的成果（例如通过私人通信或学术会议的交流而获悉的成果），那么必须征得原作者的书面许可。

在论文注解中应该表明物质利益关系，写明论文工作所获得的资助情况。特别是如果是由某家相关企业资助的研究项目，更不应该隐瞒资金来源。

3. 论文的署名

只有对论文的工作作出了实质贡献的人才能够作为论文的作者。论文的第一作者是对该论文的工作作出了最直接的、最主要的贡献的研究者，一般是指做了论文中的大部分或全部实验的人。论文的通讯作者是就该论文负责与期刊和外界联系的人，一般是论文课题的领导人，为论文工作确定了总的研究方向，并且在研究过程中，在理论上或技术上对其他作者进行了具体指导。在多数情况下，通讯作者是第一作者的导师或上司，但是也可以是第一作者的其他合作者或第一作者本人。论文的其他作者应该是对论文工作作出了一部分实质贡献的人，例如参与了部分实验工作。

在确定论文的署名时，要注意不要遗漏了对论文工作作出实质贡献的人，否则就有侵吞他人的学术成果的嫌疑。但是也不要让没有作出实质贡献的人挂名。第一作者的导师、上司或赞助者并不等于天然就是论文的通讯作者,如果他们没有对论文工作进行过具体指导,也不宜担任论文的通讯作者或其他作者。论文的合作者应该是对论文工作作出了实质贡献的人,如果只是曾经对论文工作提出过某些非实质性的建议,或者只是在某方面提供过帮助,例如提供某种实验试剂,允许使用实验仪器,或帮助润色论文的写作,那么也不宜在论文中挂名,而应该在论文的致谢中表示谢意。有的国际学术期刊(例如英国《自然》)鼓励投稿者在论文尾注中具体说明各个作者对论文所作的贡献。

论文一般由第一作者或通讯作者撰写初稿,然后向共同作者征求意见。论文的任何结论都必须是所有的作者一致同意的,如果某个作者有不同意见,他有权利退出署名,撤下与其有关的那部分结果。在论文投稿之前,所有的作者都应该知情并签名表示同意。不应该在某个人不知情的情况下就把他列为共同作者。

一篇论文一般只有一名第一作者和一名通讯作者。如果有两个人的贡献确实难以分出主次,可以以注明两人的贡献相等的方式表明该论文有两名第一作者。但是一篇论文有多于两名的第一作者,或有多于一名的通讯作者,都是不正常的现象,会让人猜疑是为了增加一篇论文在评价工作中的使用价值所做的安排。

论文的署名是一种荣耀,也是一种责任。如果在论文发表后被发现存在造假、剽窃等问题,共同作者也要承担相应的责任,不应该以不知情作为借口,试图推卸一切责任。造假者、剽窃者固然要承担最主要的责任,但是共同作者也要承担连带责任。因此,不要轻易在自己不了解的论文上署名。

4. 论文的发表

在有同行评议的学术期刊上发表论文,是发布学术成果的正常渠道。重要的学术成果应该拿到国际学术期刊上发表,接受国际同行的评议。

一篇论文只能投给一家期刊,只有在确知被退稿后,才能改投其他期刊。许多学术期刊都明文禁止一稿多投或重复发表。一稿多投浪费了编辑和审稿人的时间,重复发表则占用了期刊宝贵的版面,并且有可能出现知识产权的纠纷(许多期刊都要求作者全部或部分地把论文的版权转交给期刊)。如果一组数据已经在某篇论文中发表过,就不宜在新的论文中继续作为新数据来使用,否则也会被当成重复发表。如果在新论文中需要用到已发表论文的数据,应该采用引用的方式,注明文献出处。

先在国内期刊上发表中文论文,再在国际期刊上发表同一内容的英文论文,这种做法严格来说也是重复发表,但是由于有助于促进国际交流,所以也没有必要深究。但是不宜先发表英文论文,再翻译成中文重复发表。

在论文发表之前,不宜向新闻媒体宣布论文所报告的成果。一些国际学术期刊(例如英国《自然》)都规定不应把论文结果事先透露给新闻媒体,否则有可能导致被退稿。

研究者对未发表的成果拥有特权,有权不让他人了解、使用该成果。期刊编辑、审稿人不能利用职务之便向他人透露或自己使用受审论文提供的新信息。但是研究成果一旦写成论文发表,就失去了特权,他人有权做恰当的引用和进一步了解该成果的细节。国家资助的成果发表后应该与同行共享。

5. 学术履历的撰写

学术履历的目的是让他人能够客观准确地了解、评价你的受教育经历和学术成就,因此应该只陈述事实,不要自己做主观评价,更不要拔高、捏造学历和成果。

国内习惯于把还在攻读博士学位的研究生提前称为博士,但是在正式介绍和学术履历中,不应该把还未获得博士学位的博士研究生写成博士。在履历中应该写明自己获得的各种学位的时间,如果还未获得的,可注明预计获得的时间。

由于美国医学教育属于研究生教育,美国医学院毕业生一般都获得医学博士学位(M. D.),毕业后可以从事博士后研究,这就导致国内医学院毕业生虽然只有学士、硕士学位,也可以以从事博士后研究的名义到美国实验室工作。这是由于中美两国的教育体制不同造成的"误会"。这种特殊的"博士后"不应该因此就在学术履历中声称自己有博士后研究经历,因为很显然,一个没有博士学位的人是不可能做博士后研究的。

在介绍自己在国外的学习、研究经历时,不应该利用中英表述的差异,通过"翻译技巧"来拔高自己在国外的学术地位和学术成就。例如,不应该把博士后研究人员(Postdoctoral Research Fellow)翻译成"研究员",让人误以为是和国内研究员一样与教授平级的职称;不应该把在国外获得的研究资助称为获"奖",虽然这类研究资助的名称中有时会用到 award 一词,但是与由于学术成就而获得的奖励(Prize)是不同的。

在论文表中列举自己作为共同作者的论文时应该保留论文原有的排名顺序,不应该为了突出自己而改变论文排名顺序。采用黑体字或画线的方式让自己的名字突出则是可以的。如果一篇论文的共同作者人数较多,不能全部列出,那么应该在列出的最后一名作者后面注明 et al,让读者清楚地知道后面还有其他作者未列出来。有的人只把作者名字列到自己为止,又不注明 et al,让读者误以为他是论文的通讯作者(按惯例通讯作者是最后一名作者),这是一种误导行为。

在论文表中应该只包括发表在经同行评议的学术期刊上的论文。不应该把发表在会议增刊上的会议摘要(Poster,Meeting Abstract)也列进去充数。如果要列出会议摘要,应该单独列出,或者清清楚楚地注明属于会议摘要。

在列出发表的学术专著时,应该清楚地写明自己的贡献。如果自己只是专著的主编,应该注明"编"或"Ed.",不要让读者误以为是专著的作者。如果自己只是参与写作专著中的某个章节,也应该注明该章节,而不要让读者误以为是整本专著的作者。

14.11.3 学术不端行为的危害

学术不端行为败坏科学界的声誉,阻碍科学进步。学术的意义是求真,探求真理本来应该是每个学者的崇高职责,诚实也应该是治学的最基本的态度。人类的活动很难找出还有哪一种像学术这样强调真实,学者也因之受到公众的敬仰,甚至被视为社会的良心。如果科学界的声誉由于学术不端行为的频发而受到严重损害,败坏了科学研究在公众心目中的形象,那么必然会阻碍科学的进步,因为做科学研究是需要全社会的支持的,需要有科研资金的提供,需要有一个比较好的科研环境的。没有了这些因素,科学就很难发展。

学术不端行为也直接损害了公共利益。科学研究在很大程度上都在使用国家资金,学术造假就是在浪费纳税人的钱。有的学术造假是和经济腐败相勾结的,是为了推销假药、假产品的,那么就是在骗消费者的钱,危害消费者的身体健康。

学术不端行为违反学术规范,在科研资源、学术地位方面造成不正当竞争。如果靠剽窃、捏造数据、捏造学术履历就能制造出学术成果、获得学术声誉、占据比较高的学术地位,那么脚踏实地认认真真搞科研的人,是竞争不过造假者的。而且学术造假还对同行造成了误导。如果有人相信了虚假的学术成果,试图在其基础上做进一步的研究,必然是浪费了时间、资金和精力,甚至影响到学位的获得和职务的升迁。受造假者最直接危害的往往是同一实验室、同一研究领域的人。

因此,人人都有权利维护学术规范、学术道德,维护学术规范、学术道德也是在保护自己的利益。

思考题

14.1　简述科技论文的特性。

14.2　科技论文是如何分类的?

14.3　简述题名的意义。

14.4　简述署名的意义和署名的作用。

14.5　简述关键词意义和作用。

14.6　什么是学术不端行为?

14.7　简述学术不端的特点。

42. 思考题答案(14)

参 考 文 献

[1] 总编辑委员会. 中国百科年鉴[M]. 北京:中国大百科全书出版社,1987.

[2] 李淑庆. 交通工程导论[M]. 北京:人民交通出版社,2010.

[3] 湖南大学,天津大学,同济大学等. 土木工程材料[M]. 2版. 北京:中国建筑工业出版社,2020.

[4] 丁大钧,蒋永生. 土木工程概论[M]. 2版. 北京:中国建筑工业出版社,2010.

[5] 陈学军. 土木工程概论[M]. 3版. 北京:机械工业出版社,2016.

[6] 刘俊玲,庄丽. 土木工程概论[M]. 2版. 北京:机械工业出版社,2018.

[7] 胡楠楠,邱星武. 建筑工程概论[M]. 武汉:华中科技大学出版社,2016.

[8] 中华人民共和国住房和城乡建设部. 智能建筑设计标准:GB 50314—2015[S]. 北京:中国计划出版社,2007.

[9] 佟立本. 铁道概论[M]. 8版. 北京:中国铁道出版社有限公司,2020.

[10] 国家铁路局. 铁路轨道设计规范:TB 10082—2017[S]. 北京:中国铁道出版社,2017.

[11] 国家铁路局. 高速铁路设计规范:TB 10621—2014[S]. 北京:中国铁道出版社,2014.

[12] 凌天清. 道路工程[M]. 4版. 北京:人民交通出版社股份有限公司,2019.

[13] 中华人民共和国交通运输部. 公路桥涵设计通用规范:JTG D60—2015[S]. 北京:人民交通出版社股份有限公司,2015.

[14] 中华人民共和国交通运输部. 公路路线设计规范:JTG B20—2017[S]. 北京:人民交通出版社股份有限公司,2018.

[15] 蒋雅君,方勇,王士民,等. 隧道工程.[M]. 北京:机械工业出版社,2021.

[16] 高明远,岳秀萍,杜震宇. 建筑设备工程[M]. 北京:中国建筑工业出版社,2016.

[17] 林继镛,张社荣. 水工建筑物[M]. 6版. 北京:中国水利水电出版社,2019.

[18] 中华人民共和国交通运输部. 海港总体设计规范:JTS 165—2013[S]. 北京:人民交通出版社,2014.

[19] 张守健,谢颖. 施工组织设计与进度控制[M]. 北京:科学出版社,2009.

[20] 孟正夫. 世界各国火灾简况[J]. 消防技术与产品信息,2011(2):91.

[21] 李惠,关新春,郭安薪,等. 可持续土木工程结构的若干科学问题与实现技术途径[J]. 防灾减灾工程学报,2010,30(S1):387-393.

[22] 李兴昌,科技论文的规范表达[M]. 2版. 清华大学出版社,2016.

[23] 中国国家标准化管理委员会. 文后参考文献著录规则:GB/T 7714—2015[S]. 北京:中国标准出版社,2015.